Álgebra II Para Leigos

Folha de Cola

Produtos Especiais

Soma e diferença: $(a+b)(a-b) = a^2 - b^2$

Binômio ao quadrado: $(a+b)^2 = a^2 + 2ab + b^2$

Binômio ao cubo: $(a+b)^3 = a^3 + 3a^2b + 3ab^2 + b^3$

Regras para Radicais

Raiz de um produto: $\sqrt[n]{a \cdot b} = \sqrt[n]{a} \cdot \sqrt[n]{b}$

Raiz de um quociente: $\sqrt[n]{\dfrac{a}{b}} = \dfrac{\sqrt[n]{a}}{\sqrt[n]{b}}$

Expoente fracionário: $\sqrt[n]{a^m} = a^{m/n}$

Permutações e Combinações

Número de permutações de n coisas tiradas a r por vez: $_nP_r = \dfrac{n!}{(n-r)!}$

Número de combinações de n coisas tiradas a r por vez: $_nC_r = \dfrac{n!}{(n-r)!r!}$

Leis dos Logaritmos

Equivalência:
$a^x = y \leftrightarrow \log_a y = x$
$e^x = y \leftrightarrow \ln y = x$

Log de um produto:
$\log_a(x \cdot y) = \log_a x + \log_a y$
$\ln(x \cdot y) = \ln x + \ln y$

Log de um quociente:
$\log_a\left(\dfrac{x}{y}\right) = \log_a x - \log_a y$
$\ln\left(\dfrac{x}{y}\right) = \ln x - \ln y$

Log de uma potência:
$\log_a x^n = n\log_a x$
$\ln x^n = n\ln x$

Log de uma recíproca:
$\log_a \dfrac{1}{x} = -\log_a x$
$\ln \dfrac{1}{x} = -\ln x$

Log de uma base:
$\log_a a = 1$
$\ln e = 1$

Log de 1:
$\log_a 1 = 0$
$\ln 1 = 0$

Equações Padrão de Seções Cônicas

Parábolas:
$y - k = a(x - h)^2$
$x - h = a(y - k)^2$

Círculo: $(x-h)^2 + (y-k)^2 = r^2$

Elipse: $\dfrac{(x-h)^2}{a^2} + \dfrac{(y-k)^2}{b^2} =$

Hipérbole: $\dfrac{(x-h)^2}{a^2} - \dfrac{(y-k)^2}{b^2} =$

Somas de Sequências

Soma dos n primeiros números inteiros positivos: $\sum_{k=1}^{n} k = \dfrac{n(n+1)}{2}$

Soma dos n primeiros quadrados: $\sum_{k=1}^{n} k^2 = \dfrac{n(n+1)(2n+1)}{6}$

Soma dos n primeiros cubos: $\sum_{k=1}^{n} k^3 = \left[\dfrac{n(n+1)^2}{2}\right]$

Soma dos n primeiros termos de uma sequência aritmética: $S_n = \dfrac{n}{2}[2a_1 + (n-1)d] = \dfrac{n}{2}(a_1 + a_n)$

Soma dos n primeiros termos de uma sequência geométrica: $S_n = \dfrac{g^1(1-r^n)}{1-r}$

Soma de todos os termos de uma sequê...

Fórmula Quadrática

Quando $ax^2 + bx + c = 0$, então
$x = \dfrac{-b \pm \sqrt{b^2 - 4ac}}{2a}$

Para Leigos: A Série de livros para iniciantes que mais vende no mundo.

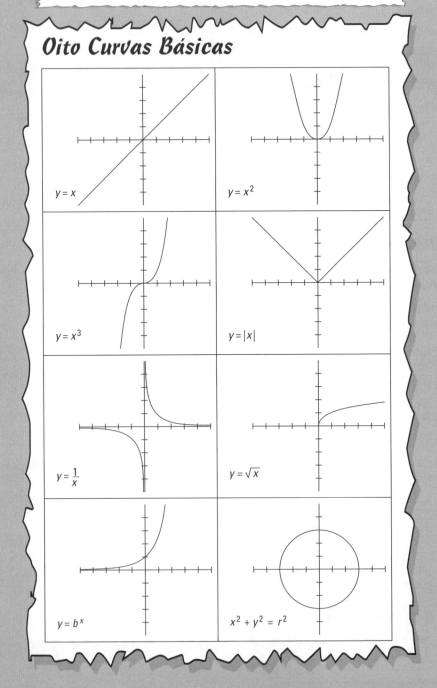

Álgebra II

PARA

LEIGOS®

por Mary Jane Sterling

ALTA BOOKS
E D I T O R A

Rio de Janeiro, 2013

Álgebra II Para Leigos Copyright © 2013 da Starlin Alta Editora e Consultoria Eireli.
ISBN: 978-85-7608-696-3

Translated from original Algebra II For Dummies © 2006 by John Wiley & Sons, Inc. ISBN 978-0-471-77581-2. This translation is published and sold by permission John Wiley & Sons, the owner of all rights to publish and sell the same. PORTUGUESE language edition published by Starlin Alta Editora e Consultoria Eireli, Copyright © 2013 by Starlin Alta Editora e Consultoria Eireli.

Todos os direitos reservados e protegidos por Lei. Nenhuma parte deste livro, sem autorização prévia por escrito da editora, poderá ser reproduzida ou transmitida.

Erratas: No site da editora relatamos, com a devida correção, qualquer erro encontrado em nossos livros.

Marcas Registradas: Todos os termos mencionados e reconhecidos como Marca Registrada e/ou Comercial são de responsabilidade de seus proprietários. A Editora informa não estar associada a nenhum produto e/ou fornecedor apresentado no livro.

Impresso no Brasil

Vedada, nos termos da lei, a reprodução total ou parcial deste livro.

Produção Editorial Editora Alta Books	**Editoria Para Leigos** Daniel Siqueira Evellyn Pacheco Paulo Camerino	**Tradução** Andréa Dorce
Gerência Editorial Anderson Vieira		**Copidesque** Mariana Oliveira
Supervisão Gráfica Angel Cabeza	**Equipe de Design** Bruna Serrano Iuri Santos	**Revisão Técnica** Leonardo Barbosa *Graduação em Matemática – UFRJ*
Supervisão de Qualidade Editorial Sergio Luiz de Souza	**Equipe Editorial** Brenda Ramalho Camila Werhahn Cláudia Braga	**Revisão Gramatical** Silvia Parmegiani
Supervisão de Texto Jaciara Lima	Cristiane Santos Danilo Moura Juliana de Paulo	**Diagramação** Joyce Mattos
Conselho de Qualidade Editorial Anderson Vieira Angel Cabeza Jaciara Lima Marco Aurélio Silva Natália Gonçalves Sergio Luiz de Souza	Juliana Larissa Xavier Licia Oliveira Livia Brazil Marcelo Vieira Milena Souza Thiê Alves Vanessa Gomes Vinicius Damasceno	**Marketing e Promoção** Daniel Schilklaper marketing@altabooks.com.br **1ª Edição, 2013**

Dados Internacionais de Catalogação na Publicação (CIP)

```
S838a    Sterling, Mary Jane.
            Álgebra II para leigos / por Mary Jane Sterling. – Rio de
         Janeiro, RJ : Alta Books, 2013.
            388 p. : il. ; 24 cm. – (Para leigos)

            Inclui índice.
            Tradução de: Algebra II for Dummies.
            ISBN 978-85-7608-696-3

            1. Álgebra. I. Título. II. Série.

                                               CDU 512
                                               CDD 512
```

Índice para catálogo sistemático:
1. Álgebra   512

(Bibliotecária responsável: Sabrina Leal Araujo – CRB 10/1507)

ALTA BOOKS
EDITORA

Rua Viúva Cláudio, 291 – Bairro Industrial do Jacaré
CEP: 20970-031 – Rio de Janeiro – Tels.: 21 3278-8069/8419 Fax: 21 3277-1253
www.altabooks.com.br – e-mail: altabooks@altabooks.com.br
www.facebook.com/paraleigos – www.twitter.com/para_leigos

Sobre a Autora

Mary Jane Sterling é autora de *Álgebra I Para Leigos*, *Trigonometria Para Leigos* e *Exercícios de Álgebra Para Leigos*, já publicados pela Editora Alta Books, além de *Trigonometry Workbook For Dummies*, *Algebra I CliffsStudySolver* e *Algebra II CliffsStudySolver*, publicados pela Wiley. Lecionou matemática para o ensino médio durante muitos anos, antes de iniciar sua atual carreira, que já conta com 25 anos, na Bradley University em Peoria, Illinois. Mary Jane gosta de trabalhar com seus alunos tanto dentro quanto fora da sala de aula, realizando diversos projetos de serviço comunitário.

Dedicatória

A autora dedica este livro a alguns dos homens de sua vida. Seu marido, Ted Sterling, particularmente paciente e compreensivo quanto ao comportamento errático que ela adota enquanto está trabalhando em seus diversos projetos — seu apoio é digno de toda a gratidão. Seus irmãos Tom, Don e Doug, que a conhecem "desde os velhos tempos". Don, em particular, exerceu forte influência sobre sua carreira como professora quando arremessou um lápis pela sala durante uma aula particular. Foi então que ela teve de repensar sua abordagem — e veja o que aconteceu! E seu cunhado Jeff, que é uma inspiração constante com seu retorno milagroso e recuperação contínua.

Agradecimentos da Autora

A autora gostaria de agradecer Mike Baker por ser um excelente editor de projetos — com bom coração (o que é muito importante) e detalhista. Ele assumiu os diversos desafios com graça e os tratou com diplomacia. Além disso, ela gostaria de agradecer a Josh Dials, incrível editor que esclareceu suas explicações prolixas e as tornou compreensíveis. Um grande agradecimento vai para a editora técnica, Alexsis Venter, que a ajudou com um projeto anterior — e ainda assim concordou em embarcar neste! Além disso, agradece a Kathy Cox por continuar a trazer projetos; pode-se contar com ela para manter a vida interessante.

Sumário Resumido

Introdução *1*

Parte I: Dominando as Soluções Básicas **7**

Capítulo 1: Indo Além dos Fundamentos da Álgebra 9
Capítulo 2: Andando Numa Linha Reta: Equações Lineares 23
Capítulo 3: Resolvendo Equações Quadráticas 37
Capítulo 4: Tirando a Raiz de Racionais, Radicais e Negativos 57
Capítulo 5: Desenhando o Gráfico para uma Boa Vida 77

Parte II: Enfrentando as Funções **97**

Capítulo 6: Formulando os Fatos sobre Funções 99
Capítulo 7: Elaborando e Interpretando Funções Quadráticas 117
Capítulo 8: Prestando Atenção às Curvas: Polinômios 133
Capítulo 9: Confiando na Razão: Funções Racionais 157
Capítulo 10: Expondo Funções Exponenciais e Logarítmicas 177

Parte III: Conquistando Seções Cônicas e Sistemas de Equações... **201**

Capítulo 11: Cortando Seções Cônicas 203
Capítulo 12: Resolvendo Sistemas de Equações Lineares 225
Capítulo 13: Resolvendo Sistemas de Equações e
Desigualdades Não Lineares 247

Parte IV: Mudando a Marcha com Conceitos Avançados **267**

Capítulo 14: Simplificando Números Complexos em um Mundo Complexo .. 269
Capítulo 15: Movimentando-se com Matrizes 281
Capítulo 16: Fazendo uma Lista: Sequências e Séries 303
Capítulo 17: Tudo o que Você Queria Saber sobre Conjuntos 323

Parte V: A Parte dos Dez **347**

Capítulo 18: Dez Truques de Multiplicação 349
Capítulo 19: Dez Tipos Especiais de Números 357

Índice *361*

Sumário

Introdução **1**

Sobre Este Livro.. 1
Convenções Usadas Neste Livro 2
Penso que... 2
Como Este Livro Está Organizado... 3
    Parte I: Dominando as Soluções Básicas.. 3
    Parte II: Enfrentando as Funções 4
    Parte III: Conquistando Seções Cônicas e Sistemas de Equações....... 4
    Parte IV: Acelerando o Ritmo com Conceitos Avançados................... 5
    Parte V: A Parte dos Dez... 5
Ícones Usados Neste Livro 5
De Lá para Cá, Daqui para Lá.. 6

Parte I: Dominando as Soluções Básicas **7**

Capítulo 1: Indo Além dos Fundamentos da Álgebra.............................9

Detalhando as Propriedades da Álgebra 10
    Mantendo a ordem com a propriedade comutativa. 10
    Mantendo a harmonia do grupo com a propriedade associativa 10
    Distribuindo uma variedade de valores...11
    Conferindo uma identidade algébrica 12
    Cantando in-versos 13
Ordenando as Operações 13
Equipando-se com a Propriedade Multiplicativa de Zero 14
Expondo as Regras Exponenciais.. 15
    Multiplicação e divisão de expoentes... 15
    Chegando à raiz dos expoentes 15
    Aumentando ou diminuindo o limite com expoentes 16
    Dando-se bem com expoentes negativos...17
Implementando as Técnicas de Fatoração 17
    Fatorando dois termos...17
    Resolvendo três termos.. 18
    Fatorando quatro ou mais termos por agrupamento 22

Capítulo 2: Andando Numa Linha Reta: Equações Lineares......................23

Equações lineares: Lidando com o Primeiro Grau 23
    Trabalhando com equações lineares básicas. 24
    Eliminando as frações... 25
    Isolando valores desconhecidos diferentes 26

Álgebra II Para Leigos

Desigualdades Lineares: Terapia de Relacionamento Algébrico......................28
  Resolvendo desigualdades básicas 28
  Apresentando a representação de intervalos......................................29
  Compondo questões de desigualdade...30
Valor Absoluto: Deixando Tudo entre Barras......................................32
  Resolvendo equações de valor absoluto 32
Enxergando por Meio de uma Desigualdade de Valor Absoluto 34

Capítulo 3: Resolvendo Equações Quadráticas..............................37

Resolvendo Equações Quadráticas Simples com a Regra da Raiz Quadrada.. 38
  Encontrando soluções de raízes quadradas simples 38
  Trabalhando com soluções de raízes quadradas radicais.........................38
Transformando Equações Quadráticas em Fatores 39
  Fatorando binômios...39
  Fatorando trinômios 41
  Fatorando por agrupamento 42
Recorrendo à Fórmula Quadrática 43
  Encontrando soluções racionais..44
  Lidando com soluções irracionais...44
  Formulando grandes resultados quadráticos....................................45
Completando o Quadrado: Aquecendo-se para as Seções Cônicas 46
  Elevando ao quadrado para resolver uma equação quadrática...................46
  Completando o quadrado duas vezes...48
Sendo Promovido a Quadráticas com Potências Altas
  (Sem Receber Aumento)...49
  Trabalhando com a soma ou diferença de cubos 50
  Lidando com trinômios parecidos com quadráticas 51
Resolvendo Desigualdades Quadráticas..52
  Mantendo as coisas estritamente quadráticas 53
  Utilizando frações...54
  Aumentando o número de fatores..55

Capítulo 4: Tirando a Raiz de Racionais, Radicais e Negativos 57

Agindo de Maneira Racional com Equações Cheias de Frações....................57
  Resolvendo equações racionais utilizando o MDC 58
  Resolvendo equações racionais com proporções................................62
Livrando-se de um Radical 65
  Elevando ambos os lados de uma equação radical ao quadrado.............65
  Acalmando dois radicais 67
Mudando Atitudes Negativas em Relação a Expoentes............................68
  Tirando expoentes negativos da cena...69
  Fatorando termos negativos para resolver equações...........................70
Brincando com Expoentes Fracionários..73
  Combinando termos com expoentes fracionários 73
  Fatorando expoentes fracionários...74
  Resolvendo equações trabalhando com expoentes fracionários 74

Capítulo 5: Desenhando o Gráfico para uma Boa Vida......................77

Coordenando Seus Esforços Gráficos..78

Identificando as partes do plano de coordenadas 78
Inserindo ponto a ponto.. 79
Facilitando o Processo de Gráfico com Interceptos e Simetria........................ 80
Encontrando os interceptos de x e y 80
Refletindo sobre a simetria de um gráfico.. 82
Desenhando o Gráfico de Retas... 84
Encontrando o coeficiente angular de uma reta 85
Resolvendo dois tipos de equações para retas 86
Identificando retas paralelas e perpendiculares 88
Observando as 10 Formas Básicas.. 89
Retas e quadráticas.. 90
Seções cúbicas e quadráticas 90
Radicais e racionais.. 91
Curvas exponenciais e logarítmicas... 92
Valores absolutos e círculos 93
Resolvendo Problemas com uma Calculadora Gráfica.................................... 93
Inserindo equações em calculadoras gráficas corretamente 94
Olhando pela janela gráfica 96

Parte II: Enfrentando as Funções..................................... 97

Capítulo 6: Formulando os Fatos sobre Funções...................................99

Definindo Funções... 99
Apresentando a representação de funções... 100
Avaliando funções.. 100
Entendendo Domínio e Imagem 101
Determinando o domínio de uma função... 101
Descrevendo a imagem de uma função 102
Apostando em Funções Pares e Ímpares... 104
Reconhecendo funções pares e ímpares... 104
Aplicando funções pares e ímpares a gráficos... 105
Enfrentando Confrontos Injetivos.. 106
Definindo funções injetivas ou injetoras.. 106
Eliminando violações injetivas... 107
Separando as Partes com Funções Definidas em Trechos 108
Trabalhando com trechos.. 108
Aplicando funções definidas em trechos 110
Compondo a Si Mesmo e às Funções 111
Realizando composições.. 112
Simplificando o coeficiente diferencial 113
Cantando in-Versos 114
Determinando se funções são inversas.. 114
Resolvendo a inversa de uma função 115

Capítulo 7: Elaborando e Interpretando Funções Quadráticas................117

Interpretando o Formato Padrão das Quadráticas... 117
Começando com "a" no formato padrão 118

Álgebra II Para Leigos

Seguindo com "b" e "c".. 119
Investigando Interceptos em Quadráticas... 120
   Encontrando o único intercepto de y.. 120
   Encontrando os interceptos de x 122
Indo ao Extremo: Encontrando o Vértice.. 124
Alinhando-se ao Longo do Eixo de Simetria 126
Desenhando um Gráfico a Partir das Informações Disponíveis 127
Aplicando as Quadráticas ao Mundo Real 129
   Vendendo velas.. 129
   Arremessando bolas de basquete 130
   Lançando uma bexiga d'água 131

Capítulo 8: Prestando Atenção às Curvas: Polinômios 133

Observando o Formato Polinomial Padrão 133
Explorando Interceptos Polinomiais e Pontos de Inflexão 134
   Interpretando o valor relativo e o valor absoluto.................... 135
   Contando interceptos e pontos de inflexão.............................. 136
   Encontrando interceptos polinomiais....................................... 137
Determinando Intervalos Positivos e Negativos 139
   Usando uma reta de sinais... 139
   Interpretando a regra..141
Encontrando as Raízes de um Polinômio 142
   Fatorando raízes polinomiais 143
   Mantendo a sanidade: o Teorema da Raiz Racional 145
   Deixando Descartes estipular uma regra sobre sinais............. 148
Sintetizando os Resultados das Raízes 149
   Usando a divisão sintética para testar raízes 150
   Dividindo sinteticamente por um binômio................................ 153
   Espremendo o Resto (Teorema) 154

Capítulo 9: Confiando na Razão: Funções Racionais 157

Explorando Funções Racionais... 158
   Medindo o domínio 158
   Apresentando os interceptos.. 159
Adicionando Assíntotas aos Racionais... 159
   Determinando as equações das assíntotas verticais................ 160
   Determinando as equações das assíntotas horizontais 160
   Desenhando o gráfico de assíntotas verticais e horizontais 161
   Esmiuçando os números e desenhando o gráfico de assíntotas oblíquas 162
Trabalhando com Descontinuidades Removíveis............................... 164
   Remoção por fatoração.. 164
   Avaliando as restrições de remoção 165
   Mostrando descontinuidades removíveis em um gráfico......... 165
Impulsionando os Limites de Funções Racionais.............................. 166
   Avaliando limites em descontinuidades 168
   Indo ao infinito..170
   Tomando limites racionais no infinito..172
Juntando Tudo: Desenhando Gráficos Racionais a Partir de Dicas................173

Sumário **xiii**

Capítulo 10: Expondo Funções Exponenciais e Logarítmicas 177

Avaliando as Expressões Exponenciais 177
Funções Exponenciais: Tem Tudo a Ver com a Base 178
    Observando as tendências nas bases 179
    Conhecendo as bases mais frequentemente usadas: 10 e e 180
Resolvendo Equações Exponenciais 182
    Fazendo as bases corresponderem 182
    Reconhecendo e usando padrões quadráticos 184
Mostrando os "Juros" das Funções Exponenciais 185
    Aplicando a fórmula dos juros compostos 185
    Observando os juros compostos contínuos 188
Ligando-se nas Funções Logarítmicas 189
    Conhecendo as propriedades dos logaritmos 189
    Colocando os logs para trabalhar 190
Resolvendo Equações Logarítmicas 193
    Estabelecendo log como sendo igual a log 193
    Reescrevendo equações de log como exponenciais 195
Desenhando o Gráfico de Funções Exponenciais e Logarítmicas 196
    Expondo sobre o expoente 196
    Não vendo os logs como o todo 198

Parte III: Conquistando Seções Cônicas e Sistemas de Equações.. 201

Capítulo 11: Cortando Seções Cônicas 203

Cortando um Cone 203
Abrindo Todos os Caminhos com Parábolas 204
    Observando as parábolas com vértices na origem 205
    Observando o formato geral das equações das parábolas 208
    Desenhando os gráficos das parábolas 209
    Convertendo equações parabólicas para o formato padrão 212
Dando Voltas em Círculos Cônicos 213
    Padronizando o círculo 213
    Especializando-se em círculos 214
Preparando Seus Olhos para Elipses Solares 215
    Elevando os padrões de uma elipse 216
    Desenhando uma rota elíptica 218
Sentindo-se Hiperbem com as Hipérboles 219
    Incluindo as assíntotas 220
    Desenhando o gráfico de hipérboles 222
Identificando Seções Cônicas a Partir de suas Equações,
    Sejam Elas Padrão ou Não 223

Capítulo 12: Resolvendo Sistemas de Equações Lineares 225

Observando o Formato Padrão de Sistemas Lineares
    e Suas Possíveis Soluções 226
Desenhando o Gráfico de Soluções de Sistemas Lineares 226

xiv   Álgebra II Para Leigos

Identificando a intersecção 227
Percorrendo a mesma reta duas vezes 228
Trabalhando com retas paralelas 228
Eliminando Sistemas de Duas Equações Lineares com a Adição 229
Chegando a um ponto de eliminação 230
Reconhecendo soluções para retas paralelas e coexistentes 231
Resolvendo Sistemas de Duas Equações Lineares pela Substituição 232
Substituição de variáveis facilitada 232
Identificando retas paralelas e coexistentes 233
Usando a Regra de Cramer para Derrotar Frações Indóceis 235
Estabelecendo o sistema linear para Cramer 235
Aplicando a Regra de Cramer a um sistema linear 236
Elevando Sistemas Lineares a Três Equações Lineares 237
Resolvendo sistemas de três equações com a álgebra 237
Chegando a uma solução generalizada para combinações lineares 239
Elevando a Aposta com Equações Aumentadas 241
Aplicando Sistemas Lineares ao Nosso Mundo em 3D 243
Usando Sistemas para Decompor Frações 244

Capítulo 13: Resolvendo Sistemas de Equações e Desigualdades Não Lineares 247

Cruzando Parábolas com Retas 247
Determinando o(s) ponto(s) em que uma reta e
uma parábola cruzam caminhos 248
Lidando com uma solução que não é uma solução 250
Mesclando Parábolas e Círculos 251
Trabalhando com intersecções múltiplas 252
Classificando as soluções 254
Planejando o Ataque em Outros Sistemas de Equações 255
Misturando polinômios e retas 256
Cruzando polinômios 257
Navegando por intersecções exponenciais 259
Arredondando funções racionais 261
Jogando Limpo com as Desigualdades 264
Desenhando e acabando com desigualdades 264
Desenhando o gráfico de áreas com curvas e retas 265

Parte IV: Mudando a Marcha com Conceitos Avançados 267

Capítulo 14: Simplificando Números Complexos em um Mundo Complexo 269

Usando Sua Imaginação para Simplificar Potências de i 270
Entendendo a Complexidade dos Números Complexos 271
Operando com números complexos 272
Multiplicando pelo conjugado para realizar a divisão 273
Simplificando radicais 275

Resolvendo Equações Quadráticas com Soluções Complexas.......................276
Trabalhando em Polinômios com Soluções Complexas................................278
   Identificando pares conjugados...278
   Interpretando zeros complexos..279

Capítulo 15: Movimentando-se com Matrizes 281

Descrevendo os Diferentes Tipos de Matrizes.......................................282
   Matrizes com linhas e colunas...282
   Matrizes quadradas..283
   Matrizes de zero..283
   Matrizes de identidade..284
Realizando Operações com Matrizes...284
   Adicionando e subtraindo matrizes...285
   Multiplicando matrizes por escalares..286
   Multiplicando duas matrizes...286
   Aplicando matrizes e operações..288
Definindo Operações em Linhas...292
Encontrando Matrizes Inversas...293
   Determinando inversos aditivos..294
   Determinando inversos multiplicativos...294
Dividindo Matrizes Usando Inversas..299
Usando Matrizes para Encontrar Soluções para Sistemas de Equações.........300

Capítulo 16: Fazendo uma Lista: Sequências e Séries 303

Entendendo a Terminologia das Sequências..303
   Usando a representação de sequências..304
   Fatoriais sem medo em sequências..304
   Alternando padrões sequenciais..305
   Procurando por padrões sequenciais..306
Observando Sequências Aritméticas e Geométricas...................................309
   Encontrando uma base comum: sequências aritméticas........................309
   Adotando a abordagem multiplicativa: Sequências geométricas...........311
Definindo Funções Recursivamente..312
Realizando uma Série de Movimentos..313
   Apresentando a representação de somatória.....................................314
   Somando aritmeticamente...315
   Somando geometricamente...316
Aplicando Somas de Sequências ao Mundo Real.......................................318
   Limpando um anfiteatro..318
   Negociando sua mesada...319
   Arremessando uma bola...320
Destacando Fórmulas Especiais...322

Capítulo 17: Tudo o que Você Queria Saber sobre Conjuntos 323

Revelando a Representação de Conjuntos..323
   Listando elementos com uma lista..324
   Construindo conjuntos a partir do zero..324
   É tudo (conjunto universal) ou nada (conjunto vazio) 325
   Entrando em cena com subconjuntos...325

xvi Álgebra II Para Leigos

Realizando Operações em Conjuntos 327
    Celebrando a união de dois conjuntos 327
    Olhando para os dois lados em intersecções de conjuntos 328
    Sentindo-se complementar em relação a conjuntos 329
    Contando os elementos em conjuntos 329
Desenhando Diagramas de Venn Quando Quiser 330
    Aplicando o diagrama de Venn 331
    Usando os diagramas de Venn com operações em conjuntos 332
    Adicionando um conjunto a um diagrama de Venn 333
Concentrando-se nos Fatoriais 336
    Tornando os fatoriais manejáveis 336
    Simplificando fatoriais 337
Quanto Eu te Amo? Deixe-me Contar 338
    Aplicando o princípio da multiplicação aos conjuntos 338
    Organizando permutações de conjuntos 339
    Misturando conjuntos com combinações 343
Espalhando os Ramos com Diagramas de Árvore 344
    Imaginando um diagrama de árvore para uma permutação 345
    Desenhando um diagrama de árvore para uma combinação 346

Parte V: A Parte dos Dez 347

Capítulo 18: Dez Truques de Multiplicação 349

Elevando Números que Terminam com 5 ao Quadrado 349
Encontrando o Próximo Quadrado Perfeito 350
Reconhecendo o Padrão em Múltiplos de 9 350
Excluindo 9s 350
Excluindo 9s: Os Movimentos de Multiplicação 352
Multiplicando por 11 352
Multiplicando por 5 353
Encontrando Denominadores Comuns 354
Determinando Divisores 354
Multiplicando Números com Dois Dígitos 355

Capítulo 19: Dez Tipos Especiais de Números 357

Números Triangulares 357
Números Quadrados 358
Números Hexagonais 358
Números Perfeitos 359
Números Amigáveis 359
Números Felizes 359
Números Abundantes 359
Números Deficientes 360
Números Narcisistas 360
Números Primos 360

Índice 361

Introdução

Aqui está você, pensando em ler um livro sobre Álgebra II. Não é um romance misterioso, embora seja possível encontrar pessoas que achem que matemática em geral é um mistério. Não é um relato histórico, embora encontremos algumas curiosidades históricas espalhadas aqui e ali. Não se trata de ficção científica; a matemática é uma ciência, mas você encontrará mais fatos que ficção. Como Joe Friday (estrela da antiga série *Dragnet*) diz, "Os fatos, madame, apenas os fatos". Este livro não é uma leitura leve, embora eu tente usar de humor sempre que possível. O que você encontra aqui é uma amostra de como eu ensino: revelando mistérios, trabalhando com perspectivas históricas, oferecendo informações e apresentando os tópicos de Álgebra II com humor. Este livro possui o melhor de todos os estilos literários! Com o passar dos anos, eu experimentei muitas abordagens de ensino da álgebra, e espero que, com este livro, esteja ajudando você a lidar com outros métodos de ensino.

Sobre Este Livro

Como você está interessado neste livro, provavelmente se encaixa em uma dessas quatro categorias:

- Você acabou de terminar Álgebra I e tem vontade de começar essa nova aventura.

- Faz um tempo que não estuda álgebra, mas matemática sempre foi seu ponto forte, por isso, não quer começar tão do começo.

- Seu filho é um aluno que está começando a estudar ou tendo um pouco de problema com as aulas de Álgebra II e você quer ajudar.

- Você tem uma curiosidade natural sobre ciência e matemática e quer estudar tudo o que há de bom em Álgebra II.

Independentemente da categoria que represente (e eu posso ter ignorado uma ou duas), você encontrará o que precisa neste livro. É possível que encontre alguns tópicos avançados de álgebra, mas também discuto o necessário sobre o básico. Você encontrará muitas ligações — as maneiras como diferentes tópicos da álgebra se conectam uns com os outros e como a álgebra se conecta a outras áreas da matemática.

Afinal, as diversas outras áreas da matemática influenciam Álgebra II. A álgebra é o passaporte para estudar cálculo, trigonometria, teoria dos números, geometria e todos os tipos de matemática divertida. A álgebra é básica, e aquela que você encontra aqui o ajudará a aprimorar suas habilidades e conhecimentos para que você possa se sair bem em cursos de matemática e, possivelmente, estudar outros tópicos dessa área.

Convenções Usadas Neste Livro

Para ajudá-lo a percorrer este livro, uso as seguintes convenções:

- *Itálico* em termos matemáticos especiais, que defino para que você não tenha que fazer pesquisa.

- **Negrito** para indicar palavras-chave em listas de tópicos ou as partes de ação em passos numerados. Descrevo muitos procedimentos algébricos em um formato passo a passo, e depois uso esses passos em alguns exemplos.

- Textos complementares são caixas com fundo cinza que contêm informações que você pode achar interessante, mas esses textos não são necessariamente críticos para o seu entendimento do capítulo ou tópico.

Penso que...

Álgebra II é essencialmente uma continuação de Álgebra I, por isso, há algumas suposições que preciso fazer sobre alguém que quer (ou que precisa) estudar álgebra com mais profundidade.

Suponho que uma pessoa que está lendo sobre Álgebra II já tenha um entendimento da aritmética de números com sinais — como combinar números positivos e negativos e chegar ao sinal correto. Outra suposição que faço é que você saiba corretamente a ordem das operações. Trabalhar com equações e expressões algébricas requer que você conheça as regras sobre a ordem. Imagine-se em uma reunião ou em um tribunal. Você não ia querer ser taxado de desordenado!

Suponho que as pessoas que concluem Álgebra I com êxito saibam resolver equações e desenhar gráficos básicos. Embora eu revise brevemente esses tópicos neste livro, suponho que você tenha um conhecimento geral dos procedimentos necessários. Também suponho que conheça os termos básicos com que se depara em Álgebra I, como:

- **binômio:** uma expressão com dois termos.

- **coeficiente:** o multiplicador ou fator de uma variável.

- **constante:** um número que não muda em valor.

- **expressão:** combinação de números e variáveis agrupados — sem ser uma equação ou desigualdade.

- **fator:** algo que se multiplica por outra coisa.

- **fatorar:** mudar o formato de diversos termos adicionados em um produto.

✔ **linear:** uma expressão na qual a potência mais alta de qualquer termo variável é um.

✔ **monômio:** uma expressão com apenas um termo (literal).

✔ **polinômio:** uma expressão com diversos termos (literais).

✔ **quadrática:** uma expressão na qual a potência mais alta de qualquer termo variável é dois.

✔ **simplificar:** alterar uma expressão para um formato equivalente que você combinou, reduziu, fatorou ou, de outra forma, tornou mais trabalhável.

✔ **resolver:** encontrar o valor ou valores da variável que torna uma afirmação verdadeira.

✔ **termo:** um agrupamento de constantes e variáveis conectados por símbolos de multiplicação, divisão ou agrupamento e separados de outros termos constantes e variáveis por adição ou subtração.

✔ **trinômio:** uma expressão com três termos (literais).

✔ **variável:** algo que pode ter muitos valores (geralmente representado por uma letra para indicar que há muitas opções para seu valor).

Se você se sentir um pouco confuso após ler alguns capítulos, uma boa ideia é consultar o livro *Álgebra I Para Leigos*, publicado pela editora Alta Books, para obter uma explicação mais completa dos fundamentos básicos. Não ficarei magoada se você o consultar; ele também foi escrito por mim!

Como Este Livro Está Organizado

Este livro é dividido em partes que discutem os fundamentos básicos, seguidas por partes que discutem habilidades para a resolução de equações e funções e, ainda, partes que apresentam algumas aplicações de tais conhecimentos. Os capítulos em cada parte compartilham uma linha de pensamento em comum, que ajuda você a manter tudo em ordem.

Parte I: Dominando as Soluções Básicas

A Parte I se concentra no básico da álgebra e em resolver equações e fatorar expressões de maneira rápida e eficaz — competências que serão usadas durante todo o livro. Por esse motivo, este material oferece consulta rápida e fácil.

Os primeiros quatro capítulos trabalham a resolução de equações e desigualdades. As técnicas que discuto nesses capítulos não apenas mostram como encontrar as soluções, mas também como escrevê-las de forma que qualquer pessoa que leia seu trabalho possa entender aquilo que encontrou. Eu começo com equações lineares e desigualdades e depois sigo para quadráticas, equações racionais e equações radicais.

O capítulo final oferece uma introdução (ou lembrete, conforme for o caso) do sistema de coordenadas — o meio padrão usado para desenhar o gráfico de funções e expressões matemáticas. Usar o sistema de coordenadas é mais ou menos como ler um mapa, no qual você liga as letras aos números para encontrar uma cidade. Os gráficos tornam os processos algébricos mais claros, e desenhar gráficos é uma boa maneira de trabalhar com sistemas de equações — procurando pelos lugares onde as curvas são intersectadas.

Parte II: Enfrentando as Funções

A Parte II trabalha com os diversos tipos de funções encontradas em Álgebra II: funções algébricas, exponenciais e logarítmicas.

Uma *função* é um tipo muito especial de relação que você pode definir com números e letras. O mistério envolvendo algumas expressões e funções matemáticas se esclarece quando aplicamos as propriedades básicas da função, que eu apresento nesta parte. Por exemplo, o domínio de uma função tem a ver com as assíntotas de uma função racional, e o inverso de uma função é essencial para funções exponenciais e logarítmicas. Existem muitas ligações.

Alguns desses termos parecem um pouco assustadores (assíntota, domínio, racional, e assim por diante)? Não se preocupe. Eu explico todos em detalhes nos capítulos da Parte II.

Parte III: Conquistando Seções Cônicas e Sistemas de Equações

A Parte III se concentra na elaboração de gráficos e nos sistemas de equações — tópicos que são apresentados conjuntamente devido às suas propriedades e métodos que se sobrepõem. Desenhar um gráfico é mais ou menos como pintar um quadro; você vê aquilo que o criador quer que você veja, mas também pode procurar pelos significados ocultos.

Nesta parte, você descobrirá maneiras de representar curvas matemáticas e sistemas de equações, e encontrará métodos alternativos para resolver esses sistemas. Sistemas de equações podem conter equações lineares com duas, três e até mais variáveis. Sistemas não lineares possuem curvas intersectadas por linhas, círculos intersectados uns pelos outros, e todo tipo de combinações de curvas e linhas que cruzam e recruzam umas às outras. Você também descobre como resolver sistemas de desigualdades. Isso exige um pouco de serviço na sombra — oops, não, serviço de *sombreado*. As soluções são seções inteiras de um gráfico.

Parte IV: Acelerando o Ritmo com Conceitos Avançados

Acho difícil classificar os capítulos na Parte IV em uma única palavra ou frase. Podemos simplesmente chamá-los de especiais ou consequentes. Entre os tópicos que discuto estão as matrizes, que oferecem maneiras de organizar os números e realizar operações com eles; sequências e séries, que oferecem outras maneiras de organizar os números, mas com regras melhores e mais claras de falar sobre eles; e o conjunto, um método organizacional com uma aritmética própria e especial. Parece que todos os tópicos daqui apresentam uma linha de organização comum, mas na verdade são bastante diferentes e interessantes de estudar e trabalhar. Após ter concluído essa parte, você estará em sua melhor forma para ter aulas de matemática de nível avançado.

Parte V: A Parte dos Dez

A Parte dos Dez oferece listas de curiosidades. Muitas coisas boas vêm em grupos de dez: dedos das mãos e dos pés, notas de dinheiro e as coisas da minha lista! Todo mundo tem uma maneira única de pensar sobre números e operações com números; nesta parte, você encontra dez maneiras especiais de multiplicar números de cabeça. Aposto que nunca viu todos esses truques antes! Também existem muitas maneiras de categorizar o mesmo número. O número nove é ímpar, um múltiplo de três e um número quadrado, apenas para começar. Portanto, também apresento uma lista de dez maneiras únicas de categorizar números.

Ícones Usados Neste Livro

Os ícones que aparecem neste livro são ótimos para chamar a atenção para aquilo que você precisa lembrar ou o que precisa evitar ao estudar álgebra. Pense nos ícones como placas ao longo da Estrada Álgebra II; você presta atenção às placas — e não passa por cima delas!

Este ícone apresenta as regras da estrada. Não se pode ir a lugar algum sem indicações — e em álgebra, não se pode chegar a lugar algum sem seguir as regras que governam a maneira de lidar com as operações. No lugar de "Não atravesse na faixa amarela," você vê "Inverta o sinal ao multiplicar por um negativo." Não seguir as regras resulta em todo tipo de apuros com a Polícia da Álgebra (isto é, seu professor).

Este ícone é como a placa que alerta sobre a presença de um estádio esportivo, museu ou marco histórico. Use essas informações para aprimorar sua mente, e coloque as informações em ação para melhorar suas habilidades de resolução de problemas de álgebra.

 Este ícone informa quando você chegou a um ponto na estrada em que deve absorver a informação antes de prosseguir. Pense nele como uma parada para observar um pôr do sol informativo. Não se esqueça que ainda há outros 50 quilômetros até o destino. Lembre-se de conferir suas respostas ao trabalhar com equações racionais.

 Este ícone alerta em relação aos perigos comuns e deslizes que podem enganar você — são do tipo "Cuidado com Desmoronamentos" ou "Via de Cruzamento." Aqueles que já passaram na sua frente descobriram que esses itens podem causar grandes fracassos no futuro se você não tomar cuidado.

 Sim, Álgebra II apresenta alguns itens técnicos que você pode se interessar em conhecer. Pense no termômetro ou odômetro em seu painel. As informações que eles apresentam são úteis, mas você pode dirigir sem elas, então, pode simplesmente dar uma olhadela e seguir em frente se tudo estiver em ordem.

De Lá para Cá, Daqui para Lá

Estou muito contente que você esteja disposto, capaz e pronto para começar uma investigação sobre Álgebra II. Se está tão animado que quer ler todo o material do começo ao fim, ótimo! Mas você não precisa ler o material da página um, depois a página dois e assim por diante. Pode ir direto para o tópico ou tópicos que quer ou precisa, e consultar materiais anteriores se necessário. Também pode pular adiante se sentir vontade. Incluo referências cruzadas claras nos capítulos que indicam o capítulo ou a seção em que você pode encontrar um tópico específico — especialmente se for algo que precisa para o material que está estudando ou se o tópico estender ou se aprofundar na discussão em mãos.

Você pode usar o sumário no início do livro e o índice no final para ir até o tópico que precisa estudar. Ou, se é do tipo de pessoa mais espontânea, erga o dedo, abra o livro e marque um ponto. Independentemente da sua motivação ou da técnica que utilizar para ler o livro, você não se perderá, pois pode seguir em qualquer direção a partir daqui.

Divirta-se!

Parte I:
Dominando as Soluções Básicas

Nesta parte...

Os capítulos da Parte I oferecem o básico para resolver equações algébricas. Começo com um lembrete de alguns dos pontos-chave que você estudou em Álgebra I, muito tempo atrás (ou que parece ter estudado há muito tempo, mesmo que você só tenha tirado um semestre de folga ou estivesse de férias). Você logo se lembrará que resolver uma equação para encontrar uma resposta é simplesmente formidável, excelente, demais, ou seja qual for sua expressão favorita de apreço.

Após relembrar o básico, eu apresentarei uma série de novos conceitos. Você descobrirá como resolver equações lineares, equações quadráticas e com frações, radicais e expoentes complicados. Encerrarei esta parte com um curso rápido de Gráficos Passo a Passo. Tudo isso somente pelo preço da matrícula.

Capítulo 1
Indo Além dos Fundamentos da Álgebra

Neste Capítulo
- Observando (e usando) as regras da álgebra
- Adicionando a propriedade multiplicativa de zero ao seu repertório
- Elevando a potência exponencial
- Observando produtos especiais e fatoração

Álgebra é um ramo da matemática que as pessoas estudam antes de prosseguir para outras áreas ou ramos da matemática e da ciência. Por exemplo, usam-se os processos e mecanismos da álgebra em cálculo para concluir o estudo da mudança; usa-se álgebra em probabilidade e estatística para estudar médias e expectativas; e usa-se álgebra em química para trabalhar o equilíbrio entre compostos químicos. A álgebra sozinha é harmoniosamente agradável, mas ela ganha nova vida quando utilizada para outras aplicações.

Qualquer estudo de ciência ou matemática envolve regras e padrões. Você aborda o assunto com as regras e padrões que já conhece, e complementa essas regras com um estudo mais aprofundado. A recompensa são todos os novos horizontes que se abrem.

Qualquer discussão sobre álgebra presume que você esteja usando a representação e a terminologia corretas. Álgebra I (consulte *Álgebra Para Leigos,* da editora Alta Books) começa com a combinação correta dos termos, a realização de operações com números com sinais e o uso de expoentes de modo ordenado. Você também resolve os tipos básicos de equações lineares e quadráticas. Álgebra II discute outros tipos de funções, como funções exponenciais e logarítmicas, e tópicos que servem como pontos de introdução para outros cursos de matemática.

É possível caracterizar qualquer discussão sobre álgebra — em qualquer nível — da seguinte forma: simplificar, resolver e comunicar.

Detalhando um pouco mais, os fundamentos da álgebra incluem regras para trabalhar com equações, regras para usar e combinar termos com expoentes, padrões a serem usados ao fatorar expressões e uma ordem geral para combinar todas as situações antecedentes. Neste capítulo, eu apresento esses fundamentos para que você possa aprofundar seu estudo da álgebra e se sentir confiante em suas capacidades algébricas. Consulte essas regras sempre que necessário ao investigar os diversos tópicos avançados da álgebra.

Detalhando as Propriedades da Álgebra

Os matemáticos desenvolveram as regras e as propriedades usadas em álgebra para que cada aluno, pesquisador, acadêmico curioso e *nerd* entediado que trabalhassem com o mesmo problema chegassem à mesma resposta — independentemente do tempo ou do lugar. Você não quer que as regras mudem todos os dias (e eu não quero ter de escrever um novo livro todos os anos!); quer consistência e segurança, o que pode conseguir com as fortes regras e propriedades da álgebra que apresento nesta seção.

Mantendo a ordem com a propriedade comutativa

A *propriedade comutativa* se aplica às operações de adição e multiplicação. Ela afirma que você pode mudar a ordem dos valores em uma operação sem mudar o resultado final:

$a + b = b + a$ Propriedade comutativa da adição

$a \cdot b = b \cdot a$ Propriedade comutativa da multiplicação

Se você adicionar 2 e 3, obterá 5. Se adicionar 3 e 2, ainda obterá 5. Se você multiplicar 2 por 3, obterá 6. Se multiplicar 3 por 2, ainda obterá 6.

As expressões algébricas geralmente aparecem em uma ordem específica, o que é útil quando você tem de lidar com variáveis e coeficientes. A parte do número vem primeiro, seguida pelas letras, em ordem alfabética. Mas a beleza da propriedade comutativa é que $2xyz$ é o mesmo que $x2zy$. Você não tem um bom motivo para escrever a expressão nessa segunda ordem misturada, mas é útil saber que pode trocar a ordem quando precisar.

Mantendo a harmonia do grupo com a propriedade associativa

Assim como a propriedade comutativa (consulte a seção anterior), a propriedade associativa se aplica somente às operações de adição e multiplicação. A *propriedade associativa* afirma que você pode mudar o agrupamento das operações sem mudar o resultado:

$a + (b + c) = (a + b) + c$ Propriedade associativa da adição

$a \cdot (b \cdot c) = (a \cdot b)c$ Propriedade associativa da multiplicação

Capítulo 1: Indo Além dos Fundamentos da Álgebra

Você pode usar a propriedade associativa da adição ou da multiplicação em seu benefício ao simplificar expressões. E se utilizar a propriedade comutativa quando necessário, terá uma combinação poderosa. Por exemplo, ao simplificar $(x + 14) + (3x + 6)$, você pode começar dispensando os parênteses (graças à propriedade associativa). Você então troca os dois termos do meio de lugar, usando a propriedade comutativa da adição. Concluímos reassociando os termos com parênteses e combinando os termos semelhantes:

$$(x + 14) + (3x + 6)$$
$$= x + 14 + 3x + 6$$
$$= x + 3x + 14 + 6$$
$$= (x + 3x) + (14 + 6)$$
$$= 4x + 20$$

Os passos do processo anterior envolvem muito mais detalhes do que você realmente precisa. Você provavelmente resolveu o problema, conforme a primeira afirmação, de cabeça. Eu apresento os passos para ilustrar como as propriedades comutativa e associativa trabalham conjuntamente. Agora, é possível aplicá-las a situações mais complexas.

Distribuindo uma variedade de valores

A *propriedade distributiva* afirma que você pode multiplicar cada termo em uma expressão dentro de um parêntese pelo coeficiente fora do parêntese sem mudar o valor da expressão. Ela usa uma operação, a multiplicação, e a distribui pelos outros termos, os quais você adiciona e subtrai:

$a(b + c) = a \cdot b + a \cdot c$ Multiplicação distributiva com adição

$a(b - c) = a \cdot b - a \cdot c$ Multiplicação distributiva com subtração

Por exemplo, você pode usar a propriedade distributiva no problema $12\left(\dfrac{1}{2} + \dfrac{2}{3} - \dfrac{3}{4}\right)$ para facilitar sua vida. Você distribui o 12 nas frações multiplicando cada fração por 12 e então combinando os resultados:

$$12\left(\dfrac{1}{2} + \dfrac{2}{3} - \dfrac{3}{4}\right)$$
$$= 12 \cdot \dfrac{1}{2} + 12 \cdot \dfrac{2}{3} - 12 \cdot \dfrac{3}{4}$$
$$= {}^6\cancel{12} \cdot \dfrac{1}{\cancel{2}_1} + {}^4\cancel{12} \cdot \dfrac{2}{\cancel{3}_1} + {}^3\cancel{12} \cdot \dfrac{3}{\cancel{4}_1}$$
$$= 6 + 8 - 9$$
$$= 5$$

Encontrar a resposta com a propriedade distributiva é muito mais fácil que trocar todas as frações por frações equivalentes com denominadores comuns de 12, combiná-las e depois multiplicá-las por 12.

Você pode usar a propriedade distributiva para simplificar equações — em outras palavras, pode prepará-las para serem resolvidas. Você também faz o oposto da propriedade distributiva ao *fatorar* expressões; consulte a seção "Implementando as Técnicas de Fatoração" posteriormente, neste capítulo.

Conferindo uma identidade algébrica

Os números zero e um possuem papéis especiais em álgebra — enquanto identidades. Usam-se as *identidades* em álgebra ao resolver equações e simplificar expressões. Você precisa manter uma expressão como sendo igual ao mesmo valor, mas quer mudar seu formato; para isso, usa uma identidade de uma maneira ou de outra:

$a + 0 = 0 + a = a$ A *identidade aditiva* é zero. Adicionar zero a um número não muda esse número; ele mantém sua identidade.

$a \cdot 1 = 1 \cdot a = a$ A *identidade multiplicativa* é um. Multiplicar um número por um não muda esse número; ele mantém sua identidade.

Aplicando a identidade aditiva

Uma situação que pede o uso da identidade aditiva é quando você quer mudar o formato de uma expressão para que possa fatorá-la. Por exemplo, tome a expressão $x^2 + 6x$ e adicione 0 a ela. Você obtém $x^2 + 6x + 0$, o que não é muito útil para você (nem para mim). Mas e se substituirmos esse 0 por 9 e -9? Agora você tem $x^2 + 6x + 9 - 9$, que pode ser escrito como $(x^2 + 6x + 9) - 9$ e fatorado como $(x + 3)^2 - 9$. Por que você iria querer fazer isso? Vá até o Capítulo 11 e leia sobre as seções cônicas para saber o porquê. Ao adicionar e subtrair 9, você adiciona 0 — a identidade aditiva.

Tomando decisões sobre identidades múltiplas

Usa-se a identidade multiplicativa extensivamente ao se trabalhar com frações. Sempre que você reescreve frações com um denominador comum, na verdade está multiplicando por um. Se você quer que a fração $\frac{7}{2x}$ tenha um denominador de $6x$, por exemplo, você multiplica tanto o numerador quanto o denominador por 3:

$$\frac{7}{2x} \cdot \frac{3}{3} = \frac{21}{6x}$$

Agora você está pronto para resolver as frações que escolher.

Cantando in-versos

Você pode se deparar com dois tipos de *inversos* em álgebra: inversos aditivos e inversos multiplicativos. O inverso aditivo corresponde à identidade aditiva, e o inverso multiplicativo corresponde à identidade multiplicativa. O inverso aditivo soma zero, e o inverso multiplicativo produz um.

Um número e seu *inverso aditivo* somam zero. Um número e seu *inverso multiplicativo* têm um produto de um. Por exemplo, -3 e 3 são inversos aditivos; o inverso multiplicativo de -3 é $-\frac{1}{3}$. Inversos são bastante utilizados quando você está resolvendo equações e quer isolar a variável. Usam-se inversos adicionando-os para obter zero próximo à variável ou multiplicando-os para obter um como o multiplicador (ou o coeficiente) da variável.

Ordenando as Operações

Quando os matemáticos passaram a usar símbolos no lugar de palavras para descrever os processos matemáticos, tinham como objetivo facilitar o máximo possível o trabalho com os problemas; entretanto, ao mesmo tempo, eles queriam que todos soubessem o que se queria dizer com uma expressão e que todos obtivessem a mesma resposta para um problema. Juntamente com as representações especiais, foi introduzido um conjunto especial de regras sobre como lidar com mais de uma operação em uma expressão. Por exemplo, se você trabalhar com o problema $4 + 3^2 - 5 \cdot 6 + \sqrt{23-7} + \frac{14}{2}$, tem de decidir quando adicionar, subtrair, multiplicar, dividir, tirar a raiz e trabalhar com o expoente.

A *ordem das operações* dita que você siga esta sequência:

1. Eleve às potências ou encontre as raízes.

2. Multiplique ou divida.

3. Adicione ou subtraia.

Se você tiver de realizar mais de uma operação do mesmo nível, trabalhe essas operações indo da esquerda para a direita. Se qualquer símbolo de agrupamento aparecer, realize a operação dentro dos símbolos de agrupamento primeiro.

Assim, para resolver o problema do exemplo anterior, siga a ordem das operações:

1. O radical age como um símbolo de agrupamento, por isso, você subtrai o que está no radical primeiro: $4 + 3^2 - 5 \cdot 6 + \sqrt{16} + \frac{14}{2}$.

2. Eleve à potência e encontre a raiz: $4 + 9 - 5 \cdot 6 + 4 + \frac{14}{2}$.

3. Realize a multiplicação e a divisão: 4 + 9 − 30 + 4 + 7.

4. Adicione e subtraia, indo da esquerda para a direita: 4 + 9 − 30 + 4 + 7 = − 6.

Equipando-se com a Propriedade Multiplicativa de Zero

Você pode estar pensando que multiplicar por zero não apresenta grandes problemas. Afinal, zero vezes qualquer coisa é zero, certo? Sim, e *esse* é o grande problema. Você pode usar a propriedade multiplicativa de zero ao resolver equações. Se puder fatorar uma equação — em outras palavras, escrevê-la como o produto de dois ou mais multiplicadores — poderá aplicar a propriedade multiplicativa de zero para resolver a equação. A *propriedade multiplicativa de zero* afirma que:

Se o produto de $a \cdot b \cdot c \cdot d \cdot e \cdot f = 0$, ao menos um dos fatores tem de representar o número 0.

A única maneira em que o produto de dois ou mais valores pode ser zero é se pelo menos um dos valores for zero. Se você multiplicar (16)(467)(11)(9)(0), o resultado será 0. Não importa quais são os outros números – o zero sempre vence.

O motivo pelo qual essa propriedade é tão útil ao resolver equações é que se você quiser resolver a equação $x^7 − 16x^5 + 5x^4 − 80x^2 = 0$, por exemplo, precisará dos números que substituem os x para tornar a equação uma afirmação verdadeira. Essa equação, especificamente, é fatorada como $x^2 (x^3 + 5)(x − 4)(x + 4) = 0$. O produto dos quatro fatores mostrados aqui é zero. A única maneira em que o produto pode ser zero é se um ou mais dos fatores for zero. Por exemplo, se $x = 4$, o terceiro fator é zero, e todo o produto é igual a zero. Além disso, se x é igual a zero, todo o produto é zero. (Consulte os Capítulos 3 e 8 para obter mais informações sobre fatoração e o uso da propriedade multiplicativa de zero para resolver equações.)

O nascimento dos números negativos

No início da álgebra, os números negativos não eram uma entidade aceita. Os matemáticos tinham dificuldade em explicar exatamente o que os números ilustravam; era muito difícil elaborar exemplos concretos. Um dos primeiros matemáticos que aceitou os números negativos foi Fibonacci, um matemático italiano. Quando ele estava trabalhando em um problema financeiro, viu que precisava de um número negativo para resolver o problema. Ele o descreveu como uma perda e proclamou: "Demonstrei que isso é insolúvel, a menos que seja reconhecido que o homem tinha uma dívida".

Expondo as Regras Exponenciais

Há centenas de anos, os matemáticos apresentaram as potências das variáveis e os números chamados de *expoentes*. No entanto, o uso dos expoentes não se tornou imediatamente popular. Acadêmicos em todo o mundo tiveram de ser convencidos. Por fim, a representação rápida e eficaz dos expoentes acabou vencendo, e nós nos beneficiamos de seu uso hoje em dia. Em vez de escrever *xxxxxxxx*, usa-se o expoente 8 escrevendo-se x^8. Essa forma é mais fácil de ser lida e muito mais rápida.

A expressão a^n é uma expressão exponencial com uma *base* de a em um *expoente* de n. O n diz quantas vezes você deve multiplicar a por si mesmo.

Usam-se os *radicais* para mostrar as raízes. Quando você vir $\sqrt{16}$, saberá que está procurando o número que se multiplica por si mesmo para resultar em 16. A resposta? Quatro, é claro. Se você colocar um pequeno sobrescrito à frente do radical, denotará uma raiz cúbica, uma raiz elevada à quarta potência, e assim por diante. Por exemplo, $\sqrt[4]{81} = 3$, pois o número 3 multiplicado por si mesmo quatro vezes é igual a 81. Você também pode substituir os radicais por expoentes fracionários — termos que os tornam mais fáceis de serem combinados. Esse sistema de expoentes é bastante sistemático e prático — graças aos matemáticos que vieram antes de nós.

Multiplicação e divisão de expoentes

Quando dois números ou variáveis possuem a mesma base, você pode multiplicar ou dividir esses números ou variáveis adicionando ou subtraindo seus expoentes:

- $a^n \cdot a^m = a^{m+n}$: Ao multiplicar números com a mesma base, você adiciona os expoentes.
- $\dfrac{a^m}{a^n} = a^{m-n}$: Ao dividir números com a mesma base, você subtrai os expoentes (numerador - denominador).

Para multiplicar $x^4 \cdot x^5$, por exemplo, você adiciona: $x^{4+5} = x^9$. Ao dividir x^8 por x^5, você subtrai: $\dfrac{x^8}{x^5} = x^{8-5} = x^3$.

Você deve assegurar-se de que as bases das expressões são iguais. É possível combinar 3^2 e 3^4, mas não se pode usar as regras dos expoentes em 3^2 e 4^3.

Chegando à raiz dos expoentes

As expressões radicais — como raízes quadradas, raízes cúbicas, raízes à quarta potência, e assim por diante — aparecem com um radical para mostrar a raiz. Outra maneira de escrever esses valores é usando expoentes fracionários. Você terá mais facilidade em combinar variáveis com a mesma base se elas tiverem expoentes fracionários no lugar do formato do radical:

- $\sqrt[n]{x} = x^{1/n}$: A raiz vai no denominador do expoente fracionário.
- $\sqrt[n]{x^m} = x^{m/n}$: A raiz vai no denominador do expoente fracionário, e a potência vai no numerador.

Assim, pode-se dizer $\sqrt{x} = x^{1/2}$, $\sqrt[3]{x} = x^{1/3}$, $\sqrt[4]{x} = x^{1/4}$ e assim por diante, bem como $\sqrt[5]{x^3} = x^{3/5}$. Para simplificar uma expressão radical como $\dfrac{\sqrt[4]{x} \; \sqrt[6]{x^{11}}}{2\sqrt{x^3}}$, você muda os radicais para expoentes e aplica as regras da multiplicação e divisão de valores com a mesma base (consulte a seção anterior):

$$\dfrac{\sqrt[4]{x} \; \sqrt[6]{x^{11}}}{2\sqrt{x^3}} = \dfrac{x^{1/4} \cdot x^{11/6}}{x^{3/2}}$$

$$= \dfrac{x^{1/4 + 11/6}}{x^{3/2}} = \dfrac{x^{3/12 + 22/12}}{x^{18/12}}$$

$$= \dfrac{x^{25/12}}{x^{18/12}} = x^{25/12 - 18/12}$$

$$= x^{7/12}$$

Aumentando ou diminuindo o limite com expoentes

Você pode elevar números ou variáveis com expoentes a potências mais altas ou reduzi-los a potências mais baixas tirando as raízes. Ao elevar uma potência a outra potência, você multiplica os expoentes. Ao tirar a raiz de uma potência, você divide os expoentes:

- $(a^m)^n = a^{m \cdot n}$: Eleve uma potência a outra potência multiplicando os expoentes.
- $\sqrt[m]{a^n} = (a^n)^{1/m} = a^{n/m}$: Reduza a potência ao tirar uma raiz dividindo os expoentes.

A segunda regra pode parecer familiar — é uma das regras que governa a mudança de radical para expoente fracionário (consulte o Capítulo 4 para saber mais sobre como trabalhar com radicais e expoentes fracionários).

Aqui está um exemplo de como aplicar as duas regras ao simplificar uma expressão:

$$\sqrt[3]{(x^4)^6} \cdot x^9 = \sqrt[3]{x^{24} \cdot x^9} = \sqrt[3]{x^{33}} = x^{33/3} = x^{11}$$

Dando-se bem com expoentes negativos

Usam-se expoentes negativos para indicar que um número ou variável deve estar no denominador do termo:

$$a^{-1} = \frac{1}{a}$$
$$a^{-n} = \frac{1}{a^n}$$

Escrever variáveis com expoentes negativos permite que você combine essas variáveis com outros fatores que compartilham da mesma base. Por exemplo, se você tiver a expressão $\frac{1}{x^4} \cdot x^7 \cdot \frac{3}{x}$, pode reescrever as frações usando expoentes negativos e depois simplificar usando as regras da multiplicação de fatores com a mesma base (consulte "Multiplicando e dividindo expoentes"):

$$\frac{1}{x^4} \cdot x^7 \cdot \frac{3}{x} = x^{-4} \cdot x^7 \cdot 3x^{-1} = 3x^{-4+7-1} = 3x^2$$

Implementando as Técnicas de Fatoração

Ao *fatorar* uma expressão algébrica, você reescreve as somas e diferenças dos termos como um produto. Por exemplo, os três termos $x^2 - x - 42$ são escritos no formato fatorado como $(x-7)(x+6)$. A expressão muda de três termos para um grande termo multiplicado. Você pode fatorar dois termos, três termos, quatro termos, e assim por diante, com diferentes objetivos. A fatoração é útil ao estabelecer as formas fatoradas como sendo iguais a zero para resolver uma equação. Numeradores e denominadores fatorados em frações também possibilitam a redução das frações.

Você pode pensar na fatoração como o oposto da distribuição. Há bons motivos para distribuir ou multiplicar por um valor — o processo permite que você combine os termos semelhantes e simplifique expressões. Fatorar um fator comum também tem seus propósitos para resolver equações e combinar frações. Os diferentes formatos são equivalentes — eles apenas têm usos diversificados.

Fatorando dois termos

Quando uma expressão algébrica tem dois termos, há quatro opções diferentes para sua fatoração — isso se a expressão puder ser fatorada. Se você experimentar os seguintes quatro métodos e nenhum deles funcionar, pode parar de tentar; a expressão simplesmente não pode ser fatorada:

$ax + ay = a(x + y)$ Máximo fator comum

$x^2 - a^2 = (x - a)(x + a)$ Diferença entre dois quadrados perfeitos

$x^3 - a^3 = (x - a)(x^2 + ax + a^2)$ Diferença entre dois cubos perfeitos

$x^3 + a^3 = (x + a)(x^2 - ax + a^2)$ Soma de dois cubos perfeitos

Em geral, verificamos se há um máximo fator comum antes de tentar qualquer um dos outros métodos. Ao tirar o fator comum, geralmente tornamos os números menores e mais trabalháveis, o que nos ajuda a ver claramente se qualquer outra fatoração é necessária.

Para fatorar a expressão $6x^4 - 6x$, por exemplo, primeiro fatore o fator comum, 6x, e depois use o padrão para a diferença entre dois cubos perfeitos:

$6x^4 - 6x = 6x(x^3 - 1)$

$= 6x(x - 1)(x^2 + x + 1)$

Um *trinômio quadrático* é um polinômio de três termos com um termo elevado à segunda potência. Quando você vê algo como $x^2 + x + 1$ (como nesse caso), imediatamente pensa na possibilidade de fatorar essa expressão como o produto de dois binômios. Pode parar por aí. Esses trinômios que aparecem com cubos fatorados simplesmente não cooperam.

Mantendo em mente minha dica de começar um problema procurando pelo máximo fator comum, observe a expressão de exemplo $48x^3y^2 - 300x^3$. Ao fatorar a expressão, você primeiro divide o fator comum, $12x^3$, para obter $12x^3(4y^2 - 25)$. Você então fatora a diferença de quadrados perfeitos nos parênteses: $48x^3y^2 - 300x^3 = 12x^3(2y - 5)(2y + 5)$.

Mais um exemplo: A expressão $z^4 - 81$ é a diferença de dois quadrados perfeitos. Ao fatorá-la, você obtém $z^4 - 81 = (z^2 - 9)(z^2 + 9)$. Observe que o primeiro fator também é a diferença de dois quadrados – você pode fatorar novamente. O segundo termo, no entanto, é a soma de quadrados — você não pode fatorá-lo. Com cubos perfeitos, você pode fatorar diferenças e somas, mas isso não ocorre no caso dos quadrados. Assim, a fatoração de $z^4 - 81$ é $(z - 3)(z + 3)(z^2 + 9)$.

Resolvendo três termos

Quando uma expressão quadrática possui três termos, fazendo dela um *trinômio*, você tem duas maneiras diferentes de fatorá-la. Um método é fatorar um fator máximo comum, e o outro é encontrar dois binômios cujo produto seja idêntico aos três termos:

$ax + ay + az = a(x + y + z)$ Máximo fator comum

$x^{2n} + (a + b)x^n + ab = (x^n + a)(x^n + b)$ Dois binômios

Geralmente, é possível identificar o máximo fator comum com facilidade; vemos um múltiplo de algum número ou variável em cada termo. Com o produto de dois binômios, você só tem de tentar até encontrar o produto ou se conformar de que ele não existe.

Por exemplo, podemos fatorar $6x^3 - 15x^2y + 24xy^2$ dividindo cada termo pelo fator comum, $3x$: $6x^3 - 15x^2y + 24xy^2 = 3x(2x^2 - 5xy + 8y^2)$.

Você deve procurar primeiro pelo fator comum; geralmente é mais fácil fatorar expressões quando os números são menores. No exemplo anterior, tudo o que você pode fazer é tirar esse fator comum — o trinômio é um número *primo* (não é possível fatorá-lo mais).

Trinômios que são fatorados como o produto de dois binômios possuem potências relacionadas nas variáveis em dois dos termos. O relacionamento entre as potências é que uma equivale a duas vezes a outra. Ao fatorar um trinômio como o produto de dois binômios, você primeiro deve procurar se há um produto especial: um trinômio de quadrado perfeito. Em caso negativo, pode prosseguir com o método *unFOIL*. O acrônimo FOIL (em inglês) ajuda você a multiplicar dois binômios (*First* – Primeiro –; *Outer* – Externo –; *Inner* – Interno –; *Last* – Último); o método *unFOIL* ajuda a fatorar o produto desses binômios.

Encontrando trinômios de quadrados perfeitos

Um *trinômio de quadrado perfeito* é uma expressão com três termos, resultante da elevação de um binômio ao quadrado — multiplicando-o por ele mesmo. Trinômios de quadrado perfeito são bastante fáceis de serem identificados — seu primeiro e último termos são quadrados perfeitos, e o termo do meio equivale a duas vezes o produto das raízes do primeiro e do último termos:

$$a^2 + 2ab + b^2 = (a + b)^2$$
$$a^2 - 2ab + b^2 = (a - b)^2$$

Para fatorar $x^2 - 20x + 100$, por exemplo, você deve primeiro reconhecer que $20x$ é duas vezes o produto da raiz de x^2 e a raiz de 100; portanto, a fatoração é $(x - 10)^2$. Uma expressão que não é tão óbvia é $25y^2 + 30y + 9$. Você pode ver que o primeiro e o último termos são quadrados perfeitos. A raiz de $25y^2$ é $5y$, e a raiz de 9 é 3. O termo do meio, $30y$, é duas vezes o produto de $5y$ e 3, assim, você tem um trinômio de quadrado perfeito que é fatorado como $(5y + 3)^2$.

Recorrendo ao unFOIL

Ao fatorar um trinômio resultante da multiplicação de dois binômios, você tem de bancar o detetive e juntar as partes do quebra-cabeça. Observe o seguinte produto generalizado de binômios e o padrão que aparece:

$$(ax + b)(cx + d) = acx^2 + adx + bcx + bd = acx^2 + (ad + bc)x + bd$$

Então, onde entra o FOIL? É preciso aplicar o método FOIL antes de aplicar o unFOIL, você não acha?

O F em FOIL significa "First" (Primeiro). No problema anterior, os primeiros termos são *ax* e *cx*. Você multiplica esses termos para obter acx^2. Os termos externos são *ax* e *d*. Sim, você já usou o *ax*, mas cada um dos termos terá dois nomes diferentes. Os termos internos são *b* e *cx*; os produtos externo e interno são, respectivamente, *adx* e *bcx*. Adicione esses dois valores. (Não se preocupe; quando você estiver trabalhando com números, eles irão combinar.) Os últimos termos, *b* e *d*, possuem produto de *bd*. Aqui está um exemplo real que usa o método FOIL para multiplicar — trabalhando com números como coeficientes em vez de letras:

$$(4x + 3)(5x - 2) = 20x^2 - 8x + 15x - 6 = 20x^2 + 7x - 6$$

Agora, pense em todos os trinômios quadráticos como tendo o formato $acx^2 + (ad + bc)x + bd$. O coeficiente do termo x^2, *ac*, é o produto dos coeficientes dos dois termos com *x* nos parênteses; o último termo, *bd*, é o produto dos dois segundos termos nos parênteses; e o coeficiente do termo do meio é a soma dos produtos externo e interno. Para fatorar esses trinômios como o produto de dois binômios, você deve usar o oposto do método FOIL.

Aqui estão os passos básicos que você deve realizar para aplicar o método unFOIL em um trinômio:

1. Determine todas as maneiras como você pode multiplicar dois números para obter *ac*, o coeficiente do termo ao quadrado.

2. Determine todas as maneiras como você pode multiplicar dois números para obter *bd*, o termo constante.

3. Se o último termo for positivo, encontre a combinação de fatores dos Passos 1 e 2 cuja *soma* é esse termo do meio; se o último termo for negativo, a combinação de fatores deve ser uma diferença.

4. Disponha suas opções como binômios, de forma que os fatores se alinhem corretamente.

5. Insira os sinais de + e – para terminar a fatoração e coloque o sinal do termo do meio de maneira correta.

Dispor os fatores nos binômios não oferece os sinais de positivo ou negativo no padrão unFOIL — a parte dos sinais é calculada de maneira diferente. As possíveis disposições de sinais são mostradas nas seções que se seguem. (Para obter uma explicação mais detalhada dos métodos FOIL e unFOIL, consulte *Álgebra Para Leigo da* Alta Books.)

Aplicando unFOIL em + +

Uma das disposições de sinais que você encontra ao fatorar trinômios tem todos os termos separados por sinais positivos (+).

Como o último termo no trinômio de exemplo, *bd*, é positivo, os dois binômios irão conter a mesma operação — o produto de dois números positivos é positivo, e o produto de dois números negativos é positivo.

Para fatorar $x^2 + 9x + 20$, por exemplo, você precisa encontrar dois termos cujo produto seja 20 e cuja soma seja 9. O coeficiente do termo ao quadrado é 1, por isso, você não tem de levar nenhum outro fator em consideração. É possível chegar ao número 20 por meio de $1 \cdot 20$, $2 \cdot 10$ ou $4 \cdot 5$. O último par deve ser sua escolha, pois $4 + 5 = 9$. Dispondo os fatores e x em binômios, você obtém $x^2 + 9x + 20 = (x + 4)(x + 5)$.

Aplicando unFOIL em – +

Uma segunda disposição em um trinômio possui uma operação de subtração ou sinal negativo na frente do termo do meio e um último termo positivo. Os dois binômios na fatoração de tal trinômio apresentam uma operação de subtração.

O ponto-chave pelo qual você está procurando é a soma dos produtos externo e interno, pois os sinais precisam ser os mesmos.

Digamos que você queira fatorar o trinômio $3x^2 - 25x + 8$, por exemplo. Comece procurando os fatores de 3; você encontrará apenas um, $1 \cdot 3$. Procure também os fatores de 8, que são $1 \cdot 8$ ou $2 \cdot 4$. Sua única opção para os primeiros termos nos binômios é $(1x \quad)(3x \quad)$. Agora você deve escolher entre 1 e 8 ou 2 e 4 de forma que, quando colocar os números nas segundas posições nos binômios, os produtos externo e interno somem 25. Usando 1 e 8, você multiplica $3x$ por 8 e $1x$ por 1 – chegando à soma de 25. Assim, $3x^2 - 25x + 8 = (x - 8)(3x - 1)$. Você não precisa escrever o coeficiente 1 no primeiro x – o 1 fica subentendido.

Aplicando unFOIL em + – ou – –

Quando o último termo em um trinômio for negativo, você precisa procurar pela diferença entre os produtos. Ao fatorar $x^2 + 2x - 24$ ou $6x^2 - x - 12$, por exemplo, as operações nos dois binômios precisam ser uma positiva e a outra negativa. Ter sinais opostos é o que cria um último termo negativo.

Para fatorar $x^2 + 2x - 24$, você precisa de dois números cujo produto seja 24 e cuja diferença seja 2. Os fatores de 24 são $1 \cdot 24$, $2 \cdot 12$, $3 \cdot 8$ ou $4 \cdot 6$. O primeiro termo tem um coeficiente de 1, por isso, você pode se concentrar somente nos fatores de 24. O par que você está procurando é $4 \cdot 6$. Escreva os binômios com os x, o 4 e o 6; você pode esperar até o final do processo para inserir os sinais. Você decide que $(x\ 4)(x\ 6)$ é a disposição ideal. Você quer que a diferença entre os produtos externo e interno seja positiva, por isso, faça com que o 6 seja positivo e o 4 negativo. Escrevendo a fatoração, temos $x^2 + 2x - 24 = (x - 4)(x + 6)$.

A fatoração de $6x^2 - x - 12$ é um pouco mais desafiadora, pois você tem de considerar ambos os fatores de 6 e os fatores de 12. Os fatores de 6 são $1 \cdot 6$ ou $2 \cdot 3$, e os fatores de 12 são $1 \cdot 12$, $2 \cdot 6$ ou $3 \cdot 4$. Por mais que eu possa parecer uma feiticeira, não posso oferecer uma forma mágica de escolher a melhor combinação. É preciso prática e sorte. Mas se você escrever todas as opções possíveis, pode riscá-las à medida que determina quais não funcionam. Você pode começar com o fator 2 e 3 para o 6. Os binômios são $(2x\ )(3x\ )$. Não insira sinais até o final do processo. Agora, usando os fatores de 12, procure um par que ofereça uma diferença de 1 entre os produtos externo e interno. Experimente o produto de 3 · 4, juntando o 3 com o $3x$ e o 4 com o $2x$. Bingo! Aí está. Você quer $(2x\ 3)(3x\ 4)$. Multiplique 3 e $3x$, pois eles estão em parênteses diferentes — e não no mesmo. A diferença tem de ser negativa, então, você pode pôr o sinal de negativo na frente do 3 no primeiro binômio: $6x^2 - x - 12 = (2x - 3)(3x + 4)$.

Fatorando quatro ou mais termos por agrupamento

Quando quatro ou mais termos se juntam para formar uma expressão, você tem desafios maiores na fatoração. Assim como com uma expressão com menos termos, você sempre deve procurar por um máximo fator comum primeiro. Se não conseguir encontrar um fator comum a todos os termos ao mesmo tempo, sua outra opção é o *agrupamento*. Para agrupar, considere dois termos por vez e procure fatores comuns para cada um dos pares individualmente. Após fatorar, veja se os novos agrupamentos têm um fator comum. A melhor maneira de explicar isso é demonstrar a fatoração por agrupamento em $x^3 - 4x^2 + 3x - 12$ e depois em $xy^2 - 2y^2 - 5xy + 10y - 6x + 12$.

Os quatro termos $x^3 - 4x^2 + 3x - 12$ não têm um fator comum. Entretanto, os primeiros dois termos têm um fator comum de x^2, e os últimos dois termos têm um fator comum de 3:

$$x^3 - 4x^2 + 3x - 12 = x^2(x - 4) + 3(x - 4)$$

Observe que agora você tem dois termos, e não quatro, e ambos apresentam o fator $(x - 4)$. Agora, fatorando $(x - 4)$ de cada termo, temos $(x - 4)(x^2 + 3)$.

Fatorar por agrupamento só funciona se um novo fator comum aparecer — exatamente o mesmo em cada um dos termos.

Os seis termos $xy^2 - 2y^2 - 5xy + 10y - 6x + 12$ não têm um fator comum, mas, ao considerá-los dois por vez, você pode tirar os fatores y^2, $-5y$ e -6. Fatorando por agrupamento, chegamos ao seguinte:

$$xy^2 - 2y^2 - 5xy + 10y - 6x + 12 = y^2(x - 2) - 5y(x - 2) - 6(x - 2)$$

Os três novos termos têm um fator comum de $(x - 2)$, assim, a fatoração se torna $(x - 2)(y^2 - 5y - 6)$. O trinômio que você cria se encaixa no método de fatoração unFOIL (consulte a seção anterior):

$$(x - 2)(y^2 - 5y - 6) = (x - 2)(y - 6)(y + 1)$$

Fatorado, e pronto para partir!

Capítulo 2

Andando Numa Linha Reta: Equações Lineares

Neste Capítulo

▶ Isolando valores de x em equações lineares

▶ Comparando valores de incógnitas com desigualdades

▶ Avaliando o valor absoluto em equações e desigualdades

O termo *linear* implica a palavra *linha* em si, e a inferência óbvia é que você pode grafar muitas equações lineares como linhas. Mas as expressões lineares podem vir em muitos tipos de pacotes, não somente em equações ou linhas. Adicione uma ou duas operações interessantes, coloque diversos termos de primeiro grau juntos, junte um termo conectivo engraçado, e você poderá construir todo tipo de criativos desafios matemáticos. Neste capítulo, você descobrirá como trabalhar com equações lineares, o que fazer com as respostas de desigualdades lineares e como reescrever equações lineares de valor absoluto e desigualdades para poder resolvê-las.

Equações Lineares: Lidando com o Primeiro Grau

Equações lineares apresentam variáveis que chegam somente ao primeiro grau, o que significa que a potência mais alta de qualquer variável que você deverá encontrar é um. O formato geral de uma equação linear com uma variável é:

$$ax + b = c$$

A única variável é x. (Se você for até o Capítulo 12, poderá ver equações lineares com duas ou três variáveis.) Mas, independentemente do número de variáveis que houver, o tema comum às equações lineares é que cada variável tem somente uma solução ou valor que funciona na equação.

O gráfico da única solução, se você realmente quiser desenhá-lo, é um ponto na reta numérica — a resposta da equação. Quando você aumenta a aposta para duas variáveis em uma equação linear, o gráfico de todas as soluções (há infinitas soluções) é uma linha reta. Qualquer ponto na reta é uma solução. Três variáveis significa que você tem um plano — uma superfície plana.

Em geral, a álgebra usa as letras do final do alfabeto para as variáveis; as letras do início do alfabeto são reservadas para os coeficientes e os termos constantes.

Trabalhando com equações lineares básicas

Para resolver uma equação linear, você isola a variável em um lado da equação adicionando o mesmo número a ambos os lados — ou pode subtrair, multiplicar ou dividir o mesmo número em ambos os lados.

Por exemplo, a equação $4x - 7 = 21$ é resolvida adicionando 7 a cada um dos lados da equação, para isolar a variável e o multiplicador, e então dividindo cada lado por 4, para deixar a variável sozinha:

$$4x - 7 + 7 = 21 + 7 \rightarrow 4x = 28$$

$$4x \div 4 = 28 \div 4 \rightarrow x = 7$$

Quando uma equação linear possui símbolos de agrupamento como parênteses, colchetes ou chaves, você trabalha qualquer distribuição e simplificação dentro dos símbolos de agrupamento antes de isolar a variável. Por exemplo, para resolver a equação $5x - [3(x + 2) - 4(5 - 2x) + 6] = 20$, primeiro distribua o 3 e o – 4 dentro dos colchetes:

$$5x - [3(x + 2) - 4(5 - 2x) + 6] = 20$$

$$5x - [3x + 6 - 20 + 8x + 6] = 20$$

Você então combina os termos semelhantes e distribui o sinal de negativo (–) na frente do colchete; é como multiplicar por – 1:

$$5x - [11x - 8] = 20$$

$$5x - 11x + 8 = 20$$

Simplifique novamente, e poderá encontrar x:

$$-6x + 8 = 20$$
$$-6x = 12$$
$$x = -2$$

Ao distribuir um número ou sinal de negativo pelos termos dentro de um símbolo de agrupamento, assegure-se de multiplicar *cada* termo por esse valor ou sinal. Se não multiplicar cada um dos termos, a nova expressão não será equivalente à original.

Para conferir sua resposta do problema do exemplo anterior, substitua cada x na equação original por -2. Ao fazer isso, você obtém uma afirmação verdadeira. Nesse caso, chegamos a $20 = 20$. A solução -2 é a única resposta que funciona — concentrar seu trabalho em apenas uma resposta é o lado bom das equações lineares.

Eliminando as frações

O problema com as frações é que, assim como os gatos, elas não são especialmente fáceis de lidar. Elas sempre insistem em ter vontade própria — na forma de denominadores comuns, antes de você poder adicionar ou subtrair. E quanto à divisão? Nem comece!

Na verdade, entretanto, a melhor maneira de trabalhar com equações lineares que envolvem variáveis misturadas a frações é se livrar das frações. O plano de jogo é multiplicar ambos os lados da equação pelo mínimo denominador comum de todas as frações na equação.

Para resolver $\dfrac{x+2}{5} + \dfrac{4x+2}{7} = \dfrac{9-x}{2}$, por exemplo, multiplique cada termo na equação por 70 – o mínimo denominador comum (também conhecido como *mínimo múltiplo comum*) para frações com os denominadores 5, 7 e 2:

$$^{14}\cancel{70}\left(\frac{x+2}{\cancel{5}_1}\right) + {}^{10}\cancel{70}\left(\frac{4x+2}{\cancel{7}_1}\right) = {}^{35}\cancel{70}\left(\frac{9-x}{\cancel{2}_1}\right)$$

Agora, distribua os números reduzidos em cada parêntese, combine os termos semelhantes e encontre x:

$$14(x+2) + 10(4x+2) = 35(9-x)$$
$$14x + 28 + 40x + 20 = 315 - 35x$$
$$54x + 48 = 315 - 35x$$
$$89x = 267$$
$$x = 3$$

Soluções estranhas (falsas) podem ocorrer quando você altera o formato original de uma equação. Ao trabalhar com frações e mudar o formato de uma equação para um formato que é mais facilmente resolvido, sempre confirme sua resposta com a equação original. Para o problema do exemplo anterior, insira $x = 3$ em $\frac{x+2}{5} + \frac{4x+2}{7} = \frac{9-x}{2}$ e obtenha $3 = 3$.

Isolando valores desconhecidos diferentes

Quando vemos somente uma variável em uma equação, é possível ter uma noção bastante clara do que encontrar. Quando temos uma equação como $4x + 2 = 11$ ou $5(3z - 11) + 4z = 15(8 + z)$, identificamos a única variável e começamos a resolvê-la.

No entanto, a vida nem sempre é tão fácil quanto equações com uma variável. Ser capaz de resolver uma equação para encontrar alguma variável quando ela contém mais de um valor desconhecido pode ser útil em muitas situações. Se você estiver repetindo diversas vezes uma tarefa — como experimentar diferentes larguras de um jardim ou diâmetros de uma piscina para encontrar o melhor tamanho — poderá encontrar uma das variáveis na equação em relação às outras.

A equação $A = \frac{1}{2}h(b_1 + b_2)$, por exemplo, é a fórmula usada para encontrar a área de um trapezoide. A letra A representa a área, *h* representa a altura (a distância entre as duas bases paralelas) e os dois b são os dois lados paralelos chamados de *bases* do trapezoide.

Se quiser construir um trapezoide que tiver uma área estabelecida, precisa descobrir quais dimensões oferecem aquela área. Será mais fácil realizar os diversos cálculos se encontrar um dos componentes da fórmula primeiro — *h*, b_1 ou b_2.

Para encontrar *h* em relação ao resto dos valores desconhecidos ou letras, multiplique cada lado por dois, o que elimina a fração, e depois divida por toda a expressão dentro dos parênteses:

$$A = \frac{1}{2}h(b_1 + b_2)$$

$$2A = \cancel{2} \cdot \frac{1}{\cancel{2}} h(b_1 + b_2)$$

$$\frac{2A}{(b_1 + b_2)} = \frac{h\cancel{(b_1 + b_2)}}{\cancel{(b_1 + b_2)}}$$

$$\frac{2A}{(b_1 + b_2)} = h$$

Pagando sua hipoteca com a álgebra

Há alguns anos, uma das minhas amigas com dificuldades matemáticas me perguntou se eu poderia ajudá-la a descobrir o que aconteceria aos pagamentos de sua casa se ela pagasse 100 dólares a mais todos os meses em sua hipoteca. Ela sabia que quitaria sua casa mais rapidamente e pagaria menos juros. Mas quanto tempo levaria e quanto ela economizaria? Eu criei uma planilha e usei a fórmula para um empréstimo amortizado (hipoteca). Criei diferentes colunas mostrando o saldo principal que restava (encontrei P) e a quantidade do pagamento destinada aos juros (encontrei a diferença) e estendi a planilha até o número de meses relativos ao empréstimo. Colocamos as quantidades diferentes de pagamento na fórmula original para ver como elas alteravam o número total de pagamentos e a quantia total paga. Ela ficou impressionada. Até eu fiquei! Ela vai terminar de pagar a hipoteca muito antes do esperado!

Também é possível encontrar b_2, a medida da base maior do trapezoide. Para fazer isso, multiplique cada lado da equação por dois, divida cada lado por h e subtraia b_1 de cada lado:

$$A = \frac{1}{2} h (b_1 + b_2)$$
$$2A = \cancel{2} \cdot \frac{1}{\cancel{2}} h(b_1 + b_2)$$
$$\frac{2A}{h} = \frac{\cancel{h}(b_1 + b_2)}{\cancel{h}}$$
$$\frac{2A}{h} = b_1 + b_2$$
$$\frac{2A}{h} - b_1 = b_2$$

Você pode deixar a equação nesse formato, com dois termos, ou pode encontrar um denominador comum e combinar os temos à esquerda:

$$\frac{2A - b_1 h}{h} = b_2$$

Ao reescrever uma fórmula com o objetivo de encontrar um valor desconhecido específico, você pode colocar a fórmula em uma calculadora gráfica ou em uma planilha para investigar como as mudanças nos valores individuais alteram a variável que você quer encontrar (veja um exemplo de planilha desse tipo no texto complementar "Pagando sua hipoteca com a álgebra").

Desigualdades Lineares: Terapia de Relacionamento Algébrico

Equações — afirmações com sinais de igualdade — são um tipo de relacionamento ou comparação entre coisas; elas afirmam que termos, expressões ou outras entidades são exatamente iguais. Uma desigualdade é um pouco menos precisa. *Desigualdades algébricas* mostram relacionamentos entre um número e uma expressão ou entre duas expressões. Em outras palavras, usam-se as desigualdades para comparações.

Desigualdades em álgebra são *menores que* ($<$), *maiores que* ($>$), *menores ou iguais a* ($\leq$) e *maiores ou iguais a* ($\geq$). Uma equação linear possui apenas uma solução, enquanto uma desigualdade linear possui um número infinito de soluções. Ao escrever $x \leq 7$, por exemplo, podemos substituir x por 6, 5, 4, -3, -100, e assim por diante, incluindo todas as frações que estão entre os números inteiros que cabem na desigualdade.

Aqui estão as regras para fazer operações com desigualdades (é possível substituir o símbolo $<$ por qualquer um dos símbolos de desigualdade, e a regra ainda funcionará):

- Se $a < b$, $a + c < b + c$ (adicionando qualquer número).
- Se $a < b$, $a - c < b - c$ (subtraindo qualquer número).
- Se $a < b$, $a \cdot c < b \cdot c$ (multiplicando por qualquer número positivo).
- Se $a < b$, $a \cdot c > b \cdot c$ (multiplicando por qualquer número negativo).
- Se $a < b$, $\frac{a}{c} < \frac{b}{c}$ (dividindo por qualquer número positivo).
- Se $a < b$, $\frac{a}{c} > \frac{b}{c}$ (dividindo por qualquer número negativo).
- Se $\frac{a}{c} < \frac{b}{d}$, $\frac{c}{a} > \frac{d}{b}$ (frações recíprocas).

Você não deve multiplicar ou dividir cada lado de uma desigualdade por zero. Se fizer isso, criará uma afirmação incorreta. Multiplicando cada lado de $3 < 4$ por 0, temos $0 < 0$, que claramente é uma afirmação falsa. Você não pode dividir cada lado por 0, pois nunca é possível dividir nada por 0 – não existe um número com 0 no denominador.

Resolvendo desigualdades básicas

Para resolver uma desigualdade básica, você primeiro move todos os termos com variáveis para um lado da desigualdade e os números para o outro. Após simplificar a desigualdade para uma variável e um número, pode descobrir quais valores da variável tornarão a desigualdade uma afirmação verdadeira. Por exemplo, para resolver $3x + 4 > 11 - 4x$, adicione $4x$ a cada lado e subtraia

4 de cada lado. O sinal de desigualdade permanece o mesmo, pois não há nenhuma multiplicação ou divisão por números negativos envolvida. Agora você tem $7x > 7$. Dividir cada lado por 7 também deixa o *sentido* (direção da desigualdade) intacto, pois 7 é um número positivo. A solução final é $x > 1$. A resposta afirma que qualquer número maior que um pode substituir os x na desigualdade original e transformar a desigualdade em uma afirmação verdadeira.

As regras para resolver equações lineares (consulte a seção "Equações Lineares: Lidando com o Primeiro Grau") também funcionam com as desigualdades — até certo ponto. Tudo vai bem até que você tente multiplicar ou dividir cada lado de uma desigualdade por um número negativo.

Ao multiplicar ou dividir cada lado de uma desigualdade por um número negativo, você tem de *inverter o sentido* (mudar < para >, ou vice-versa) para manter a desigualdade verdadeira.

A desigualdade $4(x - 3) - 2 \geq 3(2x + 1) + 7$, por exemplo, possui símbolos de agrupamento com os quais você tem de trabalhar. Distribua o 4 e o 3 pelos seus respectivos multiplicadores para transformar a desigualdade em $4x - 12 - 2 \geq 6x + 3 + 7$. Simplifique os termos de cada lado para obter $4x - 14 \geq 6x + 10$. Agora, coloque suas habilidades com desigualdades em ação. Subtraia $6x$ de cada lado e adicione 14 a cada lado; a desigualdade se torna $-2x \geq 24$. Ao dividir cada lado por -2, você deve inverter o sentido; chegando à resposta $x \leq -12$. Somente números menores que -12 ou exatamente iguais a -12 funcionam na desigualdade original.

Ao resolver o exemplo anterior, você tem duas opções ao chegar ao passo $4x - 14 \geq 6x + 10$, com base no fato de que a desigualdade $a < b$ é equivalente a $b > a$. Se você subtrair $6x$ de ambos os lados, acaba dividindo por um número negativo. Se mover as variáveis para a direita e os números para a esquerda, não terá de dividir por um número negativo, mas a resposta será um pouco diferente. Se você subtrair $4x$ de cada lado e subtrair 10 de cada lado, obterá $-24 \geq 2x$. Ao dividir cada lado por 2, você não muda o sentido, e obtém $-12 \geq x$. Leia a resposta como "-12 é maior ou igual a x". Essa desigualdade possui as mesmas soluções que $x \leq -12$, mas afirmar a desigualdade com o primeiro número é um pouco estranho.

Apresentando a representação de intervalos

Você pode solucionar a estranheza de escrever as respostas por meio da representação de desigualdades usando outro formato, chamado *representação de intervalos*. A representação de intervalos é intensivamente usada em cálculo, em que você trabalha constantemente com intervalos diferentes que envolvem a mesma função. Grande parte da matemática mais avançada usa a representação de intervalos, embora eu realmente suspeite que os editores tenham incentivado seu uso por ela ser mais rápida e clara que a representação de desigualdades. A representação de intervalos usa parênteses, colchetes, vírgulas e o símbolo de infinito para oferecer clareza às tumultuosas águas da desigualdade.

30 Parte I: Dominando as Soluções Básicas

E, grande surpresa, o sistema de representação de intervalos tem algumas regras:

- Os números usados na representação devem ser ordenados com o número menor à esquerda do número maior.
- Indique "ou igual a" usando um colchete.
- Se a solução não incluir o número final, use um parêntese.
- Quando o intervalo não terminar (estendendo-se até o infinito positivo ou diminuindo até o infinito negativo), use $+\infty$ ou $-\infty$, o que for apropriado, e um parêntese.

Aqui estão alguns exemplos de representação de desigualdade e a representação de intervalos correspondente:

$$x < 3 \rightarrow (-\infty, 3)$$
$$x \geq -2 \rightarrow [-2, \infty)$$
$$4 \leq x < 9 \rightarrow [4, 9)$$
$$-3 < x < 7 \rightarrow (-3, 7)$$

Observe que o segundo exemplo tem um colchete ao lado de -2, pois "maior ou igual a" indica que você também deve incluir o -2. O mesmo acontece com o 4 no terceiro exemplo. O último exemplo mostra por que a representação de intervalos, às vezes, pode ser um problema. Fora de contexto, como é possível saber se $(-3, 7)$ representa o intervalo que contém todos os números entre -3 e 7 ou se ele representa o ponto $(-3, 7)$ no plano de coordenadas? Não há como saber. Um problema contendo tal representação precisa oferecer algum tipo de dica.

Compondo questões de desigualdade

Uma *desigualdade composta* é uma desigualdade com mais de uma comparação ou símbolo de desigualdade — por exemplo, $-2 < x \leq 5$. Para resolver desigualdades compostas para encontrar o valor das variáveis, use as mesmas regras de desigualdade (consulte a introdução desta seção) e expanda as regras para se aplicarem a cada seção (intervalos separados por símbolos de desigualdade).

Para resolver a desigualdade $-8 \leq 3x - 5 < 10$, por exemplo, adicione 5 a cada uma das três seções e depois divida cada seção por 3:

$$-8 \leq 3x - 5 < 10$$
$$+5 \quad\quad +5 \quad +5$$
$$\overline{-3 \leq 3x \quad\quad < 15}$$
$$\frac{-3}{3} \leq \frac{3x}{3} \quad < \frac{15}{3}$$
$$-1 \leq x \quad\quad < 5$$

Capítulo 2: Andando Numa Linha Reta: Equações Lineares

Símbolos antigos para operações eternas

Muitas culturas antigas usavam seus próprios símbolos para operações matemáticas, e as culturas que se seguiram alteraram ou modernizaram os símbolos para seu próprio uso. Você pode ver um dos primeiros símbolos usados para adição na figura a seguir, localizado na margem esquerda — uma versão da letra P maiúscula italiana para a palavra *piu*, que significa *mais*. Tartaglia, um matemático italiano autodidata do século XVI, utilizava esse símbolo em adições regularmente. O símbolo de adição moderno, +, é provavelmente um formato abreviado do termo em latim *et*, que significa *e*.

A segunda figura a partir da esquerda é o que o matemático grego Diofanto costumava usar nos tempos da Grécia antiga para a subtração. O símbolo de subtração moderno, –, pode ser remanescente daquilo que os comerciantes da época medieval usavam para indicar diferenças nos pesos dos produtos.

Leibniz, uma criança prodígio do século XVII, autodidata em latim, preferia usar o terceiro símbolo a partir da esquerda para multiplicação. O símbolo moderno da multiplicação, x ou ·, baseia-se na Cruz de Santo André, mas Leibniz usava o círculo aberto, pois ele pensava que o símbolo moderno se parecia demais com o valor desconhecido *x*.

O símbolo na margem direita se parece com um D ao contrário, usado no século XVIII pelo matemático francês Gallimard para divisão. O símbolo moderno de divisão, ÷, pode advir de uma linha de fração com pontos adicionados acima e abaixo dela.

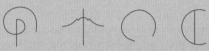

Escreva a resposta, $-1 \le x < 5$, em representação de intervalos como $[-1, 5)$.

Aqui está um exemplo mais complicado. Resolva o problema $-1 < 5 - 2x \le 7$ subtraindo 5 de cada seção e então dividindo cada seção por -2. É claro que dividir por um negativo significa que você inverterá o sentido:

$$-1 < 5 - 2x \le 7$$
$$-5 \quad -5 \quad -5$$
$$\overline{-6 < -2x \le 2}$$
$$\frac{-6}{-2} > \frac{-2x}{-2} \ge \frac{2}{-2}$$
$$3 > x \quad\quad \ge -1$$

Escreva a resposta, $3 > x \ge -1$, ao contrário em relação à ordem dos números na reta numérica; o número -1 é menor que 3. Para inverter a desigualdade na direção oposta, inverta as desigualdades também: $-1 \le x < 3$. Em representação de intervalos, escreva a resposta como $[-1, 3)$.

Valor Absoluto: Deixando Tudo entre Barras

Ao realizar uma *operação de valor absoluto,* você não está realizando uma cirurgia a preço de banana; está tomando um número inserido entre as barras de valor absoluto, | a |, e registrando a distância desse número em relação a zero na reta numérica. Por exemplo, |3| = 3, pois 3 está a três unidades de distância de zero. Por outro lado, |–4| = 4, pois –4 está a quatro unidades de distância de zero.

O valor absoluto de a é definido como $|a| = \begin{cases} a \text{ se } a \geq 0 \\ -a \text{ se } a < 0 \end{cases}$

Leia a definição dessa maneira: "O valor absoluto de *a* é igual a a se a for positivo ou igual a zero; o valor absoluto de *a* é igual ao *oposto* de *a* se *a* for negativo."

Resolvendo equações de valor absoluto

Uma equação linear de valor absoluto é uma equação que assume o formato |ax + b| = c. Você não sabe, considerando o valor nominal da equação, se deve mudar o que está entre as barras para seu oposto, pois não sabe se a expressão é positiva ou negativa. O sinal da expressão dentro das barras de valor absoluto depende do sinal da variável *x*. Para resolver uma equação de valor absoluto em seu formato linear, você deve considerar ambas as possibilidades: *ax + b* pode ser positivo ou pode ser negativo.

Para encontrar a variável x em | ax + b | = c, resolva ax + b = c e ax + b = -c.

Por exemplo, para resolver a equação de valor absoluto | 4x + 5 | = 13, escreva as duas equações lineares e encontre cada um dos *x*:

$$4x + 5 = 13 \quad 4x + 5 = -13$$
$$4x = 8 \quad\quad 4x = -18$$
$$x = 2 \quad\quad x = \frac{-18}{4} = -\frac{9}{2}$$

Há duas soluções: 2 e $-\frac{9}{2}$. Ambas as soluções funcionam ao substituir o *x* na equação original por seus valores.

Uma restrição da qual você deve estar ciente ao aplicar a regra para mudar de um valor absoluto para equações lineares individuais é que o termo de valor absoluto tem de estar sozinho em um lado da equação.

Desvendando o código de verificação ISBN

Você alguma vez notou o código de barras ISBN e os números que aparecem na parte de trás dos livros que compra (ou, hamm, pega emprestado dos amigos)? Na verdade, o International Standard Book Number (ISBN) é utilizado há cerca de apenas 30 anos. Os números individuais dizem aos especialistas o que o número como um todo significa: o idioma em que o livro está impresso, quem é o editor e que número específico foi designado a esse livro em particular. Você pode imaginar como é fácil copiar errado essa longa sequência de números — ou pode tentar fazer isso com o ISBN deste livro, se não quiser usar a imaginação. Se escrever os números, poderá inverter a ordem de dois deles, pular um número ou simplesmente escrever o número errado. Por esse motivo, os editores designam um *dígito de verificação* para o número ISBN — o último dígito. Códigos UPC e códigos de verificação bancários possuem a mesma característica: um dígito de verificação para tentar auxiliar na identificação dos erros.

Para formar o dígito de verificação em números ISBN, pegue o primeiro dígito do número ISBN e multiplique-o por 10, o segundo por 9, o terceiro por 8, e assim por diante, até multiplicar o último dígito por 2. (Não faça nada com o dígito de verificação.) Então, adicione todos os produtos e altere a soma para seu oposto — agora você deve ter um número negativo. Em seguida, adicione 11 ao número negativo e adicione 11 de novo, e de novo, e de novo, até finalmente obter um número positivo. Esse número deve ser igual ao número de verificação.

Por exemplo, o número ISBN do livro *Algebra For Dummies* (Wiley), minha obra-prima original, é 0-7645-5325-9. Aqui está a soma que obtemos ao realizar toda a multiplicação: $10(0) + 9(7) + 8(6) + 7(4) + 6(5) + 5(5) + 4(3) + 3(2) + 2(5) = 222$.

Altere 222 para seu oposto, -222. Adicione 11 para obter -211; adicione 11 novamente para obter 200; adicione 11 novamente, e novamente. Na verdade, você adiciona o número 21 vezes — $11(21) = 231$. Assim, o primeiro número positivo ao qual chegamos após adicionar repetidamente 11 é 9. Esse é o número de verificação! Como o dígito de verificação é igual ao número ao qual você chega usando o processo, você escreveu o número corretamente. É claro que esse método de verificação não é à prova de falhas. Você pode cometer um erro que chegue ao mesmo dígito de verificação, mas esse método geralmente encontra a maioria dos erros.

Por exemplo, para resolver $3|4 - 3x| + 7 = 25$, é preciso subtrair 7 de cada lado da equação e então dividir cada lado por 3:

$$3|4 - 3x| + 7 = 25$$

$$3|4 - 3x| = 18$$

$$|4 - 3x| = 6$$

Agora, é possível escrever as duas equações lineares e resolvê-las para encontrar x:

$$4 - 3x = 6 \qquad 4 - 3x = -6$$

$$-3x = 2 \qquad -3x = -10$$

$$x = -\frac{2}{3} \qquad x = \frac{10}{3}$$

Enxergando por Meio de uma Desigualdade de Valor Absoluto

Uma desigualdade de valor absoluto contém um valor absoluto — | a | — e uma desigualdade — <, >, ≤ ou ≥. Surpresa! Estamos falando sobre álgebra, e não de ciência aeroespacial.

Para resolver uma desigualdade de valor absoluto, você tem de mudar o formato de valor absoluto para uma desigualdade simples. A maneira de trabalhar com a mudança de representação de valor absoluto para representação de desigualdade depende da direção para a qual a desigualdade aponta em relação ao termo de valor absoluto. Os métodos, dependendo da direção, são bastante diferentes:

- Para encontrar x em $|ax+b| < c$, resolva $-c < ax+b < c$.
- Para encontrar x em $|ax+b| > c$, resolva $ax+b > c$ e $ax+b < -c$.

A primeira mudança coloca $ax + b$ entre c e seu oposto. A segunda mudança examina valores maiores que c (em direção ao infinito positivo) e menores que $-c$ (em direção ao infinito negativo).

Fazendo um sanduíche de valores em desigualdades

Aplique a primeira regra da resolução de desigualdades de valor absoluto à desigualdade $|2x - 1| \leq 5$, devido à direção menor que da desigualdade. Reescreva a desigualdade, usando a regra para mudar o formato: $-5 \leq 2x - 1 \leq 5$. Em seguida, adicione um a cada seção para isolar a variável; você obtém a desigualdade $-4 \leq 2x \leq 6$. Divida cada seção por dois para obter $-2 \leq x \leq 3$. Você pode reescrever a solução em representação de intervalos como $[-2, 3]$.

Assegure-se de que a desigualdade de valor absoluto esteja no formato correto antes de aplicar a regra. A parte do valor absoluto deve estar sozinha em seu lado do sinal de desigualdade. Se você tiver $2|3x+5| - 7 < 11$, por exemplo, precisa adicionar 7 a cada lado e dividir cada lado por 2 antes de mudar o formato:

$$2|3x+5| - 7 < 11$$
$$2|3x+5| < 18$$
$$|3x+5| < 9$$
$$-9 < 3x+5 < 9$$
$$\underline{-5 \quad\quad -5 \quad -5}$$
$$-14 < 3x < 4$$
$$\frac{-14}{3} < \frac{3x}{3} < \frac{4}{3}$$
$$\frac{-14}{3} < x < \frac{4}{3}$$

Use a representação de intervalos para escrever a solução como $\left(\frac{-14}{3}, \frac{4}{3}\right)$.

Dominando as desigualdades seguindo em direções opostas

Uma desigualdade de valor absoluto com um sinal de maior que, como $|7 - 2x| > 11$, possui soluções que vão infinitamente para cima à direita e infinitamente para baixo à esquerda na reta numérica. Para encontrar valores que funcionem, reescreva o valor absoluto, usando a regra para desigualdades com maior que. Você obterá duas desigualdades completamente separadas para serem resolvidas. As soluções estão relacionadas à desigualdade $7 - 2x > 11$ ou à desigualdade $7 - 2x < -11$. Observe que quando o sinal do valor 11 muda de positivo para negativo, o símbolo de desigualdade muda de direção.

Ao resolver as duas desigualdades, assegure-se de se lembrar de trocar o sinal ao dividir por -2:

$$7 - 2x > 11 \qquad 7 - 2x < -11$$
$$-2x > 4 \qquad -2x < -18$$
$$x < -2 \qquad x > 9$$

A solução $x < -2$ ou $x > 9$, em representação de intervalos, é $(-\infty, -2)$ ou $(9, \infty)$.

Não escreva a solução $x < -2$ ou $x > 9$ como $9 < x < -2$. Se você fizer isso, indica que alguns números podem ser maiores que 9 e menores que -2 ao mesmo tempo. Esse não é o caso.

Expondo um impostor de uma desigualdade impossível

As regras para resolver desigualdades de valor absoluto são relativamente diretas. Você muda o formato da desigualdade e encontra os valores da variável que funcionam no problema. Às vezes, no entanto, em meio ao nervosismo de seguir as regras, uma situação impossível aparece para tentar pegar você desprevenido.

Por exemplo, digamos que tenha de resolver a desigualdade de valor absoluto $2|3x - 7| + 8 < 6$. Não parece que haverá muitos problemas; você simplesmente subtrai 8 de cada lado e depois divide cada lado por 2. O valor de divisão é positivo, por isso, não inverte o sentido. Após realizar os passos iniciais, você usa a regra em que muda de uma desigualdade de valor absoluto para uma desigualdade com o termo variável colocado entre desigualdades. Então, o que há de errado nisso? Aqui estão os passos:

$$\begin{array}{r} 2|3x - 7| + 8 < 6 \\ -8 \quad -8 \\ \hline 2|3x - 7| < -2 \\ |3x - 7| < -1 \end{array}$$

36 Parte I: Dominando as Soluções Básicas

Sob o formato $-c < ax + b < c$, a desigualdade parece curiosa. Você deve colocar o termo variável entre -1 e 1 ou entre 1 e -1 (o primeiro número à esquerda e o segundo número à direita)? Acontece que nenhuma dessas possibilidades funciona. Primeiro de tudo, você pode descartar a opção de escrever $1 < 3x- 7 < -1$. Nada é maior que 1 e menor que -1 ao mesmo tempo. A outra versão parece, à primeira vista, ter possibilidades:

$$-1 < 3x - 7 < 1$$
$$\underline{+7 \qquad +7 \quad +7}$$
$$6 < 3x < 8$$
$$2 < x < \frac{8}{3}$$

A solução afirma que x é um número entre 2 e $2^{2/3}$. Se você conferir a solução experimentando um número — digamos, 2,1 — na desigualdade original, obterá o seguinte:

$$2|3(2,1) - 7| + 8 < 6$$
$$2|6,3 - 7| + 8 < 6$$
$$2|-0,7| + 8 < 6$$
$$2(0,7) + 8 < 6$$
$$1,4 + 8 < 6$$
$$9,4 < 6$$

Como 9,4 não é menor que 6, você sabe que o número 2,1 não funciona. Você não encontrará nenhum número que funcione. Por isso, não conseguirá encontrar uma resposta para esse problema. Você se esqueceu de uma dica antes de pôr a mão na massa? Sim. (Desculpe por tê-lo feito aprender a lição da maneira difícil!)

Quer economizar tempo e trabalho? Você pode fazer isso nesse caso trabalhando o incômodo número negativo. Ao subtrair 8 de cada lado do problema original e obtendo $2|3x - 7| < -2$, o alarme deve soar e as luzes devem piscar. Essa afirmação diz que 2 vezes o valor absoluto de um número é menor que -2, o que é impossível. O valor absoluto é ou positivo ou zero — ele não pode ser negativo — por isso, essa expressão não pode ser menor que -2. Se você entendeu o problema antes de realizar todo o trabalho, viva! Bom olho. Geralmente, no entanto, você pode ficar envolvido no processo e não notar a impossibilidade até o final — ao conferir sua resposta.

Capítulo 3

Resolvendo Equações Quadráticas

Neste Capítulo

▶ Tirando a raiz e fatorando para resolver equações quadráticas

▶ Dividindo equações com a fórmula quadrática

▶ Elevando ao quadrado para se preparar para as seções cônicas

▶ Conquistando as quadráticas avançadas

▶ Assumindo o desafio das desigualdades

As equações quadráticas são umas das equações mais comuns que vemos na aula de matemática. Uma *equação quadrática* contém um termo com um expoente de dois e nenhum termo com uma potência mais alta. O formato padrão é $ax^2 + bx + c = 0$.

Em outras palavras, a equação é uma expressão quadrática com um sinal de igualdade (consulte o Capítulo 1 para obter uma breve e explicativa discussão sobre as expressões quadráticas). As equações quadráticas têm possivelmente duas soluções. Você pode não encontrar as duas, mas começa presumindo que encontrará duas, e depois segue em frente para comprovar ou refutar sua suposição.

As equações quadráticas não são somente fáceis de serem trabalhadas — pois sempre é possível encontrar maneiras de tentar resolvê-las — como também servem como bons modelos, aparecendo em muitas aplicações práticas. Se você quiser calcular a altura de uma flecha que você atira ao ar, por exemplo, pode encontrar a resposta com uma equação quadrática. A área de um círculo é tecnicamente uma equação quadrática. O lucro (ou perda) da produção e da venda de itens geralmente segue um padrão quadrático.

Neste capítulo, você descobrirá muitas maneiras de abordar tanto equações quadráticas simples quanto avançadas. É possível resolver algumas equações quadráticas de apenas uma maneira, e outras podem ser resolvidas de acordo com a sua vontade — seja qual for a sua preferência. É bom poder escolher. Mas se tiver opção, espero que escolha a maneira mais rápida e fácil, por isso, discuto primeiramente essas soluções no capítulo. Mas, às vezes, a maneira rápida e fácil não funciona ou não inspira você. Continue lendo para ter mais opções. Também trabalhamos com desigualdades quadráticas neste capítulo — não chegam a ser surpreendentes, mas também não são tediosas!

Resolvendo Equações Quadráticas Simples com a Regra da Raiz Quadrada

Algumas equações quadráticas são mais fáceis de resolver do que outras; metade da batalha é reconhecer quais equações são fáceis e quais são mais desafiadoras.

As equações quadráticas mais simples que se pode resolver rapidamente são aquelas que permitem que você tire a raiz quadrada de ambos os lados. Essas adoráveis equações são compostas de um termo elevado ao quadrado e um número, escritas no formato $x^2 = k$. Equações escritas dessa maneira são resolvidas usando a *regra da raiz quadrada:* Se $x^2 = k$, $x = \pm\sqrt{k}$.

Observe que, ao usar a regra da raiz quadrada, você apresenta duas soluções: a positiva e a negativa. Ao elevar um número positivo ao quadrado, você obtém um resultado positivo, e ao elevar um número negativo ao quadrado, também obtém um resultado positivo.

O número representado por k tem de ser positivo se você quiser encontrar respostas reais com essa regra. Se k for negativo, você obterá uma resposta imaginária, como $3i$ ou $5 - 4i$. (Para saber mais sobre números imaginários, consulte o Capítulo 14).

Encontrando soluções de raízes quadradas simples

É possível usar a regra da raiz quadrada para resolver equações que assumem o formato simples $x^2 = k$, como $x^2 = 25$: $x = \pm\sqrt{25} = \pm 5$.

A solução para esse problema é simples o suficiente, mas há mais na regra da raiz quadrada do que os olhos veem. Por exemplo, e se tiver um coeficiente no termo com x? A equação $6x^2 = 96$ não segue estritamente o formato da regra da raiz quadrada, devido ao coeficiente 6, mas é possível chegar ao formato adequado rapidamente. Dividimos cada lado da equação pelo coeficiente; nesse caso, obtemos $x^2 = 16$; agora sim. Tirando a raiz quadrada de cada lado, temos $x = \pm 4$.

Trabalhando com soluções de raízes quadradas radicais

A escolha de usar a regra da raiz quadrada é bastante óbvia quando temos uma equação com uma variável elevada ao quadrado e um número que é um quadrado perfeito. A decisão pode parecer um pouco mais obscura quando o número envolvido não é um quadrado perfeito. Mas não é preciso temer; ainda é possível usar a regra da raiz quadrada nessas situações.

Se você quiser resolver $y^2 = 40$, por exemplo, pode tirar a raiz quadrada de cada lado e então simplificar o termo radical:

$$y = \pm\sqrt{40} = \pm\sqrt{4}\sqrt{10} = \pm 2\sqrt{10}$$

Use a regra dos radicais para separar um número dentro de um radical em dois fatores — um dos quais é um quadrado perfeito: $\sqrt{a \cdot b} = \sqrt{a}\sqrt{b}$.

Nesse ponto, você praticamente chegou ao fim. O número $2\sqrt{10}$ é um número ou valor exato, e não é possível simplificar mais a parte do radical do termo, pois o valor 10 não tem fatores que são dobrados como quadrados perfeitos.

Se um número sob a raiz quadrada não for um quadrado perfeito, como em $\sqrt{10}$, diz-se que o valor radical é *irracional*, o que significa que o valor decimal nunca termina. Um radical com um *valor exato* é simplificado o máximo possível.

Dependendo das instruções que você receber de um exercício, pode deixar sua resposta como um valor radical simplificado ou pode arredondar a resposta para um certo número com casas decimais. O valor decimal de $\sqrt{10}$ arredondado para as primeiras oito casas decimais é 3,16227766. Você pode arredondar para menos casas decimais se quiser (ou precisar). Por exemplo, arredondar 3,16227766 para as primeiras cinco casas decimais oferece 3,16228. Você pode então estimar $2\sqrt{10}$ como sendo 2(3,16228) = 6,32456.

Transformando Equações Quadráticas em Fatores

É possível *fatorar* muitas expressões quadráticas — um lado de uma equação quadrática — reescrevendo-as como produtos de dois ou mais números, variáveis, termos em parênteses, e assim por diante. A vantagem do formato fatorado é que você pode resolver as equações quadráticas estabelecendo a expressão fatorada como sendo igual a zero (tornando-a uma equação) e depois usar a propriedade multiplicativa de zero (descrita em detalhes no Capítulo 1). O modo como você fatora a expressão depende do número de termos na quadrática e como esses termos se relacionam.

Fatorando binômios

É possível fatorar um binômio quadrático (que contém dois termos; um deles com uma variável elevada à potência 2) de duas maneiras — isso se puder fatorá-lo (você pode não encontrar um fator comum, ou os dois termos podem não ser ambos quadrados):

✔ Divida um fator comum de cada um dos termos.

✔ Escreva a equação quadrática como o produto de dois binômios, se a quadrática for composta pela diferença de quadrados perfeitos.

Tirando o máximo fator comum

O *máximo fator comum* (MFC) de dois ou mais termos é o maior número (e combinação de variável) que divide cada um dos termos de maneira exata. Para resolver a equação $4x^2 + 8x = 0$, por exemplo, você fatora o máximo fator comum, que é $4x$. Após dividir, você obtém $4x(x + 2) = 0$. Usando a propriedade multiplicativa de zero (consulte o Capítulo 1), é possível afirmar três fatos sobre essa equação:

✔ $4 = 0$, que é falso — essa não é uma solução.

✔ $x = 0$

✔ $x + 2 = 0$, o que significa que $x = -2$.

Duas soluções são encontradas para a equação original $4x^2 + 8x = 0$: $x = 0$ ou $x = -2$. Se substituir os x por uma dessas soluções, criará uma afirmação verdadeira.

Aqui está outro exemplo, com um elemento surpresa: Considere a equação quadrática $6y^2 + 18 = 0$. É possível fatorar essa equação dividindo cada termo por 6:

$$6y^2 + 18 = 6(y^2 + 3) = 0$$

Infelizmente, essa forma fatorada não produz soluções reais para a equação, pois ela não tem soluções reais. Aplicando a propriedade multiplicativa de zero, você primeiro obtém $6 = 0$. Nada feito. Estabelecendo $y^2 + 3 = 0$, você pode subtrair 3 de cada lado para obter $y^2 = -3$. O número -3 não é positivo, por isso, não se pode aplicar a regra da raiz quadrada, pois você obterá $y = \pm\sqrt{-3}$. O quadrado de nenhum número real é -3. Assim, não é possível encontrar uma resposta a esse problema entre os números reais. (Para mais informações sobre números complexos ou imaginários, consulte o Capítulo 14).

Tome cuidado quando o MFC de uma expressão for simplesmente x, e sempre se lembre de estabelecer esse fator inicial, x, como sendo igual a zero para não perder uma de suas soluções. Um erro bastante comum em álgebra é pegar uma equação perfeitamente adequada como $x^2 + 5x = 0$, fatorá-la como $x(x + 5) = 0$ e dar a resposta $x = -5$. Por algum motivo, as pessoas geralmente ignoram aquele x solitário na frente dos parênteses. Não se esqueça da solução $x = 0$!

Fatorando a diferença de quadrados

Se você se deparar com um binômio que não parece exigir a aplicação da regra da raiz quadrada, você pode fatorar a diferença dos dois quadrados e encontrar a solução usando a propriedade multiplicativa de zero (consulte o Capítulo 1). Se existirem soluções, você as encontrará com a regra da raiz quadrada, e também pode encontrá-las usando o método da diferença de dois quadrados.

Capítulo 3: Resolvendo Equações Quadráticas **41**

Esse método afirma que se $x^2 - a^2 = 0$, $(x - a)(x + a) = 0$, e $x = a$ ou $x = -a$.
Geralmente, se $k^2x^2 - a^2 = 0$, $(kx - a)(kx + a) = 0$, e $x = \dfrac{a}{k}$ ou $x = -\dfrac{a}{k}$.

Para resolver $x^2 - 25 = 0$, por exemplo, você fatora a equação como
$(x - 5)(x + 5) = 0$, e a regra (ou a propriedade multiplicativa de zero) diz que
$x = 5$ ou $x = -5$.

Quando você tem um multiplicador da variável que é um quadrado perfeito,
ainda pode fatorá-lo como a diferença e a soma das raízes quadradas. Para
resolver $49y^2 - 64 = 0$, por exemplo, fatore os termos à esquerda como $(7y - 8)$
$(7y + 8) = 0$, e as soluções são $y = \dfrac{8}{7}$, $y = -\dfrac{8}{7}$.

Fatorando trinômios

Assim como binômios quadráticos (consulte as páginas anteriores), um trinômio
quadrático pode ter, no máximo, duas soluções — ou então pode ter somente
uma solução ou nenhuma. Se você puder fatorar o trinômio e usar a propriedade
multiplicativa de zero (consulte o Capítulo 1) para encontrar as raízes, estará livre
para ir para casa. Se o trinômio não puder ser fatorado, ou se você não conseguir
descobrir como fatorá-lo, poderá utilizar a _fórmula quadrática_ (consulte a seção
"Recorrendo à Formula Quadrática" posteriormente, neste capítulo). O restante
desta seção discute os trinômios que você _pode_ fatorar.

Encontrando duas soluções em um trinômio

O trinômio $x^2 - 2x - 15 = 0$, por exemplo, possui duas soluções. Você
pode fatorar o lado esquerdo da equação como $(x - 5)(x + 3) = 0$ e depois
estabelecer cada fator como sendo igual a zero. Quando $x - 5 = 0$, $x = 5$, e
quando $x + 3 = 0$, $x = -3$. (Se você não se lembra como fatorar esses trinômios,
consulte o Capítulo 1 ou, para ter ainda mais detalhes, consulte _Álgebra Para
Leigos da_ Alta Books.)

Pode não ficar imediatamente claro como fatorar um trinômio aparentemente
complicado como $24x^2 + 52x - 112 = 0$. Antes de desistir e recorrer à fórmula
quadrática, considere fatorar 4 de cada termo para simplificar as coisas um
pouco; você obtém $4(6x^2 + 13x - 28) = 0$. A quadrática entre parênteses é
fatorada como o produto de dois binômios (com um pouco de tentativa e erro
e chutes instruídos),

oferecendo $4(3x - 4)(2x + 7) = 0$. Estabelecendo $3x - 4$ como sendo igual a 0,
você obtém $x = \dfrac{4}{3}$, e estabelecendo $2x + 7$ como sendo igual a 0, temos
$x = -\dfrac{7}{2}$. E quanto ao fator de 4? Se você estabelecer 4 como sendo igual a
0, obterá uma afirmação falsa, o que não tem problema; você já tem os dois
números que tornam a equação uma afirmação verdadeira.

Dobrando uma solução trinomial

A equação $x^2 - 12x + 36 = 0$ é um _trinômio de quadrado perfeito,_ o que
simplesmente significa que ela é o quadrado de um binômio único. Designar

a essa equação esse nome especial indica por que as duas soluções que você encontra são, na verdade, apenas uma. Observe a fatoração:
$x^2 - 12x + 36 = (x - 6)(x - 6) = (x - 6)^2 = 0$. Os dois fatores diferentes oferecem a mesma solução: $x = 6$. Um trinômio quadrático pode ter, no máximo, duas soluções ou raízes. Esse trinômio, tecnicamente, tem duas raízes, 6 e 6. Pode-se dizer que a equação tem uma *raiz dupla*.

Preste atenção às raízes duplas ao desenhar gráficos, pois elas agem de maneira diferente nos eixos. Essa distinção é importante quando você está desenhando o gráfico de qualquer polinômio. Os gráficos de raízes duplas não cruzam o eixo — eles apenas o tocam. Também podemos ver essas entidades ao resolver desigualdades; consulte a seção "Resolvendo Desigualdades Quadráticas" posteriormente, neste capítulo, para saber mais sobre como elas afetam esses problemas. (O Capítulo 5 oferece alguns indicadores sobre gráficos.)

Fatorando por agrupamento

Fatorar por agrupamento é um ótimo método a ser usado para reescrever uma equação quadrática para que você possa usar a propriedade multiplicativa de zero (consulte o Capítulo 1) e encontrar todas as soluções. A ideia principal por trás da fatoração por agrupamento é dispor os termos em agrupamentos menores que possuam um fator comum. Você recorre a agrupamentos menores, pois não consegue encontrar um máximo fator comum para todos os termos; entretanto, ao considerar dois termos de uma vez, é possível encontrar algo pelo que dividi-los.

Agrupando termos em uma quadrática

Uma equação quadrática como $2x^2 + 8x - 5x - 20 = 0$ possui quatro termos. Sim, é possível combinar os dois termos do meio para a esquerda, mas deixe-os como estão pelo bem do processo de agrupamento. Os quatro termos na equação não compartilham de um máximo fator comum. Você pode dividir o primeiro, o segundo e o quarto termos de maneira exata por 2, mas isso não se aplica ao terceiro termo. Os primeiros três termos têm todos um fator de x, mas o último não tem. Desse modo, agrupe os primeiros dois termos e tire o seu fator comum, $2x$. Os últimos dois termos têm um fator comum de -5. O formato fatorado, portanto, é $2x(x + 4) - 5(x + 4) = 0$.

O novo formato fatorado possui dois termos. Cada um dos termos tem um fator de $(x + 4)$, por isso, você pode dividir esse fator de cada um dos termos. Ao dividir o primeiro termo, resta $2x$. Ao dividir o segundo termo, resta -5. Seu novo formato fatorado é $(x + 4)(2x - 5) = 0$. Agora você pode estabelecer cada fator como sendo igual a zero para obter $x = -4$ e $x = \frac{5}{2}$.

Fatorar por agrupamento funciona somente quando você pode criar um novo formato da equação quadrática que possua menos termos e um fator comum. Se o fator $(x + 4)$ não tivesse aparecido em ambos os termos fatorados no exemplo anterior, teríamos de seguir uma direção diferente.

Encontrando fatores quadráticos em um agrupamento

Resolver equações quadráticas por agrupamento e fatorar é ainda mais importante quando os expoentes nas equações ficam maiores. A equação $5x^3 + x^2 - 45x - 9 = 0$, por exemplo, é uma equação de terceiro grau (a potência mais alta em qualquer uma das variáveis é 3), por isso, ela tem o potencial de ter três soluções diferentes. Não é possível encontrar um fator comum a todos os quatro termos, por isso, você agrupa os primeiros dois termos, fatora x^2, agrupa os últimos dois termos e fatora -9. A equação fatorada é a seguinte: $x^2(5x + 1) - 9(5x + 1) = 0$.

O fator comum dos dois termos na nova equação é $(5x + 1)$, por isso, você o divide em relação aos dois termos para obter $(5x + 1)(x^2 - 9) = 0$. O segundo fator é a diferença dos quadrados, assim, é possível reescrever a equação como $(5x + 1)(x - 3)(x + 3) = 0$. As três soluções são $x = -\frac{1}{5}$, $x = 3$ e $x = -3$.

Recorrendo à Fórmula Quadrática

A fórmula quadrática é uma ferramenta maravilhosa para ser usada quando os outros métodos de fatoração falham (consulte a seção anterior) — um tipo de máquina caça-níqueis da álgebra. Você pega os números de uma equação quadrática, coloca-os na fórmula e as soluções da equação aparecem. Você pode até mesmo usar a fórmula quando a equação puder se fatorada, mas não consegue descobrir como.

A *fórmula quadrática* afirma que quando temos uma equação quadrática no formato $ax^2 + bx + c = 0$ (com o a como o coeficiente do termo ao quadrado, o b como o coeficiente do termo de primeiro grau e o c como o termo constante), a equação possui as soluções:

$$x = \frac{-b \pm \sqrt{b^2 - 4ac}}{2a}$$

O processo de resolver equações quadráticas é quase sempre mais rápido e mais preciso se você puder fatorar as equações. A fórmula quadrática é maravilhosa, mas assim como uma máquina caça-níqueis que devora suas moedas, ela tem algumas partes problemáticas inerentes:

- ✓ Você tem de se lembrar de encontrar o oposto de b.
- ✓ Você tem de simplificar os números no radical corretamente.
- ✓ Você tem de dividir toda a equação pelo denominador.

Não me entenda errado, não é preciso hesitar em usar a fórmula quadrática sempre que necessário. Ela é ótima! Mas fatorar geralmente é melhor, mais rápido e mais preciso (para descobrir quando isso não se aplica, consulte a seção "Formulando grandes resultados quadráticos" posteriormente neste capítulo).

Encontrando soluções racionais

Você pode fatorar equações quadráticas como $3x^2 + 11x + 10 = 0$ para encontrar suas soluções, mas a fatoração pode não se tornar imediatamente clara para você. Usando a fórmula quadrática neste exemplo, você estabelece $a = 3$, $b = 11$ e $c = 10$. Preenchendo os valores e encontrando x, temos

$$x = \frac{-11 \pm \sqrt{11^2 - 4(3)(10)}}{2(3)}$$

$$= \frac{-11 \pm \sqrt{121 - 120}}{6}$$

$$= \frac{-11 \pm \sqrt{1}}{6}$$

$$= \frac{-11 \pm 1}{6}$$

Conclua as respostas trabalhando o símbolo ± com um sinal por vez. Primeiro, trabalhe o sinal +:

$$x = \frac{-11 + 1}{6} = \frac{-10}{6} = -\frac{5}{3}$$

Agora, trabalhe o −:

$$x = \frac{-11 - 1}{6} = \frac{-12}{6} = -2$$

É possível encontrar duas soluções diferentes. O fato de que as soluções são *números racionais* (números que você pode escrever como frações) indica que você poderia ter fatorado a equação. Se você acabar com um radical na resposta, saberá que a fatoração não é possível para essa equação.

Indícios da possibilidade da fatoração real da equação $3x^2 + 11x + 10 = 0$ são apresentados pelas soluções: 5 dividido por 3 e −2 por si mesmo ajudam a fatorar a equação original como $3x^2 + 11x + 10 = (3x + 5)(x + 2) = 0$.

Lidando com soluções irracionais

A fórmula quadrática é especialmente valiosa para resolver equações quadráticas que não podem ser fatoradas. Equações não fatoráveis, quando possuem solução, têm números irracionais na resposta. *Números irracionais* não possuem um equivalente fracionário; eles apresentam valores decimais que se estendem infinitamente e nunca possuem padrões que se repetem.

Você tem de resolver a equação quadrática $2x^2 + 5x - 6 = 0$, por exemplo, com a fórmula quadrática. Estabelecendo $a = 2$, $b = 5$ e $c = -6$, temos:

$$x = \frac{-5 \pm \sqrt{5^2 - 4(2)(-6)}}{2(2)}$$

$$= \frac{-5 \pm \sqrt{25 - 48}}{4}$$

$$= \frac{-5 \pm \sqrt{73}}{4}$$

A resposta $\frac{-5 + \sqrt{73}}{4}$ dá aproximadamente 0,886, e $\frac{-5 - \sqrt{73}}{4}$ dá aproximadamente –3,386. Você encontra respostas perfeitamente adequadas, arredondadas ao milênio mais próximo. O fato de que o número sob o radical não é um quadrado perfeito indica outra coisa: Você não poderia ter fatorado a quadrática, independentemente de quanto tentasse.

Se obtiver um número negativo sob o radical ao usar a fórmula quadrática, saberá que o problema não tem uma resposta real. O Capítulo 14 explica como trabalhar com essas respostas imaginárias/complexas.

Formulando grandes resultados quadráticos

Fatorar uma equação quadrática é quase sempre preferível a usar a fórmula quadrática. Mas às vezes, é melhor optar pela fórmula quadrática, mesmo quando é possível fatorar a equação. Em casos nos quais os números são enormes e possuem muitas possibilidades de multiplicação, sugiro que você morda a isca, saque sua calculadora e vá em frente.

Por exemplo, um grande problema em cálculo (conhecido como "Encontrar a maior caixa que pode ser formada a partir de um pedaço retangular de papelão" para os curiosos) possui uma resposta que você encontra ao resolver a equação quadrática $48x^2 - 155x + 125 = 0$. Os fatores de 48 são 1, 2, 3, 4, 6, 8, 12, 16, 24 e 48. Você descobre que 125 possui apenas quatro fatores: 1, 5, 25 e 125. Mas, antes de continuar, imagine ter de decidir como alinhar esses números ou seus múltiplos em parênteses para criar a fatoração. Em vez disso, usando a fórmula quadrática e uma calculadora esperta, você descobre o seguinte:

$$x = \frac{-(-155) \pm \sqrt{(-155)^2 - 4(48)(125)}}{2(48)}$$

$$= \frac{155 \pm \sqrt{24{,}025 - 24{,}000}}{96}$$

$$= \frac{155 \pm \sqrt{25}}{96}$$

$$= \frac{155 \pm 5}{96}$$

46 Parte I: Dominando as Soluções Básicas

Começando com o sinal de adição, temos $\frac{155 + 5}{96} = \frac{160}{96} = \frac{5}{3}$. Para o sinal de subtração, temos $\frac{155 - 5}{96} = \frac{150}{96} = \frac{25}{16}$. O fato de obtermos frações indica que poderíamos ter fatorado a quadrática: $48x^2 - 155x + 125 = (3x - 5)(16x - 25) = 0$. Você entende de onde o 3 e o 5 e o 16 e o 25 vêm nas respostas?

Completando o Quadrado: Aquecendo-se para as Seções Cônicas

Dentre todas as opções que temos para resolver uma equação quadrática (a fatoração e a fórmula quadrática, para mencionar algumas; consulte as seções anteriores neste capítulo), completar o quadrado deveria ser o último recurso. *Completar o quadrado* significa formar um trinômio de quadrado perfeito, que é fatorado como um binômio ao quadrado. O formato de binômio ao quadrado é muito bom de se ter ao trabalhar com seções cônicas (círculos, elipses, hipérboles e parábolas) e ao escrever seus formatos padrão (como você poderá ver no Capítulo 11).

Completar o quadrado não é tão rápido e fácil quanto fatorar, e é mais complicado que a fórmula quadrática. Por isso, quando devemos considerar esse método, se tivermos opções melhores?

Você precisará completar o quadrado quando disserem que o método é "bom para você" — mais ou menos como cereal integral. Mas esse motivo não é, de fato, convincente. O outro bom motivo é que isso deixa uma equação no formato padrão para que você possa obter certas informações dela. Por exemplo, completar o quadrado na equação de uma parábola oferece uma resposta visual a perguntas sobre onde está o vértice e como ele se abre (para o lado, para cima ou para baixo; consulte o Capítulo 7). A grande recompensa é que você terá um resultado para todo o seu trabalho. Afinal, você *chega* às respostas para as equações quadráticas usando esse processo.

Completar o quadrado é uma ótima habilidade a se ter e será útil nos capítulos posteriores deste livro, e em outros cursos de matemática, como geometria analítica e cálculo. Além disso, é bom para você.

Elevando ao quadrado para resolver uma equação quadrática

Para resolver uma equação quadrática — como $3x^2 + 10x - 8 = 0$ — completando o quadrado, siga esses passos:

Capítulo 3: Resolvendo Equações Quadráticas 47

1. **Divida cada termo da equação pelo coeficiente do termo ao quadrado.**

   Para o problema do exemplo, divida cada termo pelo coeficiente 3:

   $$3x^2 + 10x - 8 = 0$$
   $$x^2 + \frac{10}{3}x - \frac{8}{3} = 0$$

2. **Mova o *termo constante* (o termo sem variável) para o lado oposto da equação, adicionando ou subtraindo.**

   Adicione $\frac{8}{3}$ a cada lado:

   $$x^2 + \frac{10}{3}x - \frac{8}{3} + \frac{8}{3} = 0 + \frac{8}{3}$$
   $$x^2 + \frac{10}{3}x = \frac{8}{3}$$

3. **Encontre metade do valor do coeficiente do termo de primeiro grau da variável; eleve a metade ao quadrado; e adicione esse valor a cada lado da equação.**

   Encontre metade de $\frac{10}{3}$, que é $\frac{\overset{5}{\cancel{10}}}{3} \cdot \frac{1}{\underset{1}{\cancel{2}}} = \frac{5}{3}$. Eleve a fração ao quadrado e adicione o quadrado a cada lado da equação:

   $$\left(\frac{5}{3}\right)^2 = \frac{25}{9}$$
   $$x^2 + \frac{10}{3}x + \frac{25}{9} = \frac{8}{3} + \frac{25}{9}$$
   $$= \frac{24}{9} + \frac{25}{9}$$
   $$= \frac{49}{9}$$

4. **Fatore o lado da equação que é um trinômio de quadrado perfeito (você acabou de criá-lo) como o quadrado de um binômio.**

   Fatore o lado esquerdo da equação:

   $$x^2 + \frac{10}{3}x + \frac{25}{9} = \frac{49}{9}$$
   $$\left(x + \frac{5}{3}\right)^2 = \frac{49}{9}$$

5. **Encontre e raiz quadrada de cada lado da equação.**

   $$\sqrt{\left(x + \frac{5}{3}\right)^2} = \pm\sqrt{\frac{49}{9}}$$
   $$x + \frac{5}{3} = \pm\frac{7}{3}$$

6. Isole o termo com a variável, adicionando ou subtraindo para mover o termo constante para o outro lado.

Subtraia $\frac{5}{3}$ de cada lado e encontre o valor de x:

$$x + \frac{5}{3} - \frac{5}{3} = -\frac{5}{3} \pm \frac{7}{3}$$

$$x = -\frac{5}{3} \pm \frac{7}{3}$$

$$x = -\frac{5}{3} + \frac{7}{3} = \frac{2}{3} \text{ ou } x = -\frac{5}{3} - \frac{7}{3} = -4$$

Você pode verificar as duas soluções do exemplo fatorando a equação original: $3x^2 + 10x - 8 = (3x - 2)(x + 4) = 0$.

Completando o quadrado duas vezes

Completar o quadrado em uma equação com x e y o deixa a apenas um passo de distância daquilo com que você precisa trabalhar nas seções cônicas. As *seções cônicas* (círculos, elipses, hipérboles e parábolas) possuem equações padrão que oferecem muitas informações sobre curvas individuais — onde são seus centros, em qual direção elas vão, e assim por diante. O Capítulo 11 discute essas informações em detalhes. Enquanto isso, pratique completar o quadrado duas vezes nesta seção.

Por exemplo, você pode escrever a equação $x^2 + 6x + 2y^2 - 8y + 13 = 0$ como a soma de dois binômios elevados ao quadrado e um termo constante. Pense na equação como tendo dois problemas para completar o quadrado separados a serem realizados. Siga esses passos para resolver duas vezes a equação:

1. Para trabalhar as duas complementações de maneira mais eficiente, reescreva a equação com um espaço entre os termos com x e os termos com y e com o termo constante do outro lado:

$$x^2 + 6x \qquad + 2y^2 - 8y \qquad = -13$$

Não divida pelo 2 no termo com y^2 pois isso o deixaria com um coeficiente fracionário no termo com x^2.

2. Encontre fatores numéricos para cada agrupamento — você quer que o coeficiente do termo ao quadrado seja um. Escreva o fator fora dos parênteses com as variáveis dentro.

Nesse caso, você fatora 2 dos dois termos com y e o deixa fora dos parênteses:

$$x^2 + 6x \qquad + 2(y^2 - 4y \quad) \qquad = -13$$

Capítulo 3: Resolvendo Equações Quadráticas

3. **Complete o quadrado no lado do x e adicione o que você usou para completar o quadrado ao outro lado da equação também, para mantê-la equilibrada.**

    Aqui, você tira metade de 6, eleva o 3 ao quadrado para obter 9, e depois adiciona 9 a cada lado da equação:

    $x^2 + 6x + 9 \qquad +2(y^2 - 4y \quad) \qquad = -13 + 9$

4. **Complete o quadrado no lado do y e adicione o que você usou para completar o quadrado também ao outro lado da equação.**

    Se o trinômio estiver dentro de parênteses, assegure-se de multiplicar o que você adicionou pelo fator fora dos parênteses antes de adicionar ao outro lado.

    Completar o quadrado no lado do y significa que você precisa pegar metade do valor (-4), elevar o -2 ao quadrado para obter $+4$, e então adicionar 8 a cada lado:

    $x^2 + 6x + 9 \qquad + 2(y^2 - 4y + 4) \qquad = -13 + 9 + 8$

    Por que adicionar 8? Pois quando você coloca o 4 dentro dos parênteses com os y, você multiplica pelo 2. Para manter a equação equilibrada, coloque 4 dentro dos parênteses e 8 do outro lado da equação.

5. **Simplifique cada lado da equação escrevendo os trinômios à esquerda como binômios elevados ao quadrado e combinando os termos à direita.**

    Para esse exemplo, temos $(x + 3)^2 + 2(y - 2)^2 = 4$.

Pronto — é isso, até você chegar ao Capítulo 11, no qual descobrirá que temos aqui uma elipse. Que tal esse suspense?

Sendo Promovido a Quadráticas com Potências Altas (Sem Receber Aumento)

Um *polinômio* é uma expressão algébrica com um, dois, três ou quantos termos forem necessários. O grau (potência) do polinômio é determinado pela potência mais alta que aparecer na expressão. Polinômios têm potências que são números inteiros — sem frações ou negativos. Coloque uma expressão polinomial próxima a "= 0," e terá uma equação polinomial.

Resolver equações polinomiais requer que você saiba contar e planejar. Certo, então não é *tão* simples. Mas se você puder contar até o número que representa o grau (a potência mais alta) da equação, poderá dar conta das soluções que encontrar e determinar se encontrou todas elas. E se conseguir fazer um plano de usar os padrões de binômios ou as técnicas das quadráticas, estará a meio caminho da solução.

Trabalhando com a soma ou diferença de cubos

Como expliquei no Capítulo 1, você fatora uma expressão que é a diferença entre dois quadrados perfeitos como a diferença e a soma das raízes, $a^2 - b^2 = (a - b)(a + b)$. Se estiver resolvendo uma equação que represente a diferença de dois quadrados, pode aplicar a propriedade multiplicativa de zero e resolver. No entanto, não é possível fatorar a soma de dois quadrados dessa maneira. Então, geralmente você estará sem sorte quando se trata de encontrar uma solução real.

No caso da diferença ou da soma de dois cubos, podemos fatorar o binômio e encontrar uma solução.

Aqui estão as fatorações da diferença e da soma dos cubos:

$$a^3 - b^3 = (a - b)(a^2 + ab + b^2)$$
$$a^3 + b^3 = (a + b)(a^2 - ab + b^2)$$

Resolvendo cubos por fatoração

Se quiser resolver uma equação cúbica como $x^3 - 64 = 0$ usando a fatoração das diferenças dos cubos, obterá $(x - 4)(x^2 + 4x + 16) = 0$. Usando a propriedade multiplicativa de zero (consulte o Capítulo 1), quando $x - 4$ é igual a 0, x é igual a 4. Mas quando $x^2 + 4x + 16 = 0$, você precisa usar a fórmula quadrática, e não ficará feliz com os resultados.

Aplicando a fórmula quadrática, obtemos:

$$x = \frac{-4 \pm \sqrt{4^2 - 4(1)(16)}}{2(1)} = \frac{-4 \pm \sqrt{16 - 64}}{2} = \frac{-4 \pm \sqrt{-48}}{2}$$

Você tem um número negativo dentro do radical, o que significa que não encontrará uma raiz real (o Capítulo 14 discute o que fazer com valores negativos dentro de radicais). É possível deduzir a partir disso que a equação $x^3 - 64 = 0$ tem apenas uma solução, $x = 4$.

Não interprete erroneamente a função da potência em uma equação quadrática. No exemplo anterior, a potência três sugere que você pode encontrar até três soluções. Mas na verdade, o expoente apenas indica que você *não encontrará mais que* três soluções.

Resolvendo cubos tirando a raiz cúbica

Você pode se perguntar se a fatoração da diferença ou da soma de dois cubos perfeitos sempre resulta em um fator quadrático que não tem raízes reais (como no exemplo que mostrei na seção anterior "Resolvendo cubos por fatoração"). Bem, não precisa mais se indagar. A resposta é um ressonante "Sim!". Quando fatoramos uma diferença — $a^3 - b^3 = (a - b)(a^2 + ab + b^2)$ — a quadrática $a^2 + ab + b^2 = 0$ não tem uma raiz real; ao fatorar uma soma — $a^3 + b^3 = (a + b)(a^2 - ab + b^2)$ — a equação $a^2 - ab + b^2 = 0$ também não tem uma raiz real.

Você pode tirar o máximo proveito do fato de que só é possível encontrar uma raiz real para equações no formato cúbico decidindo como trabalhar com a resolução de equações nesse formato. Sugiro mudar os formatos para $x^3 = b^3$ e $x^3 = -b^3$, respectivamente, e tirar a raiz cúbica de cada lado.

Para resolver $x^3 - 27 = 0$, por exemplo, reescreva a expressão como $x^3 = 27$ e então encontre a raiz cúbica, $\sqrt[3]{x^3} = \sqrt[3]{27}$, $x = 3$. Com a equação $8a^3 + 125 = 0$, primeiro subtraia 125 de cada lado e então divida cada lado por 8 para obter $x^3 = -\dfrac{125}{8}$.

Ao tirar a raiz cúbica de um número negativo, você obtém uma raiz negativa. Uma raiz cúbica é uma raiz ímpar, por isso, é possível encontrar raízes cúbicas para números negativos. Não é possível encontrar raízes de números negativos se as raízes forem pares (raiz quadrada, raiz à quarta, e assim por diante). Para o exemplo anterior, encontramos $\sqrt[3]{x^3} = \sqrt[3]{-\dfrac{125}{8}}$, $x = -\dfrac{5}{2}$.

Lidando com trinômios parecidos com quadráticas

Um *trinômio parecido com uma quadrática* é um trinômio com o formato $ax^{2n} + bx^n + c = 0$. A potência em um termo com variável é duas vezes aquela do outro termo com variável, e um termo constante completa o quadro. O bom nos trinômios parecidos com quadráticas é que eles são ótimos candidatos para fatoração e para a aplicação da propriedade multiplicativa de zero (consulte o Capítulo 1). Um trinômio assim é $z^6 - 26z^3 - 27 = 0$.

É possível pensar nessa equação como sendo como a quadrática $x^2 - 26x - 27$, que é fatorada como $(x - 27)(x + 1)$. Se substituir os x na fatoração por z^3, terá a fatoração para a equação com os z. Em seguida, estabeleça cada fator como sendo igual a zero:

$$z^6 - 26z^3 - 27 = (z^3 - 27)(z^3 + 1) = 0$$

$$z^3 - 27 = 0, z^3 = 27, z = 3$$

$$z^3 + 1 = 0, z^3 = -1, z = -1$$

Você pode simplesmente tirar as raízes cúbicas de cada lado das equações que formar (consulte a seção anterior), pois ao tirar a raiz ímpar, sabe que só encontrará uma solução.

Aqui está outro exemplo. Ao resolver o trinômio parecido com quadrática $y^4 - 17y^2 + 16 = 0$, você pode fatorar o lado esquerdo e depois tirar os fatores novamente:

$$y^4 - 17y^2 + 16 = (y^2 - 16)(y^2 - 1)$$
$$= (y - 4)(y + 4)(y - 1)(y + 1)$$

Estabelecendo os fatores individuais como sendo iguais a zero, obtemos $y = 4$, $y = -4$, $y = 1$, $y = -1$.

Resolvendo Desigualdades Quadráticas

Uma *desigualdade quadrática* é simplesmente o que o nome diz: uma desigualdade (<, >, ≤ ou ≥) que envolve uma expressão quadrática. Você pode empregar o mesmo método usado para resolver uma desigualdade quadrática para solucionar desigualdades de alto grau e desigualdades racionais (que contêm variáveis em frações).

Você precisa conseguir resolver equações quadráticas para resolver desigualdades quadráticas. Com equações quadráticas, estabeleça as expressões como sendo iguais a zero; desigualdades trabalham com o que está ao lado do zero (números positivos e negativos).

Para resolver uma desigualdade quadrática, siga esses passos:

1. **Mova todos os termos para um dos lados do sinal de desigualdade.**
2. **Fatore, se possível.**
3. **Determine todos os zeros (raízes ou soluções).**

   Zeros são os valores de x que tornam cada expressão fatorada igual a zero. (Consulte o texto complementar "O jogo de nomes: Soluções, raízes e zeros" neste capítulo para obter informações sobre esses termos.)

4. **Coloque os zeros em ordem em uma reta numérica.**
5. **Crie uma reta de sinais para mostrar onde a expressão na desigualdade é positiva ou negativa.**

   Uma *reta de sinais* mostra os sinais dos diferentes fatores em cada intervalo. Se a expressão for fatorada, mostre os sinais dos fatores individuais.

6. **Determine a solução, escrevendo-a em representação de desigualdades ou representação de intervalos (discuto a representação de intervalos no Capítulo 1).**

O jogo de nomes: Soluções, raízes e zeros

A álgebra permite que você descreva os valores de x que encontra quando uma equação é estabelecida como sendo igual a 0 de diversas maneiras. Por exemplo, quando $(x-3)(x+4)=0$, temos:

- **Duas soluções** para a equação, $x=3$ e $x=-4$.
- **Duas raízes** das equações, 3 e –4, pois elas tornam a equação verdadeira.
- **Dois zeros** para a equação (valores que tornam a equação igual a 0) que ocorrem quando $x=3$ e $x=-4$.
- **Dois interceptos de x** em (3,0) e (–4,0).

No entanto, as descrições geralmente são usadas de maneira intercambiável, pois esses valores são determinados exatamente da mesma maneira.

Mantendo as coisas estritamente quadráticas

As técnicas usadas para resolver as desigualdades nesta seção também se aplicam para resolver desigualdades polinomiais de grau mais alto e desigualdades racionais. Se você puder fatorar um polinômio de terceiro ou quarto grau (consulte a seção anterior para uma introdução), poderá resolver habilmente uma desigualdade em que o polinômio for estabelecido como zero ou maior que zero. Você também pode usar o método da reta de sinais para observar fatores de expressões racionais (fracionárias). Por ora, no entanto, considere ater-se às desigualdades quadráticas.

Para resolver a desigualdade $x^2 - x > 12$, por exemplo, você precisa determinar quais valores de x pode elevar ao quadrado de forma que, quando subtrair o número original, sua resposta seja maior que 12. Por exemplo, quando $x = 5$, você tem $25 - 5 = 20$. Isso certamente é maior que 12, por isso, o número 5 funciona; $x = 5$ é uma solução. E quanto ao número 2? Quando $x = 2$, temos $4 - 2 = 2$, que não é maior que 12. Você não pode usar $x = 2$ na solução. Devemos concluir então que números menores não funcionam? Não é assim. Ao experimentar $x = -10$, temos $100 + 10 = 110$, que é definitivamente maior que 12. É possível encontrar uma quantidade infinita de números que tornam essa desigualdade uma afirmação verdadeira.

Portanto, você precisa resolver a desigualdade usando os passos que destaco na introdução desta seção:

1. **Subtraia 12 de cada lado da desigualdade $x^2 - x > 12$ para mover todos os termos para um lado.**

    Você acaba com $x^2 - x - 12 > 0$.

2. **Fatorando o lado esquerdo da desigualdade, temos $(x - 4)(x + 3) > 0$.**

3. **Determine que todos os zeros para a desigualdade são $x = 4$ e $x = -3$.**

4. **Coloque os zeros em ordem em uma reta numérica, mostrada na figura a seguir.**

5. **Crie uma reta de sinais para mostrar os sinais dos diferentes fatores em cada intervalo.**

    Entre -3 e 4, tente deixar $x = 0$ (você pode usar qualquer número entre -3 e 4). Quando $x = 0$, o fator $(x - 4)$ é negativo, e o fator $(x + 3)$ é positivo. Coloque esses sinais na reta de sinais para corresponder aos fatores. Faça o mesmo para o intervalo de números à esquerda de -3 e à direita de 4 (veja a ilustração a seguir).

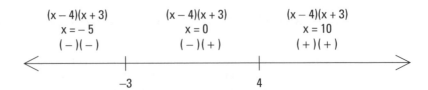

Os valores de x em cada intervalo são de fato escolhas aleatórias (como você pode ver pela minha escolha de $x = -5$ e $x = 10$). Qualquer número em cada um dos intervalos oferece o mesmo valor positivo ou negativo ao fator.

6. **Para determinar a solução, observe os sinais dos fatores; você quer que a expressão seja positiva, correspondendo à *desigualdade maior que zero*.**

O intervalo à esquerda de -3 possui um número negativo multiplicado por outro negativo, que dá um número positivo. Assim, qualquer número à esquerda de -3 funciona. Você pode escrever essa parte da equação como $x < -3$ ou, em representação de intervalos (consulte o Capítulo 1), $(-\infty, -3)$. O intervalo à direita de 4 tem um número positivo multiplicado por outro positivo, que dá um valor positivo. Assim, $x > 4$ é uma solução; você pode escrevê-la como $(4, \infty)$. O intervalo entre -3 e 4 é sempre negativo; você tem um número negativo vezes um positivo. A solução completa lista ambos os intervalos que têm valores que funcionam na desigualdade.

A solução da desigualdade $x^2 - x > 12$, portanto, é $x < -3$ ou $x > 4$.

Utilizando frações

O processo da reta de sinais (consulte a introdução desta seção e o problema do exemplo anterior) é ótimo para resolver desigualdades racionais, como $\frac{x-2}{x+6} \leq 0$.

Os sinais dos resultados da multiplicação e da divisão usam as mesmas regras, então, para determinar sua resposta, você pode tratar o numerador e o denominador da mesma maneira que trata dois fatores diferentes na multiplicação.

Usando os passos da lista que apresento na introdução desta seção, determine a solução de uma desigualdade racional:

1. Cada termo em $\frac{x-2}{x+6} \leq 0$ está à esquerda do sinal de desigualdade.
2. Nem o numerador nem o denominador podem ser mais fatorados.
3. Os dois zeros são $x = 2$ e $x = -6$.
4. Você pode ver os dois números em uma reta numérica na ilustração a seguir.

5. Crie uma reta de sinais para os dois zeros; você pode ver na figura a seguir que o numerador é positivo quando x é maior que 2, e o denominador é positivo quando x é maior que -6.

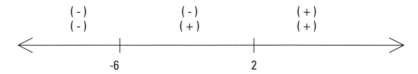

6. Ao determinar a solução, tenha em mente que a desigualdade pede algo menor que ou igual a zero.

   A fração é um número negativo quando você escolhe um x entre -6 e 2. Você obtém um numerador negativo e um denominador positivo, o que oferece um resultado negativo. Outra solução para a desigualdade original é o número 2. Estabelecendo $x = 2$, temos um numerador igual a 0, o que é desejável, pois a desigualdade é menor que ou igual a zero. No entanto, não podemos deixar que o denominador seja zero. Ter um zero no denominador não é permitido, pois tal número não existe. Assim, a solução de $\frac{x-2}{x+6} \leq 0$ é $-6 < x \leq 2$. Em representação de intervalos, escreva a solução como (–6, 2]. (Para saber mais sobre a representação de intervalos, consulte o Capítulo 1).

Aumentando o número de fatores

O método que usamos para resolver uma desigualdade quadrática (consulte a seção "Mantendo as coisas estritamente quadráticas") funciona bem com frações e expressões de grau alto. Por exemplo, você pode resolver $(x+2)(x-4)(x+7)(x-5)^2 \geq 0$ criando uma reta de sinais e verificando os produtos.

A desigualdade já está fatorada, por isso, siga para o passo em que determina os zeros (Passo 3). Os zeros são -2, 4, -7 e 5 (o 5 é uma raiz dupla e o fator é sempre positivo ou 0). A ilustração a seguir mostra os valores em ordem na reta numérica.

Agora, escolha um número em cada intervalo, substitua os números na expressão à esquerda da desigualdade e determine os sinais dos quatro fatores nesses intervalos. Você pode ver pela figura a seguir que o último fator, $(x - 5)^2$, é sempre positivo ou zero, então, esse é um fator fácil de ser identificado.

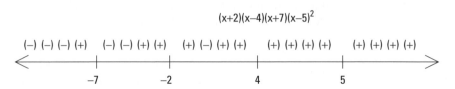

Você quer que a expressão à esquerda seja positiva ou zero, considerando a linguagem original da desigualdade. Você encontra um número par de fatores positivos entre -7 e -2 e para números maiores que 4. Inclua os zeros, de forma que a solução encontrada seja $-7 \leq x \leq -2$ ou $x \geq 4$. Em representação de intervalos, escreva a solução como $[-7, -2]$ ou $[4, \infty)$. (Para saber mais sobre representação de intervalos, consulte o Capítulo 1).

Capítulo 4
Tirando a Raiz de Racionais, Radicais e Negativos

Neste Capítulo
▶ Trabalhando com equações racionais
▶ Lidando com radicais em equações
▶ Invertendo e fatorando expoentes negativos
▶ Combinando e fatorando expoentes fracionários

Resolver uma equação algébrica exige um pouco de conhecimento. Você precisa das ferramentas matemáticas básicas, e precisa saber o que é e o que não é permitido. Você não vai querer pegar uma equação perfeitamente adequada e transformá-la em um disparate. É preciso um plano de jogo para resolver equações com frações, radicais e negativos ou expoentes fracionários — que envolva um planejamento cuidadoso e uma verificação final das respostas. Neste capítulo, você descobrirá como trabalhar com equações transformando-as em novas equações, que são mais familiares e mais fáceis de serem resolvidas. Verá também um conselho recorrente para *verificar as respostas,* pois mudar equações para formatos diferentes pode introduzir elementos misteriosos à mistura — no formato de respostas falsas.

Agindo de Maneira Racional com Equações Cheias de Frações

Um termo *racional* em uma equação é uma fração. Uma equação que contém um ou mais termos, todos os quais são racionais, é uma *equação racional.* Seria melhor se todos os problemas (e as pessoas com que você se relaciona) fossem racionais, mas nem sempre é fácil lidar com uma equação que contém frações.

Um plano geral para resolver uma equação racional é se livrar da fração ou frações mudando a equação para um formato equivalente com a mesma resposta — um formato que a torne mais fácil de ser resolvida.

Parte I: Dominando as Soluções Básicas

CUIDADO!

Duas das maneiras mais comuns de se livrar das frações são multiplicar pelo mínimo denominador comum (MDC) ou aplicar a regra de três simples às proporções. Eu discuto ambas as técnicas nas seções que se seguem.

Esse jogo de cintura matemático — usar equações alternativas para resolver problemas mais complicados — também tem seus possíveis problemas. Às vezes, a nova equação produz uma *solução estranha* (também denominada *teto estranho*), uma solução falsa que aparece, pois você alterou o formato original da equação. Para se proteger contra soluções estranhas em suas respostas, você precisa verificar as soluções que encontra usando as equações originais. Não se preocupe; eu ofereço explicações nas seções a seguir.

Resolvendo equações racionais utilizando o MDC

É possível resolver equações racionais, como $\frac{3x+2}{2} - \frac{5}{2x-3} = \frac{x+3}{4}$, sem tantas preocupações se simplesmente se livrar de todos os denominadores. Para fazer isso, trabalhe com um velho amigo, o mínimo denominador comum. Caso você não seja muito íntimo, o *mínimo denominador comum* (MDC) também é conhecido como *mínimo múltiplo comum* — o menor número pelo qual dois ou mais números podem ser divididos de maneira exata (como 2, 3 e 4, todos dividindo o MDC 12 de maneira exata. Consulte o Capítulo 18 para uma dica rápida sobre como encontrar o MDC).

Para resolver a equação do exemplo anterior com o MDC, encontre um denominador comum, escreva cada fração com esse denominador comum e depois multiplique cada lado da equação pelo mesmo denominador para obter uma bela equação quadrática (consulte o Capítulo 3 para obter uma discussão completa das equações quadráticas).

CUIDADO!

Equações quadráticas têm duas soluções, por isso, elas apresentam mais possibilidades de soluções estranhas. Fique atento!

1. Encontre um denominador comum

O primeiro passo para resolver a equação racional é encontrar o mínimo denominador comum (MDC) para todos os termos da equação.

Por exemplo, o denominador comum de todas as três frações na equação $\frac{3x+2}{2} - \frac{5}{2x-3} = \frac{x+3}{4}$ consiste de todos os fatores nos três denominadores. Cada um dos denominadores poder ser dividido pelo denominador comum de maneira exata. Em outras palavras, o MDC é um múltiplo de cada um dos denominadores originais. Para resolver essa equação, use $4(2x-3)$ como o denominador comum, pois ele é múltiplo de 2 — você multiplica por $2(2x-3)$

para obtê-lo; é um múltiplo de $2x - 3$ — você multiplica por 4 para obtê-lo; e é um múltiplo de 4 — você multiplica por $(2x - 3)$ para obtê-lo. Todos os três denominadores são divididos por esse produto de forma exata.

2. Escreva cada fração com o denominador comum

Multiplique cada um dos termos na equação original por algum valor de forma que, após a multiplicação, cada termo resultante tenha o mesmo denominador – o MDC de que você tanto gosta:

$$\frac{3x+2}{2} \cdot \frac{2(2x-3)}{2(2x-3)} - \frac{5}{2x-3} \cdot \frac{4}{4} = \frac{x+3}{4} \cdot \frac{2x-3}{2x-3}$$

$$\frac{2(3x+2)(2x-3)}{4(2x-3)} - \frac{20}{4(2x-3)} = \frac{(x+3)(2x-3)}{4(2x-3)}$$

O "valor" a que me refiro é igual a um, pois cada uma das frações multiplicadas pelos termos tem o numerador e o denominador iguais. Mas você escolhe cuidadosamente as frações que servem como multiplicadores — os numeradores e denominadores devem ser formados por todos os fatores necessários para completar o MDC.

Você pode apenas dividir o MDC pelo denominador atual para determinar do que mais precisa para criar o denominador comum nesse termo.

3. Multiplique cada lado da equação por esse mesmo denominador

Multiplique cada termo da equação pelo mínimo denominador comum para reduzir cada termo e se livrar dos denominadores:

$$4\cancel{(2x-3)} \cdot \frac{2(3x+2)(2x-3)}{4\cancel{(2x-3)}} - 4\cancel{(2x-3)} \cdot \frac{20}{4\cancel{(2x-3)}} = 4\cancel{(2x-3)} \cdot \frac{(x+3)(2x-3)}{4\cancel{(2x-3)}}$$

$$2(3x+2)(2x-3) - 20 = (x+3)(2x-3)$$

Uma armadilha ao multiplicar ambos os lados de uma equação por uma variável é que você pode ter de multiplicar ambos os lados por zero, o que pode apresentar uma solução estranha. Assegure-se de verificar sua resposta na equação *original* ao terminar para ter certeza de que a resposta não torna um ou mais dos denominadores iguais a zero.

4. Resolva a nova equação

Ao concluir os passos anteriores para esse problema de exemplo, você produz uma equação quadrática (se não souber o que fazer com isso, volte ao Capítulo 3).

Para resolver a nova equação quadrática, multiplique os termos, simplifique e estabeleça a equação como sendo igual a zero:

$$2(3x + 2)(2x - 3) - 20 = (x + 3)(2x - 3)$$
$$12x^2 - 10x - 12 - 20 = 2x^2 + 3x - 9$$
$$10x^2 - 13x - 23 = 0$$

Agora, descubra se a equação quadrática pode ser fatorada. Se ela não puder, é possível recorrer à fórmula quadrática; felizmente, isso não é necessário aqui. Após fatorar, você estabelece cada fator como sendo igual a zero e encontra x:

$$10x^2 - 13x - 23 = 0$$
$$(10x - 23)(x + 1) = 0$$
$$10x - 23 = 0, x = \frac{23}{10}$$
$$x + 1 = 0, x = -1$$

Duas soluções são encontradas para a equação quadrática: $x = \frac{23}{10}$ e $x = -1$.

5. Confira suas respostas para evitar soluções estranhas

Agora você tem de verificar para ter certeza de que ambas as soluções funcionam na equação *original*. Como discuto na introdução desta seção, uma ou ambas as soluções podem ser estranhas.

O indício mais comum de que uma solução é estranha é que ficamos com um zero no denominador após substituir todas as variáveis pela resposta. Ocasionalmente, você obtém uma equação "absurda" como 4 = 7 ao verificar — e isso indica que a solução é estranha —, mas esses são casos bastante especiais. Você deve sempre verificar suas respostas após resolver as equações. Assegure-se de que o(s) valor(es) que você encontrou cria(m) afirmações verdadeiras.

Ao checar a equação original para ver se as duas soluções funcionam, observe primeiro $x = {}^{23}\!/_{10}$:

$$\frac{3\left(\frac{23}{10}\right) + 2}{2} - \frac{5}{2\left(\frac{23}{10}\right) - 3} = \frac{\left(\frac{23}{10}\right) + 3}{4}$$

$$\frac{\frac{69}{10} + \frac{20}{10}}{2} - \frac{5}{\frac{46}{10} - \frac{30}{10}} = \frac{\frac{23}{10} + \frac{30}{10}}{4}$$

$$\frac{\frac{89}{10}}{2} - \frac{5}{\frac{16}{10}} = \frac{\frac{53}{10}}{4}$$

$$\frac{89}{20} - \frac{50}{16} = \frac{53}{40}$$

Capítulo 4: Tirando a Raiz de Racionais, Radicais e Negativos 61

Verificar essa equação com uma resposta fracionária parece ser um trabalho sujo, mas ele tem de ser feito. Não considere recorrer a uma calculadora para checar sua resposta, não jogue a toalha a essa altura. Você sempre espera ter números inteiros para que não tenha de simplificar essas frações complexas, mas nem sempre conseguimos o que queremos.

O próximo passo é encontrar um denominador comum para que possamos comparar os dois lados da equação:

$$\frac{89}{20} \cdot \frac{4}{4} - \frac{50}{16} \cdot \frac{5}{5} = \frac{53}{40} \cdot \frac{2}{2}$$

$$\frac{356}{80} - \frac{250}{80} = \frac{106}{80}$$

$$\frac{106}{80} = \frac{106}{80}$$

Legal! A primeira solução funciona. A verificação seguinte, para ver se $x = -1$ é uma solução, deve ser mamão com açúcar:

$$\frac{3(-1) + 2}{2} - \frac{5}{2(-1) - 3} = \frac{(-1) + 3}{4}$$

$$\frac{-3 + 2}{2} - \frac{5}{-5} = \frac{2}{4}$$

$$-\frac{1}{2} + 1 = \frac{1}{2}$$

$$\frac{1}{2} = \frac{1}{2}$$

Muito bom! As soluções de $\dfrac{3x + 2}{2} - \dfrac{5}{2x - 3} = \dfrac{x + 3}{4}$ são $x = \dfrac{23}{10}$ e $x = -1$.

No entanto, equações racionais nem sempre funcionam tão bem. Considere a equação $\dfrac{x}{x + 2} + \dfrac{3x + 2}{x(x + 2)} = \dfrac{3}{x}$, por exemplo. Se você realizar os Passos de 1 a 4, obterá uma nova equação:

$$\frac{x}{x + 2} \cdot \frac{x}{x} + \frac{3x + 2}{x(x + 2)} = \frac{3}{x} \cdot \frac{x + 2}{x + 2}$$

$$\frac{x^2}{x(x + 2)} + \frac{3x + 2}{x(x + 2)} = \frac{3(x + 2)}{x(x + 2)}$$

$$x(x + 2) \cdot \frac{x^2}{x(x + 2)} + x(x + 2) \cdot \frac{3x + 2}{x(x + 2)} = x(x + 2) \cdot \frac{3(x + 2)}{x(x + 2)}$$

$$x^2 + 3x + 2 = 3(x + 2)$$

$$x^2 - 4 = 0$$

$$(x + 2)(x - 2) = 0$$

As soluções para essa equação são $x = -2$ e $x = 2$.

Ao usar $x = 2$ na equação original, a solução funciona:

$$\frac{2}{2+2} + \frac{3(2)+2}{2(2+2)} = \frac{3}{2}$$

$$\frac{2}{4} + \frac{8}{8} = \frac{3}{2}$$

$$\frac{1}{2} + 1 = \frac{3}{2}$$

Entretanto, ao substituir $x = -2$ na equação original, temos:

$$\frac{-2}{-2+2} + \frac{3(-2)+2}{-2(-2+2)} = \frac{3}{-2}$$

$$\frac{-2}{0} + \frac{-4}{0} = \frac{3}{-2}$$

Pare por aí! Não é possível ter zero no denominador. A solução $x = -2$ funciona bem na equação quadrática, mas ela não é uma solução da equação racional — –2 é estranho.

Resolvendo equações racionais com proporções

Uma *proporção* é uma equação na qual uma fração é estabelecida como sendo igual a outra. Por exemplo, a equação $\frac{a}{b} = \frac{c}{d}$ é uma proporção. Proporções têm diversas características que tornam seu uso desejável ao resolver equações racionais, pois você pode eliminar as frações ou alterá-las para que elas apresentem melhores denominadores. Além disso, elas são fatoradas de quatro maneiras diferentes.

Quando temos a proporção $\frac{a}{b} = \frac{c}{d}$, os seguintes aspectos também são verdadeiros:

- ad e bc, os produtos cruzados, são iguais, oferecendo $ad = bc$.
- $\frac{b}{a} = \frac{d}{c}$, os recíprocos são iguais (você pode inverter a proporção).

Usando produtos cruzados para resolver uma equação racional

Para resolver uma equação como $\frac{x+5}{2} - \frac{3}{x} = \frac{9}{x}$, você pode encontrar um denominador comum e depois multiplicar cada lado por ele (consulte a seção "Resolvendo equações racionais usando o MDC" anteriormente, neste capítulo), mas aqui está um jeito mais rápido e fácil:

Capítulo 4: Tirando a Raiz de Racionais, Radicais e Negativos 63

1. **Adicione $\dfrac{3}{x}$ a cada lado e adicione os termos com o mesmo denominador para formar uma proporção.**

$$\frac{x+5}{2} - \frac{3}{x} + \frac{3}{x} = \frac{9}{x} + \frac{3}{x}$$

$$\frac{x+5}{2} = \frac{12}{x}$$

2. **Multiplique cruzado .**

$$(x+5)\,x = 24$$

Essa é uma equação quadrática. Você deve encontrar as soluções da seguinte maneira (consulte o Capítulo 3):

1. **Simplifique a equação quadrática.**

$$(x+5)x = 24$$

$$x^2 + 5x = 24$$

2. **Estabeleça-a como sendo igual a zero.**

$$x^2 + 5x - 24 = 0$$

3. **Encontre as soluções por fatoração.**

$$(x+8)(x-3) = 0$$

$$x + 8 = 0, x = -8$$

$$x - 3 = 0, x = 3$$

Você tem duas soluções, $x = -8$ e $x = 3$. É preciso verificar ambas para ter certeza de que nenhuma delas é uma solução estranha. Quando $x = -8$:

$$\frac{-8+5}{2} - \frac{3}{-8} = \frac{9}{-8}$$

$$\frac{-3}{2} + \frac{3}{8} = -\frac{9}{8}$$

$$\frac{-12}{8} + \frac{3}{8} = -\frac{9}{8}$$

$$-\frac{9}{8} = -\frac{9}{8}$$

A solução $x = -8$ funciona. Como você pode ver, a solução $x = 3$ também funciona:

$$\frac{3+5}{2} - \frac{3}{3} = \frac{9}{3}$$

$$\frac{8}{2} - \frac{3}{3} = 3$$

$$4 - 1 = 3$$

Reduzindo em todas as direções

Outra característica maravilhosa das proporções é que você pode reduzir as frações em uma proporção encontrando fatores comuns em quatro direções diferentes: acima, abaixo, à esquerda e à direita. A capacidade de reduzir uma proporção é útil quando temos números grandes na equação.

Aqui estão alguns exemplos de redução de proporções na parte de cima (numeradores), de baixo (denominadores), à esquerda e à direita:

Numeradores

$$\frac{15x}{28} = \frac{5}{49}$$
$$\frac{^3\cancel{15}x}{28} = \frac{\cancel{5}^1}{49}$$
$$\frac{3x}{28} = \frac{1}{49}$$

Denominadores

$$\frac{3x}{28} = \frac{1}{49}$$
$$\frac{3x}{^4\cancel{28}} = \frac{1}{\cancel{49}^7}$$
$$\frac{3x}{4} = \frac{1}{7}$$

Esquerda

$$\frac{100y}{300(y+1)} = \frac{121}{77y}$$
$$\frac{^1\cancel{100}y}{_3\cancel{300}(y+1)} = \frac{121}{77y}$$
$$\frac{y}{3(y+1)} = \frac{121}{77y}$$

Direita

$$\frac{y}{3(y+1)} = \frac{121}{77y}$$
$$\frac{y}{3(y+1)} = \frac{\cancel{121}^{11}}{^7\cancel{77}y}$$
$$\frac{y}{3(y+1)} = \frac{11}{7y}$$

Os formatos reduzidos das proporções tornam a regra de três muito mais fácil e mais manejável. Tomemos a seguinte proporção como exemplo. Você primeiro reduz os numeradores e depois reduz as frações à esquerda. Por fim, aplica a regra de três e resolve a equação quadrática:

$$\frac{80x}{16} = \frac{30x}{x-5}$$

$$\frac{^8\cancel{80}x}{16} = \frac{\cancel{30}^3 x}{x-5}$$

$$\frac{8x}{16} = \frac{3}{x-5}$$

$$\frac{^1\cancel{8}x}{\cancel{16}^2} = \frac{3}{x-5}$$

$$\frac{x}{2} = \frac{3}{x-5}$$

$$x(x-5) = 6$$

$$x^2 - 5x = 6$$

$$x^2 - 5x - 6 = 0$$

$$(x-6)(x+1) = 0$$

$$x - 6 = 0, x = 6$$

$$x + 1 = 0, x = -1$$

As soluções são $x = 6$ e $x = -1$. Como sempre, você precisa conferir para ter certeza que não usou nenhuma raiz estranha:

Capítulo 4: Tirando a Raiz de Racionais, Radicais e Negativos **65**

$$\frac{80x}{16} = \frac{30}{x-5}$$

$$x = 6, \frac{80(6)}{16} = \frac{30}{(6)-5}, \frac{480}{16} = \frac{30}{1}, 480 = 30(16)$$

$$x = -1, \frac{80\,(-1)}{16} = \frac{30}{(-1)-5}, \frac{-80}{16}, = \frac{30}{-6}, (-80)(-6) = 30(16)$$

Ambas as soluções conferem.

Tornando equações racionais recíprocas

A propriedade das proporções que afirma que a proporção $\frac{a}{b} = \frac{c}{d}$ é equivalente à sua recíproca $\frac{b}{a} = \frac{d}{c}$ é útil em uma equação como $\frac{1}{x-3} = \frac{2}{5}$. Após inverter a proporção, você tem 1 no denominador à esquerda. Nesse ponto, tudo o que precisa fazer para resolver a equação é adicionar 3 a cada lado.

$$\frac{x-3}{1} = \frac{5}{2}$$
$$x - 3 = 2{,}5$$
$$x = 5{,}5$$

Livrando-se de um Radical

O termo _radical_ geralmente indica que você quer encontrar uma raiz — a raiz quadrada de um número, sua raiz cúbica, e assim por diante. Um radical em uma equação passa a mesma mensagem, mas adiciona toda uma nova dimensão àquilo que poderia ser uma equação perfeitamente fácil de resolver. Em geral, trabalhamos com radicais em equações da mesma maneira que trabalhamos com frações em equações — nos livramos deles. Mas tome cuidado: As respostas estranhas que foram apresentadas primeiramente na seção "Resolvendo equações racionais usando o MDC" aparecem aqui também. Por isso — como você já deve ter adivinhado — é preciso conferir suas respostas.

Elevando ambos os lados de uma equação radical ao quadrado

Se você tiver uma equação com o formato $\sqrt{ax + b} = c$, eleve ambos os lados da equação ao quadrado para se livrar do radical. O único problema surge quando você acaba com uma raiz estranha.

Considere a não equação $- 3 = 3$. Você sabe que a equação não está correta, mas o que acontece ao elevar ambos os lados dessa afirmação ao quadrado?

Temos $(-3)^2 = (3)^2$, ou $9 = 9$. Agora você tem uma equação. Elevar ambos os lados ao quadrado pode mascarar ou ocultar uma afirmação incorreta.

Assim como o processo de se livrar das frações em equações, o método de elevar ambos os lados ao quadrado é a maneira mais fácil de trabalhar com radicais em equações. Você simplesmente aceita que sempre tem de tomar cuidado com raízes estranhas ao resolver equações elevando-as ao quadrado.

Por exemplo, para resolver a equação $\sqrt{4x + 21} - 6 = x$, siga esses passos:

1. **Mude a equação de forma que o termo com radical fique sozinho à esquerda.**
2. **Eleve ambos os lados da equação ao quadrado.**

    No papel, o processo se parece com isso:

    $$\sqrt{4x + 21} = x + 6$$
    $$(\sqrt{4x + 21})^2 = (x + 6)^2$$
    $$4x + 21 = x^2 + 12x + 36$$

 Um erro muito comum ao elevar problemas ao quadrado é elevar o binômio à direita incorretamente ao quadrado. Não se esqueça do termo do meio — você não pode simplesmente elevar os dois termos sozinhos ao quadrado $[(a + b)^2 = a^2 + 2ab + b^2]$.

Nesse ponto, temos uma equação quadrática (consulte o Capítulo 3). Estabeleça-a como sendo igual a zero e resolva:

$$4x + 21 = x^2 + 12x + 36$$
$$0 = x^2 + 8x + 15$$
$$0 = (x + 3)(x + 5)$$
$$x + 3 = 0, x = -3$$
$$x + 5 = 0, x = -5$$

Agora faça a verificação para ver se as soluções satisfazem a equação original. Quando $x = -3$, temos:

$$\sqrt{4(-3) + 21} - 6 = \sqrt{-12 + 21} - 6 = \sqrt{9} - 6 = 3 - 6 = -3$$

Funciona. Como $x = -5$, temos:

$$\sqrt{4(-5) + 21} - 6 = \sqrt{-20 + 21} - 6 = \sqrt{1} - 6 = -5$$

 Essa solução também é compatível.

Não é comum que ambas as soluções funcionem ao trabalhar com radicais. Na maioria das vezes, somente uma das soluções funciona, e não ambas. E,

Capítulo 4: Tirando a Raiz de Racionais, Radicais e Negativos **67**

infelizmente, às vezes você realiza todos os cálculos e descobre que nenhuma das soluções funciona na equação original. Você chega a uma resposta, é claro (de que não há resposta), mas isso não é muito satisfatório.

Acalmando dois radicais

Algumas equações que contêm radicais pedem que ambos os lados sejam elevados ao quadrado mais de uma vez. Por exemplo, você tem de elevar ambos os lados ao quadrado mais de uma vez quando não conseguir isolar um termo radical em um lado da equação. E geralmente precisa elevar ambos os lados ao quadrado mais de uma vez quando há três termos na equação — dois deles com radicais.

Por exemplo, digamos que você tenha de trabalhar com a equação $\sqrt{3x + 19} - \sqrt{5x - 1} = 2$. Você deve resolver o problema da seguinte maneira:

1. Mova os radicais de forma que somente um apareça em cada lado.

2. Eleve ambos os lados da equação ao quadrado.

Após os dois primeiros passos, temos o seguinte:

$$\sqrt{3x + 19} = 2 + \sqrt{5x - 1}$$
$$(\sqrt{3x + 19})^2 = (2 + \sqrt{5x - 1})^2$$
$$3x + 19 = 4 + 4\sqrt{5x - 1} + 5x - 1$$

3. Mova todos os termos sem radical para a esquerda e simplifique.

Isso o deixa com:

$$3x + 19 - 4 - 5x + 1 = 4\sqrt{5x - 1}$$
$$-2x + 16 = 4\sqrt{5x - 1}$$

4. Torne o trabalho de elevar o binômio à esquerda mais fácil dividindo cada termo por dois — o fator comum de todos os termos em ambos os lados.

Chegamos a:

$$\frac{-2x}{2} + \frac{16}{2} = \frac{4\sqrt{5x - 1}}{2}$$
$$-x + 8 = 2\sqrt{5x - 1}$$

5. Eleve ambos os lados ao quadrado, simplifique, estabeleça a quadrática como sendo igual a zero e encontre x.

Esse processo oferece o seguinte:

$$(-x + 8)^2 = (2\sqrt{5x - 1})^2$$
$$x^2 - 16x + 64 = 4(5x - 1)$$
$$x^2 - 16x + 64 = 20x - 4$$
$$x^2 - 36x + 68 = 0$$
$$(x - 2)(x - 34) = 0$$

Dando um soco palíndromo

O que as frases "*Socorram-me em Marrocos*", "*Subi no ônibus*" e "*Roma é amor*" e a raiz quadrada do número 14641 têm em comum? Aqui está uma dica: O quadrado do número 111 também pode entrar nessa lista. Sim, todos são palíndromos. Um *palíndromo* pode ser lido da mesma maneira tanto na ordem direta como de trás para a frente. Um número palíndromo é apenas um número que pode ser lido da mesma maneira de ambos os jeitos. Muitos números são palíndromos, mas também é possível encontrar alguns números palíndromos especiais: aqueles cujos quadrados ou raízes quadradas também são palíndromos. Por exemplo, o quadrado de 111 é 12.321. Na verdade, os quadrados de todos os números compostos somente de 1 (até 9 números 1 em sequência) são palíndromos.

Embora seja possível encontrar uma quantidade infinita de números cujos quadrados sejam palíndromos, nenhum desses números começa com 4, 5, 6, 7, 8 ou 9. Você gostou dessa pequena jornada, cortesia de Ferdinand de Lesseps? "*A man, a plan, a canal, Panama.*" Não foi ele quem disse "*Too hot to hoot?*"

$$x - 2 = 0, x = 2$$
$$x - 34 = 0, x = 34$$

As duas soluções apresentadas são $x = 2$ e $x = 34$.

Não se esqueça de conferir cada solução na equação original:

$$\sqrt{3x + 19} - \sqrt{5x - 1} = 2$$
$$x = 2, \sqrt{3(2) + 19} - \sqrt{5(2) - 1} = \sqrt{25} - \sqrt{9} = 5 - 3 = 2$$
$$x = 34, \sqrt{3(34) + 19} - \sqrt{5(34) - 1} = \sqrt{121} - \sqrt{169} = 11 - 13 = -2$$

A solução $x = 2$ é compatível. A outra solução, $x = 34$, não é compatível com a equação. O número 34 é uma solução que não satisfaz a equação irracional.

Mudando Atitudes Negativas em Relação a Expoentes

Equações com expoentes negativos oferecem desafios singulares. O primeiro desafio tem a ver com o fato de que você está trabalhando com números

Capítulo 4: Tirando a Raiz de Racionais, Radicais e Negativos **69**

negativos e tem de manter em mente as regras necessárias para adicionar, subtrair e multiplicar esses números negativos. Outro desafio tem a ver com a solução — se você encontrar uma — e a verificação para ver se ela funciona no formato original da equação. O formato original o leva de volta aos expoentes negativos, por isso, os desafios numéricos formam um ciclo.

Tirando expoentes negativos da cena

Em geral, é mais fácil trabalhar com expoentes negativos se eles desaparecerem. Sim, por mais maravilhosos que os expoentes negativos sejam no mundo da matemática, resolver equações com eles é simplesmente mais fácil se você mudar o formato para expoentes positivos e frações e então trabalhar com a resolução das equações fracionárias (consulte a seção anterior).

Por exemplo, a equação $x^{-1} = 4$ possui uma solução bastante direta. Você escreve a variável x no denominador de uma fração e depois encontra x. Uma boa maneira de encontrar x é escrever o 4 como uma fração, criando uma proporção, e depois aplicando a regra de três simples (consulte a seção devidamente denominada "Usando produtos cruzados para resolver uma equação racional" anteriormente neste capítulo para ter uma visão detalhada):

$$x^{-1} = 4$$
$$\frac{1}{x} = 4$$
$$\frac{1}{x} = \frac{4}{1}$$
$$4x = 1$$
$$x = \frac{1}{4}$$

O processo pode ficar um pouco perigoso quando você tem mais de um termo com um expoente negativo ou quando o expoente negativo se aplica a mais de um termo. Por exemplo, no problema $(x-3)^{-1} - x^{-1} = \frac{3}{10}$, você tem de reescrever a equação, mudando os termos com expoentes negativos para termos racionais ou fracionários.

$$\frac{1}{x-3} - \frac{1}{x} = \frac{3}{10}$$

Em seguida, encontre o denominador comum de $x - 3$, x e 10, que é o produto de três denominadores diferentes, $10x(x - 3)$. Então, reescreva cada fração como uma fração equivalente com esse denominador comum, multiplique para se livrar de todos os denominadores (ufa!) e resolva a equação resultante. Você nunca pensou que iria preferir trabalhar com frações, pensou?

$$\frac{10x}{10x(x-3)} - \frac{10(x-3)}{10x(x-3)} = \frac{3x(x-3)}{10x(x-3)}$$

$$10x - 10(x-3) = 3x(x-3)$$

$$10x - 10x + 30 = 3x^2 - 9x$$

$$0 = 3x^2 - 9x - 30$$

$$0 = 3(x^2 - 3x - 10)$$

$$0 = 3(x-5)(x+2)$$

$$x - 5 = 0, x = 5$$

$$x + 2 = 0, x = -2$$

Você não pode simplificar $(x-3)^{-1}$ distribuindo o expoente ou multiplicando-o de qualquer maneira. É preciso reescrever o termo como uma fração para se livrar do expoente negativo.

Suas respostas são $x = 5$ e $x = -2$. Você precisa verificar para ter certeza de que elas funcionam na equação original:

$$(x-3)^{-1} - x^{-1} = \frac{3}{10}$$

$$x = 5, (5-3)^{-1} - 5^{-1} = 2^{-1} - 5^{-1} = \frac{1}{2} - \frac{1}{5} = \frac{5}{10} - \frac{2}{10} = \frac{3}{10}$$

$$x = -2, (-2-3)^{-1} - (-2)^{-1} = (-5)^{-1} - (-2)^{-1}$$

$$= -\frac{1}{5} - \left(-\frac{1}{2}\right) = -\frac{2}{10} + \frac{5}{10} = \frac{3}{10}$$

Boas notícias! Ambas as soluções funcionam.

Fatorando termos negativos para resolver equações

Expoentes negativos não precisam ter a mesma potência em uma equação específica. Na verdade, pode ser mais comum ter uma mistura de potências em uma equação. Dois métodos úteis para resolver equações com expoentes negativos são fatorar o máximo fator comum (MFC) e resolver a equação como se ela fosse uma quadrática (semelhante a uma quadrática; consulte o Capítulo 3).

Capítulo 4: Tirando a Raiz de Racionais, Radicais e Negativos

Fatorando um MFC negativo

Uma equação como $3x^{-3} - 5x^{-2} = 0$ tem uma solução que você pode encontrar sem ter de mudar para frações imediatamente. Em geral, equações que não têm termos constantes — todos os termos possuem variáveis com expoentes – funcionam melhor com essa técnica.

Aqui estão os passos:

1. Fatore o máximo fator comum (MFC).

Nesse caso, o MFC é x^{-3}:

$3x^{-3} - 5x^{-2} = 0$

$x^{-3}(3 - 5x) = 0$

Você pensou que o expoente do máximo fator comum era –2? Lembre-se, –3 é menor que –2. Ao fatorar o máximo fator comum, escolhemos o menor expoente dentre todas as opções e então dividimos cada termo por esse fator comum.

A parte complicada da fatoração é dividir $3x^{-3}$ e $5x^{-2}$ por x^{-3}. As regras dos expoentes dizem que quando você divide dois números com a mesma base, deve subtrair os expoentes, por isso, temos:

$$\frac{3x^{-3}}{x^{-3}} = 3$$

$$\frac{-5x^{-2}}{x^{-3}} = -5x^{-2-(-3)} = -5x^{-2+3} = -5x^1$$

2. Estabeleça cada termo no formato fatorado como sendo igual a zero, para encontrar x.

$x^{-3}(3 - 5x) = 0$

$x^{-3} = 0, \frac{1}{x^3} = 0$

$3 - 5x = 0, x = \frac{3}{5}$

3. Verifique suas respostas.

A única solução para essa equação é $x = \frac{3}{5}$ — uma resposta perfeitamente boa.

O outro fator, com x^{-3}, não gera uma resposta. A única maneira em que uma fração pode ser igual a zero é se o numerador for zero. Ter 1 no numerador torna impossível que o termo seja igual a zero. E você não pode deixar o x ser igual a zero, pois isso colocaria um zero no denominador.

Resolvendo trinômios parecidos com quadráticas

Trinômios são expressões com três termos, e se os termos forem elevados ao segundo grau, a expressão será quadrática. Você pode simplificar trinômios quadráticos fatorando-os em dois fatores binomiais. (Consulte o Capítulo 3 para obter detalhes sobre a fatoração de trinômios).

Geralmente, é possível fatorar trinômios com potências negativas em dois binômios se eles tiverem o seguinte padrão: $ax^{-2n} + bx^{-n} + c$. Os expoentes nas variáveis têm de estar em pares, em que um dos expoentes tem duas vezes o valor do outro. Por exemplo, o trinômio $3x^{-2} + 5x^{-1} - 2$ se encaixa nessa descrição. Transforme isso em uma equação, e você poderá resolvê-la por fatoração e estabelecendo os dois fatores como sendo iguais a zero:

$$3x^{-2} + 5x^{-1} - 2 = 0$$

$$(3x^{-1} - 1)(x^{-1} + 2) = 0$$

$$3x^{-1} - 1 = 0, \frac{3}{x} = 1, x = 3$$

$$x^{-1} + 2 = 0, \frac{1}{x} = -2, x = -\frac{1}{2}$$

Duas soluções são geradas, e ambas funcionam ao serem substituídas na equação original. Você não mudou o formato da equação, mas ainda tem de ter certeza de que não está colocando um zero no denominador como resposta.

É preciso tomar cuidado ao resolver uma equação contendo expoentes negativos que envolvam tirar uma raiz par (raiz quadrada, raiz à quarta, e assim por diante). O problema a seguir começa se comportando bem, sendo fatorado em dois binômios:

$$x^{-4} - 15x^{-2} - 16 = 0$$

$$(x^{-2} - 16)(x^{-2} + 1) = 0$$

$$x^{-2} - 16 = 0 \text{ ou } x^{-2} + 1 = 0$$

O fator final não oferece grandes surpresas. Você obtém duas soluções após mudar o expoente negativo e resolver a equação usando a regra da raiz quadrada (consulte o Capítulo 3 para saber mais sobre essa regra):

$$x^{-2} - 16 = 0, \frac{1}{x^2} = 16, x^2 = \frac{1}{16}$$

$$x = \pm \frac{1}{4}$$

O outro fator não tem uma solução real, pois não é possível encontrar a raiz quadrada de um número negativo (no Capítulo 3, há mais informações sobre o que acontece quando você tenta tirar a raiz quadrada de um número negativo; no Capítulo 14, você descobrirá como trabalhar com números imaginários — as raízes quadradas dos negativos):

$$x^{-2} + 1 = 0, \frac{1}{x^2} = -1, x^2 = -1$$

Observe todas as possibilidades — e maneiras de se enganar nas soluções. Tome cuidado com zeros no denominador, pois tais números não existem, e esteja atento a números imaginários — eles existem em algum lugar, na imaginação de algum matemático. Fatorar binômios é uma boa maneira de resolver equações com expoentes negativos; apenas assegure-se de proceder com cautela.

Brincando com Expoentes Fracionários

Usamos expoentes fracionários ($x^{1/2}$, por exemplo) para substituir radicais e potências dentro de radicais. Escrever termos com expoentes fracionários permite que você realize operações com termos mais facilmente quando eles têm a mesma base ou variável.

A expressão radical $\sqrt[3]{x^4}$, por exemplo, é escrita como $x^{4/3}$. A potência da variável sob o radical vai no numerador da fração, e a raiz do radical vai no denominador da fração.

Combinando termos com expoentes fracionários

Felizmente, as regras dos expoentes permanecem as mesmas quando os expoentes são fracionários:

- ✓ **Você pode adicionar ou subtrair termos com a mesma base e expoente:** $4x^{2/3} + 5x^{2/3} - 2x^{2/3} = 7x^{2/3}$.
- ✓ **Você pode multiplicar termos com a mesma base adicionando seus expoentes:** $(5x^{3/4})(9x^{2/3}) = 45x^{3/4 + 2/3} = 45x^{9/12 + 8/12} = 45x^{17/12}$.
- ✓ **Você pode dividir termos com a mesma base subtraindo seus expoentes:** $\dfrac{45x^{3/5}}{9x^{1/5}} = 5x^{3/5 - 1/5} = 5x^{2/5}$.
- ✓ **Você pode elevar uma potência fracionária a outra potência multiplicando as duas potências:** $(x^{3/4})^{-5/2} = x^{3/4 \cdot (-5/2)} = x^{-15/8}$.

Expoentes fracionários podem não parecer tão melhores que os radicais que eles representam, mas você consegue imaginar tentar simplificar $5^4\sqrt{x^3} \cdot 9^3\sqrt{x^2}$? Você pode sempre consultar o segundo item da lista acima para ver como as potências fracionárias possibilitam a multiplicação.

Fatorando expoentes fracionários

É possível fatorar facilmente expressões que contêm variáveis com expoentes fracionários se você souber a regra para dividir números com a mesma base (consulte a seção anterior): *Subtraia seus expoentes*. É claro que há o desafio de encontrar denominadores comuns ao subtrair frações. A não ser por isso, essas são águas calmas.

Para fatorar a expressão $2x^{1/2} - 3x^{1/3}$, por exemplo, note que o menor dos dois expoentes é a fração 1/3. Fatore x elevado a essa potência mais baixa, mudando para um denominador comum onde necessário:

$$2x^{1/2} - 3x^{1/3} = x^{1/3}(2x^{1/2 - 1/3} - 3x^{1/3 - 1/3})$$
$$= x^{1/3}(2x^{3/6 - 2/6} - 3x^0)$$
$$= x^{1/3}(2x^{1/6} - 3)$$

Uma boa maneira de conferir a fatoração é distribuir mentalmente o primeiro termo pelos termos nos parênteses para se assegurar de que o produto é aquilo com que você começou.

Resolvendo equações trabalhando com expoentes fracionários

Expoentes fracionários representam radicais e potências, por isso, quando você puder isolar um termo com um expoente fracionário, pode elevar cada lado a uma potência adequada para se livrar do expoente e resolver a equação. Quando não for possível isolar o expoente fracionário, você deverá recorrer a outros métodos para resolver equações, como a fatoração.

Elevando cada lado a uma potência

Quando puder isolar um termo que possui um expoente fracionário ligado a ele, vá em frente. O objetivo é tornar o expoente igual a um para que você possa resolver a equação. É possível atingir esse objetivo elevando cada lado da equação a uma potência que é igual ao recíproco do expoente fracionário.

Por exemplo, resolva a equação $x^{4/3} = 16$ elevando cada lado à potência ¾, pois multiplicar um número por seu recíproco sempre gera um produto de um:

$$(x^{4/3})^{3/4} = (16)^{3/4}$$
$$x^1 = \sqrt[4]{16^3}$$

Termine o problema avaliando o radical (consulte a seção "Livrando-se de um Radical"):

$$x = \sqrt[4]{16^3} = (\sqrt[4]{16})^3 = (2)^3 = 8$$

Capítulo 4: Tirando a Raiz de Racionais, Radicais e Negativos 75

A avaliação será mais fácil se você tirar a quarta raiz primeiro e depois elevar a resposta à terceira potência. Você pode fazer isso, pois as potências e raízes estão no mesmo nível na *ordem das operações* (consulte o Capítulo 1 para saber mais sobre esse tópico), assim, você pode calculá-las em qualquer ordem — qual for a mais conveniente.

Fatorando variáveis com expoentes fracionários

Você nem sempre tem o luxo de conseguir elevar cada lado de uma equação a uma potência para se livrar dos expoentes fracionários. O próximo plano de ataque envolve fatorar a variável com o menor expoente e estabelecer os dois fatores como sendo iguais a zero.

Para resolver $x^{5/6} - 3x^{1/2} = 0$, por exemplo, você primeiro fatora um x com um expoente de ½:

$$x^{5/6} - 3x^{1/2} = 0$$
$$x^{1/2}(x^{5/6 - 1/2} - 3) = 0$$
$$x^{1/2}(x^{5/6 - 3/6} - 3) = 0$$
$$x^{1/2}(x^{2/6} - 3) = x^{1/2}(x^{1/3} - 3) = 0$$

Agora é possível estabelecer os dois fatores como sendo iguais a zero e encontrar x:

$$x^{1/2} = 0, x = 0$$
$$x^{1/3} - 3 = 0, x^{1/3} = 3, (x^{1/3})^3 = (3)^3, x = 27$$

Descobrimos duas respostas perfeitamente razoáveis: $x = 0$ e $x = 27$.

Fatorando como o produto de dois binômios

Geralmente, é possível fatorar trinômios com expoentes fracionários como o produto de dois binômios. Após a fatoração, estabeleça os dois binômios como sendo iguais a zero para determinar se poderão ser encontradas soluções.

Para resolver $x^{1/2} - 6x^{1/4} + 5 = 0$, por exemplo, primeiro fatore como dois binômios. O expoente da primeira variável tem o dobro do valor da segunda, o que deve indicar que o trinômio tem potencial de fatoração. Após fatorar (consulte o Capítulo 3), estabeleça a expressão como sendo igual a zero e encontre x:

$$(x^{1/4} - 1)(x^{1/4} - 5) = 0$$
$$x^{1/4} - 1 = 0, x^{1/4} = 1, (x^{1/4})^4 = (1)^4, x = 1$$
$$x^{1/4} - 5 = 0, x^{1/4} = 5, (x^{1/4})^4 = (5)^4, x = 625$$

Confira suas respostas na equação original (consulte o quinto passo da seção "Resolvendo equações racionais usando o MDC" anteriormente, neste capítulo); você descobrirá que ambas as soluções $x = 1$ e $x = 625$ funcionam.

Parte I: Dominando as Soluções Básicas

Juntando expoentes fracionários e negativos

Este capítulo não estaria completo sem uma explicação de como você pode combinar expoentes fracionários e negativos em uma grande equação. Criar esse megaproblema não é algo que fazemos simplesmente para ver como uma equação pode ser emocionante. A seguir, há um exemplo de uma situação que ocorre em problemas de cálculo. A derivada (um processo do cálculo) já foi realizada, e agora você tem de resolver a equação. A parte mais difícil de cálculo geralmente é a álgebra, por isso, acho que devo discutir esse tópico antes de você chegar à parte do cálculo.

Os dois termos na equação $x\,(x^3+8)^{1/3}\,(x^2-4)^{-1/2} + x^2(x^3+8)^{-2/3}\,(x^2-4)^{1/2} = 0$ têm o fator comum de $x(x^3+8)^{-2/3}\,(x^2-4)^{-1/2}$. Observe que ambos os termos têm uma potência de x, uma potência de (x^3+8) e uma potência de (x^2-4) em si. (Você tem de escolher a mais baixa das potências em um fator e usá-la no máximo fator comum.)

Dividindo cada termo pelo máximo fator comum (consulte a seção "Fatorando um MFC negativo" para saber mais), a equação se torna:

$$x(x^3+8)^{-2/3}\,(x^2-4)^{-1/2}\,[(x^3+8)^{1/3-(-2/3)}\,(x^2-4)^{-1/2-(-1/2)} + x\,(x^3+8)^{-2/3-(-2/3)}\,(x^2-4)^{1/2-(-1/2)}] = 0$$

$$x(x^3+8)^{-2/3}\,(x^2-4)^{-1/2}\,[(x^3+8)^{1/3+2/3}\,(x^2-4)^{-1/2+\frac{1}{2}} + x(x^3+8)^{-2/3+2/3}\,(x^2-4)^{1/2+1/2}] = 0$$

$$x(x^3+8)^{-2/3}\,(x^2-4)^{-1/2}\,[(x^3+8)^1\,(x^2-4)^0 + x(x^3+8)^0\,(x^2-4)^1] = 0$$

$$x(x^3+8)^{-2/3}\,(x^2-4)^{-1/2}\,[(x^3+8)^1 + x(x^2-4)^1] = 0$$

Agora, simplifique os termos dentro dos colchetes:

$$x(x^3+8)^{-2/3}\,(x^2-4)^{-1/2}\,[(x^3+8)^1 + x(x^2-4)^1] = 0$$

$$x(x^3+8)^{-2/3}\,(x^2-4)^{-1/2}\,[x^3+8+x^3-4x] = 0$$

$$x(x^3+8)^{-2/3}\,(x^2-4)^{-1/2}\,[2x^3-4x+8] = 0$$

$$2x(x^3+8)^{-2/3}\,(x^2-4)^{-1/2}\,[x^3-2x+4] = 0$$

Você pode estabelecer cada um dos quatro fatores (os três no máximo fator comum e o quarto nos colchetes) como sendo iguais a zero para encontrar soluções para a equação (consulte o Capítulo 3):

$$2x(x^3+8)^{-2/3}\,(x^2-4)^{-1/2}\,[x^3-2x+4] = 0$$

$$2x = 0,\ x = 0$$

$$(x^3+8)^{-2/3} = 0,\ x^3+8 = 0,\ x^3 = -8,\ x = -2$$

$$(x^2-4)^{-1/2} = 0,\ x^2-4 = 0,\ x^2 = \pm 2$$

$$x^3-2x+4 = (x+2)(x^2-2x+2) = 0,\ x = -2$$

As soluções que você encontra são $x = 0$, $x = 2$ e $x = -2$. É possível ver raízes repetidas, mas eu designo cada uma delas somente uma vez aqui. A quadrática restante da fatoração $x^3 - 2x + 4$ não tem solução real.

Capítulo 5

Desenhando o Gráfico para uma Boa Vida

Neste Capítulo

▶ Estabelecendo o sistema de coordenadas

▶ Usando interceptos e simetria para seu benefício

▶ Inserindo retas em um gráfico

▶ Revisando os dez gráficos mais comuns em álgebra

▶ Aderindo à tecnologia com calculadoras gráficas

*U*m *gráfico* é um desenho que ilustra uma operação ou equação algébrica em um plano bidimensional (como um papel de gráfico). Um gráfico permite que você veja as características de uma afirmação algébrica imediatamente.

Os gráficos em álgebra são singulares, pois eles revelam as relações que você pode usar para modelar uma situação. O gráfico de uma curva matemática possui uma tonelada de informações inseridas em um pacote elegante (certo, nem todo mundo acha que o gráfico de uma parábola é elegante, mas a beleza está nos olhos de quem vê). Por exemplo, as parábolas podem representar a temperatura diária, e uma curva chata em forma de S pode representar o número de pessoas que contraíram gripe.

Neste capítulo, você descobrirá como retas, parábolas, outros polinômios e curvas radicais entram em cena. Começo com um breve lembrete sobre os fundamentos dos gráficos. O resto do capítulo ajuda você a desenhar gráficos com mais eficiência para que não tenha de inserir um milhão de pontos toda vez que precisar criar um gráfico. Ao longo do caminho, discuto o uso de interceptos e da simetria e o trabalho com equações lineares. Também ofereço uma breve apresentação das dez formas e equações básicas encontradas repetidamente em Álgebra II. Após reconhecer alguns pontos fundamentais, você pode rapidamente desenhar um gráfico razoável de uma equação. E para completar, ofereço algumas dicas de como usar uma calculadora gráfica.

Coordenando Seus Esforços Gráficos

A maioria dos gráficos em álgebra é feita de acordo com o *sistema de coordenadas cartesianas* — um sistema parecido com uma grade em que você insere pontos dependendo da posição e dos sinais dos números. Você pode estar familiarizado com os fundamentos das coordenadas gráficas, pontos (x, y), de Álgebra I ou das aulas de matemática do ensino fundamental. Dentro do sistema de coordenadas cartesianas (que recebe o nome em homenagem ao filósofo e matemático René Descartes), é possível inserir pontos para desenhar uma curva, ou tirar vantagem de seu conhecimento sobre como os gráficos devem se parecer. Seja qual for o caso, as coordenadas e os pontos se unem para criar o gráfico.

Identificando as partes do plano de coordenadas

Um *plano de coordenadas* (mostrado na Figura 5-1) apresenta dois *eixos* que se cruzam — duas retas perpendiculares que se cruzam em um ponto chamado *origem*. Os eixos dividem o plano de coordenadas em quatro *quadrantes*, geralmente identificados com numerais romanos começando pelo canto superior direito e movendo-se no sentido anti-horário.

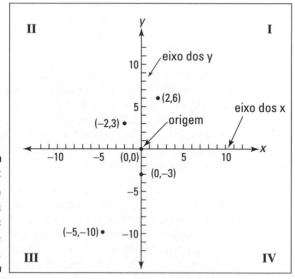

Figura 5-1: Identificando todos os elementos no plano de coordenadas.

A reta horizontal é chamada de eixo x, e a reta vertical é chamada de eixo y. As escalas nos eixos são denominadas por pequenas marcas. Geralmente, a mesma escala é usada em ambos os eixos — cada marca pode representar uma ou cinco unidades —, mas às vezes o plano precisa ter duas escalas diferentes. Seja qual for o caso, a escala em qualquer um dos eixos é a mesma para toda a extensão do eixo.

Os pontos no plano de coordenadas são identificados com números chamados *coordenadas*, que são apresentados em *pares ordenados* — em que a ordem é importante. No par ordenado (x, y), o primeiro número é a coordenada x; ela indica a que distância e em qual direção o ponto está a partir da origem no eixo x. O segundo número é a coordenada y; ela indica a que distância da origem e em qual direção o ponto está no eixo y. Na Figura 5-1, podemos ver diversos pontos desenhados com suas coordenadas correspondentes.

Inserindo ponto a ponto

Talvez elaborar gráficos em álgebra não seja tão simples quanto um jogo rápido de conectar pontos, mas o conceito principal é o mesmo: Você conecta os pontos na ordem certa, e vê a imagem desejada aparecer.

Na seção "Observando as 10 Formas Básicas," posteriormente, neste capítulo, você descobrirá a vantagem de ter pelo menos uma noção de como deve ser a aparência geral de um gráfico. Mas mesmo quando temos uma boa noção daquilo que vamos obter, ainda é preciso ter a capacidade de pôr a mão na massa e inserir pontos.

Por exemplo, a lista de pontos (0, 3), (–2, 4), (–4, 3), (–5, 0), (–2, –3), (0, –2.5), (2, –3), (5, 0), (4, 3), (2, 4), (0, 3), (1.5, 5), (1, 6), (0, 3) não significa muito, e não parece oferecer tantas informações quanto o gráfico desenhado. Mas se você conectar os pontos em ordem, obterá uma imagem. Podemos ver os pontos e a imagem correspondente na Figura 5-2.

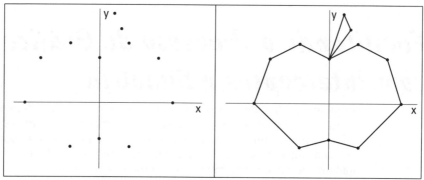

Figura 5-2:
Conectar uma lista de pontos em ordem cria uma imagem gráfica.

Em álgebra, geralmente temos de criar um conjunto de pontos a serem grafados. Um problema oferece uma fórmula ou equação, e você determina as coordenadas dos pontos que funcionam nessa equação. Seu objetivo principal é desenhar o gráfico após encontrar o mínimo de pontos necessários. Se você souber como deve ser o formato geral do gráfico, precisará apenas de alguns pontos de ancoragem pelo caminho.

Por exemplo, se você quiser desenhar o gráfico de $y = x^2 - x - 6$, pode encontrar alguns pontos [(x, y)] que tornam a equação verdadeira. Alguns dos pontos que funcionam (escolhidos aleatoriamente, assegurando-se de que eles funcionam na equação) incluem:
(4, 6), (3, 0), (2, –4), (1, –6), (0, –6), (–1, –4), (–2, 0) e (–3, 6). É possível encontrar muitos, muitos mais pontos que funcionam, mas esses pontos oferecem uma boa noção do que está acontecendo. Na Figura 5-3a, é possível ver os pontos grafados; eu os conecto com uma curva suave na Figura 5-3b. A ordem da conexão dos pontos segue a ordem das coordenadas x.

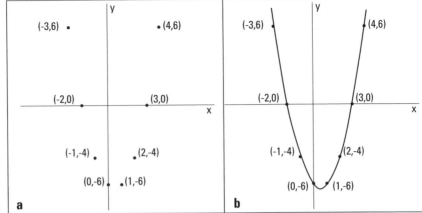

Figura 5-3: Criando um conjunto de pontos para acomodar o gráfico de uma equação.

Facilitando o Processo de Gráfico com Interceptos e Simetria

Desenhar o gráfico de curvas pode ser demorado ou rápido, dependendo da situação. Se você tirar benefício das características das curvas que está grafando, pode diminuir o tempo que demora para desenhar o gráfico e aprimorar sua precisão. Duas características que você pode reconhecer rapidamente são os interceptos e a simetria dos gráficos.

Encontrando os interceptos de x e y

Os *interceptos* de um gráfico aparecem nos pontos em que as linhas do gráfico cruzam os eixos. O gráfico de uma curva pode nunca cruzar um eixo, mas quando ele o cruza, conhecer os pontos que representam os interceptos é bastante útil.

Os interceptos de x sempre têm o formato (h, 0) — a coordenada y é 0, pois o ponto está no eixo x. Os interceptos de y têm a forma (0, k) — a coordenada x é zero, pois o ponto está no eixo y. Você encontra os interceptos de x e y fazendo com que y e x, respectivamente, sejam iguais a zero. Para encontrar o(s) intercepto(s) de x de uma curva, estabeleça y como sendo igual a zero e resolva uma dada equação para encontrar x. Para encontrar o(s) intercepto(s) de y de uma curva, estabeleça x como sendo igual a zero e resolva a equação para encontrar y.

Por exemplo, o gráfico de $y = -x^2 + x + 6$ tem dois interceptos de x e um intercepto de y:

> Para encontrar os interceptos de x, faça com que y = 0; você então terá a equação quadrática $0 = -x^2 + x + 6 = -(x^2 - x - 6)$. Resolva esta equação fatorando-a como $0 = -(x - 3)(x + 2)$. Você encontra duas soluções, x = 3 e −2, então os dois interceptos de x são (3, 0) e (−2, 0) (para saber mais sobre fatoração, consulte os Capítulos 1 e 3).
>
> Para encontrar o intercepto de y, faça com que x = 0. Isso oferece a equação $y = -0 + 0 + 6 = 6$. O intercepto de y, portanto, é (0, 6).

A Figura 5-4a mostra os interceptos do problema de exemplo anterior posicionados nos eixos. O gráfico não informa muito, a menos que você esteja ciente de que a equação é uma parábola. Se você souber que tem uma parábola (o que saberá se ler o Capítulo 7), saberá que uma curva em formato de U passa pelos interceptos. Por ora, você pode somente inserir valores para encontrar mais alguns pontos para ajudá-lo com o gráfico (consulte a seção "Inserindo ponto a ponto"). Usando a equação para encontrar outros pontos que funcionam com o gráfico, temos (1, 6), (2, 4), (4, -6) e (−1,4). A Figura 5-4b mostra o gráfico concluído.

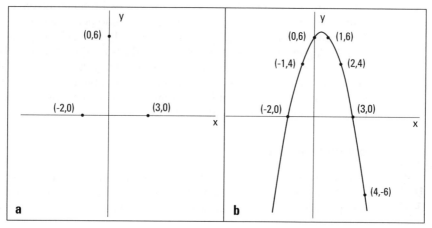

Figura 5-4: Inserindo os interceptos e os pontos calculados em um gráfico para obter a imagem inteira.

Refletindo sobre a simetria de um gráfico

Quando um item ou elemento é simétrico, é possível enxergar uma igualdade ou padrão. Um gráfico *simétrico* em relação a um dos eixos parece ser uma imagem refletida de si mesma em qualquer lado do eixo. Um gráfico simétrico na origem parece ser o mesmo gráfico após um giro de 180 graus. A Figura 5-5 mostra três curvas e três simetrias: simetria em relação ao eixo y (a), simetria em relação ao eixo x (b) e simetria em relação à origem (c).

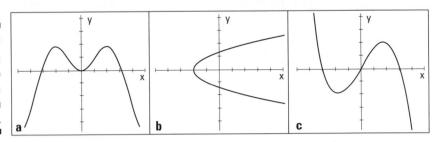

Figura 5-5: A simetria em um gráfico forma uma imagem bonita.

Reconhecer que o gráfico de uma curva é simétrico ajuda você a desenhar o gráfico e a determinar suas características. As seções a seguir discutem maneiras de determinar, a partir da equação de um gráfico, se há simetria.

Em relação ao eixo y

Considere uma equação com este formato: y = alguma expressão contendo x. Se substituir cada x por $-x$ não mudar o valor de y, a curva é uma imagem espelhada de si mesma no eixo y. O gráfico contém os pontos (x, y) e $(-x, y)$.

Por exemplo, o gráfico da equação $y = x^4 - 3x^2 + 1$ é simétrico em relação ao eixo y. Se você substituir cada x por $-x$, a equação permanecerá inalterada. Substituindo cada x por $-x$, $y = (-x)^4 - 3(-x)^2 + 1 = x^4 - 3x^2 + 1$. O intercepto de y é (0, 1). Alguns outros pontos incluem (1, –1), (–1, –1) e (2, 5), (–2, 5). Observe que o y é o mesmo para ambos os x, positivo e negativo. Com a simetria no eixo y, para cada ponto (x, y) no gráfico, você também encontra $(-x, y)$. É mais fácil encontrar pontos quando uma equação é simétrica, devido aos pares. A Figura 5-6 mostra o gráfico de $y = x^4 - 3x^2 + 1$.

Em relação ao eixo x

Considere uma equação com esse formato: x = alguma expressão com y. Se substituir cada y por $-y$ não alterar o valor de x, a curva é uma imagem refletida de si mesma no eixo x. O gráfico contém os pontos (x, y) e $(x, -y)$.

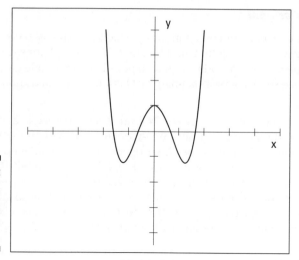

Figura 5-6:
O reflexo do gráfico em uma linha vertical.

Por exemplo, o gráfico de $x = \dfrac{10}{y^2+1}$ é simétrico em relação ao eixo x. Ao substituir cada y por $-y$, o valor de x permanece inalterado. O intercepto de x é (10, 0). Alguns outros pontos no gráfico incluem (5, 1), (5, –1); (2, 2), (2, –2); e (1, 3), (1, –3). Observe os pares de pontos que têm valores positivos e negativos para y, mas têm o mesmo valor para x. É aí que entra a simetria: Os pontos têm valores positivos e negativos — em ambos os lados do eixo x — para cada coordenada x. A simetria no eixo x significa que para cada ponto (x, y) na curva, você também encontra o ponto $(x, -y)$. Essa simetria facilita a localização de pontos e a elaboração do gráfico. O gráfico de $x = \dfrac{10}{y^2+1}$ é mostrado na Figura 5-7.

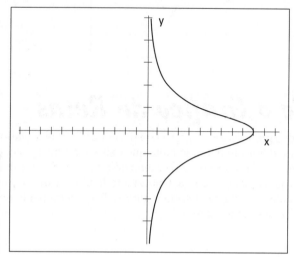

Figura 5-7:
O reflexo de um gráfico em uma reta horizontal.

Em relação à origem

Considere uma equação com esse formato: y = alguma expressão com um ou mais x = alguma expressão com y. Se substituir cada variável por seu oposto for o mesmo que multiplicar toda a equação por -1, a curva pode girar 180 graus na origem e ser a sua própria imagem. O gráfico contém os pontos (x, y) e $(-x, -y)$.

Por exemplo, o gráfico de $y = x^5 - 10x^3 + 9x$ é simétrico em relação à origem. Quando você substitui cada x e y por $-x$ e $-y$, obtém $-y = -x^5 + 10x^3 - 9x$, que é o mesmo que multiplicar tudo por -1. A origem é tanto um intercepto de x quanto de y. Os outros interceptos de x são $(1,0)$, $(-1, 0)$, $(3, 0)$ e $(-3, 0)$. Outros pontos no gráfico da curva incluem $(2, -30)$, $(-2, 30)$, $(4, 420)$ e $(-4, -420)$. Esses pontos ilustram o fato de que (x, y) e $(-x, -y)$ estão ambos no gráfico. A Figura 5-8 mostra o gráfico de $y = x^5 - 10x^3 + 9x$ (mudei a escala no eixo y para fazer com que cada marca fosse igual a 10 unidades).

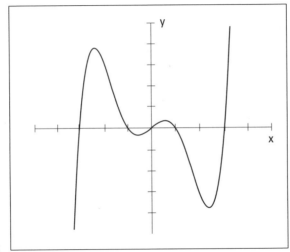

Figura 5-8:
Um gráfico girando 180 graus ao redor da origem do plano de coordenadas.

Desenhando o Gráfico de Retas

Retas são um dos gráficos mais simples de desenhar. São necessários somente dois pontos para determinar a única reta que existe em um espaço, por isso, um método simples para desenhar o gráfico de retas é encontrar dois pontos — dois pontos quaisquer — na reta. Outro método útil é usar um ponto e o coeficiente angular da reta. O método a ser escolhido geralmente depende apenas de sua preferência pessoal.

O coeficiente angular de uma reta também tem um papel fundamental ao compará-la com outras retas paralelas ou perpendiculares a ela. Os coeficientes angulares estão intimamente relacionados uns aos outros.

Encontrando o coeficiente angular de uma reta

O *coeficiente angular* de uma reta, *m*, tem uma definição matemática complicada, mas é basicamente um número — positivo ou negativo, grande ou pequeno — que destaca algumas das características da reta, como sua inclinação e direção. O valor numérico do coeficiente angular indica se a reta se eleva ou descende levemente da esquerda para a direita ou se eleva ou descende drasticamente da esquerda para a direita. Para encontrar o coeficiente angular e descobrir as propriedades de uma reta, você pode usar a equação da reta para encontrar as informações de que precisa, ou pode observar o gráfico da reta para ter uma noção geral. Se optar por se concentrar na equação da reta, você pode encontrar pontos na reta que oferecem ainda mais informações.

Identificando as características do coeficiente angular de uma reta

Uma reta pode ter um coeficiente angular positivo ou negativo. Se o coeficiente angular for positivo, a reta se eleva da esquerda para a direita. Se o coeficiente angular for negativo, a reta descende da esquerda para a direita. Quanto maior o *valor absoluto* (o valor do número, sem considerar o sinal; em outras palavras, a distância do número a partir de zero) do coeficiente angular de uma reta, mais inclinada ela será. Por exemplo, se o coeficiente angular for um número entre –1 e 1, a reta será plana. Um coeficiente angular de zero significa que a reta é absolutamente horizontal.

Uma reta vertical não tem coeficiente angular. Isso tem a ver com o fato de que os números aumentam infinitamente, e a matemática não tem um número absolutamente mais alto — dizemos simplesmente *infinito*. Somente um número infinitamente alto pode representar o coeficiente angular da reta vertical, mas geralmente, se estivermos falando sobre uma reta vertical, simplesmente dizemos que o coeficiente angular não existe.

Formulando o valor do coeficiente angular de uma reta

É possível determinar o coeficiente angular de uma reta, *m*, se conhecermos dois pontos na reta. A fórmula para encontrar o coeficiente angular com este método envolve encontrar a diferença entre as coordenadas *y* dos pontos e dividir essa diferença pela diferença das coordenadas *x* dos pontos.

É possível encontrar o coeficiente angular da reta que passa pelos pontos (x_1, y_1) e (x_2, y_2) com a fórmula $m = \dfrac{y_2 - y_1}{x_2 - x_1}$.

Por exemplo, para encontrar o coeficiente angular da reta que cruza os pontos (–3, 2) e (4, –12), use a fórmula para obter $m = \dfrac{y_2 - y_1}{x_2 - x_1} = \dfrac{-12 - 2}{4 - (-3)} = \dfrac{-14}{7} = -2$. Essa reta é bastante inclinada — o valor absoluto de –2 é 2 — e descende à medida que se move da esquerda para a direita, o que a torna negativa.

Ao usar a fórmula do coeficiente angular, não importa qual ponto você escolha para ser (x_1, y_1) — a ordem dos pontos é indiferente —, mas você não pode misturar a ordem de duas coordenadas diferentes. É possível realizar uma rápida verificação para ver se as coordenadas de cada ponto estão acima ou abaixo umas das outras. Além disso, assegure-se de que as coordenadas y estejam no numerador; um erro comum é colocar a diferença das coordenadas no denominador.

Resolvendo dois tipos de equações para retas

Álgebra II oferece dois formatos diferentes para a equação de uma reta. O primeiro é o *formato padrão*, escrito como $Ax + By = C$, com os dois termos variáveis em um lado e o termo constante do outro lado. O outro formato é o formato de *intercepto do coeficiente angular*, escrito como $y = mx + b$; o valor y é estabelecido como sendo igual ao produto do coeficiente angular, m, e x é adicionado ao intercepto de y, b.

Satisfazendo altos padrões com o formato padrão

O formato padrão para a equação de uma reta é escrito como $Ax + By = C$. Um exemplo de tal reta é $4x + 3y = 12$. É possível encontrar um número infinito de pontos que satisfaçam essa equação; para mencionar alguns, você pode usar $(0, 4)$, $(-3, 8)$ e $(6, -4)$. São necessários somente dois pontos para desenhar o gráfico de uma reta, então, você pode escolher dois pontos quaisquer e inseri-los no plano de coordenadas para criar sua reta.

Entretanto, o formato padrão oferece mais informações do que somente aquelas imediatamente aparentes. É possível determinar, apenas observando os números na equação, os interceptos e o coeficiente angular da reta. Os interceptos, em especial, são ótimos para desenhar o gráfico da reta, e você pode encontrá-los facilmente, pois eles estão posicionados nos eixos.

Uma reta $Ax + By = C$ possui:

- Um intercepto x de $(\frac{C}{A}, 0)$
- Um intercepto y de $(0, \frac{C}{B})$
- Um coeficiente angular de $m = -\frac{A}{B}$

Para desenhar o gráfico da reta $4x + 3y = 12$, você encontra os dois interceptos, $(\frac{C}{A}, 0) = (\frac{12}{4}, 0) = (3, 0)$ e $(0, \frac{C}{B}) = (0, \frac{12}{3}) = (0, 4)$, insere-os e cria a reta. A Figura 5-9 mostra os dois interceptos e o gráfico da reta. Observe que a reta descende conforme se move da esquerda para a direita, confirmando o valor negativo do coeficiente angular da fórmula $m = -\frac{A}{B} = -\frac{4}{3}$.

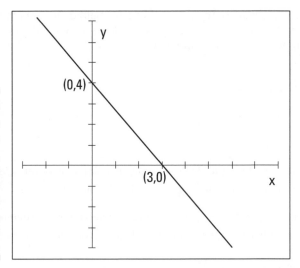

Figura 5-9: Desenhando o gráfico de $4x + 3y = 12$, uma reta escrita no formato padrão, usando seus interceptos.

Escolhendo o formato de intercepto do coeficiente angular

Quando a equação de uma reta é escrita no formato de intercepto do coeficiente angular, $y = mx + b$, você tem boas informações em mãos. O *coeficiente* (um número multiplicado por uma variável ou quantidade desconhecida) do termo x, m, é o coeficiente angular da reta. E o termo constante, b, é o valor y do intercepto de y (o coeficiente do termo y deve ser um). Com essas duas informações, é possível desenhar rapidamente a reta.

Se você quiser desenhar o gráfico da reta $y = 2x + 5$, por exemplo, primeiro insira o intercepto de y, $(0, 5)$, e depois comece a contar o coeficiente angular a partir desse ponto. O coeficiente angular da reta $y = 2x + 5$ é 2; pense no 2 como a fração do coeficiente angular, com as coordenadas y em cima e as coordenadas x embaixo. O coeficiente angular então se torna k.

Começar a contar o coeficiente angular significa iniciar no intercepto y, mover-se uma unidade para a direita (devido ao um no denominador da fração anterior) e, a partir do ponto, uma unidade para a direita, conte duas unidades para cima (devido ao dois no numerador). Esse processo o leva a outro ponto na reta.

Conecte o ponto a partir do qual começa a contar com o intercepto de y para criar sua reta. A Figura 5-10 mostra o intercepto, um exemplo de contagem e o novo ponto que aparece uma unidade à direita e duas unidades para cima do intercepto — o ponto $(1, 7)$.

Mudando de um formato para o outro

Você pode desenhar o gráfico de retas usando o formato padrão ou o formato de intercepto de coeficiente angular das equações. Se preferir um formato ao outro — ou se precisar de um formato específico para uma aplicação em que estiver trabalhando — pode mudar as equações para seu formato preferido realizando uma simples operação algébrica:

✔ Para mudar a equação $2x - 5y = 8$ para o formato de intercepto de coeficiente angular, primeiro subtraia $2x$ de cada lado e depois divida pelo multiplicador -5 no termo com y:

$$2x - 5y = 8$$
$$-5y = -2x + 8$$
$$\frac{-5}{-5}y = \frac{-2}{-5}x + \frac{8}{-5}$$
$$y = \frac{2}{5}x - \frac{8}{5}$$

No formato de intercepto de coeficiente angular, é possível determinar rapidamente o coeficiente angular e o intercepto, $m = \frac{2}{5}$, $b = -\frac{8}{5}$.

✔ Para mudar a equação $y = \frac{-3}{4}x + 5$ para o formato padrão, primeiro multiplique cada termo por 4 e depois adicione $3x$ a cada lado da equação:

$$4(y) = 4\left(-\frac{3}{4}x + 5\right)$$
$$4y = 4\left(-\frac{3}{4}x\right) + 4(5)$$
$$4y = -3x + 20$$
$$3x + 4y = 20$$

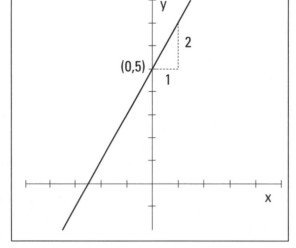

Figura 5-10: Uma reta com um coeficiente angular de 2 é bastante inclinada.

Identificando retas paralelas e perpendiculares

Retas são *paralelas* quando elas nunca se tocam — independentemente da distância em que você as desenhe. Retas são *perpendiculares* quando se intersectam a um ângulo de 90 graus. Ambas essas situações são fáceis de serem identificadas ao ver as retas desenhadas em gráficos, mas como ter certeza de que as retas são verdadeiramente paralelas ou que o ângulo tem realmente 90 graus e não 89,9 graus? A resposta está nos coeficientes angulares.

Considere duas retas, $y = m_1 x + b_1$ e $y = m_2 x + b_2$.

Duas retas são *paralelas* quando seus coeficientes angulares são iguais ($m_1 = m_2$). Duas retas são *perpendiculares* quando seus coeficientes angulares são recíprocos negativos um do outro $\left(m_2 = -\dfrac{1}{m_1}\right)$.

Por exemplo, as retas $y = 3x + 7$ e $y = 3x - 2$ são paralelas. Ambas as retas têm coeficientes angulares de 3, mas seus interceptos de y são diferentes — um cruza o eixo y em 7 e outro em −2. A Figura 5-11a mostra essas duas retas.

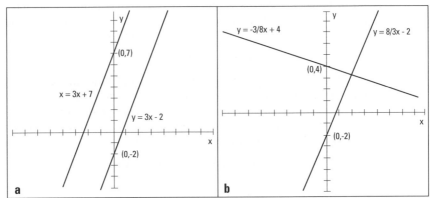

Figura 5-11: Retas paralelas têm coeficientes angulares iguais, e retas perpendiculares têm coeficientes angulares que são recíprocos negativos.

As retas $y = -\dfrac{3}{8}x + 4$ e $y = \dfrac{8}{3}x - 2$ são perpendiculares. Os coeficientes angulares são recíprocos negativos um do outro. Você vê essas duas retas grafadas na Figura 5-11b.

Uma maneira rápida de determinar se dois números são recíprocos negativos é multiplicá-los conjuntamente; você deve obter o resultado −1. Para o problema do exemplo anterior, você obtém $-\dfrac{3}{8} \cdot \dfrac{8}{3} = -1$.

Observando as 10 Formas Básicas

Estudamos muitos tipos de equações e gráficos em Álgebra II. É possível encontrar detalhes bastante específicos dos gráficos de quadráticas, polinômios, radicais, racionais, exponenciais e logaritmos nos diversos capítulos deste livro voltados aos diferentes tipos. O que apresento nesta seção é uma visão geral de alguns dos tipos de gráficos, com a intenção de ajudá-lo a distinguir um tipo do outro conforme se prepara para investigar todos os detalhes intricados. Conhecer os gráficos básicos é o ponto de partida para grafar variações dos gráficos básicos ou de curvas mais complicadas.

Dez gráficos básicos parecem ocorrer com mais frequência em Álgebra II. Discuto o primeiro, uma reta, anteriormente neste capítulo (consulte a seção "Desenhando o Gráfico de Retas"), mas também o incluo nas seções a seguir, juntamente com os outros nove gráficos básicos.

Retas e quadráticas

A Figura 5-12a mostra o gráfico de uma reta. Retas podem se elevar ou descender conforme se movem da esquerda para a direita, ou podem ser horizontais ou verticais. A reta na Figura 5-12a tem um coeficiente angular positivo e é bastante inclinada. Para saber mais detalhes sobre retas e outras figuras, consulte a seção "Desenhando o Gráfico de Retas".

A equação de intercepto de coeficiente angular de uma reta é $y = mx + b$.

A Figura 5-12b mostra uma quadrática geral (polinômio de segundo grau). Essa curva é chamada de *parábola*. As parábolas podem se abrir para cima, como esta, para baixo, para a esquerda ou para a direita. As Figuras 5-3, 5-4 e 5-5b mostram outras curvas quadráticas. (Os Capítulos 3 e 7 entram em mais detalhes sobre as quadráticas).

Duas equações gerais para as quadráticas são $y = ax^2 + bx + c$ e $x = ay^2 + by + c$.

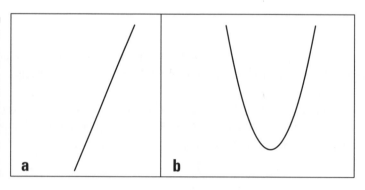

Figura 5-12: Gráficos de uma reta inclinada e uma quadrática com concavidade voltada para cima.

Seções cúbicas e quadráticas

A Figura 5-13a mostra o gráfico de uma seção cúbica (polinômio de terceiro grau). Uma curva cúbica (um polinômio com grau 3) pode ser uma curva em forma de S como mostrado, ou ela pode ser plana no meio e não apresentar essas curvas. Uma seção cúbica pode se originar de baixo e acabar se elevando à direita, ou pode descender para a esquerda, fazer voltas e continuar para baixo (para saber mais sobre polinômios, consulte o Capítulo 8).

A equação para uma seção cúbica é $y = ax^3 + bx^2 + cx + d$.

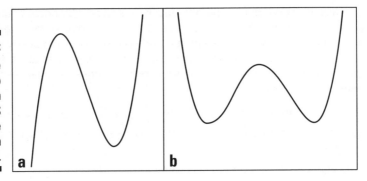

Figura 5-13: Gráficos de uma equação cúbica em formato de S e equação de quarto grau em formato de W.

A Figura 5-13b mostra o gráfico de uma equação de quarto grau (polinômio de quarto grau). O gráfico apresenta uma forma distinta em W, mas o formato pode ser plano, dependendo de quantos termos aparecem na equação. De maneira semelhante à quadrática (parábola), a equação de quarto grau pode se abrir para baixo, nesse caso, ela se parecerá com um M em vez de um W.

A equação de quarto grau possui a seguinte equação geral: $y = ax^4 + bx^3 + cx^2 + dx + e$.

Radicais e racionais

Na Figura 5-14a, vemos uma curva radical, e na Figura 5-14b, vemos uma curva racional. Elas parecem opostas, não parecem? Mas uma característica importante que as curvas radicais e racionais têm em comum é que não podemos desenhá-las em qualquer lugar. Uma curva radical pode ter uma equação como $y = \sqrt{x-4}$, em que a raiz quadrada não permite que você coloque valores sob o radical, oferecendo um resultado negativo. Nesse caso, você não pode usar nenhum número menor que quatro, por isso, não há gráfico quando x é menor que quatro. A curva radical na Figura 5-14a mostra uma parada abrupta na extremidade esquerda, que é típica de uma curva radical. (Você pode descobrir mais sobre radicais no Capítulo 4).

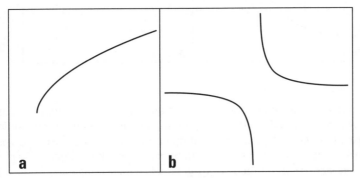

Figura 5-14: Os gráficos de radicais geralmente têm paradas abruptas, e os gráficos de racionais possuem lacunas.

Uma equação geral para uma curva radical pode ser $y = \sqrt[n]{x+a}$, em que n é um número par.

Curvas racionais têm um tipo diferente de restrição. Quando a equação de uma curva envolve uma fração, ela se abre para a possibilidade de ter um zero no denominador da fração — uma grande proibição. Não é possível ter um zero no denominador, pois não existe tal número em matemática, e é por isso que os gráficos de curvas racionais têm espaços em si — lugares em que o gráfico não se toca.

Na Figura 5-14b, vemos o gráfico de $y = \frac{1}{x}$. O gráfico não tem nenhum valor quando $x = 0$. (Consulte o Capítulo 9 para obter informações sobre funções racionais).

Uma equação geral para uma curva racional pode ser $y = \frac{a}{x + b}$.

Curvas exponenciais e logarítmicas

Curvas exponenciais e logarítmicas são um tanto opostas, pois as funções exponenciais e logarítmicas são inversas uma da outra. A Figura 5-15a mostra uma curva exponencial, e a Figura 5-15b mostra uma curva logarítmica. Curvas exponenciais têm um ponto inicial, ou valor inicial, de a, que é, na verdade, o intercepto de y. O valor de b determina se a curva sobe ou desce em um leve formato de C. Se b for maior que um, a curva sobe. Se b estiver entre zero e um, a curva desce. Elas geralmente sobem ou descem da esquerda para a direita, mas ficam viradas para cima (chamadas de *côncavas*). Ajuda pensar nelas como se fossem colheres. Curvas logarítmicas também podem subir ou descer conforme se movem da esquerda para a direita, mas ficam viradas para baixo.

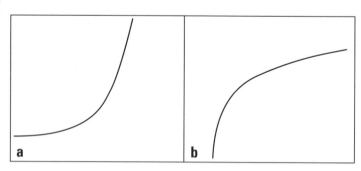

Figura 5-15: O gráfico de uma função exponencial fica virado para cima, e o gráfico de uma função logarítmica fica virado para baixo.

Tanto as curvas exponenciais quanto as logarítmicas podem representar o crescimento (ou decaimento), quando uma quantia anterior é multiplicada por algum fator. A mudança continua no mesmo ritmo, assim, são produzidas curvas estáveis para cima ou para baixo. (Consulte o Capítulo 10 para mais informações sobre funções exponenciais e logarítmicas.)

O formato geral de uma curva exponencial é $y = ab^x$.

O formato geral de uma curva logarítmica é $y = \log_b x$.

Valores absolutos e círculos

O valor absoluto de um número é um valor positivo, e é por isso que obtemos uma curva distinta em formato de V em relações de valor absoluto. A Figura 5-16a mostra uma curva típica de valor absoluto.

Uma equação geral para valores absolutos é $y = |ax + b|$.

O gráfico na Figura 5-16b é provavelmente a forma mais reconhecível, com exceção da reta. Um círculo percorre repetidamente seu diâmetro a uma distância fixa de seu centro. (Discuto círculos e outras seções cônicas em detalhes no Capítulo 11.)

Círculos com centros na origem têm equações como $x^2 + y^2 = r^2$.

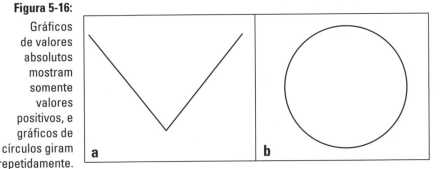

Figura 5-16: Gráficos de valores absolutos mostram somente valores positivos, e gráficos de círculos giram repetidamente.

Resolvendo Problemas com uma Calculadora Gráfica

Você pode pensar que discussões sobre gráficos não são necessárias se você tiver uma calculadora que elabora os gráficos por você. Não é assim, Kemo Sabe. (Se você não é fã de *Lone Ranger*, pode ler a última frase como, "Ah, isso não é verdade, meu querido amigo.")

Calculadoras gráficas *são* maravilhosas. Elas economizam muito trabalho e tempo ao desenhar o gráfico de retas, curvas e todos os tipos de funções complicadas. Mas você tem de saber como usar a calculadora corretamente e de maneira eficaz. Dois dos maiores obstáculos que os alunos e professores enfrentam ao usar uma calculadora gráfica para resolver problemas tem a ver com inserir uma função corretamente e depois encontrar a janela gráfica certa. Você pode usar o manual de sua calculadora para saber todos os detalhes.

Inserindo equações em calculadoras gráficas corretamente

O truque para inserir equações corretamente em sua calculadora gráfica é inserir aquilo que realmente quer (e fazer isso com um propósito). Sua calculadora seguirá a *ordem das operações,* por isso, tem de usar parênteses para criar a equação que realmente quer (consulte o Capítulo 1 se precisar revisar a ordem das operações). As quatro áreas problemáticas principais são frações, expoentes, radicais e números negativos.

Enfrentando frações

Digamos, por exemplo, que você queira desenhar o gráfico das equações $y = \frac{1}{x+2}$, $y = \frac{x}{x+3}$ e $y = \frac{1}{4}x + 3$. Você pode inseri-las erroneamente em sua calculadora gráfica como $y_1 = 1 \div x + 2$, $y_2 = x \div x + 3$ e $y_3 = 1 \div 4x + 3$. Elas não se parecem nada com o que você esperava. Por quê?

Ao inserir **1 ÷ *x* + 2**, sua calculadora lê isso como "Divida 1 por *x* e depois adicione 2." Em vez de ter um buraco em $x = -2$, como você espera, o buraco ou descontinuidade aparece quando $x = 0$ — um indício de que houve algum problema. Se quiser que o numerador seja dividido por todo o denominador, use parênteses ao redor dos termos no denominador. Insira a primeira equação como ***y*₁ = 1 ÷ (*x* + 2)**.

A maioria das calculadoras gráficas tenta conectar as curvas, mesmo quando você não quer que as curvas sejam conectadas. Vemos o que parecem ser retas verticais no gráfico onde não deveríamos ver nada (consulte a seção "Desconectando curvas" posteriormente, neste capítulo).

Se você inserir a segunda equação como ***y*₂ = *x* ÷ *x* + 3**, a calculadora realiza a divisão primeiro, como ditado pela ordem das operações, e depois adiciona 3. Você obtém uma reta horizontal para o gráfico em vez da curva racional esperada. A maneira correta de inserir essa equação é ***y*₂ = *x* ÷ (*x* + 3)**.

A última equação, se inserida como ***y*₃ = 1 ÷ 4*x* + 3**, pode ou não chegar ao resultado correto. Algumas calculadoras pegarão o *x* e o colocarão no denominador da fração. Outras lerão a equação como 1/4 vezes *x*. Para ter certeza, você deve escrever a fração entre parênteses: ***y*₃ = (1/4)*x* + 3**.

Expressando expoentes

Calculadoras gráficas têm alguns expoentes integrados que facilitam a inserção das expressões. Temos um botão para quadrado, ², e, se você procurar com vontade, encontrará até um botão para o cubo,³. As calculadoras também oferecem uma alternativa para essas opções, e para todos os outros expoentes: Você pode inserir um expoente por meio de um *acento circunflexo,* ^.

É preciso tomar cuidado ao inserir expoentes com circunflexos. Ao grafar y = $x^{1/2}$ ou y = 2^{x+1}, você não obterá os gráficos corretos se inserir $y_1 = x$^$1/2$ e $y_2 = $ **2^x + 1**. Em vez de obter uma curva radical (elevar a potência 1/2 é o mesmo que encontrar o quadrado da raiz quadrada) para y_1, você obterá uma reta. É necessário colocar o expoente fracionário entre parênteses: $y_1 = x$^$(1/2)$. O mesmo vale para a segunda curva. Quando você tem mais de um termo em um expoente, coloque todo o expoente entre parênteses: $y_2 = $ **2^(x + 1)**.

Causando alarde com radicais

Calculadoras gráficas geralmente têm teclas para raízes quadradas — e até mesmo outras raízes. O principal problema é não colocar cada termo que está sob o radical onde ele deve ser colocado.

Se você quiser grafar $y = \sqrt{4-x}$ e $y = \sqrt[6]{4+x}$, por exemplo, use parênteses ao redor daquilo que está dentro do radical e parênteses ao redor de qualquer expoente fracionário. Aqui estão duas maneiras de inserir cada uma das equações:

$$y_1 = \sqrt{(4-x)}$$
$$y_2 = (4-x)^{(1/2)}$$
$$y_3 = \sqrt[6]{(4-x)}$$
$$y_4 = (4+x)^{(1/6)}$$

As entradas para y_1 e y_3 dependem de a sua calculadora ter os botões adequados. As duas outras entradas funcionam mesmo se você não tiver esses maravilhosos botões. Também pode ser tão fácil quanto usar circunflexos para suas potências (consulte a seção anterior para saber mais sobre circunflexos).

Negando ou subtraindo

Em todas as fases da álgebra, tratamos os termos *subtração, menos, oposto* e *negativo* da mesma maneira, e todos eles têm o mesmo símbolo, "–". Calculadoras gráficas não são tão compassivas. Elas têm um botão especial para *negativo*, e têm outro botão que significa *subtração*.

Se você estiver realizando a operação de subtração, como em 4 – 3, use o botão de subtração encontrado entre os botões de adição e multiplicação. Se você quiser digitar o número –3, use o botão com parênteses ao redor do símbolo de negativo, (–). Você obterá uma mensagem de erro se inserir o símbolo errado, mas ajuda saber por que a ação é considerada um erro.

Outro problema com negativos tem a ver com a ordem das operações (consulte o Capítulo 1). Se você quiser elevar –4 ao quadrado, não pode inserir **–4²** em sua calculadora — se fizer isso, chegará à resposta errada. Sua calculadora eleva o 4 ao quadrado e depois tira seu oposto, deixando você com –16. Para elevar –4 ao quadrado, coloque parênteses ao redor do sinal de negativo e do 4: **(–4)² = 16**.

Olhando pela janela gráfica

Calculadoras gráficas geralmente têm uma janela padrão na qual elaborar os gráficos — de –10 a +10, de um lado ao outro e de cima a baixo. A janela padrão é um ponto de partida maravilhoso e é suficiente para muitos gráficos, mas você precisa saber quando mudar a janela ou visualização de sua calculadora para resolver problemas.

Usando interceptos de x

O gráfico de $y = x(x - 11)(x + 12)$ aparece somente como um conjunto de eixos se você usar a configuração padrão. Essa imagem aparece pois os dois interceptos — (11,0) e (–12, 0) — não aparecem se você simplesmente for de –10 a 10 (se não estiver familiarizado com o processo, no Capítulo 8 descobrimos como determinar esses interceptos,). Saber onde estão os interceptos de x ajuda você a estabelecer a janela adequada. Você precisará mudar a visualização ou a janela em sua calculadora para que ela inclua todos os interceptos. Uma possibilidade para a janela da curva de exemplo é ter os valores de x indo de –13 a 12 (uma unidade abaixo no valor mais baixo e uma acima do mais alto).

Se mudar a janela dessa maneira, você terá de ajustar a janela para cima e para baixo para a extensão do gráfico, ou pode usar o botão de *Ajuste*, um recurso gráfico existente na maioria das calculadoras. Após estabelecer a distância para a esquerda e a direita até a qual a janela deve ir, faça com que a calculadora ajuste as direções para cima e para baixo com o botão *Ajuste*. Você tem de informar à calculadora a extensão do gráfico. Após estabelecer os parâmetros, o botão *Ajuste* ajustará automaticamente a altura (para cima e para baixo) de forma que a janela inclua todo o gráfico nessa região.

Desconectando curvas

Sua calculadora, abençoada seja, tenta ser muito útil. Mas às vezes ser útil não significa ser precisa. Por exemplo, ao desenhar o gráfico de funções racionais, que têm lacunas, ou ao desenhar o gráfico de funções definidas, em trechos que têm buracos, a calculadora tenta conectar as duas partes. Você pode simplesmente ignorar as partes conectadas do gráfico, ou pode mudar o modo da calculadora para *modo de pontos*. A maioria das calculadoras tem um *Modo*, em que você pode mudar para valores decimais, medidas de ângulo, e assim por diante. Vá até essa área geral e mude do modo *conectar* para o modo *pontos*.

A desvantagem de usar o modo de pontos é que, às vezes, você perde um pouco da curva — ela não será tão completa quanto com o modo conectado. Contanto que você reconheça o que está acontecendo com a calculadora, poderá ajustar seus recursos.

Parte II:
Enfrentando as Funções

A 5ª Onda   Por Rich Tennant

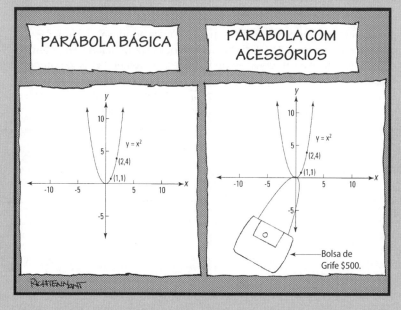

Nesta parte...

Resolver equações é fundamental para a álgebra básica, mas a álgebra avançada apresenta novos desafios na forma de funções. É devido às funções que resolvemos as equações. A capacidade de resolver funções é o que separa alunos de Álgebra II, altamente instruídos, dos novatos de Álgebra I. Funções são tipos específicos de equações que têm certas propriedades que as separam das equações comuns.

Na Parte II, você verá como cada tipo de função tem suas próprias peculiaridades (ou características, para ser mais bondosa). As funções quadráticas têm formatos distintos, as funções exponenciais se repetem continuamente e as funções racionais podem ter assíntotas. Não parece divertido? Desenhamos gráficos e resolvemos funções para encontrar zero e os agrupamos para realizar todos os tipos de tarefas, além de vermos o efeito de usar números reais *versus* imaginários com as funções.

Capítulo 6
Formulando os Fatos sobre Funções

Neste Capítulo
- Enquadrando as características das funções
- Concentrando-se no domínio e na imagem
- Trabalhando com funções injectivas.
- Juntando as "peças"
- Lidando com tarefas de composição
- Trabalhando com inversos

O seu computador está funcionando bem? Você está desempenhando sua função no trabalho? O que é toda essa conversa sobre funções? Em álgebra, a palavra *função* é bastante específica. Ela é reservada para certas expressões matemáticas que satisfazem os rígidos padrões dos valores de entrada e saída, bem como outras regras matemáticas de relações. Portanto, ao ouvir que uma certa relação é uma função, você sabe que a relação atende a alguns requisitos específicos.

Neste capítulo, você descobrirá mais sobre esses requisitos. Também discuto tópicos que vão de domínio e imagem de funções aos inversos das funções, e mostro como trabalhar com funções definidas em trechos e realizar a composição de funções. Após analisar esses tópicos, você pode confrontar uma equação de função com maior confiança e um plano de ataque.

Definindo Funções

Uma *função* é uma relação entre duas variáveis que apresenta exatamente um valor de saída para cada valor de entrada — em outras palavras, exatamente uma resposta para cada número inserido.

Por exemplo, a equação $y = x^2 + 5x - 4$ é uma equação de função ou regra de função que usa as variáveis x e y. O x é a *variável de entrada*, e o y é a *variável de saída*. (Para saber mais sobre como essas designações são determinadas, pule para a seção "Entendendo Domínio e Imagem" posteriormente, neste capítulo.) Se você inserir o número 3 para cada x, obterá $y = 3^2 + 5(3) - 4 = 9 + 15 - 4 = 20$.

100   Parte II: Enfrentando as Funções

A saída é 20, a única resposta possível. Você não chegará a outro número se inserir o 3 novamente.

O requisito de única saída para uma função pode parecer um requisito fácil de ser atendido, mas podemos encontrar muitas equações matemáticas estranhas por aí. É preciso tomar cuidado.

Apresentando a representação de funções

As funções apresentam algumas representações especiais que facilitam bastante o trabalho com elas. A representação não muda nenhuma das propriedades, ela apenas permite que você identifique funções diferentes rapidamente e indique várias operações e processos de maneira mais eficiente.

As variáveis x e y são padrão em funções e são úteis quando você está desenhando o gráfico de funções. Mas os matemáticos também usam outro formato, chamado *representação de função*. Por exemplo, digamos que eu tenha essas três funções:

$$y = x^2 + 5x - 4$$
$$y = \sqrt{3x - 8}$$
$$y = 6xe^x - 2e^{2x}$$

Vamos presumir que você queira chamá-las por um nome. Não, eu não estou dizendo que você deva dizer, "Ei, você, Clarence!" Em vez disso, vamos estabelecer que:

$$f(x) = x^2 + 5x - 4$$
$$g(x) = \sqrt{3x - 8}$$
$$h(x) = 6xe^x - 2e^{2x}$$

Os nomes dessas funções são f, g e h. (Que falta de imaginação!) Leia-as como segue: "f de x é igual a x elevado ao quadrado mais $5x$ menos 4," e assim por diante. Ao ver diversas funções escritas juntas, é mais eficaz referir-se a funções individuais como f ou g ou h para que as pessoas não tenham dúvidas sobre o que você está falando.

Avaliando funções

Quando vemos uma função escrita que usa a representação de funções, é possível identificar facilmente a variável de entrada, a variável de saída e o que temos de fazer para *avaliar* a função quanto a alguma entrada (ou substituir as variáveis por números e simplificar). Podemos fazer isso, pois o valor de entrada é colocado dentro dos parênteses após o nome da função ou o valor de saída.

Se vir $g(x) = \sqrt{3x - 8}$, por exemplo, e quiser avaliar em relação a $x = 3$, escreva $g(3)$. Isso quer dizer que você substitui por 3 cada x na expressão da função e realiza as operações para obter a resposta de saída: $g(3) = \sqrt{3(3) - 8} = \sqrt{9 - 8} = \sqrt{1} = 1$. Agora você pode dizer que $g(3) = 1$, ou "g de 3 é igual a 1." A saída da função g é igual a 1 se a entrada for 3.

Entendendo Domínio e Imagem

Os valores de entrada e saída de uma função são de grande interesse àqueles que trabalham com álgebra. Esses termos ainda não parecem familiares? Bem, deixe-me aguçar seu interesse. As palavras *entrada* e *saída* descrevem o que acontece na função (a saber, qual número você insere e qual é o resultado), mas as designações oficiais para esses conjuntos de valores são *domínio* e *imagem*.

Determinando o domínio de uma função

O *domínio* de uma função é composto por todos os valores de entrada da função (pense no domínio de um rei sobre todos os seus servos que entram no reino). Em outras palavras, o domínio é o conjunto de todos os números que você pode inserir sem criar uma situação indesejada ou impossível. Tais situações podem ocorrer quando operações aparecem na definição da função, como frações, radicais, logaritmos, e assim por diante.

Muitas funções não têm exclusões de valores, mas as frações são conhecidas por causar problemas quando zeros aparecem no denominador. Os radicais têm restrições quanto a quais raízes podem ser encontradas, e os logaritmos podem trabalhar somente com números positivos.

Você precisa estar preparado para determinar o domínio de uma função para que possa dizer onde pode usar a função — em outras palavras, para quais valores de entrada ela serve. É possível determinar o domínio de uma função a partir de sua equação ou definição de função. O domínio deve ser observado em termos de quais números reais podemos usar para a entrada e quais devemos eliminar. É possível expressar o domínio usando o seguinte:

- **Palavras:** o domínio de $f(x) = x^2 + 2$ tem apenas números reais (tudo funciona).
- **Desigualdades:** o domínio de $g(x) = \sqrt{x}$ é $x \geq 0$.
- **Representação de intervalos:** o domínio de $h(x) = \ln(x - 1)$ é $(1, \infty)$ (Confira o Capítulo 2 para mais informações sobre representação de intervalos).

102 Parte II: Enfrentando as Funções

A maneira como expressamos o domínio depende do que é pedido na tarefa em que estamos trabalhando — avaliar funções, desenhar o gráfico ou determinar um valor adequado como modelo, para mencionar algumas tarefas. Aqui estão alguns exemplos de funções e seus respectivos domínios:

- $f(x) = \sqrt{x - 11}$. O domínio é formado pelo número 11 e todo número maior após ele. Isso é escrito como $x \geq 11$ ou, em representação de intervalos, $[11, \infty)$. Não podemos usar números menores que 11, pois estaríamos tirando a raiz quadrada de um número negativo, o que não resulta em um número real.

- $g(x) = \dfrac{x}{x^2 - 4x - 12} = \dfrac{x}{(x - 6)(x + 2)}$. O domínio é formado somente por números reais, exceto 6 e –2. Esse domínio é escrito como $x < -2$ ou $-2 < x < 6$ ou $x > 6$, ou, em representação de intervalos, como $(-\infty, -2) \cap (-2, 6) \cap (6, \infty)$. Pode ser mais fácil simplesmente escrever "Todos os números reais exceto $x = -2$ e $x = 6$." O motivo pelo qual não podemos usar –2 ou 6 é porque esses números geram um 0 no denominador da fração, e uma fração com 0 no denominador cria um número que não existe.

- $h(x) = x^3 - 3x^2 + 2x - 1$. O domínio desta função são todos os números reais. Não é preciso eliminar nada, pois não é possível encontrar uma fração com a possibilidade de ter um zero no denominador, e não temos um radical no qual colocar um valor negativo. Esse domínio é escrito com um R rebuscado, $\Re$, ou em representação de intervalos como $(-\infty, \infty)$.

Descrevendo a imagem de uma função

A *imagem* de uma função corresponde a todos os seus valores de saída — todos os valores que obtemos ao inserir os valores de domínio na *regra* da função (a equação da função). É possível determinar a imagem de uma função a partir de sua equação, mas às vezes pode ser necessário desenhar seu gráfico para ter uma melhor noção do que está acontecendo.

Uma imagem pode ser composta de todos os números reais, ou pode ser restrita, devido à maneira como uma equação de função é construída. Não há uma maneira fácil de descrever imagens — pelo menos, não tão fácil quanto descrever domínios, — mas algumas funções oferecem dicas se observarmos seus gráficos e, em outros casos, se conhecermos as características desses tipos de curvas.

A seguir estão alguns exemplos de funções e suas imagens. Como com os domínios, você pode expressar imagens por meio de palavras, desigualdades e representação de intervalos (consulte o Capítulo 2):

- $k(x) = x^2 + 3$. A imagem desta função é formada pelo número 3 e qualquer número maior que 3. A imagem é escrita como $k \geq 3$ ou, em representação de intervalos, $[3, \infty)$. As saídas nunca podem ser menores que 3, pois os números que inserimos são quadrados. O resultado de elevar um número real ao quadrado é sempre positivo (ou, se inserirmos zero, devemos elevar zero ao quadrado). Se adicionarmos um número positivo ou 0 a 3, nunca obteremos nada menor que 3.

✔ $m(x) = \sqrt{x + 7}$. A imagem desta função é formada por todos os números positivos e zero. A imagem é escrita como $m \geq 0$ ou, em representação de intervalos, $[0, \infty)$. O número dentro do radical nunca pode ser negativo, e todas as raízes quadradas têm resultado positivo ou igual a zero.

✔ $p(x) = \dfrac{2}{x - 5}$. As equações de algumas funções, como esta, não oferecem uma dica imediata quanto aos valores da imagem. Geralmente, é útil desenhar os gráficos dessas funções. A Figura 6-1 mostra o gráfico da função p. Veja se você consegue descobrir os valores da imagem antes de olhar a explicação a seguir.

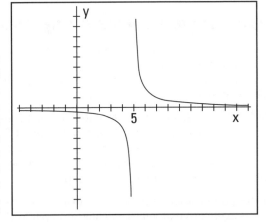

Figura 6-1: Tente desenhar o gráfico de equações que não apresentam uma imagem óbvia.

O gráfico dessa função nunca toca o eixo x, mas chega muito próximo disso. Para os números no domínio maiores que cinco, o gráfico tem alguns valores de y bastante altos e alguns valores de y que chegam muito perto de zero. Mas o gráfico nunca toca o eixo x, então, o valor da função nunca chega a atingir zero. Para números no domínio menores que cinco, a curva fica abaixo do eixo x. Esses valores de função são negativos — alguns são muito pequenos. Mas, novamente, os valores de y nunca chegam a zero. Assim, se você chutou que a imagem da função são todos os números reais exceto zero, acertou! A imagem é escrita como $y \neq 0$, ou $(-\infty, 0) \cap (0, \infty)$. Você notou também que a função não tem um valor quando $x = 5$? Isso acontece porque 5 não está no domínio.

Quando a imagem de uma função tem um valor mais baixo ou mais alto, ela apresenta um caso de *mínimo absoluto* ou *máximo absoluto*. Por exemplo, se o intervalo for $[2, \infty)$, a imagem inclui o número 2 e todos os valores maiores que 2. O valor do *mínimo absoluto* que a função pode oferecer como saída é 2. Nem todas as funções têm esse valor mínimo e máximo absoluto, mas ser capaz de identificá-lo é importante — especialmente se você usar as funções para determinar seu pagamento semanal. Afinal, você iria querer ter um pagamento com *máximo absoluto* de $500?

Para obter algumas dicas de como desenhar o gráfico de funções, consulte os Capítulos 7 a 10, em que discuto os gráficos dos diferentes tipos de função.

Apostando em Funções Pares e Ímpares

É possível classificar os números como pares ou ímpares (e podemos usar essa informação para nossa vantagem; por exemplo, sabemos que podemos dividir números pares por dois e obter um número inteiro). Também é possível classificar algumas funções como pares ou ímpares. Os números inteiros pares e ímpares (como 2, 4, 6 e 1, 3, 5) desempenham um papel nessa classificação, mas eles não são tudo. É preciso realizar um pouco mais de cálculos no processo. Se não, você já teria aprendido tudo isso na terceira série, e eu não teria sobre o que escrever.

Reconhecendo funções pares e ímpares

Uma *função par* é aquela na qual um valor de domínio (uma entrada) e seu oposto resultam no mesmo valor de imagem (saída) — por exemplo, $f(-x) = f(x)$. Uma função ímpar é aquela na qual o seu valor de domínio e seu oposto produzem resultados opostos na imagem — por exemplo, $f(-x) = -f(x)$.

Para determinar se uma função é par ou ímpar (ou nenhum dos dois), substituímos cada x na equação da função por $-x$ e simplificamos. Se a função for par, a versão simplificada se parecerá exatamente com a original. Se a função for ímpar, a versão simplificada se parecerá com aquilo que obtemos após multiplicar a equação da função original por -1.

As descrições de funções pares e ímpares podem fazê-lo lembrar de como os números pares e ímpares agem nos expoentes (consulte o Capítulo 10). Se você elevar -2 a uma potência par, obterá um número positivo — $(-2)^4 = 16$. Se elevar -2 a uma potência ímpar, obterá um resultado negativo (oposto) — $(-2)^5 = -32$.

A seguir estão exemplos de funções pares e ímpares, e explico como classificá-las para que você possa dominar a prática por conta própria:

- $f(x) = x^4 - 3x^2 + 6$ é par, pois independentemente de você inserir 2 ou -2, obterá a mesma saída:
    - $f(2) = (2)^4 - 3(2)^2 + 6 = 16 - 12 + 6 = 10$
    - $f(-2) = (-2)^4 - 3(-2)^2 + 6 = 16 - 3(4) + 6 = 10$

    Assim, podemos dizer que $f(2) = f(-2)$.

- $g(x) = \dfrac{12x}{x^2 + 2}$ é ímpar, pois as entradas 2 e -2 oferecem respostas opostas:

- $g(2) = \dfrac{12(2)}{(2)^2 + 2} + 2 = \dfrac{24}{4+2} = \dfrac{24}{6} = 4$
- $g(-2) = \dfrac{12(-2)}{(-2)^2 + 2} = \dfrac{-24}{4+2} = \dfrac{-24}{6} = -4$

Assim, podemos dizer que $g(-2) = -g(2)$.

Não podemos dizer que uma função é par só porque ela tem expoentes e coeficientes pares, e não podemos dizer que uma função é ímpar só porque os expoentes e coeficientes são números ímpares. Se você fizer essas suposições, classificará as funções incorretamente, o que tornará os gráficos imprecisos. É necessário aplicar as regras para determinar como uma função é classificada.

Aplicando funções pares e ímpares a gráficos

A maior distinção de funções pares e ímpares é a aparência do gráfico:

- **Funções pares:** os gráficos de funções pares são simétricos em relação ao eixo y (o eixo vertical). Vemos o que parece ser uma imagem espelhada à esquerda e à direita do eixo vertical. Para obter um exemplo desse tipo de simetria, consulte a Figura 6-2a, que é o gráfico da função par $f(x) = \dfrac{5}{x^2 + 1}$.
- **Funções ímpares:** os gráficos de funções ímpares são simétricos em relação à origem. A simetria é radial, ou circular, por isso, ela tem a mesma aparência se você girar o gráfico em 180 graus. O gráfico na Figura 6-2b, que é a função ímpar $g(x) = x^3 - 8x$, exibe simetria na origem.

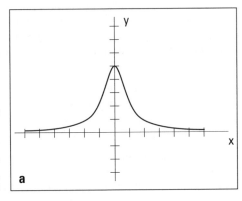
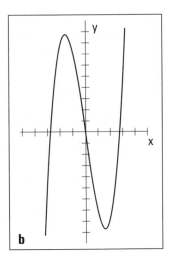

Figura 6-2: Uma função par (a) e ímpar (b).

Você pode estar se perguntando se pode haver simetria em relação ao eixo x. Afinal, o eixo y é tão melhor que o eixo x? Deixarei que você julgue isso, mas sim, a simetria no eixo x existe — apenas não no mundo das funções. Por definição, uma função pode ter somente um valor de y para cada valor de x. Se você tiver pontos em cada lado do eixo x, acima e abaixo de um valor de x, não terá uma função. Consulte o Capítulo 11 se quiser ver algumas ilustrações de curvas que são completamente simétricas.

Enfrentando Confrontos Injetivos

As funções podem ter muitas classificações ou nomes, dependendo da situação (talvez você queira representar uma transação comercial ou usá-las para entender os pagamentos e os juros) e do que você quer fazer com elas (colocar as fórmulas ou equações em planilhas ou talvez apenas desenhar seu gráfico, por exemplo). Uma classificação muito importante é decidir se uma função é injetiva.

Definindo funções injetivas ou injetoras

Uma função é *injetiva ou injetora* se for calculado exatamente um valor de saída para cada valor de entrada *e* exatamente um valor de entrada para cada valor de saída. Formalmente, escrevemos essa definição como segue:

Se $f(x_1) = f(x_2)$, então $x_1 = x_2$

Em termos mais simples, se dois valores de saída forem iguais, os dois valores de entrada também devem ser iguais.

Funções injetivas são importantes, pois elas são as únicas funções que podem ter inversos, e não é muito fácil se deparar com funções com inversos. Se uma função tiver um inverso, você pode trabalhar para trás e para a frente — encontrar uma resposta se tiver uma pergunta e encontrar a pergunta original se souber a resposta (mais ou menos como no jogo *Jeopardy*). Para saber mais sobre funções inversas, consulte a seção "Cantando in-versos" posteriormente, neste capítulo.

Um exemplo de uma função injetiva é $f(x) = x^3$. A regra para a função envolve elevar a variável ao cubo. O cubo de um número positivo é positivo, e o cubo de um número negativo é negativo. Portanto, cada entrada tem uma saída única — nenhum outro valor de entrada oferece essa saída.

Algumas funções sem a designação injetiva podem se parecer com o exemplo anterior, que é injetivo. Tomemos $g(x) = x^3 - x$ como exemplo. Isso conta como uma função, pois apenas uma saída é resultante de cada entrada. Entretanto, a função não é injetiva, pois é possível criar muitas saídas ou valores de função a partir de mais de uma entrada. Por exemplo, $g(1) = (1)^3 - (1) = 1 - 1$

= 0, e $g(-1) = (-1)^3 - (-1) = -1 + 1 = 0$. Você tem duas entradas, 1 e –1, que resultam na mesma saída de 0.

Funções que não se qualificam como injetivas podem ser difíceis de serem identificadas, mas você pode descartar qualquer função que tenha somente expoentes com números pares imediatamente. Funções com valor absoluto geralmente também não cooperam.

Eliminando violações injetivas

É possível determinar quais funções são injetivas e quais são violações por *investigação* (tentativa e erro), usando técnicas algébricas e desenhando gráficos. A maioria dos matemáticos prefere a técnica dos gráficos, pois ela oferece uma boa resposta visual. A técnica básica de gráficos é o teste da reta horizontal. Mas para entender melhor esse teste, você precisa conhecer seu parceiro, o teste da reta vertical (mostro como desenhar o gráfico de várias funções nos Capítulos 7 a 10).

Teste da reta vertical

O gráfico de uma função sempre passa pelo *teste da reta vertical*. O teste estipula que qualquer reta vertical desenhada no gráfico da função passa por essa função não mais de uma vez. É uma ilustração visual de que somente um valor de y (saída) existe para cada valor de x (entrada), uma das regras das funções. A Figura 6-3a mostra uma função que passa pelo teste da reta vertical, e a Figura 6-3b contém uma curva que não é uma função e, portanto, não passa no teste da reta vertical.

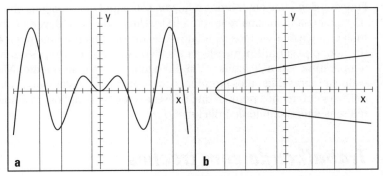

Figura 6-3: Uma função passa no teste da reta vertical, mas uma não função inevitavelmente não passará.

Teste da reta horizontal

Todas as funções passam no teste da reta vertical, mas somente funções injetivas passam no *teste da reta horizontal*. Com esse teste, é possível ver se uma reta horizontal desenhada no gráfico corta a função mais de uma vez. Se a reta passar pela função mais de uma vez, a função não passará no teste e, portanto, não será uma função injetiva. A Figura 6-4a mostra uma função que passa no teste da reta horizontal, e a Figura 6-4b mostra uma função que não passa.

Entretanto, ambos os gráficos na Figura 6-4 são funções, portanto, ambos passam no teste da reta vertical.

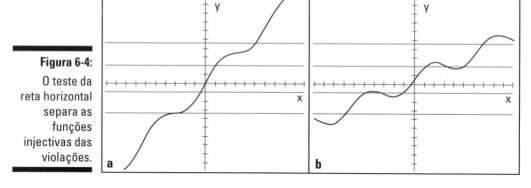

Figura 6-4: O teste da reta horizontal separa as funções injectivas das violações.

Separando as Partes com Funções Definidas em Trechos

Uma *função definida em trechos* é formada por duas ou mais regras de função (equações de função) agrupadas (mostradas separadamente para diferentes valores de x) para formar uma função maior. Uma mudança na equação da função ocorre para diferentes valores no domínio. Por exemplo, pode-se ter uma regra para todos os números negativos, outra para os números maiores que três e uma terceira regra para todos os números entre essas duas regras.

Funções definidas em trechos realizam seu papel em situações em que você não quer usar a mesma regra para tudo. Um restaurante deveria cobrar de uma criança de três anos de idade a mesma quantia por uma refeição que um adulto pagaria? Você veste a mesma quantidade de roupas quando a temperatura está a 20 graus e quando o tempo está mais quente? Não, você estipula regras diferentes em situações distintas. Na matemática, a função definida em trechos permite que diferentes regras se apliquem a números diferentes no domínio de uma função.

Trabalhando com trechos

As funções definidas em trechos geralmente são um tanto complexas. Elas parecem bastante reais quando você paga seu imposto de renda ou calcula o valor da comissão sobre as vendas. Mas em uma discussão sobre álgebra, parece mais fácil elaborar algumas equações para ilustrar como as funções definidas em trechos funcionam e então apresentar as suas aplicações posteriormente. A seguir está um exemplo de uma função definida em trechos:

$$f(x) = \begin{cases} x^2 - 2 & \text{se } x \leq -2 \\ 5 - x & \text{se } -2 < x \leq 3 \\ \sqrt{x+1} & \text{se } x > 3 \end{cases}$$

Com essa função, você usa apenas uma regra para todos os números menores que ou iguais a –2, outra regra para todos os números entre –2 e 3 (incluindo o 3) e uma regra final para números maiores que 3. Ainda há somente um valor de saída para cada valor de entrada. Por exemplo, digamos que você queira encontrar os valores desta função para x sendo igual a –4, –2, –1, 0, 1, 3 e 5. Observe como usamos diferentes regras dependendo do valor de entrada:

$f(-4) = (-4)^2 - 2 = 16 - 2 = 14$

$f(-2) = (-2)^2 - 2 = 4 - 2 = 2$

$f(-1) = 5 - (-1) = 5 + 1 = 6$

$f(0) = 5 - 0 = 5$

$f(1) = 5 - 1 = 4$

$f(3) = 5 - 3 = 2$

$f(5) = \sqrt{5 + 1} = \sqrt{6}$

A Figura 6-5 mostra o gráfico da função definida em trechos com esses valores de função.

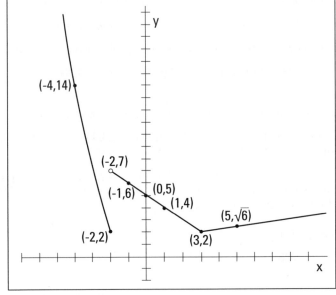

Figura 6-5: Desenhar o gráfico de funções definidas em trechos mostra as conexões e as lacunas.

Observe as três seções diferentes do gráfico. A curva à esquerda e a reta do meio não se conectam, pois há uma descontinuidade quando $x = -2$. Uma *descontinuidade* ocorre quando uma lacuna ou buraco aparece no gráfico. Além disso, observe que a reta à esquerda, decaindo em direção ao eixo x, termina em um ponto sólido, e que a seção do meio tem um círculo aberto acima. Essas características preservam a definição de uma função — somente uma saída para cada entrada. O ponto indica que você deve usar a regra à esquerda quando $x = -2$.

A seção do meio se conecta no ponto (3, 2), pois a regra à direita chega bastante perto do mesmo valor de saída que a regra do meio quando $x = 3$. Tecnicamente, você deve desenhar um círculo vazio e um ponto, mas na verdade não é possível identificar essa característica somente ao observá-la.

Aplicando funções definidas em trechos

Por que você precisaria usar uma função definida em trechos? Haveria um bom motivo para mudar as regras no meio de tudo? Tenho dois exemplos que facilitam esse entendimento — exemplos com os quais você irá se familiarizar muito bem.

Utilizando um serviço público

Empresas de serviços públicos podem usar funções definidas em trechos para cobrar taxas diferentes para usurários com base nos níveis de consumo. Uma grande fábrica usa uma tonelada de eletricidade e, de acordo, é cobrada uma taxa diferente que um usuário doméstico. Aqui está um exemplo de como a empresa *Lightning Strike Utility* calcula as taxas para seus clientes:

$$C(h) = \begin{cases} 0,0747900h & \text{se } h < 1.000 \\ 74,79 + 0,052500(h - 1.000) & \text{se } 1.000 \le h < 5.000 \\ 284,79 + 0,033300(h - 5.000) & \text{se } h \ge 5.000 \end{cases}$$

em que h é o número de kilowatt-horas e C é o custo em dólares.

Assim, quanto um usuário doméstico que usa 750 kilowatt-horas paga? Quanto uma empresa que usa 10.000 kilowatt-horas paga?

Use a regra de cima para o usuário doméstico e a regra de baixo para a empresa, determinada por qual intervalo o valor de entrada está. O usuário doméstico tem a seguinte equação:

$C(h) = 0,0747900h$

$C(750) = 56,0925$

A pessoa que usa 750 kilowatt-horas paga um pouco mais que $56 por mês. E a empresa?

Capítulo 6: Formulando os Fatos sobre Funções *111*

$$C(h) = 284{,}79 + 0{,}033300(h - 5.000)$$

$$C(10.000) = 284{,}79 + 0{,}033300(10.000 - 5.000)$$

$$C(10.000) = 284{,}79 + 166{,}50 = 451{,}29$$

A empresa paga pouco mais que $451.

Taxando a situação

Conforme se aproxima a data para entregar o imposto de renda, muitas pessoas enfrentam sua luta anual com os formulários de imposto de renda. A taxa de acordo com a qual você paga o imposto baseia-se no valor da sua renda ajustada — uma escala de graduação em que (supostamente) as pessoas que ganham mais dinheiro pagam mais imposto de renda. Os valores da renda são as entradas (valores do domínio), e o governo determina a taxa paga inserindo números na fórmula correta.

Em 2005, uma única contribuinte pagou seu imposto de renda com base em sua renda sujeita a imposto, de acordo com as seguintes regras (dispostas em uma função definida em trechos):

$$X(t) = \begin{cases} 0{,}10t & t < 7.300 \\ 0{,}15\,(t - 7.300) + 730 & 7.300 \le t < 29.700 \\ 0{,}25(t - 29.700) + 4.090 & 29.700 \le t < 71.950 \\ 0{,}28(t - 71.950) + 14.653 & 71.950 \le t < 150.150 \\ 0{,}33(t - 150.150) + 36.549 & 150.150 \le t < 326.450 \\ 0{,}35(t - 326.450) + 94.728 & t \ge 326.450 \end{cases}$$

em que t é a renda sujeita a imposto e X é o imposto pago.

Se sua renda sujeita a imposto fosse $45.000, quanto ela pagaria em impostos? Insira o valor e siga a terceira regra, pois 45.000 está entre 29.700 e 71.950:

$$X(45.000) = 0{,}25(45.000 - 29.700) + 4.090$$

$$= 3.825 + 4.090 = 7.915$$

Essa pessoa teve de pagar quase $8.000 em imposto de renda.

Compondo a Si Mesmo e às Funções

Você pode realizar as operações matemáticas básicas de adição, subtração, multiplicação e divisão nas equações usadas para descrever as funções (também é possível realizar as simplificações possíveis nas diferentes partes da expressão e escrever o resultado como uma nova função). Por exemplo, você pode pegar as duas funções $f(x) = x^2 - 3x - 4$ e $g(x) = x + 1$ e realizar nelas as quatro operações:

$$f + g = (x^2 - 3x - 4) + (x + 1) = x^2 - 2x - 3$$

$$f - g = (x^2 - 3x - 4) - (x + 1) = x^2 - 3x - 4 - x - 1 = x^2 - 4x - 5$$

$$f \cdot g = (x^2 - 3x - 4)(x + 1)$$
$$= (x^2 - 3x - 4)(x) + (x^2 - 3x - 4)(1)$$
$$= x^3 - 3x^2 - 4x + x^2 - 3x - 4$$
$$= x^3 - 2x^2 - 7x - 4$$

$$f / g = \frac{x^2 - 3x - 4}{x + 1} = \frac{(x - 4)(x + 1)}{x + 1} = x - 4$$

Muito bem, mas agora você tem outra operação disponível — uma operação especial das funções — chamada *composição*.

Realizando composições

Não, eu não estou mudando para uma aula de redação. A *composição* das funções é uma operação na qual você usa uma função como a entrada de outra função e realiza as operações nessa função de entrada.

A composição das funções *f* e *g* é indicada por um pequeno círculo entre os nomes das funções, *f* ∘ *g*, e define a composição como *f* ∘ *g* = *f*(*g*).

A seguir está uma composição de exemplo, usando as funções *f* e *g* da seção anterior:

$$f \circ g = f(g) = (g)^2 - 3(g) - 4$$
$$= (x + 1)^2 - 3(x + 1) - 4$$
$$= x^2 + 2x + 1 - 3x - 3 - 4$$
$$= x^2 - x - 6$$

A composição das funções não é comutativa (adição e multiplicação são *comutativas*, pois você pode trocar a ordem sem mudar o resultado). A ordem na qual você realiza a composição — qual função vem primeiro — importa. A composição *f* ∘ *g* não é o mesmo que *g* ∘ *f*, salvo uma exceção: quando as duas funções forem inversas uma da outra (consulte a seção "Cantando in-versos" posteriormente, neste capítulo).

Simplificando o coeficiente diferencial

O *coeficiente diferencial* é apresentado na maioria das aulas de Álgebra II das escolas como um exercício que você realiza após o professor ter mostrado a composição de funções. Esse exercício é empregado, pois o coeficiente diferencial é a base da definição da derivada. O coeficiente diferencial permite que encontremos a derivada, e isso nos leva a ter êxito em cálculo (porque todo mundo quer ter êxito em cálculo, é claro). Assim, onde entra a composição de funções? Com o coeficiente diferencial, realizamos a composição de uma função designada $f(x)$ e a função $g(x) = x + h$ ou $g(x) = x + \Delta x$, dependendo do livro de cálculo que você estiver usando.

O coeficiente diferencial para a função f é $\dfrac{f(x+h) - f(x)}{h}$. Sim, você tem de memorizá-lo.

Agora, como exemplo, tire o coeficiente diferencial da mesma função f da seção anterior:

$$\frac{f(x+h) - f(x)}{h} = \frac{(x+h)^2 - 3(x+h) - 4 - (x^2 - 3x - 4)}{h}$$

Observe que a expressão para $f(x+h)$ é encontrada colocando $x+h$ no lugar de cada x na função – $x+h$ é a variável de entrada. Agora, continuando com a simplificação:

$$= \frac{x^2 + 2xh + 3x - 3h - 4 - x^2 + 3x + 4}{h}$$

$$= \frac{2xh + h^2 - 3h}{h}$$

Você notou que x^2, $3x$ e 4 aparecem no numerador junto com seus opostos? É por isso que eles desaparecem. Agora, para concluir:

$$= \frac{h(2x + h - 3)}{h} = 2x + h - 3$$

Agora, isso pode não parecer grande coisa, mas você chegou a um resultado incrível. Está a um passo de encontrar a derivada. Volte na semana que vem no mesmo horário… não, mentira. Você precisa consultar o livro *Cálculo Para Leigos*, de Mark Ryan (editora Alta Books), se não conseguir esperar e realmente quiser encontrar a derivada. Por ora, já realizou cálculos algébricos razoáveis.

Cantando in-Versos

Algumas funções são *inversas* umas das outras, mas uma função pode ter uma inversa somente se ela for injectiva (consulte a seção "Enfrentando Confrontos Injectivos" posteriormente, neste capítulo, se precisar de um lembrete). Se duas funções *forem* inversas uma da outra, cada função desfaz aquilo que a outra faz. Em outras palavras, você as usa para voltar para onde começou.

A representação para funções inversas é o expoente –1 escrito após o nome da função. A inversa da função $f(x)$, por exemplo, é $f^{-1}(x)$. Aqui estão duas funções inversas e como elas desfazem aquilo que a outra faz:

$$f(x) = \frac{x+3}{x-4}$$
$$f^{-1}(x) = \frac{4x+3}{x-1}$$

Se você colocar 5 na função *f*, obterá 8 como resultado. Se colocar 8 em f^{-1} obterá 5 como resultado – estará de volta onde começou:

$$f(5) = \frac{5+3}{5-4} = \frac{8}{1} = 8$$
$$f^{-1}(8) = \frac{4(8)+3}{8-1} = \frac{32+3}{7} = \frac{35}{7} = 5$$

Agora, qual era a pergunta? Como podemos identificar, em um piscar de olhos, quando as funções são inversas? Continue lendo!

Determinando se funções são inversas

Em um exemplo da introdução desta seção, digo que duas funções são inversas e, em seguida, demonstro como elas funcionam. Entretanto, você não pode de fato *provar* que duas funções são inversas inserindo números. Você pode se deparar com uma situação em que alguns números funcionam, mas, no geral, as duas funções não são realmente inversas.

A única maneira de ter certeza de que duas funções são inversas uma da outra é usar a seguinte definição geral: Funções *f* e f^{-1} são inversas uma da outra somente se $f(f^{-1}(x)) = x$ e $f^{-1}(f(x)) = x$.

Em outras palavras, você tem de realizar as composições em ambas as direções (realize *fog* e depois *gof* na ordem oposta) e mostre que ambas resultam no único valor de x.

Para praticar um pouco, mostre que $f(x) = \sqrt[3]{2x - 3} + 4$ e $g(x) = \dfrac{(x - 4)^3 + 3}{2}$ são inversas uma da outra. Primeiro, realize a composição $f \circ g$:

$$fog = f(g) = \sqrt[3]{2(g) - 3} + 4$$

$$= \sqrt[3]{2\left[\dfrac{(x-4)^3 + 3}{2}\right] - 3} + 4$$

$$= \sqrt[3]{(x - 4)^3 + 3 - 3} + 4$$

$$= \sqrt[3]{(x - 4)^3} + 4$$

$$= (x - 4) + 4$$

$$= x$$

Agora, realize a composição na ordem oposta:

$$gof = \dfrac{(f - 4)^3 + 3}{2}$$

$$= \dfrac{((\sqrt[3]{(2x - 3)} + 4) - 4)^3 + 3}{2}$$

$$= \dfrac{(\sqrt[3]{(2x - 3)})^3 + 3}{2}$$

$$= \dfrac{(2x - 3) + 3}{2}$$

$$= \dfrac{2x}{2}$$

$$= x$$

Ambas geram o resultado x, por isso, as funções são inversas uma da outra.

Resolvendo a inversa de uma função

Até agora nesta seção, eu dei duas funções e disse que elas são inversas uma da outra. Como eu sabia? Foi mágica? Eu tirei as funções de dentro de uma cartola? Não, há um belo processo a ser usado. Eu posso mostrar meu segredo para que você possa criar todo tipo de inversa para todo tipo de função. Que sorte a sua! A seguir, detalho passo a passo o processo usado (mais memorização chegando).

Para encontrar a inversa da função injectiva $f(x)$, siga esses passos:

1. **Reescreva a função, substituindo $f(x)$ por y para simplificar a representação.**
2. **Mude cada y por um x e cada x por y.**
3. **Encontre y.**
4. **Reescreva a função, substituindo y por $f^{-1}(x)$.**

Aqui está um exemplo de como proceder. Encontre a inversa da função $f(x) = \dfrac{x}{x-5}$:

1. **Reescreva a função, substituindo $f(x)$ por y para simplificar a representação.**

$$y = \dfrac{x}{x-5}$$

2. **Mude cada y por um x e cada x por y.**

$$x = \dfrac{y}{y-5}$$

3. **Encontre y.**

$$x = \dfrac{y}{y-5}$$
$$x(y-5) = y$$
$$xy - 5x = y$$
$$xy - y = 5x$$
$$y(x-1) = 5x$$
$$y = \dfrac{5y}{x-1}$$

4. **Reescreva a função, substituindo y por $f^{-1}(x)$.**

$$f^{-1}(x) = \dfrac{5x}{x-1}$$

Esse processo ajuda você a encontrar a inversa de uma função, caso ela possua uma inversa. Se não conseguir encontrar a inversa, a função pode não ser injectiva. Por exemplo, se tentar encontrar a inversa da função $f(x) = x^2 + 3$, ficará sem saída quando tiver que tirar a raiz quadrada e não saberá se quer uma raiz positiva ou negativa. Esses são os tipos de obstáculos que alertam para o fato de que a função não tem inversa — e que a função não é injectiva.

Capítulo 7

Elaborando e Interpretando Funções Quadráticas

Neste Capítulo

▶ Dominando o formato padrão das quadráticas

▶ Localizando os interceptos de x e y

▶ Chegando aos extremos das quadráticas

▶ Colocando o eixo de simetria em cena

▶ Montando todos os tipos de quebra-cabeças quadráticos

▶ Observando quadráticas em ação no mundo real

*U*ma função quadrática é uma das funções polinomiais (com múltiplos termos) mais reconhecíveis e úteis encontradas em toda a álgebra. A função descreve uma curva em forma de U chamada *parábola* que podemos desenhar rapidamente e interpretar com facilidade. Usam-se as funções quadráticas para representar situações econômicas, progressos em treinamentos físicos e os trajetos percorridos pelos cometas. Teria como a matemática ser mais útil?

As características mais importantes a serem reconhecidas a fim de desenhar uma parábola são a abertura (para cima ou para baixo, inclinada ou aberta), os interceptos, o vértice e o eixo de simetria. Neste capítulo, mostrarei como identificar todas essas características dentro do formato padrão da função quadrática. Também mostrarei algumas equações de parábolas que representam eventos.

Interpretando o Formato Padrão das Quadráticas

Uma *parábola* é o gráfico de uma função quadrática. O gráfico é uma curva suave com formato de U que tem pontos localizados a uma distância igual em qualquer um dos lados de uma reta que vai para cima a partir do meio — chamado de *eixo de simetria*. As parábolas podem ser viradas para cima, para baixo, para a esquerda ou para a direita, mas as parábolas que representam funções ficam viradas somente para cima ou para baixo. (No Capítulo 11, você descobrirá mais sobre os outros tipos de parábolas na discussão geral das seções cônicas.) O formato padrão da função quadrática é:

$$f(x) = ax^2 + bx + c$$

Os coeficientes (multiplicadores das variáveis) *a*, *b* e *c* são números reais; *a* não pode ser igual a zero, pois aí não seria mais uma função quadrática. É possível descobrir muito a partir da simples equação de formato padrão. Os coeficientes *a* e *b* são importantes, e algumas equações podem não conter todos os três termos. Como você pode ver, tudo (ou nada) tem um significado!

Começando com "a" no formato padrão

Como o coeficiente regente do formato padrão da função quadrática $f(x) = ax^2 + bx + c$, *a* oferece duas informações: a direção na qual a parábola grafada se abre, e se a parábola é inclinada ou plana. Aqui está uma explicação de como o sinal e o tamanho do coeficiente regente, *a*, afetam a aparência da parábola:

- Se *a* for positivo, o gráfico da parábola se abre para cima (consulte as Figuras 7-1a e 7-1b).
- Se *a* for negativo, o gráfico da parábola se abre para baixo (consulte as Figuras 7-1c e 7-1d).
- Se *a* tiver um valor absoluto maior que um, o gráfico da parábola é inclinado (consulte as Figuras 7-1a e 7-1c). Consulte o Capítulo 2 para uma revisão dos valores absolutos.)
- Se *a* tiver um valor absoluto menor que um, o gráfico da parábola é plano (consulte as Figuras 7-1b e 7-1d).

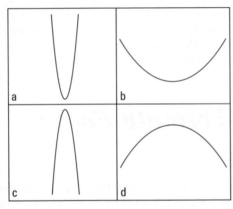

Figura 7-1: Parábolas que se abrem para cima e para baixo, sendo inclinadas e abertas.

Capítulo 7: Elaborando e Interpretando Funções Quadráticas 119

Se você se lembrar das quatro regras que identificam o coeficiente regente, não terá nem mesmo que desenhar o gráfico da equação para descrever a aparência da parábola. A seguir explico como é possível escrever algumas parábolas a partir de suas equações:

$y = 4x^2 - 3x + 2$: essa parábola é inclinada e se abre para cima, pois o coeficiente regente é positivo e maior que um.

$y = -\frac{1}{3}x^2 + x - 11$: essa parábola é plana e se abre para baixo, pois o coeficiente regente é negativo, e o valor absoluto da fração é menor que um.

$y = 0{,}002x^2 + 3$: essa parábola é plana e se abre para cima, pois o coeficiente regente é positivo, e o valor decimal é menor que um. Na verdade, o coeficiente é tão pequeno que a parábola plana quase se parece com uma reta horizontal.

Seguindo com "b" e "c"

Assim como o coeficiente regente na função quadrática (consulte a seção anterior), os termos b e c oferecem muitas informações. Principalmente, os termos informarão muito se *não* estiverem presentes. Na seção a seguir, descobriremos como usar os termos para encontrar interceptos (ou zeros). Por ora, concentre-se em sua presença ou ausência.

O coeficiente regente, a, nunca pode ser igual a zero. Se isso acontecer, você não terá mais uma função quadrática, e a discussão estará acabada. Quanto aos outros dois termos:

- ✔ Se o segundo coeficiente, b, for zero, a parábola se abre no eixo y. O *vértice* da parábola — o ponto mais alto ou mais baixo da curva, dependendo da direção em que ela está virada — fica nesse eixo, e a parábola é simétrica no eixo (consulte a Figura 7-2a, um gráfico de uma função quadrática em que b = 0). O segundo termo é o termo x, então, se o coeficiente b for igual a zero, o segundo termo desaparecerá. A equação padrão se tornará $y = ax^2 + c$, o que facilita bastante encontrar os interceptos (consulte a seção a seguir).

- ✔ Se o último coeficiente, c, for igual a zero, o gráfico da parábola passa pela origem — em outras palavras, um de seus interceptos é a origem (consulte a Figura 7-2b, um gráfico de uma função quadrática em que c = 0). A equação padrão se torna $y = ax^2 + bx$, que pode ser facilmente fatorada como $y = x(ax + b)$ (consulte os Capítulos 1 e 3 para saber mais sobre fatoração).

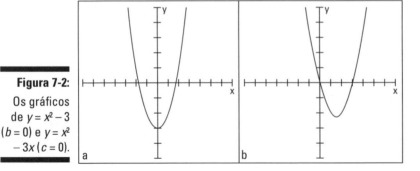

Figura 7-2: Os gráficos de $y = x^2 - 3$ ($b = 0$) e $y = x^2 - 3x$ ($c = 0$).

Investigando Interceptos em Quadráticas

Os *interceptos* de uma função quadrática (ou de qualquer função) são os pontos em que o gráfico da função cruza o eixo x ou o eixo y. O gráfico de uma função pode cruzar o eixo x indefinidas vezes, mas só pode cruzar o eixo y uma vez.

Por que se preocupar com os interceptos de uma parábola? Em situações da vida real, os interceptos ocorrem em pontos de interesse — por exemplo, no valor inicial de um investimento ou no ponto de equilíbrio de um negócio.

Interceptos também são bastante úteis ao desenhar o gráfico de uma parábola. Os pontos são fáceis de serem encontrados, pois uma das coordenadas é sempre zero. Se você tiver os interceptos, o vértice (consulte "Indo ao Extremo: Encontrando o Vértice" posteriormente, neste capítulo), e aquilo que sabe sobre a simetria da parábola (como discuto na seção "Alinhando-se ao Longo do Eixo de Simetria"), terá uma boa ideia de como o gráfico deve ser.

Encontrando o único intercepto de y

O intercepto de y de uma função quadrática é $(0, c)$. Uma parábola com a equação padrão $y = ax^2 + bx + c$ é uma função, então, por definição (como discuto no Capítulo 6), somente um valor de y pode existir para cada valor de x. Quando $x = 0$, como no intercepto de y, a equação se torna $y = a(0)^2 + b(0) + c = 0 + 0 + c = c$, ou $y = c$. As igualdades $x = 0$ e $y = c$ se combinam para gerar o intercepto de y, $(0, c)$.

Para encontrar os interceptos de y das funções a seguir, faça com que $x = 0$:

$y = 4x^2 - 3x + 2$: quando $x = 0$, $y = 2$ (ou $c = 2$). O intercepto de y é $(0, 2)$.

$y = -x^2 - 5$: quando $x = 0$, $y = -5$ (ou $c = -5$); não deixe que o termo x ausente o engane. O intercepto de y é $(0, -5)$.

$y = \frac{1}{2}x^2 + \frac{3}{2}x$: quando $x = 0$, $y = 0$. A equação não oferece um termo constante; você também pode dizer que o termo constante ausente é zero. O intercepto de y é $(0, 0)$.

É possível representar muitas situações por meio de funções quadráticas, e os lugares em que as variáveis de entrada ou saída iguais a zero são importantes. Por exemplo, uma empresa que fabrica velas descobriu que seu lucro baseia-se no número de velas que ela produz e vende. A empresa usa a função $P(x) = -0{,}05 \cdot x^2 + 8x - 140$ — em que x representa o número de velas — para determinar P, o lucro. Como você pode ver a partir da equação, o gráfico dessa parábola se abre para baixo (pois a é negativo; consulte a seção "Começando com 'a' no formato padrão"). A Figura 7-3 é o esboço do gráfico do lucro, com o eixo y representando o lucro e o eixo x representando o número de velas.

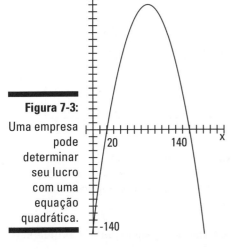

Figura 7-3: Uma empresa pode determinar seu lucro com uma equação quadrática.

Faz sentido usar uma função quadrática para representar o lucro? Por que o lucro diminuiria após um certo ponto? Isso faz sentido para os negócios? Faz, se você considerar que talvez, ao fabricar velas demais, o custo da hora extra e de máquinas adicionais exerce uma função.

E quanto ao intercepto de y? Que função ele tem, e o que ele significa no caso da fabricação das velas? Podemos dizer que $x = 0$ quando não se produz ou vende nenhuma vela. De acordo com a equação e com o gráfico, o intercepto de y tem uma coordenada y de -140. Faz sentido encontrar um lucro negativo, já que a empresa tem de pagar por suas despesas independentemente de qualquer situação (mesmo se não vender velas): seguro, salários, pagamentos de hipoteca, e assim por diante. Com um pouco de interpretação, é possível encontrar uma explicação lógica para o intercepto de y ser negativo nesse caso.

Encontrando os interceptos de x

É possível encontrar os interceptos de *x* das quadráticas ao encontrar os *zeros*, ou soluções, da equação quadrática. O método usado para encontrar os zeros é o mesmo método usado para encontrar os interceptos, pois eles são essencialmente a mesma coisa. Os nomes mudam (intercepto, zero, solução), dependendo da aplicação, mas os interceptos são encontrados da mesma maneira.

Parábolas com uma equação de formato padrão $y = ax^2 + bx + c$ se abrem para cima ou para baixo e podem ou não ter interceptos de *x*. Observe a Figura 7-4, por exemplo. Você vê uma parábola com dois interceptos de *x* (Figura 7-4a), uma com um único intercepto de *x* (Figura 7-4b) e uma sem interceptos de *x* (Figura 7-4c). Observe, entretanto, que todas têm um intercepto de *y*.

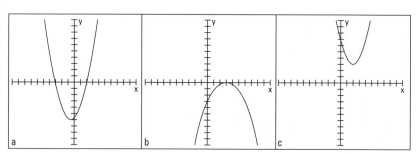

Figura 7-4: Parábolas podem interceptar o eixo *x* diversas vezes, uma única vez ou nenhuma vez.

As coordenadas de todos os interceptos de *x* têm zeros. O valor de *y* de um intercepto é zero, e você o escreve no formato (*h*, 0). Como encontrar o valor de *h*? Fazendo com que *y* = 0 na equação geral e então encontrando *x*. Há duas opções para resolver a equação $0 = ax^2 + bx + c$:

- ✓ Use a fórmula quadrática (consulte o Capítulo 3 para lembrar a fórmula).
- ✓ Tente fatorar a expressão e use a propriedade multiplicativa de zero (você pode descobrir mais sobre isso no Capítulo 1).

Independentemente do caminho que escolher, você tem algumas orientações à sua disposição para ajudá-lo a determinar o número de interceptos de *x* que deve encontrar.

Ao encontrar interceptos de x resolvendo $0 = ax^2 + bx + c$:

- ✓ São encontrados **dois** interceptos de *x* se:
    - A expressão for fatorada como dois binômios diferentes.
    - A fórmula quadrática oferecer um valor maior que zero dentro do radical.

Capítulo 7: Elaborando e Interpretando Funções Quadráticas   *123*

✔ É encontrado **um** intercepto de x (uma raiz dupla) se:

- A expressão for fatorada como o quadrado de um binômio.
- A fórmula quadrática oferecer um valor de zero dentro do radical.

✔ Não é encontrado **nenhum** intercepto de x se:

- A expressão não puder ser fatorada e
- A fórmula quadrática oferecer um valor menor que zero dentro do radical (indicando uma raiz imaginária; o Capítulo 14 discute números imaginários e complexos).

Para encontrar os interceptos de x de $y = 3x^2 + 7x - 40$, por exemplo, você pode estabelecer y como sendo igual a zero e resolver a equação quadrática por fatoração:

$$0 = 3x^2 + 7x - 40$$
$$= (3x - 8)(x + 5)$$
$$3x - 8 = 0, x = \frac{8}{3}$$
$$x + 5 = 0, x = -5$$

Os dois interceptos são $\left(\frac{8}{3}, 0\right)$ e $(-5,0)$; podemos ver que a equação é fatorada em dois fatores diferentes. Em casos em que não é possível descobrir como fatorar a quadrática, podemos chegar à mesma resposta usando a fórmula quadrática. Observe no cálculo a seguir que o valor dentro do radical é um número maior que zero, o que significa que temos duas respostas:

$$x = \frac{-7 \pm \sqrt{7^2 - 4(3)(-40)}}{2(3)}$$
$$= \frac{-7 \pm \sqrt{49 - (-480)}}{6}$$
$$= \frac{-7 \pm \sqrt{529}}{6} = \frac{-7 \pm 23}{6}$$
$$x = \frac{-7 + 23}{6} = \frac{16}{16} = \frac{8}{3}$$
$$x = \frac{-7 - 23}{6} = \frac{-30}{6} = -5$$

Aqui está outro exemplo, com um resultado diferente. Para encontrar os interceptos de x de $y = -x^2 + 8x - 16$, podemos estabelecer y como sendo igual a zero e resolver a equação quadrática por fatoração:

$$0 = -x^2 + 8x - 16$$
$$0 = -(x^2 - 8x + 16)$$
$$0 = -(x - 4)^2$$
$$4 = x$$

O único intercepto é $(4, 0)$. A equação é fatorada como o quadrado de um binômio — uma *raiz dupla*. Podemos chegar à mesma resposta usando a fórmula quadrática — observe que o valor dentro do radical é igual a zero:

$$x = \frac{-8 \pm \sqrt{8^2 - 4(-1)(-16)}}{2(-1)}$$

$$= \frac{-8 \pm \sqrt{64 - (64)}}{-2}$$

$$= \frac{-8 \pm \sqrt{0}}{-2} = \frac{-8}{-2} = 4$$

Esse último exemplo mostra como determinar se uma equação não tem interceptos de x. Para encontrar os interceptos de x de $y = -2x^2 + 4x - 7$, você pode estabelecer y como sendo igual a zero e tentar fatorar a equação quadrática, mas poderá ter de realizar algumas seções de tentativa e erro por um tempo, pois não é possível fatorar. A equação não tem fatores que chegam a essa quadrática.

Ao experimentar a fórmula quadrática, vemos que o valor dentro do radical é menor que zero; um número negativo dentro do radical é um número imaginário:

$$x = \frac{-4 \pm \sqrt{4^2 - 4(-2)(-7)}}{2(-2)}$$

$$= \frac{-4 \pm \sqrt{16 - (56)}}{-4}$$

$$= \frac{-4 \pm \sqrt{-40}}{-4}$$

Infelizmente, não é possível encontrar interceptos de x para essa parábola.

Indo ao Extremo: Encontrando o Vértice

Funções quadráticas, ou parábolas, que têm o formato padrão $y = ax^2 + bx + c$ apresentam curvas suaves, em forma de U, que se abrem para cima ou para baixo. Quando o coeficiente regente, a, é um número positivo, a parábola se abre para cima, criando um *valor mínimo* para a função — os valores da função nunca são menores que o mínimo. Quando a é negativo, a parábola se abre para baixo, criando um *valor máximo* para a função — os valores da função nunca são maiores que esse máximo.

Capítulo 7: Elaborando e Interpretando Funções Quadráticas 125

Os dois valores extremos, o mínimo e o máximo, ocorrem no *vértice* da parábola. A coordenada de y do vértice oferece o valor numérico extremo — seu ponto mais alto ou mais baixo.

O vértice de uma parábola é bastante útil para encontrar o valor extremo, então, certamente a álgebra oferece uma maneira eficiente de encontrá-lo. Certo? Bem, é claro que sim! O *vértice* serve como uma espécie de âncora para que as duas partes da curva se abram. O eixo de simetria (consulte a seção a seguir) passa pelo vértice. A coordenada de y do vértice é o valor máximo ou mínimo da função — novamente, dependendo de como a parábola se abre.

A parábola $y = ax^2 + bx + c$ tem seu vértice onde $x = \dfrac{-b}{2a}$. Você insere os valores de a e b a partir da equação para encontrar x e depois encontra a coordenada de y do vértice inserindo esse valor de x na equação e encontrando y.

Para encontrar as coordenadas do vértice da equação $y = -3x^2 + 12x - 7$, por exemplo, substitua os coeficientes a e b na equação por x:

$$x = \frac{-12}{2(-3)} = \frac{-12}{-6} = 2$$

Encontra y colocando o valor de x de volta na equação:

$$y = -3(2)^2 + 12(2) - 7 = -12 + 24 - 7 = 5$$

As coordenadas do vértice são (2, 5). Você encontra um valor máximo, pois a é um número negativo, o que significa que a parábola se abre para baixo a partir desse ponto. O gráfico da parábola nunca é mais alto que cinco unidades.

Quando uma equação deixa de fora o valor de b, assegure-se de não substituir o valor de c pelo valor de b na equação do vértice. Por exemplo, para encontrar as coordenadas do vértice de $y = 4x^2 - 19$, substitua os coeficientes a (4) e b (0) na equação para encontrar x:

$$x = \frac{-0}{2(4)} = 0$$

Encontre y colocando o valor de x na equação:

$$y = 4(0)^2 - 19 = -19$$

As coordenadas do vértice são (0, −19). Você tem um valor mínimo, pois a é um número positivo, o que significa que a parábola se abre para cima a partir do ponto mínimo.

Alinhando-se ao Longo do Eixo de Simetria

O *eixo de simetria* de uma função quadrática é uma reta vertical que passa pelo vértice da parábola (consulte a seção anterior) e age como um espelho — metade da parábola está em um lado do eixo e a outra metade está do outro lado. O valor de *x* nas coordenadas do vértice aparecem na equação do eixo de simetria. Por exemplo, se um vértice tem as coordenadas (2,3), o eixo de simetria é $x = 2$. Todas as retas verticais têm uma equação com formato $x = h$. No caso do eixo de simetria, o h é sempre a coordenada de x do vértice.

O eixo de simetria é útil, pois quando estamos desenhando uma parábola e encontrando as coordenadas de um ponto que está nele, sabemos que podemos encontrar outro ponto que existe como um parceiro do primeiro, sendo que:

- ✔ Ele está na mesma reta horizontal.
- ✔ Ele está do outro lado do eixo de simetria.
- ✔ Ele cobre a mesma distância a partir do eixo de simetria que o primeiro ponto.

Talvez eu deva simplesmente mostrar o que estou dizendo com um desenho! A Figura 7-5 mostra pontos em uma parábola que estão na mesma reta horizontal e um em cada lado do eixo de simetria.

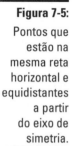

Figura 7-5: Pontos que estão na mesma reta horizontal e equidistantes a partir do eixo de simetria.

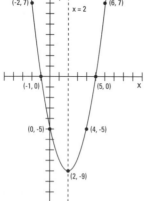

Os pontos (4, –5) e (0, –5) estão cada um a duas unidades do eixo — a reta $x = 2$. Os pontos (–2, 7) e (6, 7) estão cada um a quatro unidades do eixo. E os pontos (–1, 0) e (5, 0), os interceptos de *x*, estão cada um a três unidades do eixo.

Capítulo 7: Elaborando e Interpretando Funções Quadráticas *127*

Desenhando um Gráfico a Partir das Informações Disponíveis

Há disponível todo tipo de informação quando se trata de uma parábola e seu gráfico. Podemos usar os interceptos, a abertura, a inclinação, o vértice, o eixo de simetria, ou apenas alguns pontos aleatórios para inserir a parábola; não precisamos de todas as partes. Ao praticar o desenho dessas curvas, se torna mais fácil descobrir de quais partes precisamos para situações diferentes. Às vezes, é difícil encontrar os interceptos de x, por isso, devemos nos concentrar no vértice, na direção e no eixo de simetria. Outras vezes, pode ser mais conveniente usar o intercepto de y, um ponto ou dois na parábola e o eixo de simetria. Esta seção oferece alguns exemplos. É claro que podemos também buscar todas as informações possíveis. Algumas pessoas são bastante minuciosas.

Para desenhar o gráfico de $y = x^2 - 8x + 1$, primeiro observe que a equação representa uma parábola que se abre para cima (consulte a seção "Começando com 'a' no formato padrão"), pois o coeficiente regente, a, é positivo (+1). O intercepto de y é $(0, 1)$, que você obtém inserindo zero no lugar de x. Se você estabelecer y como sendo igual a zero para encontrar os interceptos de x, obterá $0 = x^2 - 8x + 1$, que não pode ser fatorado. Você poderia lançar mão da fórmula quadrática — mas espere. Há outras possibilidades a considerar.

O vértice é mais útil do que encontrar os interceptos nesse caso, devido à sua conveniência — não é preciso se esforçar muito para obter as coordenadas. Use a fórmula para a coordenada de x do vértice para obter $x = \dfrac{-(-8)}{2(1)} = \dfrac{8}{2}$ = 4 (consulte a seção "Indo ao Extremo: Encontrando o Vértice"). Insira o 4 na fórmula para a parábola, e descobrirá que o vértice está em $(4, -15)$. Essa coordenada está abaixo do eixo x, e a parábola se abre para cima, então a parábola tem interceptos de x; apenas não é possível localizá-los facilmente, pois tratam-se de *números irracionais* (raízes quadradas de números que não são quadrados perfeitos).

Você pode tentar fazer uso de sua calculadora gráfica para obter aproximações decimais dos interceptos (consulte o Capítulo 5 para obter informações sobre como usar uma calculadora gráfica). Ou, em vez disso, pode encontrar um ponto e seu ponto parceiro do outro lado do eixo de simetria, que é $x = 4$ (consulte a seção "Alinhando-se ao Longo do Eixo de Simetria"). Se fizer com que $x = 1$, por exemplo, descobrirá que $y = -6$. Este ponto está a três unidades a partir de $x = 4$, à esquerda; você encontra a distância subtraindo $4 - 1 = 3$. Use a distância para encontrar três unidades à direita, $4 + 3 = 7$. O ponto correspondente é $(7, -6)$.

Se colocar todas as informações em um gráfico primeiro — o intercepto de y, o vértice, o eixo de simetria, e os pontos (1, -6) e (7, -6) — poderá identificar a forma da parábola e desenhar tudo. A Figura 7-6 mostra os dois passos: inserir as informações (Figura 7-6a) e desenhar a parábola (Figura 7-6b).

Figura 7-6:
Usando as diversas partes de uma quadrática como passos para desenhar um gráfico ($y = x^2 - 8x + 1$).

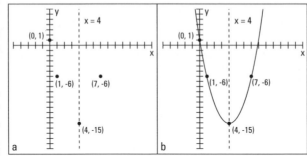

A seguir está outro exemplo para pegar prática. Para desenhar o gráfico de $y = -0{,}01x^2 - 2x$, procure as pistas. A parábola se abre para baixo (pois a é negativo) e é bastante plana (pois o valor absoluto de a é menor que zero). O gráfico passa pela origem, pois o termo constante (c) está faltando. Portanto, o intercepto de y e um dos interceptos de x é (0, 0). O vértice está em (–100, 100). Para encontrar o outro intercepto de x, faça com que y = 0 e fatore:

$$0 = -0{,}01x(x + 200)$$

O segundo fator informa que o outro intercepto de x ocorre quando x = –200. Os interceptos e o vértice são desenhados na Figura 7-7a.

Figura 7-7:
Usando interceptos e o vértice para desenhar uma parábola.

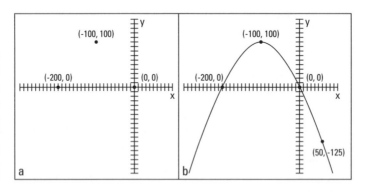

Você pode adicionar o ponto (50, –125) para ter um pouco mais de auxílio quanto à forma da parábola usando o eixo de simetria (consulte a seção "Alinhando-se ao longo do Eixo de Simetria"). Está vendo como você pode desenhar a curva? A Figura 7-7b mostra o caminho. Realmente não é preciso muito para desenhar uma parábola decente.

Capítulo 7: Elaborando e Interpretando Funções Quadráticas **129**

Aplicando as Quadráticas ao Mundo Real

As funções quadráticas são modelos maravilhosos para muitas situações que ocorrem no mundo real. Você pode vê-las em ação em aplicações financeiras e físicas, apenas para mencionar algumas. Esta seção oferece algumas aplicações que devem ser consideradas.

Vendendo velas

Uma empresa que fabrica velas descobriu que seu lucro baseia-se no número de velas que ela produz e vende. A função $P(x) = -0,05.x^2 + 8x - 140$ se aplica à situação da empresa, em que x representa o números de velas, e P representa o lucro. Talvez você reconheça essa função da seção "Investigando Interceptos em Quadráticas" anteriormente, neste capítulo. É possível usar a função para descobrir quantas velas a empresa tem de produzir para juntar o maior lucro possível.

Os dois interceptos de x são encontrados fazendo com que $y = 0$ e x é encontrado por fatoração:

$$0 = -0,05x^2 + 8x - 140$$
$$= -0,05 \ (x^2 - 160x + 2800)$$
$$= -0,05 \ (x - 20)(x - 140)$$
$$x - 20 = 0, x = 20$$
$$x - 140 = 0, x = 140$$

O intercepto (20, 0) representa onde a função (o lucro) muda de valores negativos para valores positivos. Você sabe disso, pois o gráfico da função do lucro é uma parábola que se abre para baixo (pois a é negativo), por isso, o início e o final da curva aparecem abaixo do eixo x. O intercepto (140, 0) representa onde o lucro muda de valores positivos para valores negativos. Então, o valor máximo, o vértice, está em algum lugar entre e acima dos dois interceptos (consulte a seção "Indo ao Extremo: Encontrando o Vértice"). A coordenada de x do vértice está entre 20 e 140. Consulte a Figura 7-3 se quiser ver o gráfico novamente.

Agora, use a fórmula para a coordenada de x do vértice, $x = \dfrac{-b}{2a}$, para encontrar $x = \dfrac{-8}{2(-0,05)} = \dfrac{-8}{-0,1} = 80$. O número 80 está entre 20 e 140; na verdade, ele está bem no meio deles. O número par se deve à simetria do gráfico da parábola e à natureza simétrica dessas funções. Agora você pode encontrar o valor de P (a coordenada de y do vértice): $P(80) = -0,05(80)^2 + 8(80) - 140 = -320 + 640 - 140 = 180$.

Seus achados indicam que, se a empresa produzir e vender 80 velas, o lucro máximo será de $180. Parece muito trabalho por $180, mas talvez seja uma pequena empresa. Trabalhos como esses mostram como é importante ter um modelo de lucro, receita e custo nos negócios, para que possa fazer projeções e ajustar seus planos.

Arremessando bolas de basquete

Um grupo local de jovens, recentemente, angariou uma renda para caridade realizando uma maratona de arremessos. Os participantes pediram que os patrocinadores doassem dinheiro com base em uma promessa de arremessar bolas durante um período de 12 horas. Esse projeto teve muito sucesso, tanto em termos de caridade quanto de álgebra, pois é possível encontrar algumas informações interessantes sobre arremessar bolas de basquete e o número de erros que ocorrem.

Os participantes arremessaram bolas durante 12 horas, tentando fazer cerca de 200 cestas cada um. A equação quadrática $M(t) = \frac{17}{6}t^2 - \frac{77}{3}t + 100$ representa o número de cestas que eles *erraram* a cada hora, em que t é o tempo em horas (numerado de 0 a 12) e M é o número de erros.

A função quadrática se abre para cima (pois a é positivo), então a função tem um valor mínimo. A Figura 7-8 mostra um gráfico da função.

A partir do gráfico, vemos que o valor inicial, o intercepto de *y*, é 100. No início, os participantes estavam errando cerca de 100 cestas por hora. A boa notícia é que eles melhoraram com a prática. $M(2) = 60$, o que significa que na segunda hora do projeto, os participantes erraram apenas 60 cestas por hora. O número de erros diminui e depois aumenta novamente. Como você interpreta isso? Embora os participantes tenham melhorado com a prática, deixaram que seu cansaço os dominasse.

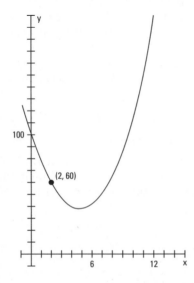

Figura 7-8: Os altos e baixos de arremessar bolas.

Qual é o número mais baixo de erros por hora? Quando os participantes fizeram melhores arremessos? Para responder essas perguntas, encontre o vértice da parábola usando a fórmula para a coordenada de x (você pode encontrar isso na seção "Indo ao Extremo: Encontrando o Vértice" anteriormente, neste capítulo):

$$h = \frac{-\left(-\frac{77}{3}\right)}{2\left(\frac{17}{6}\right)} = \frac{77}{3} \cdot \frac{3}{17} = \frac{77}{17} = 4\frac{9}{17}$$

Os melhores arremessos aconteceram cerca de 4,5 horas após o início do projeto. Quantos erros ocorreram então? O número que você obtém representa o que aconteceu durante toda a hora – embora isso seja um pouco incerto.

$$M\left(\frac{77}{17}\right) = \frac{17}{6}\left(\frac{17}{17}\right)^2 - \frac{77}{3}\left(\frac{17}{17}\right) + 100$$
$$= \frac{4{,}271}{102} \approx 41{,}87$$

A fração é arredondada para duas casas decimais. Os melhores arremessos apresentaram mais ou menos 42 erros nessa hora.

Lançando uma bexiga d'água

Uma das atividades preferidas dos alunos de engenharia na primavera em uma certa universidade é arremessar bexigas d'água do topo do prédio de engenharia para que elas caiam sobre a estátua do fundador da escola, a 25 pés de distância do prédio. O arremessador lança a bexiga para cima, formando um arco, para passar por uma árvore próxima à estátua. Para acertar a estátua, a velocidade inicial e o ângulo da bexiga têm de ser precisos. A Figura 7-9 mostra um lançamento bem-sucedido.

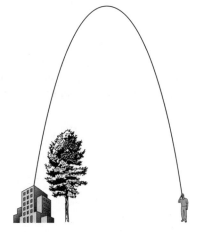

Figura 7-9: Lançar uma bexiga por cima de uma árvore requer mais matemática do que você pensa.

132 Parte II: Enfrentando as Funções

O lançamento desse ano foi bem-sucedido. Os alunos descobriram que, ao lançar a bexiga d'água a 48 pés por segundo em um ângulo preciso, eles conseguiam atingir a estátua. Aqui está a equação que eles utilizaram para representar o percurso das bexigas: $H(t) = -2t^2 + 48t + 60$. O t representa o número de segundos, e H é a altura da bexiga em pés. A partir dessa função quadrática, é possível responder as seguintes perguntas:

1. Qual é a altura do prédio?

Resolver a primeira equação provavelmente é fácil para você. O lançamento ocorre no momento $t = 0$, o valor inicial da função. Quando $t = 0$, $H(0) = -2(0)^2 + 48(0) + 60 = 0 + 0 + 60 = 60$. O prédio tem 60 pés de altura.

2. Que altura a bexiga percorreu?

A segunda pergunta é respondida encontrando o vértice da parábola: $t = \dfrac{-48}{2(-2)} = \dfrac{-48}{-4} = 12$. Isso faz com que você encontre t, o número de segundos que leva para que a bexiga chegue ao ponto mais alto – 12 segundos após o lançamento. Substitua a resposta na equação para obter a altura: $H(12) = -2(12)^2 + 48(12) + 60 = -288 + 576 + 60 = 348$. A bexiga subiu 348 pés.

3. Se a estátua mede 10 pés, quantos segundos levou para a bexiga atingir a estátua após o lançamento?

Para resolver a terceira questão, use o fato de que a estátua mede 10 pés de altura; você quer saber quando $H = 10$. Substitua H por 10 na equação e encontre t por fatoração (consulte os Capítulos 1 e 3):

$$10 = -2t^2 + 48t + 60$$

$$0 = -2t^2 + 48t + 50$$

$$= -2(t^2 - 24t - 25)$$

$$= -2(t - 25)(t + 1)$$

$$t - 25 = 0, t = 25$$

$$t + 1 = 0, t = -1$$

De acordo com a equação, t é 25 ou –1. O –1 não faz muito sentido, pois não é possível voltar no tempo. Os 25 segundos, no entanto, informam quanto tempo levou para que a bexiga atinja a estátua. Imagine a expectativa!

Capítulo 8

Prestando Atenção às Curvas: Polinômios

Neste Capítulo

▶ Examinando o formato polinomial padrão

▶ Desenhando o gráfico e encontrando interceptos polinomiais

▶ Determinando os sinais dos intervalos

▶ Usando as ferramentas da álgebra para encontrar raízes racionais

▶ Usando a divisão sintética em um mundo de fibras naturais

O termo *polinômio* vem de *poli-*, que significa "muitos", e *-nômio,* que significa "nome" ou "designação". *Binômios* (dois termos) e *trinômios* (três termos) são dois dos muitos nomes ou designações usados para polinômios selecionados. Os termos em um polinômio são compostos por números e letras que se juntam pela multiplicação.

Embora o nome possa parecer implicar algo complexo (assim como Albert Einstein, Pablo Picasso ou Mary Jane Sterling), os polinômios são umas das funções ou equações mais fáceis de trabalhar em álgebra. Os expoentes usados nos polinômios são todos números inteiros — sem frações ou negativos. Os polinômios ficam progressivamente mais interessantes conforme os expoentes aumentam — eles podem ter mais interceptos e pontos de inflexão. Este capítulo discutirá o que você pode fazer com os polinômios: fatorá-los, grafá-los, analisá-los em partes — tudo, menos preparar uma sopa com eles. O gráfico de um polinômio se parece com o horizonte de Wisconsin — curvas suaves e reverberantes. Você está pronto para essa viagem?

Observando o Formato Polinomial Padrão

Uma *função polinomial* é um tipo específico de função que pode ser facilmente identificada dentre uma multidão de outros tipos de funções e equações. Os expoentes nos termos variáveis em uma função polinomial são sempre números inteiros. E, por convenção, os termos são escritos do expoente mais alto para o mais baixo. Na verdade, o expoente 0 na variável torna o fator da variável igual a 1, por isso, não vemos uma variável ali.

A equação tradicional para a maneira padrão de escrever os termos de um polinômio é mostrada abaixo. Não deixe que todos os subscritos e sobrescritos o impressionem. A letra *a* é repetida com números, em vez de seguir no padrão *a*, *b*, *c*, e assim por diante, pois um polinômio com um grau maior que 26 não teria mais letras do alfabeto.

O formato geral de uma função polinomial é

$$f(x) = a_n x^n + a_{n-1} x^{n-1} + a_{n-2} x^{n-2} + \ldots + a_1 x^1 + a_0$$

Aqui, os *a* são números reais e os n são números inteiros. O último termo é, tecnicamente, $a_0 x^0$, se quiser mostrar a variável e todos os termos.

Explorando Interceptos Polinomiais e Pontos de Inflexão

Os *interceptos* de um polinômio são os pontos em que o gráfico da curva do polinômio cruza os eixos *x* e *y*. Uma função polinomial tem *exatamente* um intercepto de *y*, mas pode ter qualquer número de interceptos de *x*, dependendo do grau do polinômio (as potências da variável). Quanto mais alto o grau, mais interceptos de *x* é possível ter.

Os *interceptos de x* do polinômio também são chamados de *raízes, zeros* ou *soluções*. Você pode pensar que os matemáticos não conseguem se decidir quanto a como chamar esses valores, mas eles têm seus motivos; dependendo da aplicação, o intercepto de *x* tem um nome adequado para aquilo em que se está trabalhando (consulte o Capítulo 3 para mais informações sobre esse jogo de nomes da álgebra). O bom é que usamos a mesma técnica para encontrar os interceptos, independentemente de como eles forem chamados (para que o intercepto de y não se sinta deixado de lado, ele é frequentemente chamado de *valor inicial*).

Os interceptos de *x* geralmente estão onde o gráfico do polinômio muda de valores positivos (acima do eixo *x*) para valores negativos (abaixo do eixo *x*) ou de valores negativos para valores positivos. Às vezes, entretanto, os valores no gráfico não mudam de sinal em um intercepto de *x*: esses gráficos têm uma aparência do tipo *toque e fuja*. Os gráficos se aproximam do eixo *x*, parecem mudar de ideia quanto a cruzar o eixo, tocam os interceptos e depois voltam para o mesmo lado do eixo.

Um *ponto de inflexão* de um polinômio é onde o gráfico da curva muda de direção. Indo de cima para baixo ou vice-versa. Um ponto de inflexão é onde encontramos um valor máximo relativo do polinômio, um valor máximo absoluto, um valor mínimo relativo ou um valor mínimo absoluto.

Interpretando o valor relativo e o valor absoluto

Como apresentado no Capítulo 5, qualquer função pode ter um valor *máximo absoluto* ou *mínimo absoluto* — o ponto no qual o gráfico da função não tem valor mais alto ou mais baixo, respectivamente. Por exemplo, uma parábola que se abre para baixo tem um máximo absoluto — não é possível ver um ponto na curva que seja mais alto que o máximo. Em outras palavras, nenhum valor da função é maior que esse número (confira o Capítulo 6 para saber mais sobre funções quadráticas e seus gráficos com parábolas). Algumas funções, entretanto, também têm valores máximos ou mínimos relativos:

- **Máximo relativo:** um ponto no gráfico — um valor da função — que é relativamente alto; o ponto é maior que tudo ao seu redor, mas você pode encontrar um ponto maior em outro lugar.

- **Mínimo relativo:** um ponto no gráfico — um valor da função — que é menor que tudo próximo a ele; é menor ou mais baixo em relação a todos os pontos na curva próximos a ele.

Na Figura 8-1, podemos ver cinco pontos de inflexão. Dois são valores máximos relativos, o que significa que eles são mais altos que qualquer ponto próximo a eles. Três são valores mínimos, o que significa que eles são mais baixos que os pontos ao redor deles. Dois dos mínimos são valores mínimos relativos e um é absolutamente o ponto mais baixo da curva. Essa função não tem um valor máximo absoluto, pois ele continua aumentando infinitamente.

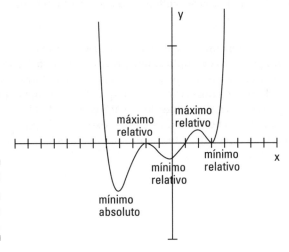

Figura 8-1: Pontos extremos em um polinômio.

Contando interceptos e pontos de inflexão

É bom saber o número de possíveis pontos de inflexão e interceptos de x de uma função polinomial ao desenhar o gráfico da função. Você pode contar o número de interceptos de x e pontos de inflexão de um polinômio se tiver o gráfico à sua frente, mas também pode fazer uma estimativa do número se tiver a equação do polinômio. Essa estimativa é, na verdade, um número que representa o máximo de pontos que podem ocorrer. Pode-se dizer, "Há no máximo m interceptos e no máximo n pontos de inflexão." A estimativa é o melhor que você pode fazer, mas geralmente isso não é algo ruim.

Para determinar as regras para o número máximo de possíveis interceptos e pontos de inflexão a partir da equação de um polinômio, observe o formato geral de uma função polinomial.

Considerando o polinômio $f(x) = a_n x^n + a_{n-1} x^{n-1} + a_{n-2} x^{n-2} + \ldots + a_1 x^1 + a_0$, o número máximo de interceptos de x é n, o grau ou potência mais alta do polinômio. O número máximo de pontos de inflexão é $n - 1$, ou uma unidade a menos que o número de interceptos possíveis. Você pode encontrar menos interceptos que n, ou pode encontrar exatamente esse número.

Se n for um número ímpar, você saberá imediatamente que terá de encontrar pelo menos um intercepto de x. Se n for par, poderá não encontrar nenhum intercepto de x.

Examine as duas equações de função a seguir como exemplos de polinômios. Para determinar o número possível de interceptos e pontos de inflexão para as funções, procure os valores de n, os expoentes que têm os valores mais altos:

$f(x) = 2x^7 + 9x^6 - 75x^5 - 317x^4 + 705x^3 + 2700x^2$

Esse gráfico tem no máximo sete interceptos de x (7 é a potência mais alta na função) e seis pontos de inflexão (7 – 1).

$f(x) = 6x^6 + 24x^5 - 120x^4 - 480x^3 + 384x^2 + 1536x - 2000$

Esse gráfico tem no máximo seis interceptos de x e cinco pontos de inflexão.

Veja os gráficos dessas duas funções na Figura 8-2. De acordo com sua função, o gráfico do primeiro exemplo (Figura 8-2a) pode ter até sete interceptos de x, mas tem somente cinco; entretanto, ele tem todos os seis pontos de inflexão. Podemos observar também que dois dos interceptos são do tipo *toque e fuja*, o que significa que eles se aproximam do eixo x antes de se deslocarem novamente. O gráfico do segundo exemplo (Figura 8-2b) pode ter no máximo seis interceptos de x, mas tem somente dois; ele tem todos os cinco pontos de inflexão.

Figura 8-2: O comportamento do intercepto e do ponto de inflexão de duas funções polinomiais.

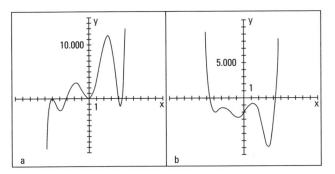

A Figura 8-3 oferece dois exemplos extremos de polinômios. Os gráficos de $y = x^8 + 1$ (Figura 8-3a) e $y = x^9$ (Figura 8-3b) parecem ter boas oportunidades... que acabam não sendo bem-sucedidas. O gráfico de $y = x^8 + 1$, de acordo com as regras dos polinômios, pode ter até oito interceptos e sete pontos de inflexão. Mas, como você pode ver no gráfico, ele não tem interceptos e tem somente um ponto de inflexão. O gráfico de $y = x^9$ tem apenas um intercepto e nenhum ponto de inflexão.

A moral da história da Figura 8-3 é que é preciso usar as regras dos polinômios de maneira sábia, cuidadosa e cética. Além disso, pense nos gráficos básicos dos polinômios. Os gráficos são curvas suaves que vão da esquerda para a direita ao longo do gráfico. Eles cruzam o eixo y exatamente uma vez e podem ou não cruzar o eixo x. É possível obter dicas a partir da equação padrão do polinômio e do formato fatorado. Consulte o Capítulo 5 se precisar de uma revisão.

Figura 8-3: A potência mais alta de um polinômio oferece os pontos de inflexão e interceptos mais *possíveis*.

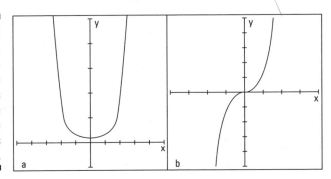

Encontrando interceptos polinomiais

É possível encontrar facilmente o intercepto de y de uma função polinomial para a qual só se pode encontrar um intercepto. O intercepto de y é onde

138 Parte II: Enfrentando as Funções

a curva do gráfico cruza o eixo y, e isso ocorre quando $x = 0$. Assim, para determinar o intercepto de y para qualquer polinômio, simplesmente substitua todos os x por zeros e encontre y (a parte com y da coordenada desse intercepto):

$$y = 3x^4 - 2x^2 + 5x - 3$$

$x = 0, y = 3(0)^4 - 2(0)^2 + 5(0) - 3 = -3$

O intercepto de y é $(0, -3)$.

$$y = 8x^5 - 2x^3 + x^2 - 3x$$

$x = 0, y = 8(0)^5 - 2(0)^3 + (0)^2 - 3(0) = 0$

O intercepto de y é $(0, 0)$, na origem.

Após concluir a fácil tarefa de encontrar o intercepto de y, você descobre que os interceptos de x são outro problema. O valor de y é zero para todos os interceptos de x, então, faça com que $y = 0$ e resolva.

Aqui, entretanto, não há a vantagem de fazer tudo desaparecer, exceto o número constante, como se faz ao encontrar o intercepto de y. Ao encontrar os interceptos de x, você pode ter de fatorar o polinômio ou realizar um processo mais elaborado — técnicas que podem ser encontradas posteriormente, neste capítulo, na seção "Fatorando raízes polinomiais" ou "Mantendo a Sanidade: O Teorema da Raiz Racional," respectivamente. Por ora, apenas aplique o processo de fatoração e estabelecimento da forma fatorada como sendo igual a zero em alguns exemplos cuidadosamente selecionados. Isso significa essencialmente usar a *propriedade multiplicativa de zero* — estabelecendo o formato fatorado como sendo igual a zero para encontrar os interceptos (consulte o Capítulo 1).

Para determinar os interceptos de x dos três polinômios a seguir, substitua os y por zeros e encontre os x:

$$y = x^2 - 16$$

$y = 0, 0 = x^2 - 16, x^2 = 16, x = \pm 4$ (usando a regra da raiz quadrada do Capítulo 3).

$$y = x(x - 5)(x - 2)(x + 1)$$

$y = 0, 0 = x(x - 5)(x - 2)(x + 1)$, $x = 0, 5, 2$ ou -1 (usando a propriedade multiplicativa de zero do Capítulo 1).

$$y = x^4(x + 3)^8$$

$y = 0, 0 = x^4 (x + 3)^8$, $x = 0$ ou -3 (usando a propriedade multiplicativa de zero).

Capítulo 8: Prestando Atenção às Curvas: Polinômios 139

Ambos esses interceptos vêm de *raízes múltiplas* (quando uma solução aparece mais de uma vez). Outra maneira de escrever o formato fatorado é

$$x \cdot x \cdot x \cdot x \cdot (x+3) \cdot (x+3) \cdot (x+3) \cdot (x+3) \cdot (x+3) \cdot (x+3) \cdot (x+3) \cdot (x+3) = 0.$$

Podemos listar a resposta como 0, 0, 0, 0, –3, –3, –3, –3, –3, –3, –3, –3. O número de vezes que uma raiz se repete é significativo ao desenhar o gráfico. Uma raiz múltipla tem um tipo diferente de aparência ou gráfico onde ela intersecta o eixo (para saber mais, consulte a seção "Mudando de raízes para fatores" posteriormente, neste capítulo).

Determinando Intervalos Positivos e Negativos

Quando um polinômio tem valores de y positivos para algum intervalo — entre dois valores de x —, seu gráfico fica acima do eixo x. Quando um polinômio tem valores negativos, seu gráfico fica abaixo do eixo x nesse intervalo. A única maneira de mudar de valores positivos para negativos ou vice-versa é passar por zero — no caso de um polinômio, em um intercepto de x. Os polinômios não podem pular de um lado do eixo x para o outro, pois seus domínios são todos os números reais — nada é pulado para permitir tal salto. O fato de que interceptos de x funcionam dessa maneira é uma boa notícia, pois os interceptos de x exercem um grande papel na questão maior, que é resolver equações polinomiais e determinar a natureza positiva e negativa dos polinômios.

Os valores positivos *versus* negativos dos polinômios são importantes em diversas aplicações no mundo real, especialmente aquelas em que há dinheiro envolvido. Se você usar uma função polinomial para representar o lucro em seu negócio ou a profundidade da água (acima ou abaixo do estágio de inundação) próxima à sua casa, deve se interessar pelos valores positivos em oposição aos negativos e em que intervalos eles ocorrem. A técnica usada para encontrar os intervalos positivos e negativos também exerce um grande papel em cálculo, por isso, você tem um bônus usando-a primeiro aqui.

Usando uma reta de sinais

Se você, assim como eu, é uma pessoa visual, gostará do método de intervalos que apresento nesta seção. Usar uma *reta de sinais* e marcar os intervalos entre os valores de x permite que você determine onde um polinômio é positivo ou negativo, e isso apela para a sua veia artística!

A função $f(x) = x(x-2)(x-7)(x+3)$, por exemplo, muda de sinal a cada intercepto. Estabelecendo $f(x) = 0$ e resolvendo, descobrimos que os interceptos de x estão em $x = 0, 2, 7$ e –3. Agora, podemos colocar essas informações sobre o problema em ação.

Para determinar os intervalos positivos e negativos para uma função polinomial, siga esse método:

1. **Desenhe uma reta numérica e coloque os valores dos interceptos de x em suas posições corretas na reta.**

2. **Escolha valores aleatórios à direita e à esquerda dos interceptos para testar se a função é positiva ou negativa nessas posições.**

Se a equação da função for fatorada, determine se cada fator é positivo ou negativo e encontre o sinal do produto de todos os fatores.

Algumas possíveis opções aleatórias de números são $x = -4, -1, 1, 3$ e 8. Esses valores representam números em cada intervalo determinados pelos interceptos (**Nota:** essas não são as únicas possibilidades; você pode escolher suas preferidas).

$f(-4) = (-4)(-4-2)(-4-7)(-4+3)$. Não é preciso o valor numérico real, apenas o sinal do resultado, então $f(-4) = (-)(-)(-)(-) = +$.

$f(-1) = (-1)(-1-2)(-1-7)(-1+3)$. $f(-1) = (-)(-)(-)(+) = -$.

$f(1) = (1)(1-2)(1-7)(1+3)$. $f(1) = (+)(-)(-)(+) = +$.

$f(3) = (3)(3-2)(3-7)(3+3)$. $f(3) = (+)(+)(-)(+) = -$.

$f(8) = (8)(8-2)(8-7)(8+3)$. $f(8) = (+)(+)(+)(+) = +$.

Você precisa conferir somente um ponto em cada intervalo; os valores da função têm todos o mesmo sinal dentro desse intervalo.

3. **Coloque um símbolo de + ou – em cada intervalo para mostrar o sinal da função.**

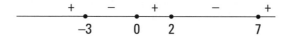

O gráfico dessa função é positivo, ou está acima do eixo x, sempre que x é menor que –3, entre 0 e 2, e maior que 7. Escreva essa resposta como: $x < -3$ ou $0 < x < 2$ ou $x > 7$.

A função $f(x) = (x-1)^2(x-3)^5(x+2)^4$ não muda em cada intercepto. Os interceptos estão onde $x = 1, 3$ e -2.

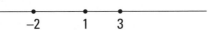

1. **Desenhe a reta numérica e insira os interceptos.**

2. **Teste valores à esquerda e à direita de cada intercepto. Algumas opções aleatórias possíveis são** $x = -3, 0, 2$ **e** 4.

    Quando puder, você deve sempre usar o 0, pois ele combina bem.

    $f(-3) = (-3-1)^2(-3-3)^5(-3+2)^4 = (-)^2(-)^5(-)^4 = (+)(-)(+) = -$.

    $f(0) = (0-1)^2(0-3)^5(0+2)^4 = (-)^2(-)^5(+)^4 = (+)(-)(+) = -$.

    $f(2) = (2-1)^2(2-3)^5(2+2)^4 = (+)^2(-)^5(+)^4 = (+)(-)(+) = -$.

    $f(4) = (4-1)^2(4-3)^5(4+2)^4 = (+)^2(+)^5(+)^4 = (+)(+)(+) = +$.

3. **Marque os sinais nos lugares apropriados na reta numérica.**

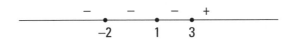

Você provavelmente notou que os fatores elevados a uma potência par eram sempre positivos. O fator elevado a uma potência ímpar só é positivo quando o resultado dentro dos parênteses é positivo.

Interpretando a regra

Observe os dois exemplos polinomiais novamente na seção anterior. Você observou que, no primeiro exemplo, o sinal mudou todas as vezes, e no segundo, os sinais permaneceram um tanto imutáveis por um tempo? Quando os sinais das funções não mudam, os gráficos dos polinômios não cruzam o eixo x em interceptos, e vemos gráficos do tipo toque e fuja. Por que você acha que isso acontece? Primeiro, observe os gráficos de duas funções da seção anterior nas Figuras 8-4a e 8-4b, $y = x(x-2)(x-7)(x+3)$ e $y = (x-1)^2(x-3)^5(x+2)^4$.

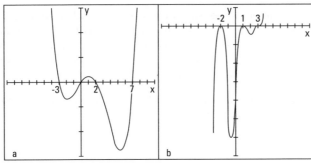

Figura 8-4: Comparando os gráficos de polinômios que têm comportamentos diferentes dos sinais.

A regra para se uma função exibe ou não mudanças de sinal nos interceptos baseia-se no expoente do fator que oferece um intercepto específico.

Se uma função polinomial for fatorada de acordo com o formato $y = (x - a_1)^{n1}(x - a_2)^{n2}...$, você verá uma mudança de sinal sempre que $n1$ for um número ímpar (o que significa que ele cruza o eixo x), e não verá uma mudança de sinal sempre que $n1$ for par (o que significa que o gráfico da função é do tipo toque e fuja; consulte a seção "Explorando Interceptos Polinomiais e Pontos de Inflexão").

Então, por exemplo, com a função $y = x^4(x - 3)^3(x + 2)^8(x + 5)^2$, mostrada na Figura 8-5a, vemos uma mudança de sinal em x = 3 e nenhuma mudança de sinal em $x = 0$, –2 ou –5. Com a função $y = (2 - x)^2(4 - x)^2(6 - x)^2(2 + x)^2$, mostrada na Figura 8-5b, nunca vemos uma mudança de sinal.

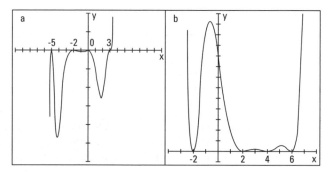

Figura 8-5: As potências de um polinômio determinam se a curva cruza o eixo x.

Encontrando as Raízes de um Polinômio

Encontrar os interceptos (ou raízes, ou zeros) de polinômios pode ser relativamente fácil ou um pouco desafiador, dependendo da complexidade da função. Polinômios fatorados têm raízes que se destacam e gritam, "Estou aqui!". Polinômios que podem ser facilmente fatorados são bastante desejados. Polinômios que não podem ser fatorados, entretanto, são relegados a computadores ou calculadoras gráficas.

Os polinômios que permanecem são aqueles que podem ser fatorados — com um pouco de planejamento e trabalho. O processo de planejamento envolve contar o número de possíveis raízes reais positivas e negativas e elaborar uma lista de possíveis raízes racionais. O trabalho é feito usando a divisão sintética para testar a lista de opções e encontrar as raízes.

Uma função polinomial de grau n (a potência mais alta na equação polinomial é n) pode ter no máximo n raízes.

Fatorando raízes polinomiais

Encontrar interceptos de polinômios não é difícil — contanto que o polinômio esteja em um belo formato fatorado. Você simplesmente estabelece y como sendo igual a zero e usa a propriedade multiplicativa de zero (consulte o Capítulo 1) para escolher os interceptos a dedo. Mas, e se o polinômio não estiver no formato fatorado (e deveria estar)? O que fazer? Bem, você o fatora, é claro. Esta seção trabalha com fatores facilmente reconhecíveis dos polinômios — dos tipos que estão presentes em cerca de 70% dos polinômios com os quais você terá de trabalhar (discuto outros tipos mais desafiadores nas seções a seguir).

Aplicando padrões e agrupamentos de fatoração

Metade da batalha é reconhecer os padrões em funções polinomiais fatoráveis. Queremos tirar vantagem desses padrões. Se não enxergar os padrões (ou se eles não existirem), precisará investigar mais. Os padrões de fatoração mais facilmente reconhecíveis usados em polinômios são os seguintes (que eu discuto no Capítulo 1):

$a^2 - b^2 = (a + b)(a - b)$	Diferença de quadrados
$ab \pm ac = a(b \pm c)$	Máximo fator comum
$a^3 - b^3 = (a - b)(a^2 + ab + b^2)$	Diferença de cubos
$a^3 + b^3 = (a + b)(a^2 - ab + b^2)$	Soma de cubos
$a^2 \pm 2ab + b^2 = (a \pm b)^2$	Trinômio de quadrados perfeitos
UnFOIL	Fatoração de trinômios
Agrupamento	Fatores comuns em grupos

Os exemplos a seguir incorporam os diferentes métodos de fatoração. Eles contêm cubos e quadrados perfeitos e todos os tipos de boas combinações de padrões de fatoração.

Para fatorar o polinômio a seguir, por exemplo, você deve usar o máximo fator comum e então a diferença de quadrados:

$$y = x^3 - 9x$$
$$= x(x^2 - 9)$$
$$= x(x + 3)(x - 3)$$

Esse polinômio requer fatoração, usando a soma de dois cubos perfeitos:

$$y = 27x^3 + 8$$
$$= (3x + 2)(9x^2 - 6x + 4)$$

O polinômio a seguir inicialmente é fatorado por agrupamento. Os primeiros dois termos têm um fator comum de x^3, e os segundos dois termos têm um fator comum de -125. A nova equação tem um fator comum de $x^2 - 1$. Após realizar a fatoração, vemos que o primeiro fator é a diferença de quadrados e o segundo é a diferença de cubos:

$$y = x^5 - x^3 - 125x^2 + 125$$
$$= x^3(x^2 - 1) - 125(x^2 - 1)$$
$$= (x^2 - 1)(x^3 - 125)$$
$$= (x + 1)(x - 1)(x - 5)(x^2 + 5x + 25)$$

Esse último polinômio mostra como você primeiro usa o máximo fator comum e depois fatora com um trinômio de quadrado perfeito:

$$y = x^6 - 12x^5 + 36x^4$$
$$= x^4(x^2 - 12x + 36)$$
$$= x^4(x - 6)^2$$

Considerando o infatorável

A vida seria maravilhosa se sempre encontrássemos o jornal na frente da nossa porta de manhã e se todos os polinômios fossem facilmente fatoráveis. Eu não vou discutir os desafios e sofrimentos da entrega de jornais, mas os polinômios que não podem ser fatorados precisam ser discutidos. Você não pode simplesmente desistir e ir embora. Em alguns casos, os polinômios não podem ser fatorados, mas têm interceptos que são valores decimais que se repetem infinitamente. Outros polinômios não podem ser fatorados e não têm interceptos de x.

Se um polinômio não puder ser fatorado, podemos atribuir esse obstáculo a uma dessas duas situações:

- **O polinômio não tem interceptos de x.** Você pode concluir isso a partir de seu gráfico, usando uma calculadora gráfica.

- **O polinômio tem raízes ou zeros irracionais.** Eles podem ser estimados com uma calculadora gráfica ou um computador.

Raízes irracionais significa que os interceptos de x são escritos com radicais ou decimais arredondados. Números irracionais são aqueles que não podem ser escritos como frações; geralmente os encontramos como raízes quadradas de números que não são quadrados perfeitos ou raízes cúbicas de números que não são cubos perfeitos. Às vezes, é possível encontrar raízes irracionais se um dos fatores do polinômio for uma quadrática. É possível aplicar a fórmula quadrática para achar essa solução (consulte o Capítulo 3).

Uma maneira mais rápida de encontrar raízes irracionais é usar uma calculadora gráfica. Algumas encontrarão os zeros por você de uma só vez; outras listarão as raízes irracionais de uma vez. Você também pode economizar tempo se reconhecer os padrões em polinômios que não são fatoráveis (você não tentará fatorá-los).

Por exemplo, polinômios com esses formatos não são fatoráveis:

$x^{2n} + c$. Um polinômio com esse formato não tem raízes ou soluções reais. Consulte o Capítulo 14 sobre como trabalhar com números imaginários.

$x^2 + ax + a^2$. A fórmula quadrática ajudará você a determinar as raízes imaginárias.

$x^2 - ax + a^2$. Esse formato requer a fórmula quadrática também. Você obterá raízes imaginárias.

O segundo e o terceiro exemplos acima são parte da fatoração da diferença ou soma de dois cubos. No Capítulo 3, vemos como a diferença ou soma de cubos são fatoradas, e ficamos sabendo que o trinômio resultante não pode ser fatorado.

Mantendo a sanidade: o Teorema da Raiz Racional

O que você faz se a fatoração de um polinômio não for identificável? Você tem um pressentimento de que o polinômio pode ser fatorado, mas os números necessários não ocorrem a você. Não tema! Sua fiel narradora acabou de salvar seu dia. Minha ajuda vem na forma do *Teorema da Raiz Racional*. Esse teorema é realmente maravilhoso, pois é tão ordenado e previsível, e tem uma finalidade tão óbvia, que você sabe, ao terminar, que pode parar de procurar por soluções. Mas antes de poder pôr o teorema em ação, deve ser capaz de reconhecer uma raiz racional — ou um número racional.

Um *número racional* é qualquer número que pode ser escrito como uma fração com um número inteiro dividido por outro. (Um *número inteiro* é um número inteiro positivo ou negativo ou zero.) Um número racional geralmente é escrito no formato $\frac{p}{q}$, com o entendimento de que o denominador, q, não pode ser igual a zero. Todos os números inteiros são números racionais, pois você pode escrevê-los como frações, como $4 = \frac{12}{3}$. O que distingue números racionais de seus opostos, os números irracionais, tem a ver com as equivalências decimais. O decimal associado a uma fração (número racional) terminará ou será repetido (terá um padrão de números que ocorrem repetidamente). O equivalente decimal de um número irracional nunca se repete e nunca termina; ele simplesmente vagueia sem rumo.

Sem mais delongas, aqui está o *Teorema da Raiz Racional:* Se o polinômio $f(x) = a_n x^n + a_{n-1} x^{n-1} + a_{n-2} x^{n-2} + \ldots + a_1 x^1 + a_0$ tiver raízes racionais, todas elas cumprem o requisito de que podem ser escritas como uma fração igual ao $\dfrac{\text{fator de } a_0}{\text{fator de } a_n}$.

Em outras palavras, de acordo com o teorema, qualquer raiz racional de um polinômio é formada ao dividir um fator do termo constante por um fator do coeficiente regente.

Fazendo bom uso do teorema

O maior proveito que o Teorema da Raiz Racional oferece é deixar que você faça uma lista de números que podem ser raízes de um polinômio específico. Após usar o teorema para fazer sua lista de possíveis raízes (e verificá-la duas vezes), insira os números no polinômio para determinar qual deles funciona, se houver algum. Você pode se deparar com uma instância em que nenhum dos candidatos funciona, o que o informa que não há raízes racionais. (E se um determinado número racional não estiver na lista de possibilidade que você elaborar, ele não pode ser uma raiz desse polinômio.)

Antes de começar a inserir números, entretanto, confira a seção "Deixando Descartes estipular uma regra sobre sinais," posteriormente, neste capítulo. Isso o ajudará com suas possibilidades. Além disso, você pode consultar "Sintetizando os Resultados das Raízes" para conhecer um método mais rápido que a inserção de valores.

Polinômios com termos constantes

Para encontrar as raízes do polinômio $y = x^4 - 3x^3 + 2x^2 + 12$, por exemplo, teste as seguintes possibilidades: ±1, ±2, ±3, ±4, ±6 e ±12. Esses valores são todos os fatores do número 12. Tecnicamente, você divide cada um desses fatores de 12 pelos fatores do coeficiente regente, mas como o coeficiente regente é um (como em $1x^4$), dividir por esse número não mudará nada. **Nota:** ignore os sinais, pois os fatores de 12 e 1 podem ser positivos ou negativos, e você encontrará diversas combinações que podem oferecer uma raiz positiva ou negativa. O sinal é descoberto ao testar a raiz da equação da função.

Para encontrar as raízes de outro polinômio, $y = 6x^7 - 4x^4 - 4x^3 + 2x - 20$, primeiro liste todos os fatores de 20: ±1, ±2, ±4, ±5, ±10 e ±20. Agora, divida cada um desses fatores pelos fatores de 6. Não é preciso dividir por 1, mas é necessário dividir cada um deles por 2, 3 e 6:

$$\pm \frac{1}{2}, \pm \frac{2}{2}, \pm \frac{4}{2}, \pm \frac{5}{2}, \pm \frac{10}{2}, \pm \frac{20}{2},$$
$$\pm \frac{1}{3}, \pm \frac{2}{3}, \pm \frac{4}{3}, \pm \frac{5}{3}, \pm \frac{10}{3}, \pm \frac{20}{3},$$
$$\pm \frac{1}{6}, \pm \frac{2}{6}, \pm \frac{4}{6}, \pm \frac{5}{6}, \pm \frac{10}{6}, \pm \frac{20}{6}$$

Você pode ter notado algumas repetições na lista anterior, que ocorrem ao reduzir frações. Por exemplo, $\pm \frac{2}{2}$ é o mesmo que ±1, e $\pm \frac{10}{6}$ é o mesmo que $\pm \frac{5}{3}$. Embora essa pareça uma lista um tanto longa, entre os números inteiros e as frações, ela ainda oferece um número razoável de candidatos a serem testados. Você pode verificá-los de uma maneira sistemática.

Polinômios sem termos constantes

Quando um polinômio não tem um termo constante, você primeiro tem de fatorar a potência máxima da variável que puder. Se estiver procurando pelas raízes racionais possíveis de $y = 5x^8 - 3x^4 - 4x^3 + 2x$, por exemplo, e quiser usar o Teorema da Raiz Racional, obterá apenas zeros. Não há um termo constante — ou podemos dizer que o termo constante é zero, por isso, todos os numeradores das frações seriam zero.

É possível superar esse problema tirando o fator de x: $y = x(5x^7 - 3x^3 - 4x^2 + 2)$. Isso oferece a raiz zero. Agora, aplique o Teorema da Raiz Racional ao novo polinômio dentro dos parênteses para obter as possíveis raízes:

$$\pm 1, \pm 2, \pm \frac{1}{5}, \pm \frac{2}{5}$$

Mudando de raízes para fatores

Quando temos o formato fatorado de um polinômio e o estabelecemos como sendo igual a 0, podemos encontrar as soluções (ou interceptos de x, se for isso que queremos). Tão importante quanto isso, se tivermos as soluções, poderemos fazer o caminho inverso e escrever o formato fatorado. Formatos fatorados são necessários quando há polinômios no numerador e no denominador das frações e queremos reduzir a fração. Formatos fatorados são mais fáceis de serem comparados uns com os outros.

Como é possível usar o Teorema da Raiz Racional para fatorar uma função polinomial? Por que iríamos querer fazer isso? A resposta à segunda pergunta, primeiramente, é que é possível reduzir um formato fatorado se ele estiver em uma fração. Além disso, um formato fatorado pode ser grafado mais facilmente. Agora, quanto à primeira pergunta: usamos o Teorema da Raiz Racional para encontrar raízes de um polinômio e então transpor essas raízes para fatores binomiais cujo produto é o polinômio. (Para conhecer os métodos para encontrar as raízes da lista de possibilidades que o Teorema da Raiz Racional oferece, consulte as seções "Deixando Descartes estipular uma regra sobre sinais" e "Usando a divisão sintética para testar raízes").

Se $x = \frac{b}{a}$ é uma raiz do polinômio $f(x)$, o binômio $(ax - b)$ é um fator. Isso funciona, pois

$$x = \frac{b}{a}$$
$$ax = b$$
$$ax - b = 0$$

Para encontrar os fatores de um polinômio com as cinco raízes $x = 1, x = -2, x = 3, x = \frac{3}{2}$ e $x = -\frac{1}{2}$, por exemplo, aplique a regra estipulada previamente: $f(x) = (x - 1)(x + 2)(x - 3)(2x - 3)(2x + 1)$. Observe que as raízes positivas oferecem fatores com o formato $x - c$, e as raízes negativas oferecem fatores com o formato $x + c$, que vem de $x - (-c)$.

Para mostrar *raízes múltiplas*, ou raízes que ocorrem mais de uma vez, use expoentes nos fatores. Por exemplo, se as raízes de um polinômio forem $x = 0, x = 2, x = 2, x = -3, x = -3, x = -3, x = -3$ e $x = 4$, o polinômio correspondente será $f(x) = x(x - 2)^2(x + 3)^4(x - 4)$.

Deixando Descartes estipular uma regra sobre sinais

René Descartes foi um filósofo e matemático francês. Uma de suas contribuições à álgebra é a *Regra de Sinais de Descartes*. Essa regra útil é uma arma em seu arsenal na batalha para encontrar as raízes de funções polinomiais. Se você combinar essa regra ao Teorema da Raiz Racional da seção anterior, estará bem equipado para obter sucesso.

A Regra dos Sinais diz quantas raízes *reais* positivas e negativas é possível encontrar em um polinômio. Um *número real* é praticamente qualquer número em que você possa pensar. Ele pode ser positivo ou negativo, racional ou irracional. A única coisa que não pode ser é imaginário (discuto os números imaginários no Capítulo 14, se quiser saber mais sobre eles).

Contando as raízes positivas

A primeira parte da Regra de Sinais nos ajuda a identificar quantas das raízes de um polinômio são positivas.

Regra dos Sinais de Descartes (Parte I): o polinômio $f(x) = a_n x^n + a_{n-1} x^{n-1} + a_{n-2} x^{n-2} + \ldots + a_1 x^1 + a_0$ tem no máximo n raízes. Conte o número de vezes que o sinal muda em f, e chame esse valor de p. O valor de p é o número máximo de raízes reais *positivas* de f. Se o número de raízes positivas não for p, é $p - 2, p - 4$, ou algum número menor em um múltiplo de dois.

Para usar a Parte I da Regra de Sinais de Descartes no polinômio $f(x) = 2x^7 - 19x^6 + 66x^5 - 95x^4 + 22x^3 + 87x^2 - 90x + 27$, por exemplo, conte o número de mudanças de sinal. O sinal do primeiro termo começa como positivo, muda para negativo, e segue como positivo; negativo; positivo; permanece positivo; negativo; e depois positivo. Uau! No total, contamos seis mudanças de sinal. Portanto, podemos concluir que o polinômio tem seis raízes positivas, quatro raízes positivas, duas raízes positivas, ou nenhuma. Das sete raízes possíveis, parece que pelo menos uma tem de ser negativa. (A propósito, esse polinômio tem seis raízes positivas; eu o construí dessa maneira! A única maneira de saber isso sem ninguém dizer é ir em frente e encontrar as raízes, com a ajuda da Regra de Sinais).

Mudando a função para contar raízes negativas

Juntamente com as raízes positivas (consulte a seção anterior), a Regra de Sinais de Descartes lida com o possível número de raízes negativas de um polinômio. Após contar o número possível de raízes positivas, combine esse valor ao número de raízes negativas possíveis para fazer suas suposições e resolver a equação.

Regra de Sinais de Descartes (Parte II): o polinômio $f(x) = a_n x^n + a_{n-1} x^{n-1} + a_{n-2} x^{n-2} + \ldots + a_1 x^1 + a_0$ tem no máximo n raízes. Encontre $f(-x)$ e depois conte o número de vezes que o sinal muda em $f(-x)$ e chame esse valor de q. O valor de q é o número máximo de raízes *negativas* de f. Se o número de raízes negativas não for q, o número será $q - 2$, $q - 4$, e assim por diante, para quantos múltiplos de dois forem necessários.

Para determinar o número possível de raízes negativas do polinômio $f(x) = 2x^7 - 19x^6 + 66x^5 - 95x^4 + 22x^3 + 87x^2 - 90x + 27$, por exemplo, primeiro encontre $f(-x)$ substituindo cada x por $-x$ e simplificando:

$$f(-x) = 2(-x)^7 - 19(-x)^6 + 66(-x)^5 - 95(-x)^4 + 22(-x)^3 + 87(-x)^2 - 90(-x)^1 + 27$$
$$= -2x^7 - 19x^6 - 66x^5 - 95x^4 - 22x^3 + 87x^2 + 90x + 27$$

Como você pode ver, a função tem somente uma mudança de sinal, de negativo para positivo. Portanto, a função tem exatamente uma raiz negativa — nem mais, nem menos.

Saber o número possível de raízes positivas e negativas de um polinômio é bastante útil quando você quer identificar um número exato de raízes. O polinômio de exemplo que apresento nesta seção tem apenas uma raiz real negativa. Esse fato informa que você deve concentrar seus palpites nas raízes positivas; há melhores chances de encontrar uma raiz positiva primeiro. Ao usar a divisão sintética (consulte a seção "Sintetizando os Resultados das Raízes") para encontrar as raízes, os passos ficam cada vez mais fáceis conforme você encontra e elimina raízes. Ao escolher as raízes que têm melhores chances de serem encontradas primeiramente, você pode deixar as mais difíceis para o final.

Sintetizando os Resultados das Raízes

Use a divisão sintética para testar a lista de raízes possíveis de um polinômio que você encontra usando o Teorema da Raiz Racional (consulte a seção "Mantendo sua sanidade: o Teorema da Raiz Racional" anteriormente, neste capítulo). A *divisão sintética* é um método para dividir um polinômio por um binômio, usando somente os coeficientes dos termos. O método é rápido, fácil e altamente preciso — geralmente mais preciso que a divisão longa – e usa grande parte das informações das seções anteriores deste capítulo, juntando-as na busca pelas raízes/zeros/interceptos dos polinômios. (É possível encontrar mais informações sobre a divisão longa e a divisão sintética, e praticar os problemas, em um dos meus outros livros de arrepiar a espinha, *Exercícios de Álgebra para Leigos*.)

Os resultados podem ser interpretados de três maneiras diferentes, dependendo do propósito de estar usando a divisão sintética. Explico cada maneira nas seções seguintes.

Usando a divisão sintética para testar raízes

Quando quiser usar a divisão sintética para testar raízes em um polinômio, o último número na fileira de baixo do problema de divisão sintética é o resultado. Se esse número for zero, a divisão não teve resto, e o número é uma raiz. O fato de que não há resto significa que o binômio representado pelo número está dividindo o polinômio de maneira exata. O número é uma raiz, pois o binômio é um fator.

O polinômio $y = x^5 + 5x^4 - 2x^3 - 28x^2 - 8x + 32$, por exemplo, tem zeros ou raízes quando $y = 0$. Você pode encontrar no máximo cinco raízes reais, o que podemos inferir a partir do expoente 5 no primeiro x. Usando a Regra de Sinais de Descartes (consulte a seção anterior), encontramos duas ou zero raízes reais positivas (indicando duas mudanças de sinal). Substituindo cada x por $-x$, o polinômio agora é $y = -x^5 + 5x^4 + 2x^3 - 28x^2 + 8x + 32$. Novamente, usando a Regra de Sinais, encontramos três ou uma raízes reais negativas (contar o número de raízes positivas e negativas ajuda quando supomos o que pode ser uma raiz).

Agora, usando o Teorema da Raiz Racional (consulte a seção "Mantendo sua sanidade: o Teorema da Raiz Racional"), sua lista das possíveis raízes racionais é ±1, ±2, ±4, ±8, ±16 e ±32. Escolha uma dessas e aplique a divisão sintética.

Geralmente, você deve optar pelos números menores primeiro ao usar a divisão sintética, por isso, use 1 e –1, 2 e –2, e assim por diante.

Mantendo em mente que o menor é melhor nesse caso, o processo a seguir mostra uma hipótese de que $x = 1$ é uma raiz.

Os passos para realizar a divisão sintética em um polinômio para encontrar suas raízes são os seguintes:

Capítulo 8: Prestando Atenção às Curvas: Polinômios **151**

1. **Escreva o polinômio em ordem de potências decrescentes dos expoentes. Substitua as potências ausentes por zero para representar o coeficiente.**

   Nesse caso, estamos com sorte. O polinômio já está na ordem correta:
   $y = x^5 + 5x^4 - 2x^3 - 28x^2 - 8x + 32$.

2. **Escreva os coeficientes em sequência, incluindo os zeros.**

   1   5   −2   −28   −8   32

3. **Coloque o número pelo qual queremos dividir na frente da sequência dos coeficientes, separado por uma caixa pela metade.**

   Nesse caso, a hipótese é que $x = 1$.

   1⌋   1   5   −2   −28   −8   32

4. **Desenhe uma reta horizontal abaixo da sequência de coeficientes, deixando espaço para os números abaixo dos coeficientes.**

   1⌋   1   5   −2   −28   −8   32
   _____

5. **Leve o primeiro coeficiente para baixo da linha.**

   1⌋   1   5   −2   −28   −8   32
         ↓
         1

6. **Multiplique o número levado para baixo da linha pelo número pelo qual está dividindo tudo. Coloque o resultado abaixo do segundo coeficiente.**

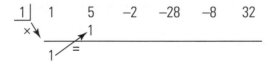

152 Parte II: Enfrentando as Funções

7. Adicione o segundo coeficiente e o produto, colocando o resultado abaixo da linha.

$$
\begin{array}{c|cccccc}
1 & 1 & 5 & -2 & -28 & -8 & 32 \\
 & & \downarrow + & & & & \\
 & & 1 & & & & \\
\hline
 & 1 & 6 & & & &
\end{array}
$$

8. Repita a multiplicação/adição dos Passos 6 e 7 com o restante dos coeficientes.

$$
\begin{array}{c|cccccc}
1 & 1 & 5 & -2 & -28 & -8 & 32 \\
 & & 1 & 6 & 4 & -24 & -32 \\
\hline
 & 1 & 6 & 4 & -24 & -32 & 0
\end{array}
$$

A última entrada na parte de baixo é um zero, por isso, sabemos que um é uma raiz. Agora, você pode realizar uma divisão sintética modificada ao testar a raiz seguinte; simplesmente use os números de baixo, com exceção do zero à direita. (Esses valores são, na realidade, coeficientes do quociente, se for realizada a divisão longa; consulte a seção a seguir.)

Se sua próxima hipótese é ver se $x = -1$ é uma raiz, a divisão sintética modificada aparece como segue:

$$
\begin{array}{c|ccccc}
-1 & 1 & 6 & 4 & -24 & -32 \\
 & & -1 & -5 & 1 & 23 \\
\hline
 & 1 & 5 & -1 & -23 & -9
\end{array}
$$

A última entrada na sequência da parte de baixo não é zero, então -1 não é uma raiz.

Aqueles que são bons adivinhadores decidem experimentar $x = 2$, $x = -4$, $x = -2$ e $x = -2$ (uma segunda vez). Esses valores representam os restos das raízes, e a divisão sintética para todas as hipóteses se parece com isso:

Primeiro, experimentando $x = 2$,

$$
\begin{array}{c|ccccc}
2 & 1 & 6 & 4 & -24 & -32 \\
 & & 2 & 16 & 40 & 32 \\
\hline
 & 1 & 8 & 20 & 16 & 0
\end{array}
$$

O último número na sequência de baixo é 0. Esse é o resto da divisão. Então, agora, apenas observe todos os números que vêm antes do 0; eles são os novos coeficientes pelos quais dividir. Observe que o último coeficiente agora é 16, por isso, você pode modificar sua lista de raízes possíveis para serem apenas fatores de 16. Agora, dividindo por -4:

$$
\begin{array}{r|rrrr}
-4 & 1 & 8 & 20 & 16 \\
   &   & -4 & -16 & -16 \\
\hline
   & 1 & 4 & 4 & 0
\end{array}
$$

Na próxima divisão, considere somente os fatores de 4:

Dessa vez, dividindo por -2,

$$
\begin{array}{r|rrr}
-2 & 1 & 4 & 4 \\
   &   & -2 & -4 \\
\hline
   & 1 & 2 & 0
\end{array}
$$

O último número na sequência é 0, então -2 é uma raiz. Repita a divisão e descobrirá que -2 é uma raiz dupla:

$$
\begin{array}{r|rr}
-2 & 1 & 2 \\
   &   & -2 \\
\hline
   & 1 & 0
\end{array}
$$

Sua tarefa estará concluída quando vir o número um como resto na última sequência, antes do zero.

Agora você pode tomar todos os números que foram divididos exatamente — as raízes da equação — e usá-los para escrever a resposta da equação que é estabelecida como sendo igual a zero ou escrever a fatoração do polinômio ou desenhar o gráfico com esses números como interceptos de x.

Dividindo sinteticamente por um binômio

Encontrar as raízes de um polinômio não é a única desculpa que você precisa para usar a divisão sintética. Também é possível usar a divisão sintética no lugar do longo e cansativo processo de dividir um polinômio por um binômio. Divisões como essas são encontradas em muitos problemas de cálculo — nos quais é necessário tornar a expressão mais simplificada.

154 Parte II: Enfrentando as Funções

O polinômio pode ter qualquer grau; o binômio tem de ser $x + c$ ou $x - c$, e o coeficiente do x é um. Isso pode parecer um tanto restritivo, mas um grande número de divisões longas que você teria de realizar cabem nessa categoria, por isso, ajuda ter um método rápido e eficiente para realizar esses problemas básicos de divisão.

Para usar a divisão sintética para dividir um polinômio por um binômio, primeiro escreva o polinômio em ordem decrescente de expoentes, inserindo um zero no lugar de qualquer expoente ausente. O número que você coloca na frente ou pelo qual divide é o *oposto* do número no binômio. Assim, se dividir $x^5 + 3x^4 - 8x^2 - 5x + 2$ pelo binômio $x + 2$, use -2 na divisão sintética, como mostrado aqui:

$$
\begin{array}{r|rrrrrr}
-2 & 1 & 3 & 0 & -8 & -5 & 2 \\
   &   & -2 & -2 & 4 & 8 & -6 \\
\hline
   & 1 & 1 & -2 & -4 & 3 & -4
\end{array}
$$

Como você pode ver, a última entrada na sequência de baixo não é zero. Se estiver procurando raízes de uma equação polinomial, esse fato informa que -2 não é uma raiz. Nesse caso, como você está trabalhando na aplicação da divisão longa (o que você sabe, pois precisa dividir para simplificar a expressão), o -4 é o resto da divisão – em outras palavras, a divisão não é exata.

A resposta (quociente) do problema de divisão é obtida a partir dos coeficientes da parte inferior da divisão sintética. Comece com uma potência um valor menor que a potência do polinômio original e use todos os coeficientes, diminuindo a potência em uma unidade com cada coeficiente sucessivo. O último coeficiente é o resto, que você escreve sobre o divisor.

A seguir está o problema de divisão e sua solução. O problema de divisão original é escrito primeiro. Após o problema, você vê os coeficientes da divisão sintética escritos na frente das variáveis — começando com um grau menor que o problema original. O resto de -4 é escrito em uma fração em cima do divisor, $x + 2$.

$$(x^5 + 3x^4 - 8x^2 - 5x + 2) \div (x + 2) = x^4 + x^3 - 2x^2 - 4x + 3 - \frac{4}{x + 2}$$

Espremendo o Resto (Teorema)

Nas duas seções anteriores, a divisão sintética é usada para testar as raízes de uma equação polinomial e depois para realizar um problema de divisão longa. Use o mesmo processo de divisão sintética, mas leia e use os resultados de maneira diferente. Nesta seção, apresento ainda outro uso da divisão sintética envolvendo o Teorema do Resto. Quando você está procurando pelas raízes ou soluções de uma equação polinomial, sempre quer que o resto da divisão sintética seja zero. Nesta seção, pode ver como fazer uso de todos esses restos que não são zeros.

O Teorema do Resto: quando o polinômio
$f(x) = a_n x^n + a_{n-1} x^{n-1} + a_{n-2} x^{n-2} + \ldots + a_1 x^1 + a_0$ é dividido pelo binômio $x - c$, o resto da divisão é igual a $f(c)$.

Por exemplo, no problema de divisão da seção anterior, $(2x^5 + 3x^4 - 8x^2 - 5x + 2) \div (x + 2)$ há um resto de -4. Portanto, de acordo com o Teorema do Resto, a função $f(x) = 2x^5 + 3x^4 - 8x^2 - 5x + 2$, $f(-2) = -4$.

O Teorema do Resto é bastante útil em problemas com raízes, pois você achará muito mais fácil realizar a divisão sintética, em que multiplica e adiciona repetidamente, do que ter de substituir números no lugar de variáveis, elevar os números a potências altas, multiplicar pelos coeficientes e depois combinar os termos.

Usando o Teorema do Resto para encontrar $f(3)$ quando $f(x) = x^8 - 3x^7 + 2x^5 - 14x^3 + x^2 - 15x + 11$, por exemplo, você aplica a divisão sintética aos coeficientes usando 3 como o divisor na meia caixa.

```
3│  1   -3    0    2    0   -14    1   -15   11
         3    0    0    6    18   12    39   72
    ─────────────────────────────────────────────
     1    0    0    2    6     4   13    24   83
```

O resto da divisão por $x - 3$ é 83 e, de acordo com o Teorema do Resto, $f(3) = 83$. Compare o processo usado aqui com substituir o 3 na função: $f(3) = (3)^8 - 3(3)^7 + 2(3)^5 - 14(3)^3 + (3)^2 - 15(3) + 11$. Esses números ficam muito grandes. Por exemplo, $3^8 = 6.561$. Os números são muito mais trabalháveis ao usar a divisão sintética e o Teorema do Resto.

156 Parte II: Enfrentando as Funções

Capítulo 9

Confiando na Razão: Funções Racionais

Neste Capítulo

▶ Discutindo os fundamentos das funções racionais

▶ Identificando assíntotas verticais, horizontais e oblíquas

▶ Descobrindo descontinuidades removíveis em gráficos racionais

▶ Chegando aos limites racionais

▶ Juntando pistas racionais para desenhar gráficos

O termo "racional" tem muitos usos. Dizemos que as pessoas racionais agem de maneira razoável e previsível. Podemos também dizer que *números racionais* são razoáveis e previsíveis — seus decimais se repetem (têm um padrão distinto conforme se repetem infinitamente) ou terminam (chegam a um fim abrupto). Este capítulo oferece ao seu repertório racional outro elemento — ele trabalha com funções racionais.

Uma função racional pode não parecer ser razoável, mas ela definitivamente é previsível. Neste capítulo, referimo-nos aos interceptos, às assíntotas, a quaisquer descontinuidades removíveis e aos limites das funções racionais para identificar onde os valores da função estão, como eles afetam valores específicos do domínio e o que farão a valores maiores de x. Você também precisará de todas essas informações para discutir ou desenhar o gráfico de uma função racional.

Uma boa característica das funções racionais é que é possível usar os interceptos, assíntotas e descontinuidades removíveis para ajudá-lo a desenhar os gráficos das funções. E, a propósito, você pode acrescentar alguns limites para ajudá-lo a terminar tudo, como uma cereja em cima do bolo.

Quer esteja grafando funções racionais à mão (sim, é claro que é com a ajuda de um lápis) ou com uma calculadora gráfica, você precisa conseguir reconhecer suas várias características (interceptos, assíntotas, e assim por diante). Se não sabe quais são essas características e como encontrá-las, sua calculadora não será mais útil que um peso de papel.

Explorando Funções Racionais

Vemos *funções racionais* escritas, em geral, na forma de uma fração:

$$y = \frac{f(x)}{g(x)}$$

em que f e g são *polinômios* (expressões com expoentes de número inteiro; consulte o Capítulo 8).

Funções racionais (e mais especificamente, seus gráficos) são distintas devido àquilo que fazem e ao que não possuem. Os gráficos das funções racionais *possuem assíntotas* (retas desenhadas para ajudar com o formato e a direção da curva; um novo conceito que discuto na seção "Adicionando Assíntotas aos Racionais" posteriormente, neste capítulo), e os gráficos geralmente *não* possuem todos os números reais em seus domínios. Os polinômios e as funções exponenciais (que discuto nos Capítulos 8 e 10, respectivamente) fazem uso de todos os números reais – seus domínios não são restritos.

Medindo o domínio

Como explico no Capítulo 6, o *domínio* de uma função consiste em todos os números reais que podem ser usados na equação da função. Os valores no domínio têm de funcionar na equação e evitar produzir respostas imaginárias ou não existentes.

As equações das funções racionais são escritas como frações – e as frações têm denominadores. O denominador de uma fração não pode ser igual a zero, por isso, exclua tudo o que torna o denominador de uma função racional igual a zero do domínio da função.

A lista a seguir ilustra alguns exemplos de domínios de funções racionais:

- O domínio de $y = \dfrac{x-1}{x-2}$ são todos os números reais, com exceção de 2. Na representação de intervalos (consulte o Capítulo 2), escrevemos o domínio como $(-\infty, 2) \cup (2, \infty)$. (O símbolo ∞ significa que os números aumentam infinitamente; e $-\infty$ significa que eles diminuem infinitamente. O $\cup$ entre as duas partes da resposta significa "ou".)

- O domínio de $y = \dfrac{x+1}{x(x+4)}$ são todos os números reais, com exceção de 0 e –4. Na representação de intervalos, escrevemos o domínio como $(-\infty, -4) \cup (-4, 0) \cup (0, \infty)$.

- O domínio de $y = \dfrac{x}{x^2 + 3}$ são todos os números reais; nenhum número torna o denominador igual a zero.

Apresentando os interceptos

As funções em álgebra podem ter interceptos. Uma função racional pode ter um intercepto de x e/ou um intercepto de y, mas não precisa ter nenhum. É possível determinar se uma função racional específica tem interceptos observando sua equação.

Usando zero para encontrar interceptos de y

A coordenada (0, b) representa o intercepto de y de uma função racional. Para encontrar o valor de b, substitua um zero por x e encontre y.

Por exemplo, se quiser encontrar o intercepto de y da função racional $y = \dfrac{x+6}{x-3}$, substitua cada x por zero para obter $y = \dfrac{0+6}{0-3} = \dfrac{6}{-3} = -2$. O intercepto de y é (0, –2).

Se zero estiver no domínio de uma função racional, pode ter certeza de que a função tem pelo menos um intercepto de y. Uma função racional não tem interceptos de y se seu denominador for igual a zero ao substituir zero no lugar da equação de x.

O x marca o lugar

A coordenada (a, 0) representa um intercepto de x de uma função racional. Para encontrar o(s) valor(es) de a, faça com que y seja igual a zero e encontre x (basicamente, você simplesmente estabelece o numerador da fração como sendo igual a zero — após reduzir completamente a fração). Também é possível multiplicar cada lado da equação pelo denominador para obter a mesma equação — só depende de como a observamos.

Para encontrar os interceptos de x da função racional $y = \dfrac{x^2 - 3x}{x^2 + 2x - 48}$, por exemplo, estabeleça $x^2 - 3x$ como sendo igual a zero e encontre x. Fatorando o numerador, obtemos $x(x - 3) = 0$. As duas soluções da equação são $x = 0$ e $x = 3$. Os dois interceptos, portanto, são (0, 0) e (3, 0).

Adicionando Assíntotas aos Racionais

Os gráficos das funções racionais assumem algumas formas distintas devido às assíntotas. Uma assíntota é um tipo de reta imaginária. As *assíntotas* são desenhadas no gráfico de uma função racional para mostrar o formato e a direção da função. As assíntotas, no entanto, não fazem realmente parte dos gráficos, pois não são compostas de valores da função. Em vez disso, elas indicam onde a função *não está*. Desenhamos as assíntotas como um esboço ao desenhar o gráfico para ajudar com o produto final. Os tipos de assíntotas que geralmente encontramos em uma função racional incluem os seguintes:

- Assíntotas verticais
- Assíntotas horizontais
- Assíntotas oblíquas (inclinadas)

Nesta seção, explicarei como calcular os números das equações racionais para identificar as assíntotas e grafá-las.

Determinando as equações das assíntotas verticais

As equações das assíntotas verticais aparecem no formato $x = h$. Essa equação de uma reta tem somente a variável x — sem variável y — e o número h. Uma assíntota vertical ocorre na função racional $y = \dfrac{f(x)}{g(x)}$ se $f(x)$ e $g(x)$ não tiverem fatores comuns, e ela aparece nos valores do denominador que forem iguais a zero – $g(x) = 0$ (em outras palavras, assíntotas verticais ocorrem em valores que não estão no domínio da função racional).

Uma *descontinuidade* é o lugar em que uma função racional não existe — há uma lacuna no fluxo dos números sendo usados na equação da função. Uma descontinuidade é identificada por um valor numérico que indica onde a função não é definida; esse número não está no domínio da função. Sabe-se que uma função é *descontínua* sempre que uma assíntota vertical aparecer no gráfico, pois assíntotas verticais indicam quebras ou lacunas no domínio.

Para encontrar as assíntotas verticais da função $y = \dfrac{x}{x^2 - 4x + 3}$, por exemplo, primeiro observe que não há um fator comum no numerador e no denominador. Em seguida, estabeleça o denominador como sendo igual a zero. Fatorando $x^2 - 4x + 3 = 0$, você obtém $(x - 1)(x - 3) = 0$. As soluções são $x = 1$ e $x = 3$, que são as equações das assíntotas verticais.

Determinando as equações das assíntotas horizontais

A assíntota horizontal de uma função racional tem uma equação que aparece no formato $y = k$. Essa equação linear tem somente a variável y — sem variável x — e o k é algum número. Uma função racional $y = \dfrac{f(x)}{g(x)}$ tem somente uma assíntota horizontal — se houver alguma (algumas funções racionais não têm assíntotas horizontais, outras têm uma, e nenhuma delas tem mais de uma). Uma função racional tem uma assíntota horizontal quando o grau (a potência mais alta) de $f(x)$, o polinômio no numerador, é menor que ou igual ao grau de $g(x)$, o polinômio no denominador.

Aqui está uma regra para determinar a equação de uma assíntota horizontal. A assíntota horizontal de $y = \dfrac{f(x)}{g(x)} = \dfrac{a_n x^n + a_{n-1} x^{n-1} + ... + a_0}{b_m x^m + b_{m-1} x^{m-1} + ... + b_0}$ é $\dfrac{a_n}{b_m}$ quando $n = m$, o que significa que os graus mais altos dos polinômios são iguais. A fração aqui é composta pelos coeficientes regentes dos dois polinômios. Quando $n < m$, o que significa que o grau do numerador é menor que o grau no denominador, $y = 0$.

Se quiser encontrar a assíntota horizontal de $y = \dfrac{3x^4 - 2x^3 + 7}{x^5 - 3x^2 - 5}$, por exemplo, use as regras estipuladas anteriormente. Como $4 < 5$, a assíntota horizontal é $y = 0$. Agora, observe o que acontece quando o grau do denominador é o mesmo que o grau do numerador. A assíntota horizontal de $y = \dfrac{3x^4 - 2x^3 + 7}{x^4 - 3x^2 - 5}$ é $y = 3$ (a_n sobre b_m). A fração formada pelos coeficientes regentes é $y = \dfrac{3}{1} = 3$.

Desenhando o gráfico de assíntotas verticais e horizontais

Quando uma função racional tem uma assíntota vertical e uma assíntota horizontal, seu gráfico geralmente se parece com duas curvas em formato de C planas, que aparecem diagonalmente opostas uma à outra a partir da intersecção das assíntotas. Ocasionalmente, as curvas aparecem lado a lado, mas essa é a exceção, e não a regra. A Figura 9-1 mostra dois exemplos dos gráficos mais frequentemente encontrados na classificação horizontal e vertical.

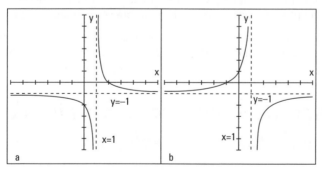

Figura 9-1: Funções racionais se aproximando de assíntotas verticais e horizontais.

Em ambos os gráficos, as assíntotas verticais estão em $x = 1$, e as assíntotas horizontais estão em $y = -1$. Na Figura 9-1a, os interceptos são $(0, -2)$ e $(2, 0)$. A Figura 9-1b tem interceptos de $(-1, 0)$ e $(0, 1)$.

Pode haver somente uma assíntota horizontal em uma função racional, mas pode haver mais de uma assíntota vertical. Geralmente, a curva à direita da assíntota vertical mais à direita e a curva à esquerda da assíntota vertical mais à esquerda são como Cs planos, ou como uma curva suave. Elas se unem no canto e seguem as assíntotas. Entre as assíntotas verticais é onde alguns gráficos ficam mais interessantes. Alguns gráficos entre assíntotas verticais podem ter formato de U, indo para cima ou para baixo (consulte a Figura 9-2a), ou podem se cruzar no meio, prendendo-se às assíntotas verticais em um lado ou no outro (consulte a Figura 9-2b). Você descobre qual caso tem em mãos calculando alguns pontos — interceptos e alguns outros — para oferecer dicas quanto ao formato. Os gráficos na Figura 9-2 mostram algumas possibilidades.

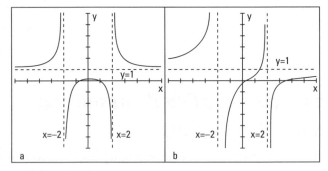

Figura 9-2: Funções racionais com curvas entre assíntotas verticais.

Na Figura 9-2, as assíntotas verticais estão em $x = 2$ e $x = -2$. As assíntotas horizontais estão em $y = 1$. A Figura 9-2a tem dois interceptos de x entre as duas assíntotas verticais; o intercepto de y também está lá. Na Figura 9-2b, o intercepto de y e um intercepto de x estão entre as duas assíntotas verticais; outro intercepto de x está à direita da assíntota vertical mais à direita.

O gráfico de uma função racional pode cruzar uma assíntota horizontal, mas nunca cruza uma assíntota vertical. Assíntotas horizontais mostram o que acontece com valores muito grandes ou muito pequenos de x.

Esmiuçando os números e desenhando o gráfico de assíntotas oblíquas

Uma *assíntota oblíqua* ou *inclinada* assume o formato $y = ax + b$. É possível reconhecer esse formato como o formato do intercepto de coeficiente angular para a equação de uma reta (como visto no Capítulo 5). Uma função racional tem uma assíntota inclinada quando o grau do polinômio no numerador for exatamente um valor maior que o grau no denominador (x^4 sobre x^3, por exemplo).

É possível encontrar a equação da assíntota inclinada usando a divisão longa. Divida o denominador da função racional pelo numerador e use os primeiros dois termos na resposta. Esses dois termos são a parte $ax + b$ da equação da assíntota inclinada.

Para encontrar a assíntota inclinada de $y = \dfrac{x^4 - 3x^3 + 2 - 7}{x^3 + 3x - 1}$, por exemplo, realize a divisão longa:

$$
\begin{array}{r}
x - 3 \\
x^3 + 3x - 1 \overline{\smash{\big)} x^4 - 3x^3 + 2x - 7} \\
\underline{-(x^4 + 3x^2 - x)} \\
-3x^3 - 3x^2 + 3x - 7 \\
\underline{-(-3x^3 - 9x + 3)} \\
-3x^2 + 12x - 10
\end{array}
$$

Você pode ignorar o resto na parte de baixo. A assíntota inclinada para esse exemplo é $y = x - 3$ (para saber mais sobre a divisão longa de polinômios, consulte *Exercícios de Álgebra Para Leigos,* desta autora que vos fala e publicado pela Alta Books).

Uma assíntota oblíqua (ou inclinada) cria duas novas possibilidades para o gráfico de uma função racional. Se uma função tiver uma assíntota oblíqua, sua curva tende a ser um C bastante plano em lados opostos da intersecção da assíntota inclinada e uma assíntota vertical (consulte a Figura 9-3a), ou a curva terá formas de U entre as assíntotas (consulte a Figura 9-3b).

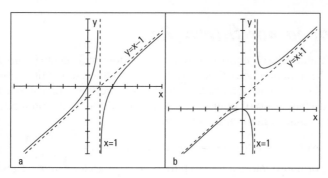

Figura 9-3: Gráficos racionais entre assíntotas verticais e oblíquas.

A Figura 9-3a tem uma assíntota vertical em $x = 1$ e uma assíntota inclinada em $y = x - 1$; seus interceptos estão em (0, 0) e (2, 0). A Figura 9-3b tem uma assíntota vertical em $x = 1$ e uma assíntota inclinada em $y = x + 1$; seu único intercepto está em (0, 0).

Trabalhando com Descontinuidades Removíveis

Descontinuidades em assíntotas verticais (consulte a seção "Determinando as equações de assíntotas verticais" anteriormente, neste capítulo, para ter uma definição) não podem ser removidas. Mas funções racionais, às vezes, têm *descontinuidades removíveis* em outros lugares. A designação removível é, no entanto, um pouco enganosa. A lacuna no domínio ainda existe nesse ponto "removível", mas os valores da função e o gráfico da curva tendem a se comportar um pouco melhor que os valores de x onde há uma descontinuidade não removível. Os valores da função permanecem juntos — eles não se distanciam — e os gráficos têm apenas pequenos buracos, e não assíntotas verticais onde os gráficos não se comportam muito bem (vão infinitamente para cima ou para baixo). Consulte "Indo ao Infinito," posteriormente, neste capítulo, para saber mais sobre isso.

Você tem a opção de remover descontinuidades fatorando a função original — se ela for fatorável. Se o numerador e o denominador não tiverem um fator comum, então não há uma descontinuidade removível.

É possível reconhecer descontinuidades removíveis ao vê-las grafadas em uma função racional; elas aparecem como buracos no gráfico — grandes pontos com espaços no meio em vez de sombreados. Descontinuidades removíveis não são descontinuidades grandes e óbvias como as assíntotas verticais; é preciso procurar cuidadosamente por elas. Se não puder esperar para ver como elas são, pule para a seção "Mostrando descontinuidades removíveis em um gráfico" um pouco mais à frente, neste capítulo.

Remoção por fatoração

Descontinuidades são *removidas* quando não têm mais efeito sobre a equação da função racional. Você saberá se esse for o caso quando encontrar um fator que é comum ao numerador e ao denominador. O processo de remoção é realizado fatorando os polinômios no numerador e no denominador da função racional e então reduzindo a fração.

Para remover a descontinuidade na função racional $y = \dfrac{x^2 - 4}{x^2 - 5x - 14}$, por exemplo, primeiro fatore a fração para esse formato (consulte o Capítulo 3):

$$y = \frac{(x-2)(x+2)}{(x-7)(x+2)} = \frac{(x-2)(x+2)}{(x-7)(x+2)}$$

Capítulo 9: Confiando na Razão: Funções Racionais **165**

Agora reduza a fração à nova função:

$$y = \frac{x - 2}{x - 7}$$

Ao se livrar da descontinuidade removível, você simplifica a equação que está grafando. É mais fácil desenhar o gráfico de uma reta com um pequeno buraco do que trabalhar com uma equação que tem uma fração – e todos os cálculos envolvidos nisso.

Avaliando as restrições de remoção

A função $y = \frac{x^2 - 4}{x^2 - 5x - 14}$, com a qual você trabalhou na seção anterior, começa com uma quadrática no denominador (consulte os Capítulos 3 e 7). Você fatora o denominador e, quando o estabelece como sendo igual a zero, descobre que as soluções $x = -2$ e $x = 7$ não aparecem no domínio da função. E agora?

Números excluídos do domínio permanecem excluídos mesmo após a descontinuidade ser removida. A função ainda não é definida para os dois valores encontrados. Portanto, pode-se concluir que a função se comporta de maneira diferente em cada uma das descontinuidades. Quando $x = -2$, o gráfico da função tem um buraco; a curva se aproxima do valor, pula-o, e segue em frente. Ela se comporta de maneira razoável: Os valores da função pulam a descontinuidade, mas chegam bem próximos a ela. Quando $x = 7$, entretanto, uma assíntota vertical aparece; a descontinuidade não desaparece. Os valores da função entram em pane nesse valor de x e não voltam ao normal.

Mostrando descontinuidades removíveis em um gráfico

Uma assíntota vertical de uma função racional indica uma *descontinuidade,* ou um lugar no gráfico em que a função não é definida. Em qualquer lado de uma assíntota vertical, o gráfico se levanta em direção ao infinito positivo ou decai em direção ao infinito negativo. A função racional não tem limite sempre que você vir uma assíntota vertical (consulte a seção "Impulsionando os Limites com Funções Racionais" posteriormente, neste capítulo). Algumas funções racionais podem ter descontinuidades nas quais existem limites. Quando uma função tem uma *descontinuidade removível,* um limite existe, e seu gráfico mostra isso colocando um círculo vazio no lugar de uma parte do gráfico.

A Figura 9-4 mostra uma função racional com uma assíntota vertical em $x = -2$ e uma descontinuidade removível em $x = 3$. A assíntota horizontal é o eixo x (escrito como $y = 0$). Infelizmente, as calculadoras gráficas não mostram os pequenos círculos vazios que indicam descontinuidades removíveis. Ah, é claro que elas deixam uma lacuna ali, mas a lacuna tem apenas um *pixel* de largura, por isso, você não a enxerga a olho nu. É preciso saber que a descontinuidade está ali. Ainda somos melhores que as calculadoras!

Tios vulgares *versus* frações vulgares

Devemos tentar evitar pessoas vulgares devido ao fato de que elas não conseguem falar sem usar algumas palavras ou pensamentos desagradáveis — assim como um tio arrogante faz no Natal, tentando provocar algumas risadas. Uma *fração vulgar*, no entanto, deve criar uma reação oposta da sua parte; você não deve evitá-las de forma alguma. Diferentemente daquele seu tio, as frações vulgares são perfeitamente adequadas.

Uma fração será *vulgar* se tiver um número inteiro dividido por outro número inteiro, contanto que o número inteiro que está realizando a divisão não seja igual a zero. Por exemplo, a fração "dois dividido por três," ou 2/3, é considerada vulgar. O valor 2 está no numerador da fração, e o valor 3 está no denominador. A palavra *numerador* vem de *enumerar*, que significa enunciar uma quantidade. Então, o numerador enuncia quantas das partes fracionárias estamos considerando por vez. No caso de 2/3, temos 2 das 3 partes do inteiro. O termo *denominador* significa nomear algo ou dizer de que tipo de item estamos falando. O 3 em 2/3 diz que tipo de divisões do inteiro foram feitas.

Figura 9-4: Uma descontinuidade removível na coordenada (3, 0.2).

Impulsionando os Limites de Funções Racionais

O limite de uma função racional às vezes é como o limite de velocidade em uma estrada. O limite de velocidade informa a que velocidade você pode dirigir (legalmente). Conforme se aproxima do limite de velocidade, você ajusta a pressão que coloca no acelerador de acordo, tentando manter-se próximo ao limite. A maioria dos motoristas quer permanecer pelo menos ligeiramente acima ou abaixo do limite.

Capítulo 9: Confiando na Razão: Funções Racionais

O *limite* de uma função racional também age dessa maneira — aproximando-se de um número específico, seja ligeiramente acima ou abaixo dele. Se uma função tem um limite em um número específico, conforme nos aproximamos do número designado a partir da esquerda ou da direita (abaixo ou acima do valor, respectivamente), nos aproximamos do mesmo lugar ou valor da função. A função não tem de ser definida no número do qual estamos nos aproximando (às vezes elas são e às vezes não) — pode haver uma descontinuidade. Mas, se houver um limite no número, os valores da função devem estar bastante próximos — mas não se tocando.

A representação especial para limites é a seguinte:

$$\lim_{x \to a} f(x) = L$$

A representação é lida da seguinte maneira: "O limite da função, $f(x)$, conforme x se aproxima do número a, é igual a L". O número a não tem de estar no domínio da função. Podemos falar sobre um limite de uma função independentemente de a estar ou não no domínio. E podemos nos aproximar de a, contanto que não o toquemos.

Permita-me comparar novamente a representação ao limite de velocidade. O valor a é a pressão exata que você precisa colocar no pedal para atingir o limite de velocidade preciso — geralmente, impossível de se alcançar.

Observe a função $f(x) = x^2 + 2$. Suponhamos que você queira ver o que acontece em algum lado do valor $x = 1$. Em outras palavras, quer ver o que acontece aos valores da função conforme se aproxima de 1 a partir da esquerda e depois a partir da direita. A Tabela 9-1 mostra alguns valores selecionados.

Tabela 9-1	Aproximando-se de $x = 1$ a partir de Ambos os Lados em $f(x) = x^2 + 2$		
x Aproximando-se de um 1 a partir da Esquerda	Comportamento Correspondente em $x^2 + 2$	x Aproximando-se de 1 a partir da Direita	Comportamento Correspondente em $x^2 + 2$
0,0	2,0	2,0	6,0
0,5	2,25	1,5	4,25
0,9	2,81	1,1	3,21
0,999	2,998001	1,001	3,002001
0,99999	2,9999800001	1,00001	3,0000200001

Conforme você se aproxima de $x = 1$ da esquerda ou da direita, o valor da função se aproxima do número 3. O número 3 é o limite. Você pode estar se

168 Parte II: Enfrentando as Funções

perguntando por que eu simplesmente não inseri o número 1 na equação da função: $f(1) = 1^2 + 2 = 3$. Minha resposta é que, nesse caso, podemos fazer isso. Apenas usei a tabela para ilustrar como o conceito de limite funciona.

Avaliando limites em descontinuidades

A beleza de um limite é que ele também pode funcionar quando uma função racional não é definida em um número específico. A função $y = \dfrac{x-2}{x^2 - 2x}$, por exemplo, é descontínua em $x = 0$ e em $x = 2$. Encontramos esses números farorando o denominador, estabelecendo-o como sendo igual a zero — $x(x - 2) = 0$ — e encontrando x. Essa função não tem limite quando x se aproxima de zero, mas tem um limite quando x se aproxima de dois. Às vezes, é útil ver de fato os números — o que obtemos ao avaliar uma função em valores diferentes — por isso, incluí a Tabela 9-2. Ela mostra o que acontece conforme x se aproxima de zero da esquerda e da direita e ilustra que a função não tem limite nesse valor.

Tabela 9-2	Aproximando-se de x = 0 de Ambos os Lados em $y = \dfrac{x-2}{x^2-2x}$		
x se Aproximando de 0 a partir da Esquerda	*Comportamento Correspondente de* $y = \dfrac{x-2}{x^2-2x}$	*x Aproximando-se de 0 a partir da Direita*	*Comportamento Correspondente de* $y = \dfrac{x-2}{x^2-2x}$
−1,0	−1	1,0	1
−0,5	−2	0,5	2
−0,1	−10	0,1	10
−0,001	−1.000	0,001	1.000
−0,00001	−100.000	0,00001	100.000

A Tabela 9-2 mostra que $\lim\limits_{x \to 0} \dfrac{x-2}{x^2-2x}$ não existe. Conforme x se aproxima por baixo do valor de zero, os valores da função caem cada vez mais em direção ao infinito negativo. A partir de cima do valor de zero, os valores da função aumentam cada vez mais em direção ao infinito positivo. Os lados nunca chegarão a um acordo; não há um limite.

A Tabela 9-3 mostra como uma função pode ter um limite mesmo quando ela não é definida em um número específico. Atendo-nos à função do exemplo anterior, encontramos um limite conforme x se aproxima de 2.

Tabela 9-3	Aproximando-se de $x = 2$ de Ambos os Lados em $y = \dfrac{x-2}{x^2-2x}$		
x Aproximando-se de 2 a partir da Esquerda	Comportamento Correspondente de $y = \dfrac{x-2}{x^2-2x}$	x Aproximando-se de 2 a partir da Direita	Comportamento Correspondente de $y = \dfrac{x-2}{x^2-2x}$
1,0	1,0	3,0	0,3333...
1,5	0,6666...	2,5	0,4
1,9	0,526316...	2,1	0,476190...
1,99	0,502512...	2,001	0,499750...
1,999	0,500250...	2,00001	0,4999975...

A Tabela 9-3 mostra que $\lim_{x \to 2} \dfrac{x-2}{x^2-2x} = 0{,}5$. Os números se aproximam cada vez mais de 0,5 conforme x se aproxima cada vez mais de 2 de ambas as direções. Encontramos um limite em $x = 2$, embora a função não seja definida ali.

Determinando um limite existente sem tabelas

Se você examinou as duas tabelas da seção anterior, pode pensar que o processo de encontrar limites é exaustivo. Permita-me lhe dizer que a álgebra oferece uma maneira muito mais fácil de encontrar limites — se eles existirem.

Funções com descontinuidades removíveis têm limites nos valores em que as descontinuidades existem. Para determinar os valores desses limites, siga esses passos:

1. **Fatore a equação da função racional.**
2. **Reduza a equação da função.**
3. **Avalie a nova equação da função revisada no valor de x em questão.**

Para encontrar o limite quando $x = 2$ na função racional $y = \dfrac{x-2}{x^2-2x}$, um exemplo da seção anterior, primeiro fatore e depois reduza a fração:

$$y = \dfrac{x-2}{x^2-2x} = \dfrac{x-2}{x(x-2)} = \dfrac{1}{x}$$

Agora, substitua o x por 2 e obtenha $y = 0{,}5$, o limite quando $x = 2$. Uau! Que simples! Em geral, se uma função racional pode ser fatorada, então você encontrará um limite no número excluído do domínio se a fatoração fizer com que essa exclusão pareça desaparecer.

Determinando quais funções têm limites

Algumas funções racionais têm limites em descontinuidades e algumas não têm. Você pode determinar se deve procurar por uma descontinuidade removível em uma função específica experimentando o valor de x na função. Substitua todos os x na função pelo número no limite (aquilo de que x está se aproximando). O resultado dessa substituição diz se há um limite ou não. Use as regras gerais a seguir:

- Se $\lim_{x \to a} \dfrac{f(x)}{g(x)} = \dfrac{\text{algum número}}{0}$, a função não tem limite em a.

- Se $\lim_{x \to a} \dfrac{f(x)}{g(x)} = \dfrac{0}{0}$, a função tem um limite em a. Reduza a fração e avalie a equação da função recém-formada em a (como explico na seção anterior).

Uma fração não tem valor quando um zero está no denominador, mas um zero dividido por zero tem um formato — chamado de *formato indeterminado*. Veja esse formato como um indício de que você pode procurar por um valor do limite.

Por exemplo, aqui está uma função que não tem limite quando $x = 1$: você está procurando aquilo de que x está se aproximando na afirmação do limite, por isso, só está preocupado com o 1.

$$\lim_{x \to 1} \frac{x^2 - 4x - 5}{x^2 - 1} = \frac{1 - 4 - 5}{1 - 1} = \frac{-8}{0}$$

A função não tem limite em 1, pois tem um número sobre o zero.

Se testar essa função em $x = -1$, verá que a função tem uma descontinuidade removível:

$$\lim_{x \to -1} \frac{x^2 - 4x - 5}{x^2 - 1} = \frac{1 - 4(-1) - 5}{1 - 1} = \frac{0}{0}$$

A função tem um limite em -1, pois tem zero sobre zero.

Indo ao infinito

Quando uma função racional não tem um limite em um valor específico, os valores da função e o gráfico têm de ir para algum lugar. Uma função específica pode não ter o número 3 em seu domínio, e seu gráfico pode ter uma assíntota vertical quando $x = 3$. Embora a função não tenha limite, ainda podemos afirmar algo sobre o que está acontecendo à função conforme ela se aproxima de 3 da esquerda e da direita. O gráfico não tem um limite numérico

Capítulo 9: Confiando na Razão: Funções Racionais

nesse ponto, mas é possível identificar algo no comportamento da função. O comportamento é atribuído a *limites unilaterais*.

Um limite unilateral diz o que uma função faz em um valor de *x* conforme ela se aproxima de um lado ou do outro. Limites unilaterais são mais restritivos; eles funcionam somente a partir da esquerda ou a partir da direita.

A representação para indicar limites unilaterais da esquerda ou da direita é mostrada aqui:

- ✔ O limite conforme *x* se aproxima do valor a pela esquerda é $\lim_{x \to a^-} f(x)$.
- ✔ O limite conforme *x* se aproxima do valor a pela direita é $\lim_{x \to a^+} f(x)$.

Está vendo o pequeno sinal de positivo ou negativo após o *a*? Você pode pensar em *da esquerda* como vindo da mesma direção que todos os números negativos em uma reta numérica e *da direita* como vindo da mesma direção que todos os números positivos.

A Tabela 9-4 mostra alguns valores da função $y = \frac{1}{x-3}$, que tem uma assíntota vertical em *x* = 3.

Tabela 9-4 Aproximando-se de *x* = 3 de Ambos os Lados em $y = \frac{1}{x-3}$

x Aproximando-se de 3 da Esquerda	Comportamento Correspondente de $\frac{1}{x-3}$	x Aproximando-se de 3 da Direita	Comportamento Correspondente de $\frac{1}{x-3}$
2,0	−1	4,0	1
2,5	−2	3,5	2
2,9	−10	3,1	10
2,999	−1000	3,001	1.000
2,99999	−100.000	3,00001	100.000

Os limites unilaterais são expressos para a função da Tabela 9-4 como segue:

$$\lim_{x \to 3^-} = \frac{1}{x-3} = -\infty, \quad \lim_{x \to 3^+} = \frac{1}{x-3} = +\infty$$

A função diminui ao infinito negativo conforme se aproxima de 3 abaixo do valor e cresce ao infinito positivo conforme se aproxima de 3 acima do valor. "Como água e óleo."

Tomando limites racionais no infinito

A seção anterior descreve como os valores de função podem ir ao infinito positivo ou negativo conforme x se aproxima de algum número específico. Esta seção também discute o infinito, mas se concentra no que as funções racionais fazem conforme seus valores de x se tornam muito grandes ou muito pequenos (aproximando-se por conta própria do infinito).

Uma função como a parábola $y = x^2 + 1$ se abre para cima. Se você fizer com que x seja um número muito grande, y também ficará muito grande. Além disso, quando x é muito pequeno (um número negativo "grande"), elevamos o valor ao quadrado, tornando-o positivo, por isso, y será muito grande para o valor pequeno de x. Em representação de funções, descrevemos essa característica da função conforme os valores de x se aproximam do infinito como $\lim_{x \to \infty} (x^2 + 1) = +\infty$.

É possível indicar que uma função se aproxima do infinito positivo indo em uma direção e do infinito negativo indo em outra direção com o mesmo tipo de representação que usamos para limites unilaterais (consulte a seção anterior).

Por exemplo, a função $y = -x^3 + 6$ se aproxima do infinito negativo conforme x fica muito grande — pense naquilo que $x = 1.000$ faz ao valor de y (obteríamos $-1.000.000.000 + 6$). Por outro lado, quando $x = -1.000$, o valor de y fica muito grande, pois temos $y = -(-1.000.000.000) + 6$, então a função se aproxima do infinito positivo.

No caso das funções racionais, os limites no infinito — conforme x fica muito grande ou muito pequeno — podem ser números específicos, finitos e descritíveis. Na verdade, quando uma função racional tem uma assíntota horizontal, seu limite no infinito é o mesmo valor que o número na equação da assíntota.

Se estivermos procurando pela assíntota horizontal da função $y = \dfrac{4x^2 + 3}{2x^2 - 3x - 7}$, por exemplo, poderíamos usar as regras na seção "Determinando as equações de assíntotas horizontais" para determinar se a assíntota horizontal da função é $y = 2$. Usando a representação de limites, a solução pode ser escrita como $\lim_{x \to \infty} \dfrac{4x^2 + 3}{2x^2 - 3x - 7} = 2$.

O método algébrico adequado para avaliar limites no infinito é dividir cada termo na função racional pela potência mais alta de x na fração e depois observar cada termo. Aqui está uma propriedade importante a usar: Conforme x se aproxima do infinito, qualquer termo com $\dfrac{1}{x}$ se aproxima de zero – em outras palavras, fica muito pequeno — por isso, podemos substituir esses termos por zero e simplificar.

Aqui está como a propriedade funciona ao avaliar o limite da função de exemplo anterior, $\dfrac{4x^2 + 3}{2x^2 - 3x - 7}$. A potência mais alta da variável na fração é x^2, por isso, cada termo é dividido por x^2:

Capítulo 9: Confiando na Razão: Funções Racionais · 173

$$\lim_{x \to \infty} \frac{4x^2 + 3}{2x^2 - 3x - 7} =$$

$$\lim_{x \to \infty} \frac{\dfrac{4x^2}{x^2} + \dfrac{3}{x^2}}{\dfrac{2x^2}{x^2} - \dfrac{3x}{x^2} - \dfrac{7}{x^2}} =$$

$$\lim_{x \to \infty} \frac{4 + \dfrac{3}{x^2}}{2 - \dfrac{3}{x} - \dfrac{7}{x^2}} = \frac{4 + 0}{2 - 0 - 0} = \frac{4}{2} = 2$$

O limite, conforme x se aproxima do infinito, é 2. Como previsto, o número 2 é o número na equação da assíntota horizontal. O método rápido para determinar assíntotas horizontais é uma maneira fácil de encontrar limites no infinito, e esse procedimento também é a maneira *matematicamente* correta de fazer isso — e ela mostra por que a outra regra (o método rápido) funciona. Também podemos usar esse método mais rápido para outros problemas de limite encontrados em cálculo e outras áreas mais avançadas da matemática.

Juntando Tudo: Desenhando Gráficos Racionais a Partir de Dicas

Os gráficos de funções racionais podem incluir interceptos, assíntotas e descontinuidades removíveis (os tópicos que discuto anteriormente, neste capítulo). Na verdade, alguns gráficos incluem os três. Desenhar o gráfico de uma função racional é bastante simples se você se preparar cuidadosamente. Faça uso de toda e qualquer informação que puder tirar da equação da função, desenhe os interceptos e assíntotas e depois insira alguns pontos para determinar o formato geral da curva.

Para desenhar o gráfico da função $y = \dfrac{x^2 - 2x - 3}{x^2 - x - 2}$, por exemplo, você deve primeiro observar as potências do numerador e do denominador. Os graus, ou potências mais altas, são os mesmos, por isso, é possível encontrar a assíntota horizontal criando uma fração com os coeficientes regentes. Ambos os coeficientes são um, e um dividido por um é um, por isso, a equação da assíntota horizontal é $y = 1$.

O resto das informações necessárias para desenhar o gráfico estará mais acessível se você fatorar o numerador e o denominador:

$$y = \frac{(x - 3)(x + 1)}{(x - 2)(x + 1)} = \frac{(x - 3)\cancel{(x + 1)}}{(x - 2)\cancel{(x + 1)}} = \frac{x - 3}{x - 2}$$

O fator comum de $x + 1$ pode ser fatorado do numerador e do denominador. Isso nos informa duas coisas. Primeiro, como $x = -1$ torna o denominador igual a zero, sabemos que -1 não está no domínio da função. Além disso, o fato de que -1 é *removido* pela fatoração indica uma descontinuidade removível quando $x = -1$. Podemos inserir -1 na nova equação para descobrir onde grafar o buraco ou o círculo aberto:

$$y = \frac{x-3}{x-2} = \frac{-1-3}{-1-2} = \frac{-4}{-3} = \frac{4}{3}$$

O buraco está em $\left(-1, \frac{4}{3}\right)$. Os termos remanescentes no denominador indicam que a função tem uma assíntota vertical em $x = 2$. O intercepto de y é encontrado fazendo com que $x = 0$: $\left(0, \frac{3}{2}\right)$. Os interceptos de x são descobertos estabelecendo o novo numerador como sendo igual a zero e encontrando x. Quando $x - 3 = 0$, $x = 3$, por isso, o intercepto de x é $(3, 0)$. Colocamos todas essas informações nos gráfico, que é mostrado na Figura 9-5. A Figura 9-5a mostra como desenhar as assíntotas, interceptos e a descontinuidade removível.

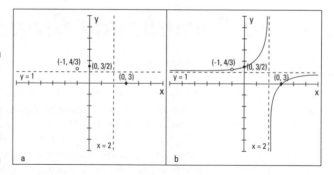

Figura 9-5: Seguindo os passos para grafar uma função racional.

A Figura 9-5a parece indicar que a curva terá formatos suaves de C na parte superior esquerda e na parte inferior direita do gráfico, em oposição uma à outra através das assíntotas. Se você inserir alguns pontos para confirmar isso, verá que o gráfico se aproxima do infinito positivo conforme se aproxima de $x = 2$ da esquerda, e vai para o infinito negativo da direita. É possível ver o gráfico completo na Figura 9-5b.

Os gráficos de outras funções racionais, como $y = \frac{x-1}{x^2 - 5x - 6}$, não oferecem tantas dicas assim antes de você ter, de fato, que desenhar o gráfico. Para esse exemplo, ao fatorar o denominador e o estabelecer como sendo igual a zero, você obtém $(x + 1)(x - 6) = 0$; as assíntotas verticais estão em $x = -1$ e $x = 6$.

A assíntota horizontal está em $y = 0$, que é o eixo x. O único intercepto de x é $(1, 0)$, e um intercepto de y está localizado em $\left(0, \frac{1}{6}\right)$. A Figura 9-6a mostra as assíntotas e interceptos em um gráfico.

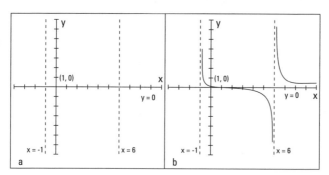

Figura 9-6: Desenhando o gráfico de uma função racional com duas assíntotas verticais.

O único lugar em que o gráfico da função cruza o eixo x é em $(1,0)$, então, a curva deve vir do lado esquerdo da seção do meio separada pelas assíntotas verticais e continuar até o lado direito. Se você testar alguns pontos — por exemplo, $x = 0$ e $x = 4$ — obterá os pontos $\left(0, \frac{1}{6}\right)$ e $\left(4, -\frac{3}{10}\right)$. Esses pontos indicam que a curva está acima do eixo x à esquerda do intercepto de x e abaixo do eixo x à direita do intercepto. Você pode usar essa informação para desenhar uma curva que decai na seção média.

Dois outros pontos aleatórios que você pode escolher são $x = -2$ e $x = 7$. Escolha pontos como esses para testar as seções na extrema esquerda e direita do gráfico. Para esses valores, obtemos os pontos $\left(-2, -\frac{3}{8}\right)$ e $\left(7, \frac{3}{4}\right)$. Insira esses pontos e desenhe o restante do gráfico, que é mostrado na Figura 9-6b.

Capítulo 10

Expondo Funções Exponenciais e Logarítmicas

Neste Capítulo

▶ Familiarizando-se com expressões exponenciais
▶ Trabalhando com *a* base *b* e *a* base *e*
▶ Dominando equações exponenciais e juros compostos
▶ Trabalhando com funções logarítmicas
▶ Passando pelas equações com log
▶ Imaginando exponenciais e logs

O crescimento e o decaimento exponenciais são fenômenos naturais. Eles acontecem à nossa volta. E, sendo as pessoas minuciosas e sábias que são, os matemáticos elaboraram maneiras de descrever, formular e grafar esses fenômenos. Os padrões observados quando o crescimento e o decaimento exponenciais acontecem são expressos matematicamente por funções exponenciais e logarítmicas.

Para que mais essas funções são importantes? Certas funções algébricas, como funções polinomiais e racionais, compartilham determinadas características que não estão presentes nas funções exponenciais. Por exemplo, todas as funções algébricas mostram suas variáveis como bases elevadas a uma potência, como x^2 ou x^8. Funções exponenciais, por outro lado, mostram suas variáveis nas potências das expressões e usam números como suas bases, como 2^x ou e^x. Neste capítulo, discuto as propriedades, usos e gráficos de funções exponenciais e logarítmicas em detalhes.

Avaliando as Expressões Exponenciais

Uma função exponencial é única, pois sua variável aparece na posição exponencial e o termo constante aparece na posição da base. Um *expoente*, ou potência, é sobrescrito após a *base*. Na expressão 3^x, por exemplo, a variável x é o expoente, e o termo constante 3 é a base. O formato geral de uma função exponencial é $f(x) = a \cdot b^x$, em que:

- A base b é qualquer número positivo.
- O coeficiente a é qualquer número real.
- O expoente x é qualquer número real.

A base de uma função exponencial não pode ser zero ou negativa; o domínio são todos os números reais; e a imagem são todos os números positivos quando a é positivo (consulte o Capítulo 6 para saber mais sobre esses tópicos).

Ao inserir um número em uma função exponencial, a avaliamos usando a *ordem das operações* (juntamente com outras regras para trabalhar com expoentes; discuto esses tópicos nos Capítulos 1 e 4). A ordem das operações dita que a função seja avaliada na seguinte ordem:

1. Potências e raízes

2. Multiplicação e divisão

3. Adição e subtração

Se quiser avaliar $f(x) = 3^x + 1$ em relação a $x = 2$, por exemplo, substitua o x pelo número 2. Assim, $f(2) = 3^2 + 1 = 9 + 1 = 10$. Para avaliar a função exponencial $g(x) = 4\left(\dfrac{1}{2}\right)^x - 3$ em relação a $x = -2$, escreva os passos como segue:

$$
\begin{aligned}
g(-2) &= 4\left(\frac{1}{2}\right)^{-2} - 3 \\
&= 4\left(\frac{1}{2}\right)^2 - 3 \\
&= 4(4) - 3 \\
&= 16 - 3 \\
&= 13
\end{aligned}
$$

Eleve a potência primeiro, multiplique por 4 e depois subtraia 3.

Funções Exponenciais: Tem Tudo a Ver com a Base

A base de uma função exponencial pode ser qualquer número positivo. Quanto maior o número, maior ele se torna conforme é elevado a potências cada vez mais altas (mais ou menos parecido com quanto mais dinheiro

Capítulo 10: Expondo Funções Exponenciais e Logarítmicas

você tem, mais você ganha). As bases podem diminuir bastante também. Na verdade, quando a base é um número entre zero e um, você não tem uma função que cresce; em vez disso, tem uma função que decai.

Observando as tendências nas bases

A base de uma função exponencial informa bastante sobre a natureza e o caráter da função, tornando-a uma das primeiras coisas que devem ser observadas e classificadas. A principal maneira de classificar as bases de funções exponenciais é determinar se elas são maiores ou menores que um. Após realizar essa designação, observe o quanto maior ou menor que um ela é. Os expoentes em si afetam as expressões que os contêm de maneiras um tanto previsíveis, tornando-os o primeiro elemento que deve ser observado durante o agrupamento.

Como o domínio (ou *entrada;* consulte o Capítulo 6) das funções exponenciais é composto por todos os números reais, e a base é sempre positiva, o resultado de b^x é sempre um número positivo. Mesmo se elevarmos uma base positiva a uma potência negativa, obteremos uma resposta positiva. Funções exponenciais podem resultar em valores negativos se você subtrair a potência ou multiplicá-la por um número negativo, mas a potência em si é sempre positiva.

Agrupando funções exponenciais de acordo com suas bases

A álgebra oferece três classificações para a base de uma função exponencial, devido ao fato de que os números usados como bases parecem reagir de maneiras diferentes quando elevados a potências positivas:

- Quando $b > 1$, os valores de b^x aumentam conforme x aumenta — por exemplo, $2^2 = 4$, $2^5 = 32$, $2^7 = 128$, e assim por diante.

- Quando $b = 1$, os valores de b^x não mostram mudança. Elevar o número 1 a potências mais altas sempre resulta no número 1: $1^2 = 1$, $1^5 = 1$, $1^7 = 1$, e assim por diante. Não há crescimento ou decaimento exponencial.

   Na verdade, alguns matemáticos deixam o número 1 fora da lista de bases possíveis para funções exponenciais. Outros, o incluem como uma ponte entre as funções que aumentam em valor e aquelas que diminuem em valor. É só uma questão de gosto pessoal.

- Quando $0 < b < 1$, o valor de b^x diminui conforme x aumenta. A base b tem de ser positiva, e os números $0 < b < 1$ são frações adequadas (frações com os numeradores menores que os denominadores). Observe o que acontece a uma base fracionária quando ela é elevada ao segundo, quinto e oitavo graus: $\left(\frac{1}{3}\right)^2 = \frac{1}{9}$, $\left(\frac{1}{3}\right)^5 = \frac{1}{243}$, $\left(\frac{1}{3}\right)^8 = \frac{1}{6.561}$. Os números ficam cada vez menores conforme as potências aumentam.

Agrupando funções exponenciais de acordo com seus expoentes

Um expoente ao lado de um número pode afetar a expressão que contém o número de maneiras um tanto previsíveis. O expoente faz com que o resultado assuma qualidades diferentes, dependendo de se o expoente é maior, igual ou menor que zero:

- Quando a base $b > 1$ e o expoente $x > 0$, os valores de b^x ficam cada vez maiores conforme x aumenta – por exemplo, $4^3 = 64$ e $4^6 = 4.096$. Dizemos que os valores crescem *exponencialmente*.

- Quando a base $b > 1$ e o expoente $x = 0$, o único valor de b^x que obtemos é 1. A regra é que $b^0 = 1$ para qualquer número exceto $b = 0$. Então, um expoente de zero realmente deixa as coisas niveladas.

- Quando a base $b > 1$ e o expoente $x < 0$ — um número negativo — os valores de b^x ficam cada vez menores conforme os expoentes se afastam cada vez mais de zero. Considere essas expressões, por exemplo: $6^{-1} = \frac{1}{6}$ e $6^{-4} = \frac{1}{6}^4 = \frac{1}{1.296}$. Esses números podem ficar bem pequenos muito rapidamente.

Conhecendo as bases mais frequentemente usadas: *10* e *e*

Funções exponenciais apresentam bases representadas por números maiores que zero. As duas bases mais frequentemente usadas são 10 e e, em que $b = 10$ e $b = e$.

Não é muito difícil entender por que os matemáticos gostam de usar a base 10 — é só estender os dedos para entender! Todas as potências de 10 são compostas de uns e zeros — por exemplo, $10^2 = 100$, $10^9 = 1.000.000.000$ e $10^{-5} = 0,00001$. Dá para ficar mais simples? Nosso sistema numérico, o sistema decimal, baseia-se em dezenas.

Assim como o valor 10, a base e ocorre naturalmente. Os membros do mundo científico preferem a base e, pois potências e múltiplos de e aparecem em modelos de ocorrências naturais. Incluir e em cálculos também simplifica as coisas para profissionais financeiros, matemáticos e engenheiros.

Se você usar uma calculadora científica para obter o valor de e, obterá apenas alguns valores de e. Os números obtidos são apenas uma estimativa de e; a maioria das calculadoras oferece sete ou oito casas decimais. Aqui estão as primeiras nove casas decimais no valor de e, no formato arredondado:

$$e \approx 2{,}718281828$$

Capítulo 10: Expondo Funções Exponenciais e Logarítmicas

O valor decimal de *e* na verdade se repete infinitamente sem repetir um padrão. O aparente padrão que vemos nos nove dígitos não se mantém por muito tempo. A equação $\lim_{x \to \infty} \left(1 + \frac{1}{x}\right)^x$ representa o valor exato de *e*. Quanto maior *x* fica, obtemos casas decimais mais precisas.

A maioria dos cursos de álgebra pede que memorizemos somente os primeiros quatro dígitos de *e* — 2,718.

Agora, as más notícias. Por mais maravilhosa que seja a base *e* para dominar equações de função e fórmulas científicas, suas potências não são especificamente fáceis de trabalhar. A base *e* é aproximadamente 2,718, e quando há um número com um valor decimal que nunca acaba elevado a uma potência, os valores decimais ficam ainda mais difíceis. A prática comum entre os matemáticos é deixar as respostas como múltiplos e potências de *e* em vez de alternar para decimais, a menos que você precise de uma aproximação por alguma aplicação. As calculadoras científicas mudam sua resposta final, em termos de *e*, para uma resposta correta com quantas casas decimais forem necessárias.

As mesmas regras são seguidas ao simplificar uma expressão que tem um fator de *e* usado em uma base variável (consulte o Capítulo 4). A lista a seguir apresenta alguns exemplos de como simplificar expressões com uma base de *e*:

Ao multiplicar expressões com a mesma base, adicione os expoentes:

$$e^{2x} \cdot e^{3x} = e^{5x}$$

Ao dividir expressões com a mesma base, subtraia os expoentes:

$$e^{15x^2} / e^{3x} = e^{15x^2 - 3x}$$

Os dois expoentes não podem ser combinados mais.

Use a ordem das operações — potências primeiro, seguidas por multiplicação, adição ou subtração:

$$e^2 \cdot e^4 + 2(3e^3)^2 = e^6 + 2(9e^6)$$
$$= e^6 + 18e^6 = 19e^6$$

Mude os radicais para expoentes fracionários:

$$\frac{e^{-2} \sqrt{e^8}}{(e \cdot e^2)^2} = \frac{e^{-2} (e^8)^{1/2}}{(e^3)^2}$$
$$= \frac{e^{-2} \cdot e^4}{e^6} = \frac{e^2}{e^6} = \frac{1}{e^4} = e^{-4}$$

Resolvendo Equações Exponenciais

Para resolver uma equação algébrica, trabalhe para encontrar os números que substituem as variáveis e resultam em uma afirmação verdadeira. O processo de resolver equações exponenciais incorpora muitas das mesmas técnicas usadas nas equações algébricas — adicionando ou subtraindo de cada lado, multiplicando ou dividindo cada lado pelo mesmo número, fatorando, elevando ambos os lados ao quadrado, e assim por diante.

Entretanto, resolver equações exponenciais requer algumas técnicas adicionais. É isso o que as tornam tão divertidas! Algumas técnicas que você usa ao resolver equações exponenciais envolvem mudar as equações exponenciais originais para novas equações que têm bases equivalentes. Outras técnicas envolvem apresentar as equações exponenciais em formatos mais reconhecíveis — como equações quadráticas — e depois usar as fórmulas adequadas. (Se não for possível mudar para bases equivalentes ou colocar as equações no formato quadrático ou linear, você terá de mudar para logaritmos ou usar uma fórmula de mudança de base — embora nenhum desses métodos esteja dentro do escopo deste livro.)

Fazendo as bases corresponderem

Se você encontrar uma equação escrita no formato $b^x = b^y$, em que o mesmo número representa as bases b, a seguinte regra se aplica:

$$b^x = b^y \leftrightarrow x = y$$

Leia a regra como segue: "Se b elevado à potência x é igual a b elevado à potência y, isso implica que $x = y$." A seta dupla indica que a regra se aplica na direção oposta também.

Usando a regra da base para resolver a equação $2^{3+x} = 2^{4x-9}$, vemos que as bases (os 2s) são iguais, por isso, os expoentes também devem ser iguais. Simplesmente resolva a equação linear $3 + x = 4x - 9$ para encontrar o valor de x: $12 = 3x$, ou $x = 4$. Depois, coloque o 4 de volta na equação original para verificar sua resposta: $2^{3+4} = 2^{4(4)-9}$, que é simplificado como $2^7 = 2^7$, ou $128 = 128$.

Parece simples. Mas o que fazer se as bases não forem iguais? Infelizmente, se não conseguir mudar o problema para fazer as bases serem iguais, não poderá resolvê-lo por meio dessa regra. (Nesse caso, use os logaritmos — mude para uma equação logarítmica — ou recorra à tecnologia.)

Quando as bases estão relacionadas

Muitas vezes, as bases estão relacionadas uma à outra sendo potências do mesmo número.

Capítulo 10: Expondo Funções Exponenciais e Logarítmicas   *183*

Por exemplo, para resolver a equação $4^{x+3} = 8^{x-1}$, você precisa escrever ambas as bases como potências de 2 e depois aplicar as regras dos expoentes (consulte o Capítulo 4). Aqui estão os passos da solução:

1. Mude o 4 e o 8 para potências de 2.

$$4^{x+3} = 8^{x-1}$$

$$(2^2)^{x+3} = (2^3)^{x-1}$$

2. Eleve uma potência a outra potência.

$$2^{2(x+3)} = 2^{3(x-1)}$$

$$2^{2x+6} = 2^{3x-3}$$

3. Equacione os dois expoentes, pois as bases agora são iguais, e então encontre x.

$$2x + 6 = 3x - 3$$

$$9 = x$$

4. Confira sua resposta na equação original.

$$4^{9+3} = 8^{9-1}$$

$$4^{12} = 8^8$$

$$16.777.216 = 16.777.216$$

Quando outras operações estão envolvidas

Mudar todas as bases em uma equação para uma única base é especialmente útil quando há outras operações envolvidas, como raízes, multiplicação ou divisão.

Se quiser resolver a equação $\dfrac{27^{x+1}}{\sqrt{3}} = 9^{2x-3}$ para encontrar x, por exemplo, sua melhor abordagem é mudar cada uma dessas bases para uma potência de 3 e então aplicar as regras dos expoentes (consulte o Capítulo 4).
A seguir, explico como mudar as bases e potências na equação de exemplo (os Passos 1 e 2 da lista na seção anterior):

$$\frac{27^{x+1}}{\sqrt{3}} = 9^{2x-3}$$

$$\frac{(3^3)^{x+1}}{3^{1/2}} = (3^2)^{2x-3}$$

$$\frac{3^{3x+3}}{3^{1/2}} = 3^{4x-6}$$

Mude as bases 9 e 27 para potências de 3, substitua o radical por um expoente fracionário e depois eleve as potências a outras potências, multiplicando os expoentes.

Ao dividir dois números com a mesma base, você subtrai os expoentes. Após ter uma única potência de 3 em cada lado, é possível equacionar os expoentes e encontrar x:

$$3^{3x+3-(1/2)} = 3^{4x-6}$$

$$3^{3x+(5/2)} = 3^{4x-6}$$

$$3x + \frac{5}{2} = 4x - 6$$

$$6 + \frac{5}{2} = x$$

$$\frac{17}{2} = x$$

Reconhecendo e usando padrões quadráticos

Quando termos exponenciais aparecem em equações com dois ou três termos, é possível tratar as equações como com as equações quadráticas (consulte o Capítulo 3) para resolvê-las com métodos familiares. Usar os métodos para resolver equações quadráticas é uma grande vantagem, pois você pode fatorar as equações exponenciais ou recorrer à fórmula quadrática.

As quadráticas são fatoradas dividindo cada termo por um fator comum ou, com trinômios, usando o método *unFOIL* para determinar os dois binômios cujo produto é o trinômio (consulte os Capítulos 1 e 3 se precisar relembrar esses tipos de fatoração).

Você pode fazer uso de praticamente qualquer padrão de equação que veja ao resolver funções exponenciais. Se puder simplificar a função exponencial para o formato de uma função quadrática ou cúbica e depois fatorar, encontrar quadrados perfeitos, somas e diferenças de quadrados, e assim por diante, irá facilitar sua vida mudando a equação para algo reconhecível e trabalhável. Nas seções que se seguem, ofereço exemplos dos dois tipos mais comuns de problemas que provavelmente enfrentará: aqueles que envolvem fatores comuns e o método unFOIL.

Tirando um máximo fator comum

Ao resolver uma equação quadrática fatorando um máximo fator comum (MFC), escrevemos esse máximo fator comum fora dos parênteses e mostramos todos os resultados da divisão por dentro dos parênteses.

Na equação $3^{2x} - 9 \cdot 3^x = 0$, por exemplo, fatoramos 3^x de cada termo e obtemos $3^x(3^x - 9) = 0$. Após fatorar, use a *propriedade multiplicativa de zero* estabelecendo cada um dos fatores separados como sendo iguais a zero (se o produto de dois números for zero, pelo menos um dos números deve ser zero; consulte o Capítulo 1). Estabeleça os fatores como sendo iguais a zero para descobrir que valor de x satisfaz a equação:

Capítulo 10: **Expondo Funções Exponenciais e Logarítmicas** **185**

$3^x = 0$ não tem solução; 3 elevado a uma potência não pode ser igual a 0.

$3^x - 9 = 0$

$3^x = 9$

$3^x = 3^2$

$x = 2$

O fator é igual a 0 quando $x = 2$; somente uma solução é encontrada para toda a equação.

Fatorando como um trinômio quadrático

Um _trinômio quadrático_ tem um termo com a variável elevada ao quadrado, um termo com a variável elevada à primeira potência e um termo constante. Esse é o padrão que devemos procurar se quisermos resolver uma equação exponencial tratando-a como uma quadrática. O trinômio $5^{2x} - 26 \cdot 5^x + 25 = 0$, por exemplo, lembra um trinômio quadrático que pode ser fatorado. Uma opção é a quadrática $y^2 - 26y + 25 = 0$, que pode se parecer com a equação exponencial se você substituir cada 5^x por y. A quadrática com y é fatorada como $(y - 1)(y - 25) = 0$. Usando o mesmo padrão na versão exponencial, temos a fatoração $(5^x - 1)(5^x - 25) = 0$. Estabelecendo cada fator como sendo igual a zero, quando $5^x - 1 = 0$, $5^x = 1$. Essa equação é verdadeira quando $x = 0$, tornando essa uma das soluções. Agora, quando $5^x - 25 = 0$, dizemos que $5^x = 25$, ou $5^x = 5^2$. Em outras palavras, $x = 2$. São encontradas duas soluções para essa equação: $x = 0$ e $x = 2$.

Mostrando os "Juros" das Funções Exponenciais

Profissionais (e você também, embora possa não saber disso) usam funções exponenciais em muitas aplicações financeiras. Se você tem uma hipoteca para sua casa, uma anuidade em sua aposentadoria, ou um saldo de cartão de crédito, deve se interessar nos juros — e nas funções exponenciais que os operam.

Aplicando a fórmula dos juros compostos

Ao depositar seu dinheiro em uma conta poupança, uma conta de previdência privada ou outro veículo de investimento, você recebe pelo dinheiro que investe; esse pagamento é derivado dos _juros compostos_ — juros que rendem juros. Por exemplo, se você investir $100 e ganhar $2,00 em juros, as duas quantias se somam, e você passará a receber juros sobre $102. Os juros são _compostos_. Isso, sem dúvida, é uma coisa maravilhosa.

Aqui está a fórmula que pode ser usada para determinar a quantia total de dinheiro que você tem (A) após depositar a parte principal (P) que rende juros a uma taxa de r por cento (escrito como decimal), compondo n vezes a cada ano, durante t anos:

$$A = P\left(1 + \frac{r}{n}\right)^{nt}$$

Por exemplo, digamos que você receba uma quantia de $20.000 de uma herança inesperada e queira guardar esse valor durante 10 anos. Você investe o dinheiro em um fundo com juros a 4,5%, compostos mensalmente. Quanto dinheiro terá no final de 10 anos, se conseguir mantê-lo intocado? Aplique a fórmula como segue:

$$\begin{aligned} A &= 20.000\left(1 + \frac{0,045}{12}\right)^{(12)(10)} \\ &= 20.000(1,00375)^{120} \\ &= 20.000(1,566993) \\ &= 31.339,86 \end{aligned}$$

Você teria mais de $31.300. Esse crescimento no seu dinheiro mostra o poder da composição e dos expoentes.

Planejando o futuro: Somas objeto

Você pode descobrir que quantia de dinheiro terá no futuro se fizer um determinado depósito agora aplicando a fórmula dos juros compostos. Mas, e quanto a seguir a direção oposta? É possível descobrir quanto você precisa depositar em uma conta para ter uma soma objeto dentro de um determinado número de anos? É claro que sim.

Se quiser ter $100.000 disponíveis daqui a 18 anos, quando seu bebê estará indo para a faculdade, quanto você tem de depositar em uma conta que rende 5% de juros, compostos mensalmente? Para descobrir, pegue a fórmula dos juros compostos e trabalhe na direção oposta:

$$100.000 = P\left(1 + \frac{0,05}{12}\right)^{(12)(18)}$$
$$100.000 = P(1,0041667)^{216}$$

P é encontrado na equação dividindo cada lado pelo valor dentro dos parênteses elevado à potência 216. De acordo com a ordem das operações (consulte o Capítulo 1), você eleva à potência antes de multiplicar ou dividir. Então, após estabelecer a divisão para encontrar P, eleve o que está dentro dos parênteses à potência 216 e divida o resultado por 100.000:

$$100.000 = P(1,0041667)^{216}$$
$$\frac{100.000}{(1.0041667)^{216}} = P$$
$$\frac{100.000}{2,455026} = P$$
$$40.732,77 = P$$

Um depósito de quase $41.000 resultará em dinheiro suficiente para pagar pela faculdade dentro de 18 anos (sem levar em consideração o aumento nas taxas de mensalidade). Talvez seja melhor começar a conversar agora com seu bebê sobre bolsas!

Se tiver uma quantia de dinheiro alvo em mente e quiser saber quantos anos levará para chegar a esse nível, pode usar a fórmula dos juros compostos e trabalhar no sentido inverso. Insira todas as especificações — valor principal, taxa, tempo de composição, a quantia que você quer — e encontre t. Pode ser necessário uma calculadora científica e alguns logaritmos para terminar, mas tudo vale quando se trata de se planejar com antecedência, certo?

Medindo a composição real: Taxas efetivas

Quando vamos a um banco ou uma agência de crédito, vemos todo o tipo de taxas de juros anunciadas. Você pode ter notado os termos "taxa nominal" e "taxa efetiva" em visitas anteriores. A *taxa nominal* é a taxa nomeada, ou o valor inserido na fórmula de composição. A taxa nomeada pode ser de 4% ou 7,5%, mas esse valor não indica o que realmente acontece devido à composição. A *taxa efetiva* representa o que realmente acontece com seu dinheiro após a composição. Uma taxa nominal de 4% é convertida como uma taxa efetiva de 4.074% quando composta mensalmente. Isso pode parecer não fazer muita diferença — a taxa efetiva é cerca de 0,07 mais alta — mas faz uma grande diferença se estivermos falando de quantias razoavelmente grandes de dinheiro ou de longos períodos de tempo.

A taxa efetiva é calculada usando a parte do meio da fórmula dos juros compostos: $(1 + r/n)^n$. Para determinar a taxa efetiva de 4% compostos mensalmente, por exemplo, use $\left(1 + \frac{0,04}{12}\right)^{12} = 1,040741543$.

O 1 antes da vírgula decimal na resposta indica a quantia original. Subtraia esse 1, e o resto dos decimais serão os valores porcentuais usados para a taxa efetiva.

A Tabela 10-1 mostra o que acontece a uma taxa nominal de 4% quando a compomos diversas vezes ao ano.

Tabela 10-1   Compondo uma Taxa de Juros Nominal de 4%

Vezes que foi Composta	Cálculo	Taxa Efetiva
Anualmente	$(1 + 0{,}04/1)^1 = 1{,}04$	4,00%
Semestralmente	$(1 + 0{,}04/2)^2 = 1{,}0404$	4,04%
Trimestralmente	$(1 + 0{,}04/4)^4 = 1{,}04060401$	4,06%
Mensalmente	$(1 + 0{,}04/12)^{12} = 1{,}04074154292$	4,07%
Diariamente	$(1 + 0{,}04/365)^{365} = 1{,}04080849313$	4,08%
A cada hora	$(1 + 0{,}04/8{.}760)^{8760} = 1{,}04081067873$	4,08%
A cada segundo	$(1 + 0{,}04/31{.}536{.}000)^{31{.}536{.}000} = 1{,}04081104727$	4,08%

Observando os juros compostos contínuos

A composição típica dos juros acontece anualmente, trimestralmente, mensalmente ou talvez até mesmo diariamente. A *composição contínua* ocorre de maneira imensuravelmente rápida ou frequente. Para realizar a composição contínua, usa-se uma fórmula diferente daquela usada para outros problemas de composição.

A seguir está a fórmula usada para determinar uma quantia total (A) quando o valor inicial ou principal é P e a quantia cresce continuamente à taxa de r por cento (escrito em decimal) durante t anos:

$$A = Pe^{rt}$$

O e representa um número constante (a base e; consulte a seção "Conhecendo as bases mais frequentemente usadas: 10 e e" anteriormente, neste capítulo) — aproximadamente 2,71828. Você pode usar essa fórmula para determinar quanto dinheiro terá após 10 anos de investimento, por exemplo, quando a taxa de juros for de 4,5 por cento e o depósito feito for de $20.000:

$$A = 20{.}000e^{(0{,}045)(10)}$$
$$= 20{.}000(1{,}568312)$$
$$= 31{.}366{,}24$$

Você deve usar a fórmula da composição contínua como uma aproximação em situações adequadas — quando não estiver de fato pagando esse dinheiro. A fórmula dos juros compostos é muito mais fácil de trabalhar e oferece uma boa estimativa do valor total.

Ao usar a fórmula da composição contínua para aproximar a taxa efetiva de 4% composta continuamente, obtemos $e^{0,04} = 1,0408$ (uma taxa efetiva de 4,08%). Compare isso com o valor na Tabela 10-1 da seção anterior.

Ligando-se nas Funções Logarítmicas

Um *logaritmo* é o expoente de um número. Funções logarítmicas (log) são as inversas das funções exponenciais. Elas respondem a pergunta "Que potência me forneceu essa resposta?" A função de log associada à função exponencial $f(x) = 2^x$, por exemplo, é $f^{-1}(x) = \log_2 x$. O sobrescrito -1 após o nome da função indica que você está observando a inversa da função f. Assim, $\log_2 8$, por exemplo, pergunta: "Que potência de 2 resulta em 8?"

Uma função logarítmica tem uma *base* e um *argumento*. A função logarítmica $f(x) = \log_b x$ tem uma base b e um argumento x. A base deve ser sempre um número positivo e diferente de um. O argumento deve ser sempre positivo.

Você pode ver como uma função e sua inversa funcionam como funções exponenciais e logarítmicas avaliando a função exponencial quanto a um valor específico e, então, vendo como é possível obter esse valor novamente após aplicar a função inversa à resposta. Por exemplo, primeiro faça com que $x = 3$ em $f(x) = 2^x$; temos $f(3) = 2^3 = 8$. Coloque sua resposta, 8, na função inversa $f^{-1}(x) = \log_2 x$, e teremos $f^{-1}(8) = \log_2 8 = 3$. A resposta vem da definição de como os logaritmos funcionam; o 2 elevado à potência 3 é igual a 8. Temos a resposta à questão logarítmica fundamental, "Que potência de 2 resulta em 8?"

Conhecendo as propriedades dos logaritmos

As funções logarítmicas compartilham propriedades semelhantes com suas contrapartes exponenciais. Quando necessário, as propriedades dos logaritmos permitem que você manipule expressões de log para resolver equações ou simplificar termos. Assim como com as funções exponenciais, a base b de uma função de log tem de ser positiva. Mostro as propriedades dos logaritmos na Tabela 10-2.

Tabela 10-2   Propriedades dos Logaritmos

Nome da Propriedade	Regra da Propriedade	Exemplo
Equivalência	$y = \log_b x \leftrightarrow b^y = x$	$y = \log_9 3 \leftrightarrow 9^y = 3$
Log de um produto	$\log_b xy = \log_b x + \log_b y$	$\log_2 8z = \log_2 8 + \log_2 z$

(continua)

Tabela 10-2 *(continuação)*

Nome da Propriedade	Regra da Propriedade	Exemplo
Log de um quociente	$\log_b(x/y) = \log_b x - \log_b y$	$\log_2 8/5 = \log_2 8 - \log_2 5$
Log de uma potência	$\log_b x^n = n\log_b x$	$\log_3 8^{10} = 10\log_3 8$
Log de 1	$\log_b 1 = 0$	$\log_4 1 = 0$
Log da base	$\log_b b = 1$	$\log_4 4 = 1$

Termos exponenciais que têm uma base *e* (consulte a seção "Conhecendo as bases mais frequentemente usadas: 10 e *e*") têm logaritmos especiais somente para os *e* (fácil?). Em vez de escrever a base do log *e* como $\log_e x$, inserimos um símbolo especial, *ln*, no log. O símbolo *ln* é chamado de *logaritmo natural*, e designa que a base é *e*. As equivalências para a base *e* e as propriedades dos logaritmos naturais são as mesmas, mas parecem um pouco diferentes. Elas são mostradas na Tabela 10-3.

Tabela 10-3 — Propriedades dos Logaritmos Naturais

Nome da Propriedade	Regra da Propriedade	Exemplo
Equivalência	$y = \ln x \leftrightarrow e^y = x$	$6 = \ln x \leftrightarrow e^6 = x$
Log natural de um produto	$\ln(xy) = \ln x + \ln y$	$\ln 4z = \ln 4 + \ln z$
Log natural de um quociente	$\ln(x/y) = \ln x - \ln y$	$\ln 4/z = \ln 4 - \ln z$
Log natural de uma potência	$\ln x^n = n\ln x$	$\ln x^5 = 5\ln x$
Log natural de 1	$\ln 1 = 0$	$\ln 1 = 0$
Log natural de *e*	$\ln e = 1$	$\ln e = 1$

Como você pode ver na Tabela 10-3, os logs naturais são muito mais fáceis de serem escritos — não há sobrescritos. Os profissionais usam bastante os logs naturais em aplicações matemáticas, científicas e de engenharia.

Colocando os logs para trabalhar

É possível usar a equivalência exponencial/logarítmica básica $\log_b x = y \leftrightarrow b^y = x$ para simplificar as equações que envolvem logaritmos. Aplicar a equivalência torna a equação muito melhor. Se for pedido que você avalie $\log_9 3$, por exemplo (ou se tiver de mudá-lo para outro formato), pode escrevê-lo como uma equação, $\log_9 3 = x$, e usar a equivalência: $9^x = 3$. Agora, você tem a expressão em um formato em que pode encontrar *x* (o *x* obtido é a resposta ou o valor

Capítulo 10: Expondo Funções Exponenciais e Logarítmicas

da expressão original). Resolva mudando o 9 para uma potência de 3 e então encontrando x no novo formato mais familiar:

$$(3^2)^x = 3$$
$$3^{2x} = 3^1$$
$$2x = 1$$
$$x = \frac{1}{2}$$

O resultado indica que $\log_9 3 = \frac{1}{2}$ — muito mais simples que a expressão de log original (se precisar revisar a solução de equações exponenciais, consulte a seção "Fazendo as bases corresponderem" anteriormente, neste capítulo).

Agora observe o processo de determinar que $10\log_3 27$ é igual a 30. Você tem de admitir que o número 30 é muito mais fácil de entender e de trabalhar que $10\log_3 27$, então aqui estão os passos:

$$10\log_3 27 = 10(\log_3 27) = 10(x)$$
Se $x = \log_3 27$,
$$3^x = 27$$
$$3^x = 3^3$$
$$x = 3$$
$$10(x) = 10(3) = 30$$
$$10\log_3 27 = 30$$

Como é possível ver pelo exemplo de equivalência anterior, as propriedades das funções de log permitem que você realize simplificações que simplesmente não consegue realizar com outros tipos de funções. Por exemplo, como $\log_b b = 1$, é possível substituir $\log_3 3$ pelo número 1.

Usando as regras para log de 1, o log da base, o log de uma potência e o log de um quociente (consulte a Tabela 10-2), é possível mudar uma complicada expressão de log para algo igual a -2, por exemplo:

$$\log_5 \left(\frac{1}{25}\right) = \log_5 1 - \log_5 25 \quad \text{[Log de um quociente]}$$
$$= \log_5 1 - \log_5 5^2 \quad \text{[Reescrevendo 25 como uma potência de 5]}$$
$$= \log_5 1 - 2\log_5 5 \quad \text{[Log de uma potência]}$$
$$= 0 - 2(1) = -2 \quad \text{[Log de 1 e log da base]}$$

Expandindo expressões com a representação de log

Escreva expressões logarítmicas e crie funções logarítmicas combinando todas as operações algébricas comuns de adição, subtração, multiplicação, divisão, potências e raízes. Expressões com duas ou mais dessas operações podem ficar bastante complicadas. Uma grande vantagem dos logs, no entanto, são suas propriedades. Devido às propriedades dos logs, é possível mudar uma multiplicação para uma adição e potências para produtos. Combine todas as propriedades dos logs e poderá mudar uma única expressão complicada para diversos termos mais simples.

Se quiser simplificar $\log_3 \dfrac{x^3 \sqrt{x^2+1}}{(x-2)^7}$ usando as propriedades dos logaritmos, por exemplo, primeiro use a propriedade do log de um quociente e depois use a propriedade do log de um produto no primeiro termo que obtiver (consulte a Tabela 10-2 para revisar essas propriedades):

$$\log_3 \frac{x^3 \sqrt{x^2+1}}{(x-2)^7} = \log_3 x^3 \sqrt{x^2+1} - \log_3 (x-2)^7$$
$$= \log_3 x^3 + \log_3 \sqrt{x^2+1} - \log_3 (x-2)^7$$

O último passo é usar o log de uma potência em cada termo, mudando o radical para um expoente fracionário primeiro:

$$\log_3 x^3 + \log_3 (x^2+1)^{1/2} - \log_3 (x-2)^7$$
$$= 3\log_3 x + \frac{1}{2}\log_3 (x^2+1) - 7\log_3 (x-2)$$

Os três novos termos criados são muito mais simples que a expressão inteira.

Reescrevendo para ser compacto

Os resultados dos cálculos em ciência e matemática podem envolver somas e diferenças de logaritmos. Quando isso acontece, os especialistas geralmente preferem ter as respostas escritas todas de acordo com um termo, que é onde as propriedades dos logaritmos aparecem. Aplique as propriedades da maneira oposta de como separa expressões para ser mais simples (consulte a seção anterior). Em vez de aumentar o trabalho, você quer criar uma expressão compacta e complicada.

Para simplificar $4ln(x+2) - 8ln(x^2 - 7) - 1/2ln(x+1)$, por exemplo, primeiro aplique a propriedade que envolve o log natural (ln) de uma potência a todos os três termos (consulte a seção "Conhecendo as propriedades dos logaritmos"). Você poderá então fatorar -1 dos últimos dois termos e escrevê-los entre colchetes:

$$ln(x+2)^4 - ln(x^2 - 7)^8 - ln(x+1)^{1/2}$$
$$= ln(x+2)^4 - [ln(x^2 - 7)^8 + ln(x+1)^{1/2}]$$

Agora, use a propriedade que envolve o *ln* de um produto nos termos dentro dos colchetes, mude o expoente 1/2 para um radical e use a propriedade do *ln* de um quociente para escrever tudo como o *ln* de uma grande fração:

$$ln(x+2)^4 - [ln(x^2-7)^8 + ln(x+1)^{1/2}]$$
$$= ln(x+2)^4 - [ln(x^2-7)^8 (x+1)^{1/2}]$$
$$= ln(x+2)^4 - ln(x^2-7)^8 \sqrt{x+1}$$
$$= ln \frac{(x+2)^4}{(x^2-7)^8 \sqrt{x+1}}$$

A expressão é bagunçada e complicada, mas com certeza é compacta.

Resolvendo Equações Logarítmicas

Equações logarítmicas podem ter uma ou mais soluções, assim como os outros tipos de equações algébricas. O que torna a resolução de equações de log um pouco diferente é que você se livra da parte do log o mais rápido possível, fazendo com que tenha de resolver uma equação polinomial ou exponencial no lugar. Equações polinomiais e exponenciais são mais fáceis e mais familiares, e talvez você já saiba como resolvê-las (caso contrário, consulte o Capítulo 8 e a seção "Resolvendo Equações Exponenciais" anteriormente, neste capítulo).

O único cuidado que peço antes de começar a resolver equações logarítmicas é que é preciso conferir as respostas obtidas nos novos formatos revisados. É possível obter respostas para as equações polinomiais ou exponenciais, mas elas podem não funcionar na equação logarítmica. Mudar para outro tipo de equação apresenta a possibilidade de *raízes estranhas* — respostas que cabem na nova equação revisada que você escolhe, mas que às vezes não cabem na equação original.

Estabelecendo log como sendo igual a log

Um tipo de equação de log apresenta cada termo com um logaritmo em si (todos os logaritmos têm de ter a mesma base). É preciso ter exatamente um termo de log em cada lado, então, se uma equação tiver mais que isso, aplique quaisquer propriedades dos logaritmos que formam a equação para se adequar a essa regra (consulte a Tabela 10-2 para ver essas propriedades). Após fazer isso, você poderá aplicar a seguinte regra:

Se $\log_b x = \log_b y$, $x = y$

Quando tiver a equação $\log_4 x^2 = \log_4(x + 6)$, por exemplo, aplique a regra de forma que possa escrever e resolver a equação $x^2 = x + 6$:

$$x^2 = x + 6$$
$$x^2 - x - 6 = 0$$
$$(x - 3)(x + 2) = 0$$
$$x = 3 \text{ ou } x = -2$$

As soluções $x = 3$ e $x = -2$ encontradas são soluções da equação quadrática, e ambas funcionam na equação logarítmica original:

Se $x = 3$:

$$\log_4 3^2 = \log_4(3 + 6)$$
$$\log_4 9 = \log_4 9$$

Então, 3 é uma solução.

Se $x = -2$:

$$\log_4(-2)^2 = \log_4(-2 + 6)$$
$$\log_4 4 = \log_4 4$$

Temos outro vencedor.

Quando não é mostrada a base do log, assuma que ela é 10. Esses são *logaritmos comuns*.

A equação a seguir mostra como você pode chegar a uma solução estranha.

Ao resolver $\log(x - 8) + \log x = \log 9$, primeiro aplique a propriedade que envolve o log de um produto para obter apenas um termo com log à esquerda: $\log(x - 8)x = \log 9$. Em seguida, use a propriedade que permite que você tire os logs e obtenha a equação $(x - 8)x = 9$. Essa é uma equação quadrática que pode ser resolvida por fatoração (consulte os Capítulos 1 e 3):

$$(x - 8)x = 9$$
$$x^2 - 8x - 9 = 0$$
$$(x - 9)(x + 1) = 0$$
$$x = 9 \text{ ou } x = -1$$

Conferindo as respostas, vemos que a solução 9 funciona bem:

$$\log(9 - 8) + \log 9 = \log 9$$
$$\log 1 + \log 9 = \log 9$$
$$0 + \log 9 = \log 9$$

_____ **Capítulo 10: Expondo Funções Exponenciais e Logarítmicas** *195*

Entretanto, a solução −1 não funciona:

$$\log(-1-8) + \log(-1) = \log 9$$

Pode parar por aí. Ambos os logs à esquerda têm argumentos negativos. O argumento em um logaritmo tem de ser positivo, por isso, o −1 não funciona na equação de log (embora funcionasse na equação quadrática). Determine que −1 é uma solução estranha.

Reescrevendo equações de log como exponenciais

Quando uma equação de log tem termos com log e um termo que não contém um logaritmo, é preciso usar as técnicas da álgebra e das propriedades dos logs (consulte a Tabela 10-2) para deixar a equação no formato $y = \log_b x$. Após criar o formato correto, você pode aplicar a equivalência para mudar a equação para uma equação puramente exponencial.

Por exemplo, para resolver $\log_3(x+8) - 2 = \log_3 x$, primeiro subtraia $\log_3 x$ de cada lado e adicione 2 a cada lado para obter $\log_3(x+8) - \log_3 x = 2$. Agora, aplique a propriedade que envolve o log de um quociente, reescreva a equação usando a equivalência e encontre x:

$$\log_3 \frac{x+8}{x} = 2$$
$$3^2 = \frac{x+8}{x}$$
$$9x = x + 8$$
$$8x = 8$$
$$x = 1$$

A única solução é $x = 1$, que funciona na equação logarítmica original:

$$\log_3(x+8) - 2 = \log_3 x$$
$$\log_3(1+8) - 2 = \log_3 1$$
$$\log_3 9 - 2 = 0$$
$$\log_3 9 = 2$$
$$3^2 = 9$$

Desenhando o Gráfico de Funções Exponenciais e Logarítmicas

Funções exponenciais e logarítmicas têm gráficos bastante distintos, pois são bastante planos e simples. Os gráficos têm formato de C e podem se inclinar para cima ou para baixo. O truque principal ao desenhá-los é determinar os interceptos, em qual direção os gráficos se movem conforme você vai da esquerda para a direita e se as curvas são inclinadas.

Expondo sobre o expoente

Funções exponenciais têm curvas que geralmente se parecem com os gráficos que podem ser vistos nas Figuras 10-1a e 10-1b.

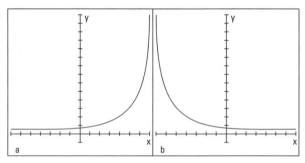

Figura 10-1: Gráficos exponenciais se levantam e se distanciam do eixo *x* ou caem em direção a ele.

O gráfico na Figura 10-1a exibe *crescimento exponencial* — quando os valores da função aumentam. A Figura 10-1b exibe *decaimento exponencial* — quando os valores da função diminuem. Ambos os gráficos intersectam o eixo Y, mas não o eixo X, e ambos têm uma assíntota horizontal: o eixo X.

Identificando uma elevação ou queda

É possível dizer se um gráfico apresentará crescimento ou decaimento exponencial observando a equação da função.

Para determinar se uma função apresenta crescimento ou decaimento exponencial, observe sua base:

- Se a função exponencial $y = b^x$ tiver uma base $b > 1$, o gráfico da função se levanta conforme você lê da esquerda para a direita, o que significa que está observando um crescimento exponencial.

Capítulo 10: Expondo Funções Exponenciais e Logarítmicas

✔ Se a função exponencial $y = b^x$ tiver uma base $0 < b < 1$, o gráfico cai conforme você lê da esquerda para a direita, o que significa que está observando um decaimento exponencial.

Os valores das funções $f(x) = 3(2)^x$ e $g(x) = 4e^{3x}$, por exemplo, ambos se elevam conforme você lê da esquerda para a direita, pois suas bases são maiores que 1. Os gráficos de $h(x) = 3(0,2)^x$ e $g(x) = 4(0,9)^{3x}$ decaem conforme observa os valores de x que aumentam, pois 0,2 e 0,9 estão ambos entre 0 e 1.

Desenhando gráficos exponenciais

Em geral, funções exponenciais não têm interceptos de x, mas têm interceptos únicos de y. A exceção a essa regra é quando você muda a equação da função subtraindo um número do termo exponencial; isso faz com que a curva caia abaixo do eixo x.

Para encontrar o intercepto de y de uma função exponencial, estabeleça $x = 0$ e encontre y. Se quiser encontrar o intercepto de y de $y = 3(2)^{0,4x}$, por exemplo, substitua x por 0 para obter $y = 3(2)^{0,4(0)} = 3(2)^0 = 3(1) = 3$. Assim, o intercepto de y é $(0, 3)$. Essa função se eleva da esquerda para a direita, pois a base é maior que um. O multiplicador 0,4 no x do expoente age como o coeficiente angular de uma reta — nesse caso, fazendo com que o gráfico se eleve mais vagarosa ou sutilmente (consulte o Capítulo 2).

Antes de tentar desenhar o gráfico de uma equação, você deve encontrar mais um ou dois pontos para ajudar no formato. Por exemplo, se $x = 5$ no exemplo anterior, $y = 3(2)^{0,4(5)} = 3(2)^2 = 3(4) = 12$. Então, o ponto (5, 12) está na curva. Além disso, se $x = -5$, $y = 3(2)^{0,4(-5)} = 3(2)^{-2} = 3(0,25) = 0,75$ (consulte o Capítulo 4 para obter informações sobre como trabalhar com expoentes negativos). O ponto (–5, 0.75) também está na curva. A Figura 10-2 mostra o gráfico desta curva de exemplo com o intercepto e os pontos desenhados.

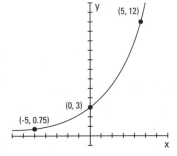

Figura 10-2:
O gráfico da função exponencial $y = 3(2)^{0,4x}$.

Para grafar a função $y = 10(0,9)^x$, primeiro encontre o intercepto de y. Quando $x = 0$, $y = 10(0,9)^0 = 10(1) = 10$. Então, o intercepto de y é $(0, 10)$. Dois outros pontos que podem ser usados são (1, 9) e (–4, 15,24). O gráfico dessa função cai conforme você lê da esquerda para a direita, pois a base é menor que um. A Figura 10-3 mostra o gráfico dessa curva de exemplo e pontos aleatórios de referência.

Figura 10-3:
O gráfico da função exponencial $y = 10(0{,}9)^x$.

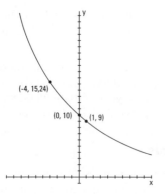

Não vendo os logs como o todo

Os gráficos das funções logarítmicas se elevam ou decaem, e geralmente se parecem com um dos desenhos na Figura 10-4. Os gráficos têm uma única assíntota vertical: o eixo y. Ter o eixo y como uma assíntota é o oposto de uma função exponencial, cuja assíntota é o eixo x (consulte a seção anterior). As funções de log também são diferentes das funções exponenciais considerando que têm um intercepto de x, mas (geralmente) não têm um intercepto de y.

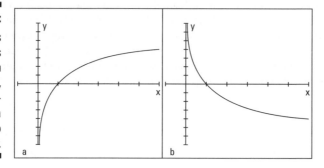

Figura 10-4:
Funções logarítmicas se elevam ou decaem, distanciando-se da assíntota: o eixo y.

Grafando funções de log com o uso de interceptos

Ao grafar uma função de log, observe seus interceptos de x e a base:

- Se a base for um número maior que um, o gráfico se eleva da esquerda para a direita.
- Se a base estiver entre zero e um, o gráfico cai conforme você vai da esquerda para a direita.

Por exemplo, o gráfico de $y = \log_2 x$ tem um intercepto de x de $(1, 0)$ e se eleva da esquerda para a direita. O intercepto é obtido fazendo com que $y = 0$ e resolvendo a equação $0 = \log_2 x$ para encontrar x. Escolha mais dois outros pontos na curva para auxiliar com o formato do gráfico. O gráfico de $y = \log_2 x$ contém os pontos $(2, 1)$ e $\left(\frac{1}{8}, -3\right)$. Calcule esses pontos substituindo o valor escolhido de x na equação da função e encontrando y (se precisar lembrar como resolver essas equações, consulte a seção "Resolvendo Equações Logarítmicas"). A Figura 10-5 mostra o gráfico da função de exemplo (os pontos são indicados).

Refletindo sobre as inversas das funções exponenciais

Funções exponenciais e logarítmicas são inversas uma da outra. Você pode ter notado nas seções anteriores que as curvas planas em formato de C das funções de log parecem vagamente familiares. Na verdade, elas são imagens espelhadas dos gráficos das funções exponenciais.

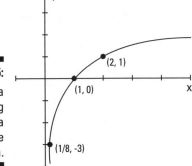

Figura 10-5:
Com uma base de log de 2, a curva da função se eleva.

Uma função exponencial, $y_1 = b^x$, e sua inversa logarítmica, $y_2 = \log_b x$, têm gráficos que são imagens espelhadas um do outro na reta $y = x$.

Por exemplo, a função exponencial $y = 3^x$ tem um intercepto de y de $(0, 1)$, o eixo x como sua assíntota horizontal, e os pontos inseridos $(1, 3)$ e $\left(-2, \frac{1}{9}\right)$. Você pode comparar essa função à sua função inversa, $y = \log_3 x$, que tem um intercepto de x em $(1, 0)$, o eixo y como sua assíntota vertical, e os pontos inseridos $(3, 1)$ e $\left(\frac{1}{9}, -2\right)$. A Figura 10-6 mostra ambos os gráficos e alguns dos pontos.

Figura 10-6: Grafando curvas inversas na reta $y = x$.

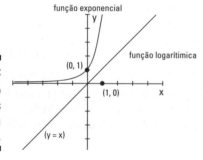

A simetria das funções exponenciais e de log na reta diagonal $y = x$ é bastante útil ao grafar as funções. Por exemplo, se quiser grafar $y = \log_{1/4} x$ e não quiser mexer na base fracionária, você pode grafar $y = \left(\frac{1}{4}\right)^x$ e inverter o gráfico na reta diagonal para obter o gráfico da função de log. O gráfico de $y = \left(\frac{1}{4}\right)^x$ contém os pontos $(0, 1)$, $\left(1, \frac{1}{4}\right)$ e $(-2, 16)$. Esses pontos são mais fáceis de serem calculados que os valores de log. Apenas inverta as coordenadas desses pontos para $(1, 0)$, $\left(\frac{1}{4}, 1\right)$ e $(16, -2)$; e agora temos os pontos no gráfico da função de log. A Figura 10-7 ilustra esse processo.

Figura 10-7: Usando uma função exponencial como uma inversa para grafar uma função de log.

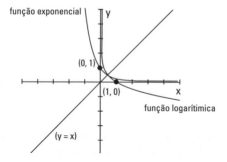

Observe que a função exponencial e sua função de log inversa cruzam a reta $y = x$ no mesmo ponto. Isso se aplica para todas as funções e suas inversas – elas cruzam a reta $y = x$ no mesmo lugar ou lugares. Tenha isso em mente ao desenhar o gráfico.

Parte III:
Conquistando Seções Cônicas e Sistemas de Equações

A 5ª Onda   Por Rich Tennant

"Eu adoro essa época do ano, quando os alunos de Álgebra II começam a encontrar novas maneiras de visualizar seções cônicas."

Nesta parte...

As seções cônicas possuem equações cheias de informações e gráficos simetricamente agradáveis. Nesta parte, descobrimos como usufruir das informações nas equações e como traduzi-las em gráficos. Também resolvemos sistemas de equações e desigualdades determinando o que elas compartilham ou têm em comum. Ao desenhar o gráfico dos sistemas, veremos como as curvas podem compartilhar o mesmo espaço ou determinaremos exatamente onde elas cruzam ou tocam uma à outra. Não se preocupe, se você não gosta muito dos gráficos, há métodos algébricos que podem ser empregados.

Capítulo 11

Cortando Seções Cônicas

Neste Capítulo

▶ Entendendo a aparência de um cone cortado

▶ Investigando equações e gráficos padrão das quatro seções cônicas

▶ Identificando cônicas adequadamente com equações não padrão

Cônicas é o nome dado a um grupo especial de curvas. O que elas têm em comum é o modo como são construídas — pontos em posições relativas a um ponto ou pontos de ancoragem em relação a uma reta. Mas isso soa um tanto obscuro, não é? Talvez funcione melhor pensar nas seções cônicas em termos de como elas podem melhor descrever as curvas visualmente. Imagine cabos curvados pendurados entre os pilares de uma ponte suspensa. Imagine a rota da Terra girando ao redor do Sol. Rastreie o progresso de um cometa vindo em direção à Terra e mudando de rumo novamente. Todas essas imagens que passam pela sua cabeça estão relacionadas a curvas chamadas cônicas.

Se pegarmos um cone — imagine um daqueles deliciosos cones de açúcar nos quais colocamos sorvete — e o partirmos de uma maneira específica, a extremidade resultante que foi criada gerará uma das quatro seções cônicas: uma parábola, um círculo, uma elipse ou uma hipérbole (podemos ver um desenho de um cone na seção seguinte. Espero que isso não deixe você com muita fome!).

Cada seção cônica tem uma equação específica, e eu discutirei cada uma delas minuciosamente neste capítulo. É possível tirar muitas informações valiosas da equação de uma seção cônica, tais como onde é o seu centro no gráfico, o quanto ela se abre e seu formato geral. Também discutirei as técnicas que funcionam melhor quando precisar desenhar o gráfico de cônicas. Peça uma *pizza* e um cone de sorvete, para ter motivação visual, e vamos lá!

Cortando um Cone

Uma *seção cônica* é uma curva formada pela intersecção de um cone e um plano (um *cone* é uma forma cuja base é um círculo e cujos lados se unem em um ponto). A curva formada depende de onde o cone é partido:

✔ Se dividr o cone ao meio, criará um *círculo*, juntamente com a parte superior.

✔ Se partir um pedaço lateral em um ângulo, formará uma *parábola* em forma de U na extremidade.

✔ Se partir o cone em uma inclinação, criará uma *elipse*, ou um formato oval.

✔ Se imaginar dois cones, um de ponta para o outro, e partir os dois até a parte de baixo, terá uma *hipérbole*. Haverá duas extremidades amplas em forma de U que se encaram. Uma hipérbole requer um pouco mais de exercício!

A Figura 11-1 mostra cada uma das quatro seções cônicas partidas. Cada seção cônica tem uma equação específica usada para grafar a cônica ou para alguma aplicação (como quando a seção cônica representa a curvatura de um túnel). Você pode ir direto às seções deste capítulo que trabalham com as diferentes cônicas para ver os tópicos em detalhes.

Figura 11-1:
As quatro seções cônicas.

Círculo

Parábola

Elipse

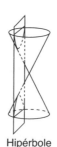
Hipérbole

Abrindo Todos os Caminhos com Parábolas

Uma *parábola*, uma seção cônica em formato de U que apresento pela primeira vez no Capítulo 7 (a parábola é a única seção cônica que se encaixa na definição de um polinômio), é definida como todos os pontos que estão à mesma distância de um ponto fixo, chamado de *foco*, e uma reta fixa, chamada de *diretriz*. O foco é denotado por F e a diretriz por $y = d$. A Figura 11-2 mostra alguns dos pontos em uma parábola e como cada um deles aparece à mesma distância do foco e da diretriz da parábola.

Figura 11-2:
Os pontos em uma parábola estão à mesma distância de um ponto e de uma reta fixos.

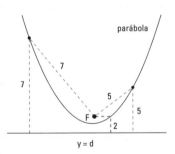

Uma parábola tem algumas outras características que a definem. O *eixo de simetria* de uma parábola é uma reta que passa pelo foco e é perpendicular à diretriz (imagine uma reta que passa por F na Figura 11-2). O eixo de simetria faz exatamente aquilo que seu nome sugere: ele mostra a simetria de uma parábola. Uma parábola é uma imagem espelhada em um dos lados de seu eixo. Outra característica é o *vértice* da parábola. O vértice é o ponto extremo da curva — o ponto mais baixo ou mais alto, ou o ponto mais à direita ou mais à esquerda na curva. O vértice também é o ponto em que o eixo de simetria cruza a curva (é possível criar esse ponto colocando um lápis na curva na Figura 11-2 onde o eixo imaginário cruza a curva após passar por F).

Observando as parábolas com vértices na origem

As parábolas podem ter gráficos que vão para qualquer um dos lados e têm vértices em qualquer ponto no sistema de coordenadas. Quando possível, no entanto, é melhor trabalhar com parábolas que têm vértice na origem. As equações são mais fáceis de trabalhar e as aplicações mais facilmente resolvidas. Portanto, coloco "a carroça na frente dos bois" com esta seção para discutir essas parábolas especializadas. (Na seção "Observando o formato geral de equações de parábolas," posteriormente, neste capítulo, trabalho com todas as outras parábolas com que você pode se deparar).

Abrindo para a direta ou para a esquerda

As parábolas com vértices que se abrem para a direita ou para a esquerda têm uma equação padrão $y^2 = 4ax$ e são conhecidas como *relações* — vemos uma relação entre as variáveis. O formato padrão é repleto de informações sobre o foco, a diretriz, o vértice, o eixo de simetria e a direção de uma parábola. A equação também dá uma dica de se a parábola é estreita ou aberta.

O formato geral de uma parábola com a equação $y^2 = 4ax$ oferece as seguintes informações:

Foco: (a,0)

Diretriz: $x = -a$

Vértice: (0,0)

Eixo de simetria: $y = 0$

Abertura: para a direita se a for positivo; para a esquerda se a for negativo.

Formato: estreita se |4a| for menor que 1; aberta se |4a| for maior que 1.

Uso a operação de valor absoluto, | |, em vez de dizer que $4a$ tem de estar entre 0 e 1 ou entre −1 e 0. Acredito que seja uma maneira mais exata de encarar a regra.

Por exemplo, se quiser extrair informações sobre a parábola $y^2 = 8x$, você pode colocá-la no formato $y^2 = 4(2)x$ substituindo as informações conhecidas. Nesse caso, extraia as seguintes informações:

O valor de a é 2 (de $4 \cdot 2 = 8$).

O foco está em (2, 0).

A diretriz é a reta $x = -2$.

O vértice está em (0, 0).

O eixo de simetria é $y = 0$.

A parábola se abre para a direita.

A parábola é aberta |4(2)| é maior que 1.

A Figura 11-3 mostra gráfico da parábola $y^2 = 8x$ com todas as informações essenciais indicadas no desenho.

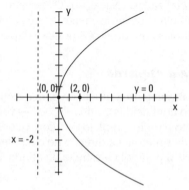

Figura 11-3:
A parábola $y^2 = 8x$ com todas as suas propriedades sendo mostradas.

É claro que extrair informações é sempre mais conveniente quando a equação da parábola tem um coeficiente com número par, como $y^2 = 8x$, mas o processo também funciona para números ímpares. Você só tem de trabalhar com as frações. Por exemplo, podemos escrever a parábola $y^2 = 7x$ como $y^2 = 4(7/4)x$, de modo que o valor de a seja 7/4, o foco seja (7/4, 0), e assim por diante. O valor de a é o valor necessário para multiplicar por 4 para obter o coeficiente.

Abrindo para cima ou para baixo

Parábolas que se abrem para a esquerda ou para a direita são relações, mas parábolas que têm vértices que se abrem para cima ou para baixo são um pouco mais especiais. As parábolas que se abrem para cima ou para baixo são funções — elas têm somente um valor de y para cada valor de x. (Para saber mais sobre funções, consulte o Capítulo 6.) Parábolas dessa variedade têm a seguinte equação padrão: $x^2 = 4ay$.

Sabemos que temos uma relação (com abertura para a direita ou para a esquerda) em vez de uma função (com abertura para cima ou para baixo) se a variável y estiver elevada ao quadrado. Os polinômios quadráticos (do Capítulo 7) e as funções têm a variável x elevada ao quadrado.

As informações que são extraídas da equação padrão contam a mesma história que a equação das parábolas que se abrem para os lados; entretanto, muitas das regras são invertidas.

A partir do formato geral da parábola $x^2 = 4ay$, podemos extrair as seguintes informações:

> **Foco:** (0, a)
>
> **Diretriz:** $y = -a$
>
> **Vértice:** (0, 0)
>
> **Eixo de simetria:** $x = 0$
>
> **Abertura:** para cima se a for positivo; para baixo se a for negativo.
>
> **Formato:** estreito se |4a| for menor que 1; aberto se |4a| for maior que 1.

É possível converter a parábola $x^2 = -\frac{1}{2}y$ para o formato $x^2 = 4\left(-\frac{1}{8}\right)y$, pois o formato geral oferece informações rápidas e facilmente acessíveis. Apenas divida o coeficiente por 4, e depois escreva o coeficiente como 4 vezes o resultado da divisão. O valor do coeficiente não foi alterado; apenas sua aparência.

Nesse caso, as seguintes informações são extraídas:

> O valor de a é $-\frac{1}{8}$.
>
> O foco está no ponto $\left(0, -\frac{1}{8}\right)$.

A diretriz forma uma reta em $y = \frac{1}{8}$.

O vértice está em (0, 0).

O eixo de simetria é $x = 0$.

O gráfico se abre para baixo.

A parábola é estreita, pois $\left|4(a)\right| = \left|4\left(-\frac{1}{8}\right)\right| = \left|-\frac{1}{2}\right| < 1$.

A Figura 11-4 mostra o gráfico da parábola $x^2 = -\frac{1}{2}y$ com todos os elementos ilustrados no desenho.

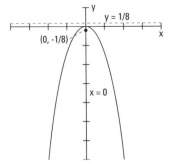

Figura 11-4: Uma parábola estreita que se abre para baixo.

Observando o formato geral das equações das parábolas

As curvas das parábolas podem se abrir para cima, para baixo, para a esquerda ou para a direita, mas as curvas sempre devem ter seu vértice na origem. As parábolas podem se mover por todo o gráfico. Por isso, como saber onde as curvas estão localizadas no gráfico? Observe as equações, que oferecem todas as informações que você precisa para descobrir para onde elas se moveram.

Quando o vértice de uma parábola está no ponto (h, k), o formato geral da equação é um dos seguintes:

✔ **Abertura para a esquerda ou para a direita: $(y - k)^2 = 4a(x - h)$.**
Quando a variável y está elevada ao quadrado, a parábola se abre para a esquerda ou para a direita. A partir dessa equação, assim como as parábolas que têm vértice na origem (consulte a seção anterior), é possível extrair informações sobre os elementos:

• Se $4a$ for positivo, a curva se abre para a direita; se $4a$ for negativo, a curva se abre para a esquerda.

• Se $|4a| > 1$, a parábola é relativamente aberta; se $|4a| < 1$, a parábola é relativamente estreita.

✓ **Abertura para cima ou para baixo:** $(x - h)^2 = 4a(y - k)$. Quando a variável x está elevada ao quadrado, a parábola se abre para cima ou para baixo. Aqui estão as informações que podem ser extraídas desta equação:

• Se $4a$ for positivo, a parábola se abre para cima; se $4a$ for negativo, a curva se abre para baixo.

• Se $|4a| > 1$, a parábola é aberta; se $|4a| < 1$, a parábola é estreita.

Os formatos padrão usados para parábolas com vértices na origem (que discuto nas seções anteriores) são casos especiais dessas parábolas mais gerais. Se você substituir as coordenadas h e k por zeros, terá as parábolas especiais ancoradas na origem.

Um movimento na posição do vértice (distanciando-se da origem, por exemplo) muda o foco, a diretriz e o eixo de simetria de uma parábola. Em geral, um movimento do vértice simplesmente adiciona o valor de h e k ao formato básico. Por exemplo, quando o vértice está em (h, k), o foco está em $(h + a, k)$ para parábolas que se abrem para a direita e em $(h, k + a)$ para parábolas que se abrem para cima. A diretriz também é afetada por h ou k em sua equação; ela se torna $x = h - a$ para parábolas que se abrem para o lado e $y = k - a$ para aquelas que se abrem para cima ou para baixo. Todo o gráfico muda de posição, mas o deslocamento não afeta a direção na qual ele se abre ou o tamanho da abertura. O formato e a direção permanecem iguais.

Desenhando os gráficos das parábolas

As parábolas têm gráficos distintos em formato de U e, somente com algumas informações, é possível fazer um esboço relativamente preciso do gráfico de uma parábola específica. O primeiro passo é pensar em todas as parábolas como estando em um dos formatos gerais que listo nas duas seções anteriores. (Consulte as regras nas duas seções anteriores ao grafar uma parábola.)

Tomando as medidas necessárias para grafar

Aqui está uma lista completa de passos a serem seguidos ao desenhar o gráfico de uma parábola — seja $(x - h)^2 = 4a(y - k)$ ou $(y - k)^2 = 4a(x - h)$:

1. **Determine as coordenadas do vértice, (h, k), e insira-as.**

    Se a equação tiver $(x + h)$ ou $(y + k)$, mude o formato para $(x - [-h])$ ou $(y - [-k])$, respectivamente, para determinar os sinais corretos. Na verdade, você está apenas invertendo o sinal que já está lá.

2. **Determine a direção em que a parábola se abre e decida se ela é aberta ou estreita, observando a parte $4a$ da equação geral da parábola.**

3. Faça um esboço do eixo de simetria que passa pelo vértice ($x = h$ quando a parábola se abre para cima ou para baixo e $y = k$ quando ela se abre de lado).

4. Escolha outros dois pontos na parábola e encontre cada um de seus parceiros do outro lado do eixo de simetria para ajudá-lo com o desenho.

Por exemplo, se quiser desenhar o gráfico da parábola $(y + 2)^2 = 8(x - 1)$, primeiro observe que essa parábola tem vértice no ponto $(1, -2)$ e que ela se abre para a direita, pois o y está elevado ao quadrado (se o x estivesse elevado ao quadrado, ela se abriria para cima ou para baixo) e a (2) é positivo. O gráfico é relativamente aberto no eixo de simetria, $y = -2$, pois $a = 2$, o que torna $|4a|$ maior que 1. Para encontrar um ponto aleatório na parábola, experimente fazer com que $y = 6$ e encontre x:

$$(6 + 2)^2 = 8(x - 1)$$
$$8^2 = 8(x - 1)$$
$$64 = 8(x - 1)$$
$$8 = x - 1$$
$$9 = x$$

Outro ponto de exemplo, encontrado usando o mesmo processo pelo qual chegamos a (9, 6), é (5,5, 4). A Figura 11-5a mostra o vértice, o eixo de simetria e os dois pontos posicionados.

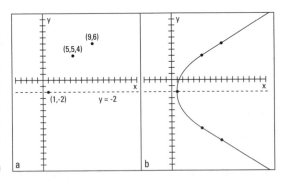

Figura 11-5:
Uma parábola desenhada a partir de pontos e retas deduzidos da equação padrão.

Os dois pontos aleatoriamente escolhidos têm contrapartes no lado oposto do eixo de simetria. O ponto (9, 6) fica 8 unidades acima do eixo de simetria, então, 8 unidades abaixo do eixo temos (9, −10). O ponto (5,5, 4) está 6 unidades acima do eixo de simetria, por isso, seu parceiro é o ponto (5.5, −8). A Figura 11-5b mostra os dois novos pontos e a parábola desenhada.

Aplicando suspensão à parábola

Desenhar parábolas ajuda você a visualizar como elas são usadas em uma aplicação, então é preciso poder desenhá-las rápida e precisamente caso seja necessário. Uma ocorrência um tanto natural de uma parábola envolve os cabos que ficam pendurados entre as torres de uma ponte suspensa. Esses cabos formam uma curva parabólica. Considere a seguinte situação: Um eletricista que colocar uma lâmpada decorativa no cabo de uma ponte suspensa a um ponto a 100 pés (horizontalmente) de onde o cabo toca a rodovia no meio da ponte. É possível ver a planta do eletricista na Figura 11-6.

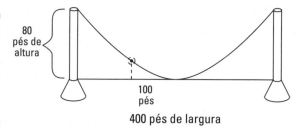

Figura 11-6: O cabo suspenso nesta ponte forma uma parábola.

O eletricista precisa saber a altura do cabo a um ponto a 100 pés a partir do centro da ponte para que possa planejar esse experimento de iluminação. As torres que seguram o cabo têm 80 pés de altura, e o comprimento total da ponte é de 400 pés.

Você pode ajudar o eletricista a resolver esse problema escrevendo a equação da parábola que atende a todos esses parâmetros. A maneira mais fácil de lidar com o problema é fazer com que a estrada por onde passa a ponte seja o eixo x e o centro da ponte seja a origem $(0, 0)$. A origem, portanto, é o vértice da parábola. A parábola se abre para cima, por isso, você usa a equação de uma parábola que se abre para cima com vértice na origem, que é $x^2 = 4ay$ (consulte a seção "Observando as parábolas com vértices na origem").

Para encontrar a, coloque as coordenadas do ponto (200, 80) na equação. De onde tiramos esses números aparentemente aleatórios? Metade do total da ponte de 400 pés é 200 pés. Você se move 200 pés para a direita a partir do meio da ponte e sobre 80 pés para chegar ao topo da torre à direita. Substituindo o x na equação por 200 e o y por 80, temos $40.000 = 4a(80)$. Dividindo cada lado da equação por 80, descobrimos que $4a$ é igual a 500, por isso, a equação da parábola que representa o cabo é $x^2 = 500y$.

Assim, qual é a altura do cabo em um ponto a 100 pés do centro? Na Figura 11-6, o ponto a 100 pés do centro está à esquerda, por isso, -100 representa x. Uma parábola é simétrica em seu vértice, por isso, não importa se você usar o 100 positivo ou negativo para resolver esse problema. Mas, concentrando-nos na figura, faça com que $x = -100$ na equação; teremos $(-100)^2 = 500y$, que se torna $10.000 = 500y$. Dividindo cada lado por 500, teremos $y = 20$. O cabo tem 20 pés de altura no ponto onde o eletricista quer pendurar a lâmpada. Ele precisará de uma escada!

Convertendo equações parabólicas para o formato padrão

Quando a equação de uma parábola aparece no formato padrão, você tem todas as informações de que precisa para desenhar o gráfico ou para determinar algumas de suas características, como a direção ou o tamanho. Nem todas as equações, no entanto, vêm repletas de informação desse jeito. Talvez seja preciso, primeiro, trabalhar um pouco na equação, para poder identificar algo sobre a parábola.

O formato padrão de uma parábola é $(x - h)^2 = a(y - k)$ ou $(y - k)^2 = a(x - h)$, em que (h, k) é o vértice.

Os métodos usados aqui para reescrever a equação de uma parábola em seu formato padrão também se aplicam ao reescrever equações de círculos, elipses e hipérboles. (Consulte a última seção deste capítulo "Identificando Seções Cônicas a partir de suas Equações, Sejam Elas Padrão ou Não," para ter uma visão mais generalizada de como mudar os formatos de equações cônicas.) Os formatos padrão das seções cônicas são formatos fatorados que permitem que você identifique imediatamente as informações necessárias. Diferentes situações da álgebra pedem formatos padrão diferentes — o formato depende apenas daquilo que você precisa da equação.

Por exemplo, se quiser converter a equação $x^2 + 10x - 2y + 23 = 0$ para o formato padrão, empregue os passos a seguir, que contêm um método chamado de *complementação de quadrado* (um método usado para resolver equações quadráticas; consulte o Capítulo 3 para uma revisão da complementação de quadrado):

1. **Reescreva a equação com o termo com x^2 e os termos com x (ou os termos com y^2 e y) em um lado da equação e o resto dos termos do outro lado.**

    $x^2 + 10x - 2y + 23 = 0$

    $x^2 + 10x = 2y - 23$

2. **Adicione um número a cada lado para tornar o lado com o termo elevado ao quadrado um trinômio de quadrado perfeito (completando assim o quadrado; consulte o Capítulo 3 para saber mais sobre trinômios).**

    $x^2 + 10x + 25 = 2y - 23 + 25$

    $x^2 + 10x + 25 = 2y + 2$

3. **Reescreva o trinômio de quadrado perfeito em um formato fatorado e fatore os termos do outro lado pelo coeficiente da variável.**

    $(x + 5)^2 = 2(y + 1)$

Agora, a equação está no formato padrão. O vértice está em $(-5, -1)$; ele se abre para cima e é bastante amplo (consulte a seção "Desenhando os gráficos das parábolas" para saber como fazer essas determinações).

Dando Voltas em Círculos Cônicos

Um *círculo*, provavelmente a mais reconhecível das seções cônicas, é definido como todos os pontos inseridos à mesma distância de um ponto fixo — o centro do círculo, C. A distância fixa é o raio, *r*, do círculo.

O formato padrão para a equação de um círculo com raio *r* e com centro no ponto (h, k) é $(x - h)^2 + (y - k)^2 = r^2$.

A Figura 11-7 mostra o desenho de um círculo.

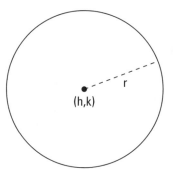

Figura 11-7:
Todos os pontos em um círculo estão à mesma distância de (h, k).

Padronizando o círculo

Quando a equação de um círculo aparece no formato padrão, ela oferece tudo o que você precisa saber sobre o círculo: seu centro e raio. Com essas duas informações, é possível desenhar o gráfico do círculo. A equação $x^2 + y^2 + 6x - 4y - 3 = 0$, por exemplo, é a equação de um círculo. Você pode mudar essa equação para o formato padrão *completando o quadrado* para cada uma das variáveis (consulte o Capítulo 3 se precisar de uma revisão desse processo). Apenas siga esses passos:

1. **Mude a ordem dos termos para que os *x* e os *y* fiquem agrupados e o termo constante apareça do outro lado do sinal de igualdade.**

    Deixe um espaço após os agrupamentos para os números que precisa adicionar:

    $x^2 + y^2 + 6x - 4y - 3 = 0$

    $x^2 + 6x \quad + y^2 - 4y \quad = 3$

2. **Complete o quadrado para cada variável, adicionando o número que cria trinômios de quadrado perfeito.**

    $x^2 + 6x + 9 + y^2 - 4y + 4 = 3 + 9 + 4$

    $x^2 + 6x + 9 + y^2 - 4y + 4 = 16$

3. Fatore cada trinômio de quadrado perfeito.

O formato padrão da equação desse círculo é $(x + 3)^2 + (y - 2)^2 = 16$.

O círculo de exemplo tem centro no ponto (–3, 2) e tem um raio de 4 (a raiz quadrada de 16). Para desenhar o círculo, localize o ponto (–3, 2) e depois conte 4 unidades para cima, para baixo, para a esquerda e para a direita; desenhe um círculo que inclua esses pontos. A Figura 11-8 mostra o que fazer.

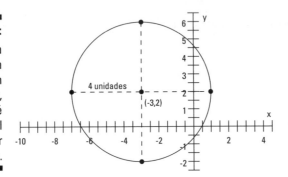

Figura 11-8: Com um centro, um raio e um compasso, também é possível desenhar esse círculo.

Especializando-se em círculos

Dois círculos que devem ser considerados especiais são o círculo com centro na origem e o círculo unitário. Um círculo com centro na origem tem centro em (0, 0), por isso, sua equação padrão se torna $x^2 + y^2 = r^2$.

É simples e fácil trabalhar com a equação da origem do centro, por isso, você deve tirar vantagem de sua simplicidade e tentar manipular qualquer aplicação com a qual estiver trabalhando par transformá-la em uma que usa um círculo com centro na origem.

O *círculo unitário* também tem centro na origem, mas sempre tem um raio de um. A equação do círculo unitário é $x^2 + y^2 = 1$. Esse círculo também é conveniente e bom de trabalhar. Você o utiliza para definir funções trigonométricas e o encontra em aplicações de geometria analítica e cálculo.

Por exemplo, um círculo com centro na origem e um radio de 5 unidades é criado a partir da equação $(x - h)^2 + (y - k)^2 = r^2$, em que (h, k) é $(0, 0)$ e $r^2 = 5^2 = 25$; portanto, ele tem a equação $x^2 + y^2 = 25$. Qualquer círculo tem um número infinito de pontos em si, mas essa inteligente escolha de raio oferece muitos números inteiros como coordenadas. Os pontos no círculo incluem (3, 4), (–3, 4), (3, –4), (–3, –4), (4, 3), (–4, 3), (4, –3), (–4, –3), (5, 0), (–5, 0), (0, 5) e (0, –5). Nem todos os círculos oferecem tantas coordenadas de números inteiros, e é por isso que esse é um dos meus favoritos (o restante do número infinito de pontos no círculo possui coordenadas que envolvem frações e radicais).

Aquilo que vai, volta

Imagine que a Terra tenha, na verdade, uma superfície lisa, assim como os globos que a representam, e que há uma tira de metal esticada firmemente ao redor da Terra no Equador. A circunferência (distância ao redor da Terra no Equador) encontrada é de quase 25.000 milhas. Agora adicione *1 jarda* de material à tira. Você acha que consegue passar o dedo por debaixo da tira? A que altura você acha que essa quantia de material extra ergueria a tira de metal? Acredite ou não, esse material extra ergueria a tira em 6 polegadas *ao redor* do mundo. Seria possível passar uma bola de beisebol por debaixo dela. Você não acredita em mim?

Aqui está a explicação. A circunferência de um círculo — ou um globo em seu equador — é igual a *pi* vezes o diâmetro, $C = \pi \cdot d$. O valor de π é um pouco maior que 3. Se você adicionar 36 polegadas à circunferência, adicionará 36 a cada lado da equação: $C + 36 = (\pi \cdot d) + 36$. Agora fatore π por cada termo à direita (faça com que π seja aproximadamente 3, a fim de simplificar). $C + 36 = \pi(d + 12)$. O diâmetro aumenta em cerca de 12 polegadas, por isso, o raio aumenta em cerca de 6 polegadas acima da superfície da Terra.

Preparando Seus Olhos para Elipses Solares

A elipse é considerada a mais agradável esteticamente dentre todas as seções cônicas. Ela tem um belo formato oval geralmente usado em espelhos, janelas e objetos de arte. Nosso sistema solar parece concordar: Todos os planetas assumem uma rota elíptica ao redor do Sol.

A definição de uma *elipse* são todos os pontos em que a soma das distâncias dos pontos a dois pontos fixos é um termo constante. Os dois pontos fixos são os *focos*, denotados por F. A Figura 11-9 ilustra essa definição. Você pode escolher um ponto na elipse e as duas distâncias a partir desse ponto aos dois focos somam um número igual a qualquer outra soma entre distâncias de outros pontos na elipse. Na Figura 11-9, as distâncias do ponto A aos dois focos são 3,2 e 6,8, que somam 10. As distâncias do ponto B aos dois focos são 5 e 5, que também somam 10.

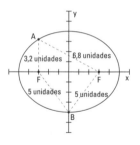

Figura 11-9: As distâncias somadas aos focos são iguais para todos os pontos em uma elipse.

Elevando os padrões de uma elipse

Podemos pensar na elipse como um tipo de círculo amassado. É claro que há muito mais nas elipses que isso, mas essa representação funciona, pois a equação padrão de uma elipse tem uma vaga semelhança com a equação de um círculo (consulte a seção anterior).

A equação padrão de uma elipse com centro no ponto (h, k) é
$\frac{(x-h)^2}{a^2} + \frac{(y-k)^2}{b^2} = 1$, em que:

- x e y são pontos na elipse
- a tem metade do comprimento da elipse, da esquerda para a direita, e é o ponto mais amplo
- b tem metade da distância para cima ou para baixo da elipse em seu ponto mais alto

Para ter sucesso com problemas elípticos, você precisa descobrir mais com a equação padrão do que apenas o centro. Queremos saber se a elipse é longa e estreita ou alta e fina. Quanto ela tem de comprimento e quanto mede para cima e para baixo? Podemos até mesmo querer saber as coordenadas dos focos. É possível determinar todos esses elementos a partir da equação.

Determinando o formato

Uma elipse é cruzada por um *eixo maior* e um *eixo menor*. Cada eixo divide a elipse em duas metades iguais, com o *eixo maior* sendo o mais longo dos segmentos (como o eixo x na Figura 11-9; se nenhum dos eixos for mais longo, você terá um círculo). Os dois eixos se intersectam no centro da elipse. Nas extremidades do eixo maior, são encontrados os *vértices* da elipse. A Figura 11-10 mostra duas elipses com seus eixos e vértices identificados.

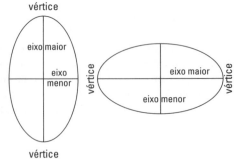

Figura 11-10: Elipses com suas propriedades de eixos identificadas.

Para determinar o formato de uma elipse, é preciso identificar duas características:

- **Comprimentos dos eixos:** é possível determinar os comprimentos dos dois eixos a partir da equação padrão da elipse. Tire as raízes quadradas dos números nos denominadores das frações. O valor que for maior, a^2 ou b^2, indica qual é o eixo maior. As raízes quadradas desses números representam as distâncias a partir do centro até os pontos na elipse ao longo de seus eixos respectivos. Em outras palavras, a tem metade do comprimento de um eixo, e b tem metade do comprimento do outro. Portanto, $2a$ e $2b$ são os comprimentos dos eixos.

  Para encontrar os comprimentos dos eixos maior e menor da elipse $\frac{(x-4)^2}{25} + \frac{(y+1)^2}{49} = 1$, por exemplo, tire as raízes quadradas de 25 e 49. A raiz quadrada do número maior, 49, é 7. Duas vezes 7 é 14, assim, o eixo maior tem 14 unidades de comprimento. A raiz quadrada de 25 é 5, e duas vezes 5 é 10. O eixo menor mede 10 unidades.

- **Designação dos eixos:** o posicionamento dos eixos é significativo. O denominador que está embaixo do x indica o eixo que corre paralelo ao eixo x. No exemplo anterior, 25 está embaixo de x, por isso, o eixo menor é horizontal. O denominador que está embaixo do fator y é o eixo que corre paralelo ao eixo y. No exemplo anterior, 49 está embaixo de y, por isso, o eixo maior vai para cima e para baixo paralelamente ao eixo y. Essa é uma elipse alta e fina.

Encontrando os focos

É possível encontrar os dois focos de uma elipse usando as informações da equação padrão. Os focos, para começar, sempre estão no eixo maior. Eles estão a c unidades a partir do centro. Para encontrar o valor de c, use partes da equação da elipse para formar a equação $c^2 = a^2 - b^2$ ou $c^2 = b^2 - a^2$, dependendo de qual for maior, a^2 ou b^2. O valor de c^2 tem de ser positivo.

Na elipse $\frac{x^2}{25} + \frac{y^2}{9} = 1$, por exemplo, o eixo maior passa pela elipse, paralela ao eixo x (consulte a seção anterior para descobrir por quê). Na verdade, o eixo maior é o eixo x, pois o centro dessa elipse é a origem. Sabemos disso, pois h e k estão ausentes na equação (na verdade, ambos são iguais a zero). Encontre os focos da elipse resolvendo a equação dos focos:

$$c^2 = a^2 - b^2$$

$$c^2 = 25 - 9$$

$$c^2 = 16$$

$$c = \pm\sqrt{16} = \pm 4$$

Assim, os focos estão a 4 unidades dos lados do centro da elipse. Nesse caso, as coordenadas dos focos são $(-4, 0)$ e $(4, 0)$. A Figura 11-11 mostra o gráfico da elipse com os focos identificados.

Figura 11-11:
Os focos sempre estão no eixo maior (nesse caso, o eixo x).

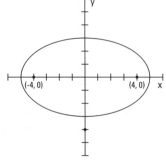

Além disso, para essa elipse do exemplo, o eixo maior tem 10 unidades de comprimento, de (–5, 0) a (5, 0). Esses dois pontos são os vértices. O eixo menor tem 6 unidades de comprimento, indo de (0, 3) a (0, –3).

Quando o centro da elipse não está na origem, encontramos os focos da mesma maneira e ajustamos o centro. A elipse $\frac{(x+1)^2}{625} + \frac{(y-3)^2}{49} = 1$ tem centro em (–1, 3). Os focos são encontrados resolvendo $c^2 = a^2 - b^2$, que, nesse caso, dá $c^2 = 25^2 - 7^2 = 625 - 49 = 576$. O valor de c é 24 (a raiz de 576) ou –24 a partir do centro, então os focos são (23, 3) e (–25, 3). O eixo maior é 2(25) = 50 unidades, e o eixo menor é 2(7) = 14 unidades. O 25 e o 7 vêm das raízes quadradas de 625 e 49, respectivamente. E os vértices, os pontos terminais do eixo maior, estão em (24, 3) e (– 26, 3).

Desenhando uma rota elíptica

Você já esteve em uma galeria acústica? Estou falando sobre uma sala ou auditório em que pode ficar em um lugar e sussurrar uma mensagem, e uma pessoa a uma grande distância é capaz de ouvir a mensagem. Esse fenômeno era muito mais interessante antes da era dos microfones escondidos, que tende a nos deixar um tanto céticos quanto a como isso funciona. De qualquer forma, aqui está o princípio algébrico por trás de uma galeria acústica. Você está em um dos focos da elipse, e a outra pessoa fica no outro foco. As ondas de som de um foco se refletem na superfície ou no teto da galeria e se movem para o outro foco.

Suponhamos que você se depare com um problema em uma prova que peça que desenhe a elipse associada a uma galeria acústica que tem focos com 240 pés de distância e eixo maior (comprimento da sala) de 260 pés. Sua primeira tarefa é construir a equação da elipse.

Os focos têm uma distância de 240 pés, então, cada um deles está a 120 pés do centro da elipse. O eixo maior tem 260 pés de comprimento, por isso, os vértices estão a 130 pés, cada um, do centro. Usando a equação $c^2 = a^2 - b^2$ — que apresenta a relação entre c, a distância de um foco a partir do centro; a, a distância a partir do centro até a extremidade do eixo maior; e b, a distância a

partir do centro até a extremidade do eixo menor — obtemos
$120^2 = 130^2 - b^2$, ou $b^2 = 50^2$. Armado com os valores de a^2 e b^2, você pode escrever a equação da elipse que representa o curvatura do teto: $\dfrac{x^2}{130^2} + \dfrac{y^2}{50^2} = 1$.

Para desenhar o gráfico dessa elipse, primeiro localize o centro em (0, 0). Conte 130 unidades à direita e à esquerda do centro e marque os vértices, e depois conte 50 unidades para cima e para baixo do centro para os pontos terminais do eixo menor. Você pode desenhar a elipse usando esses pontos terminais. O desenho na Figura 11-12 mostra os pontos descritos e a elipse. Ele também mostra os focos — onde as duas pessoas estariam na galeria acústica.

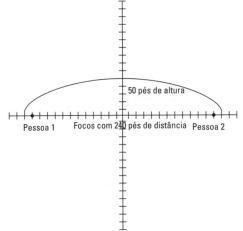

Figura 11-12: Uma galeria acústica é longa e estreita.

Sentindo-se Hiperbem com as Hipérboles

A hipérbole é uma seção cônica que parece estar em combate consigo mesma. Ela apresenta duas curvas completamente deslocadas, ou *braços*, que são opostas uma à outra, mas que são imagens espelhadas em uma reta que passa entre elas.

Uma *hipérbole* é definida como todos os pontos de forma que a diferença entre as distâncias entre dois pontos fixos (chamados de *focos*) seja um valor constante. Em outras palavras, você escolhe um valor, como o número 6; encontra duas distâncias cuja diferença seja 6, como 10 e 4; e encontra um ponto que esteja a 10 unidades de um dos pontos e a 4 unidades do outro. A hipérbole tem dois eixos, assim como a elipse (consulte a seção anterior). O eixo da hipérbole que passa pelos seus dois focos é chamado de *eixo transversal*. O outro eixo, o *eixo conjugado*, é perpendicular ao eixo transversal, passa pelo centro da hipérbole e age como a reta espelhada para os dois braços.

A Figura 11-13 mostra duas hipérboles com seus eixos e focos identificados. A Figura 11-13a mostra as distâncias P e q. A diferença entre essas duas distâncias aos focos é um número constante (o que se aplica independentemente dos pontos que forem escolhidos na hipérbole).

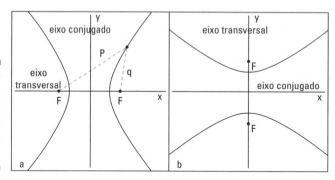

Figura 11-13: Os braços das hipérboles são opostos um ao outro.

Há duas equações básicas para as hipérboles. Uma delas é usada quando a hipérbole se abre para a esquerda e para a direita: $\dfrac{(x-h)^2}{a^2} - \dfrac{(y-k)^2}{b^2} = 1$. A outra é usada quando a hipérbole se abre para cima e para baixo: $\dfrac{(y-k)^2}{b^2} - \dfrac{(x-h)^2}{a^2} = 1$.

Em ambos os casos, o centro da hipérbole fica em (h, k), e os focos estão a c unidades de distância do centro, em que $b^2 = c^2 - a^2$ descreve a relação entre as diferentes partes da equação. Por exemplo, $\dfrac{(x-4)^2}{25} - \dfrac{(y+5)^2}{144} = 1$ é a equação de uma hipérbole com centro em $(4, -5)$.

Incluindo as assíntotas

Uma ferramenta bastante útil que pode ser usada é esboçar primeiramente as duas assíntotas diagonais da hipérbole. As *assíntotas* não são realmente parte do gráfico; elas apenas ajudam você a determinar o formato e a direção das curvas. As assíntotas de uma hipérbole intersectam-se no centro da hipérbole. As equações das assíntotas são encontradas substituindo o um na equação da hipérbole por um zero e simplificando a equação resultante como as equações de duas retas.

Se quiser encontrar as equações das assíntotas da hipérbole $\dfrac{(x-3)^2}{9} - \dfrac{(y+4)^2}{16} = 1$, por exemplo, coloque um zero no lugar do um, estabeleça as duas frações como sendo iguais uma à outra e tire a raiz quadrada de cada lado:

$$\frac{(x-3)^2}{9} - \frac{(y+4)^2}{16} = 0$$

$$\frac{(x-3)^2}{9} = \frac{(y+4)^2}{16}$$

$$\sqrt{\frac{(x-3)^2}{9}} = \pm \sqrt{\frac{(y+4)^2}{16}}$$

$$\frac{x-3}{3} = \pm \frac{y+4}{4}$$

Agora, multiplique cada lado por 4 para obter as equações das assíntotas em um melhor formato:

$$4\frac{(x-3)}{3} = \pm \frac{(y+4)}{4} 4$$

$$\frac{4}{3}(x-3) = \pm (y+4)$$

Considere os dois casos — um usando o sinal positivo e outro usando o sinal negativo:

$$\frac{4}{3}(x-3) = +(y+4) \quad \text{ou} \quad \frac{4}{3}(x-3) = -(y+4)$$

$$\frac{4}{3}x - 4 = y + 4 \quad \text{ou} \quad \frac{4}{3}x - 4 = -y - 4$$

$$\frac{4}{3}x - 8 = y \quad \text{ou} \quad \frac{4}{3}x = -y$$

$$-\frac{4}{3}x = y$$

As duas assíntotas encontradas são $y = \frac{4}{3}x - 8$ e $y = -\frac{4}{3}x$, e elas podem ser vistas na Figura 11-14. Observe que os coeficientes angulares das retas são opostos um do outro. (Para lembrar como grafar retas, consulte o Capítulo 2.)

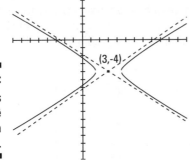

Figura 11-14: As assíntotas ajudam você a desenhar a hipérbole.

Desenhando o gráfico de hipérboles

As hipérboles são relativamente fáceis de serem desenhadas, *se* você tirar as informações necessárias das equações (consulte a introdução desta seção). Para desenhar o gráfico de uma hipérbole, use os seguintes passos como diretrizes:

1. **Determine se a hipérbole se abre para os lados ou para cima e para baixo observando se o termo com *x* é o primeiro ou o segundo.**

    O termo com *x* primeiro significa que ela se abre para os lados.

2. **Encontre o centro da hipérbole observando os valores de *h* e *k*.**

3. **Esboce um retângulo com duas vezes o comprimento da raiz quadrada do denominador abaixo do valor com *x* e com duas vezes a altura da raiz quadrada do denominador embaixo do valor com *y*.**

    O centro do retângulo é o centro da hipérbole.

4. **Esboce as assíntotas nos vértices do retângulo (consulte a seção anterior para descobrir como).**

5. **Desenhe a hipérbole, assegurando-se de que ela toque os pontos médios das laterais do retângulo.**

Você pode usar esses passos para grafar a hipérbole $\frac{(x+2)^2}{9} - \frac{(y-3)^2}{16} = 1$.

Primeiro, observe que essa equação se abre para a esquerda e para a direita, pois o valor de *x* vem primeiro na equação. O centro da hipérbole está em (–2, 3).

Agora vem o retângulo misterioso. Na Figura 11-15a, vemos o centro posicionado no gráfico em (–2, 3). Conte 3 unidades para a direita e para a esquerda do centro (totalizando 6), pois duas vezes a raiz quadrada de 9 é 6. Agora conte 4 unidades para cima e para baixo a partir do centro, pois duas vezes a raiz quadrada de 16 é 8. Um retângulo com 6 unidades de comprimento e 8 unidades de altura é mostrado na Figura 11-15b.

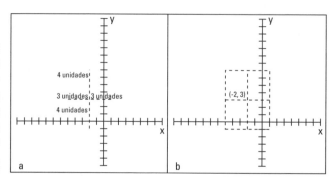

Figura 11-15: Desenhar um retângulo antes de desenhar a hipérbole é um auxílio.

Quando o retângulo está no lugar, você desenha as assíntotas da hipérbole diagonalmente pelos vértices (cantos) do retângulo. A Figura 11-16a mostra as assíntotas desenhadas. As equações dessas assíntotas são $y = \frac{4}{3}x + \frac{17}{3}$ e $y = -\frac{4}{3}x + \frac{1}{3}$ (consulte a seção anterior para calcular essas equações).

Nota: quando você está apenas desenhando a hipérbole, geralmente não precisa das equações das assíntotas.

Por fim, com as assíntotas no lugar, desenhe a hipérbole, assegurando-se de que ela toca os lados do retângulo nos pontos médios e vagarosamente se aproxima cada vez mais das assíntotas conforme as curvas se afastam mais do centro. É possível ver a hipérbole completa na Figura 11-16b.

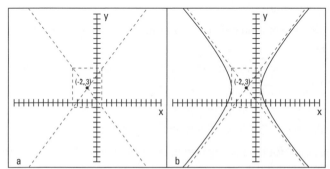

Figura 11-16: A hipérbole assume seu formato com as assíntotas no lugar.

Identificando Seções Cônicas a Partir de Suas Equações, Sejam Elas Padrão ou Não

 Ao escrever as equações das quatro seções cônicas em seus formatos padrão, é possível dizer facilmente qual tipo de seção cônica temos a maioria das vezes.

- Uma parábola só tem uma variável ao quadrado:

    $y^2 = 4ax$ ou $x^2 = 4ay$

- Um círculo não tem frações:

    $(x - h)^2 + (y - k)^2 = r^2$

- Uma elipse possui a soma dos dois termos com a variável :

    $\frac{(x-h)^2}{a^2} + \frac{(y-k)^2}{b^2} = 1$

Parte III: Conquistando Seções Cônicas e Sistemas de Equações

> ✔ Uma hipérbole possui a *diferença* dos dois termos com a variável :
> $$\frac{(x-h)^2}{a^2} - \frac{(y-k)^2}{b^2} = 1 \text{ ou } \frac{(y-k)^2}{b^2} - \frac{(x-h)^2}{a^2} = 1$$

Às vezes, no entanto, a equação que temos em mãos não está no formato padrão. Ela ainda deve ser modificada, usando a complementação de quadrados (consulte o Capítulo 3) ou o método que for necessário. Assim, nessas situações, como saber qual tipo de seção cônica temos apenas observando a equação?

Considere todas as equações com o formato $Ax^2 + By^2 + Cx + Dy + E = 0$. Há termos elevados ao quadrado e termos de primeiro grau com as duas variáveis x e y. Ao observar o que são A, B, C e D, é possível determinar qual tipo de seção cônica temos.

Quando você tiver uma equação no formato $Ax^2 + By^2 + Cx + Dy + E = 0$, siga essas regras:

> ✔ Se A = B, você tem um círculo (contanto que A e B não sejam iguais a zero).
>
> ✔ Se A ≠ B, e A e B tiverem o mesmo sinal, você tem uma elipse.
>
> ✔ Se A e B tiverem sinais diferentes, você tem uma hipérbole.
>
> ✔ Se A ou B for igual a zero, você tem uma parábola (ambos não podem ser iguais a zero).

Use essas regras para determinar qual seção cônica você tem a partir de algumas equações:

$9x^2 + 4y^2 - 72x - 24y + 144 = 0$ é uma elipse, pois A ≠ B, e A e B são ambos positivos. Na verdade, o formato padrão para essa equação (encontrado completando o quadrado) é $\frac{(x-4)^2}{4} + \frac{(y-3)^2}{9} = 1$.

$2x^2 + 2y^2 + 12x - 20y + 24 = 0$ é um círculo, pois A = B. Seu formato padrão é $(x+3)^2 + (y-5)^2 = 22$.

$9y^2 - 8x^2 - 18y - 16x - 71 = 0$ é uma hipérbole, pois A e B têm sinais opostos. O formato padrão dessa hipérbole é $\frac{(y-1)^2}{8} - \frac{(x+1)^2}{9} = 1$.

$x^2 + 8x - 6y + 10 = 0$ é uma parábola. Você vê somente um termo com x^2 — a única variável elevada à segunda potência. O formato padrão dessa parábola é $(x+4)^2 = 6(y+1)$.

Capítulo 12

Resolvendo Sistemas de Equações Lineares

Neste Capítulo

▶ Processando as possíveis soluções de um sistema linear de equações

▶ Transferindo equações lineares para o papel de gráfico

▶ Separando e substituindo sistemas de duas equações

▶ Trabalhando com sistemas de três ou mais equações lineares

▶ Reconhecendo sistemas lineares no mundo real

▶ Aplicando sistemas para decompor frações

Um *sistema de equações* é composto por uma série de equações com uma quantidade igual (ou, às vezes, diferente) de variáveis — variáveis que são ligadas de uma maneira específica. A solução de um sistema de equações revela essas ligações em uma dentre duas maneiras: com uma lista de números que torna cada equação no sistema uma afirmação verdadeira ou uma lista de relações entre números, que torna cada equação no sistema uma afirmação verdadeira.

Neste capítulo, discuto os sistemas de equações lineares. Como explico no Capítulo 2, as *equações lineares* apresentam variáveis que chegam apenas ao primeiro grau, o que significa que a potência mais alta de qualquer variável encontrada é um. Há uma série de técnicas à sua disposição para resolver sistemas de equações lineares, incluindo o gráfico de retas, a adição de múltiplos de uma equação com outra, a substituição de uma equação por outra e o uso de uma regra que Gabriel Cramer (um matemático suíço do século XVIII) desenvolveu. Eu discutirei cada uma das diversas maneiras de resolver um sistema linear de equações neste capítulo.

Observando o Formato Padrão de Sistemas Lineares e Suas Possíveis Soluções

O formato padrão de um sistema de equações lineares é o seguinte:

$$\begin{cases} a_1x_1 + a_2x_2 + a_3x_3 + \ldots = k_1 \\ b_1x_1 + b_2x_2 + b_3x_3 + \ldots = k_2 \\ c_1x_1 + c_2x_2 + c_3x_3 + \ldots = k_3 \\ \vdots \end{cases}$$

Se um sistema possuir somente duas equações, elas aparecerão no formato $Ax + By = C$, que apresentei no Capítulo 2, e uma chave é usada para agrupá-las. Mas não se engane — um sistema de equações pode conter qualquer número de equações (eu mostro como trabalhar com sistemas maiores no final do capítulo).

Equações lineares com duas variáveis, como $Ax + By = C$, têm retas como gráficos. Para resolver um sistema de equações lineares, você precisa determinar quais valores de x e y são verdadeiros em um determinado momento. Sua tarefa é chegar a três soluções possíveis (se considerar "sem solução" como uma das soluções) que possibilitem isso:

- **Uma solução:** A solução aparece no ponto onde ocorre a intersecção das retas — o mesmo x e o mesmo y funcionam ao mesmo tempo em todas as equações.
- **Um número infinito de soluções:** As equações descrevem a mesma reta.
- **Nenhuma solução:** Ocorre quando as retas são paralelas — nenhum valor de (x, y) funciona em todas as equações.

Desenhando o Gráfico de Soluções de Sistemas Lineares

Para resolver um sistema de duas equações lineares (com números inteiros como soluções), é possível desenhar o gráfico de ambas as equações nos mesmos eixos (X e Y). (Confira o Capítulo 5 para obter instruções sobre como desenhar o gráfico de retas). Com os gráficos no papel, é possível ver alguma dessas três coisas — retas que se intersectam (uma solução), retas idênticas (soluções infinitas) ou retas paralelas (nenhuma solução).

Resolver sistemas lineares desenhando o gráfico das retas criadas pelas equações é bastante satisfatório aos sentidos visuais, mas tome cuidado: usar esse método para encontrar uma solução requer uma inserção cuidadosa das retas. Portanto, ele funciona melhor para retas que têm números inteiros como solução. Se as retas não se intersectarem em um lugar onde as marcas do gráfico se cruzam, isso será um problema. A tarefa de determinar soluções racionais (frações) ou irracionais (raízes quadradas) a partir de gráficos no papel de gráfico é muito difícil, se não impossível. (Em casos com números que não são inteiros, é preciso usar a substituição, eliminação ou a Regra de Cramer, que demonstro neste capítulo.) Você pode estimar ou aproximar valores fracionários ou irracionais, mas não obterá uma resposta exata.

Identificando a intersecção

As retas são compostas de muitos, muitos pontos. Quando duas retas se cruzam, elas compartilham apenas um desses pontos. Desenhar os gráficos de duas retas que se intersectam permite que você determine esse ponto especial observando onde, no gráfico, as duas retas se cruzam. Você precisa desenhar o gráfico com bastante cuidado, usando um lápis apontado e uma régua sem saliências ou quebras. O gráfico resultante é bastante gratificante.

Tome o seguinte sistema linear direto como exemplo:

$$\begin{cases} 2x + 3y = 12 \\ x - y = 11 \end{cases}$$

Uma maneira rápida de desenhar essas retas é encontrar seus *interceptos* — onde elas cruzam os eixos. Para a primeira equação, se fizer com que $x = 0$ e encontrar y, obterá $y = 4$, por isso, o intercepto de y é $(0, 4)$; na mesma equação, quando estabelecer $y = 0$, obterá $x = 6$, assim, o intercepto de y é $(6, 0)$. Insira esses dois pontos em um gráfico e desenhe uma reta que passa por eles. Faça o mesmo para a outra equação, $x - y = 11$; você encontrará os interceptos $(0, -11)$ e $(11, 0)$. A Figura 12-1 mostra as duas retas grafadas, usando seus interceptos.

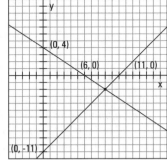

Figura 12-1: Duas retas de um sistema linear cruzando-se em um ponto único.

As duas retas se intersectam no ponto $(9, -2)$. Marque o ponto contando as marcas na figura. Esse método mostra como é importante grafar as retas com bastante cuidado!

O que exatamente o ponto $(9, -2)$ significa enquanto uma *solução* do sistema? Significa que se você fizer com que $x = 9$ e $y = -2$, ambas as equações no sistema serão afirmações verdadeiras. Experimente colocar esses valores em ação. Insira-os na primeira equação: 2(9) + 3(−2) = 12; 18 − 6 = 12; 12 = 12. Na segunda equação, 9 − (−2) = 11; 9 + 2= 11; 11 = 11. A solução $x = 9$ e $y = −2$ é a única que funciona para ambas as equações.

Percorrendo a mesma reta duas vezes

Uma situação única que ocorre com sistemas de equações lineares acontece quando tudo parece funcionar. Cada ponto encontrado que funciona para uma equação funciona também para a outra. Esse cenário ideal ocorre quando as equações são apenas duas maneiras diferentes de descrever a mesma reta. É quase como descobrir que você está namorando gêmeos, não é?

Quando duas equações em um sistema de equações lineares representam a mesma reta, as equações são múltiplas uma da outra. Por exemplo, considere o seguinte sistema de equações:

$$\begin{cases} x + 3y = 7 \\ 2x + 6y = 14 \end{cases}$$

É possível dizer que a segunda equação é duas vezes a primeira. Às vezes, entretanto, essa igualdade fica mascarada quando as equações aparecem em formatos diferentes. Aqui está o mesmo sistema de antes, mas com a segunda equação escrita no formato de intercepto de coeficiente angular:

$$\begin{cases} x + 3y = 7 \\ y = -\frac{1}{3}x + \frac{7}{3} \end{cases}$$

A igualdade não é tão óbvia aqui, mas ao desenhar o gráfico das duas equações, você não consegue distinguir um gráfico do outro, pois eles têm a mesma reta (para saber mais sobre como desenhar o gráfico de retas, consulte o Capítulo 5).

Trabalhando com retas paralelas

Retas paralelas nunca se intersectam e nunca têm nada em comum exceto a direção em que se movem (seu *coeficiente angular;* consulte o Capítulo 5 para saber mais sobre o coeficiente angular de uma reta). Assim, ao resolver sistemas de equações que não têm solução, você deve saber imediatamente que as retas representadas pelas equações são paralelas.

O sistema $\begin{cases} x + 2y = 8 \\ 3x + 6y = 7 \end{cases}$, por exemplo, não tem solução. Ao desenhar o gráfico das duas retas [com os interceptos de x em (7/3, 0) e (8, 0) e os interceptos de y em (0, 7/6) e (0, 4)], você verá que elas nunca se tocam — mesmo se estender o gráfico infinitamente. As retas são paralelas. A Figura 12-2 mostra como são as retas.

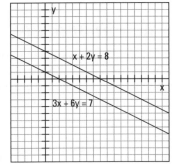

Figura 12-2: Retas paralelas, em um sistema linear de equações, nunca se intersectam.

Uma maneira de prever se duas retas são paralelas — e que nenhuma solução existe para o sistema de equações — é checar os coeficientes angulares das retas. É possível escrever cada equação no *formato de intercepto de coeficiente angular* (consulte o Capítulo 5 para lembrar esse formato). O formato de intercepto de coeficiente angular para a reta $x + 2y = 8$, por exemplo, é $y = -\frac{1}{2}x + 4$, e o formato de intercepto de coeficiente angular de $3x + 6y = 7$ é $y = -\frac{1}{2}x + \frac{7}{6}$. Ambas as retas têm coeficiente angular $-\frac{1}{2}$, e seus interceptos de y são diferentes, por isso, sabemos que as retas são paralelas.

Eliminando Sistemas de Duas Equações Lineares com a Adição

Embora desenhar o gráfico de retas para resolver sistemas de equações seja muito divertido (consulte a seção anterior se não acredita em mim), o método de desenhar gráficos tem uma grande desvantagem: você descobrirá que é quase impossível encontrar respostas para números que não são inteiros. Desenhar gráficos também consome tempo e requer uma inserção cuidadosa dos pontos. Os métodos que os matemáticos preferem para resolver sistemas de equações lineares envolvem o uso da álgebra. Os dois métodos preferidos (e mais comuns) para resolver sistemas de duas equações lineares são a *eliminação*, que eu discuto nesta seção, e a *substituição*, que discutirei na seção "Resolvendo Sistemas de Duas Equações Lineares com a Substituição" posteriormente, neste capítulo. Determinar qual método deve ser usado depende do formato em que as equações estão e, geralmente, de preferência pessoal.

LEMBRE-SE O método de eliminação também pode ser chamado de *combinações lineares* ou simplesmente de *adição/subtração*. O termo "eliminação" descreve exatamente *o que* é realizado com esse método, mas adição/subtração diz *como* realizar a eliminação.

Chegando a um ponto de eliminação

Para realizar o método de eliminação, adicione as duas equações, ou subtraia uma da outra, e elimine (se livre) de uma das variáveis. Às vezes, também é preciso multiplicar uma ou ambas as equações por um número cuidadosamente selecionado antes de adicioná-las (ou subtraí-las).

Ao resolver o sistema de equações $\begin{cases} 3x - 5y = 2 \\ 2x + 5y = 18 \end{cases}$, por exemplo, vemos que, adicionando as duas equações, eliminamos a variável y. Os dois termos com y são opostos nas duas equações diferentes. A expressão resultante é $5x = 20$. Dividindo cada lado por 5, obtemos $x = 4$. Ao colocar $x = 4$ na primeira equação, temos $3(4) - 5y = 2$. Resolvendo essa equação para encontrar y, temos $y = 2$. A solução, portanto, é $x = 4$, $y = 2$. Se você desenhar o gráfico de duas retas que correspondem às equações, verá que elas se intersectam no ponto $(4, 2)$.

DICA É preciso sempre conferir para ter certeza de que tem a resposta correta. Uma maneira de verificar o exemplo anterior é substituir o x e o y na segunda equação (aquela que você não usou para encontrar a segunda variável) pelo 4 e o 2 para ver se a afirmação obtida é verdadeira. Ao substituir, temos $2(4) + 5(2) = 18$; $8 + 10 = 18$; $18 = 18$. Funciona!

O sistema de equações $\begin{cases} 3x - 2y = 17 \\ 2x - 5y = 26 \end{cases}$ requer alguns ajustes antes que você possa adicionar ou subtrair as duas equações. Se adicionar as duas equações em seus formatos atuais, obterá apenas outra equação: $5x - 7y = 43$. Você cria uma equação perfeitamente adequada, e ela tem a mesma solução que as outras duas, mas ela não ajuda a encontrar a solução do sistema. Antes de adicionar ou subtrair, é preciso se assegurar de que uma das variáveis nas duas equações tem o mesmo coeficiente ou coeficientes opostos que sua contraparte; dessa maneira, ao adicionar ou subtrair a variável, você a elimina.

Há diversas opções diferentes para escolher que podem tornar as equações neste exemplo prontas para a eliminação:

- ✔ É possível multiplicar a primeira equação por 2 e a segunda por 3, e então subtrair para eliminar os x.
- ✔ É possível multiplicar a primeira equação por 2 e a segunda por –3, e depois adicionar para eliminar os x.
- ✔ É possível multiplicar a primeira equação por 5 e a segunda por 2, e depois subtrair para eliminar os y.
- ✔ É possível multiplicar a primeira equação por 5 e a segunda por –2, e depois adicionar para eliminar os y.

Quando tiver de multiplicar uma equação por um número negativo, assegure-se de multiplicar cada termo na equação pelo sinal negativo; o sinal de cada termo mudará.

Se escolher resolver o sistema anterior multiplicando a primeira equação por 2 e a segunda por –3, obterá uma nova versão do sistema:

$$\begin{cases} 6x - 4y = 34 \\ -6x + 15y = -78 \end{cases}$$

Adicionando as duas equações, temos $11y = -44$, eliminando os x. Dividindo cada lado da nova equação por 11, obtemos $y = -4$. Substitua esse valor na primeira equação *original*.

Sempre volte para as equações originais para encontrar a outra variável ou para verificar seu trabalho. Há melhores chances de detectar erros dessa maneira.

Substituindo –4 pelo valor de y, temos $3x - 2(-4) = 17$. Encontrando y, temos $x = 3$. Agora, verifique seu trabalho colocando o 3 e o –4 na segunda equação original. Temos $2(3) - 5(-4) = 26$; $6 + 20 = 26$; $26 = 26$. Funciona! A solução é (3,–4).

Reconhecendo soluções para retas paralelas e coexistentes

Ao desenhar o gráfico de sistemas de equações lineares, fica bastante aparente quando os sistemas produzem retas paralelas ou têm equações que representam as mesmas retas. Entretanto, não é preciso grafar as retas para reconhecer essas situações algebricamente; só é preciso saber o que procurar.

Por exemplo, ao resolver o sistema a seguir, multiplique a segunda equação por –1 e adicione as equações. O resultado obtido é $0 = 5$. Isso não está certo. A afirmação falsa é um sinal de que o sistema não tem uma solução e que as retas são paralelas.

$$\begin{cases} 3x + 5y = 12 \\ 3x + 5y = 7 \end{cases}$$

$$\begin{aligned} 3x + 5y &= 12 \\ -3x - 5y &= -7 \\ \hline 0 + 0 &= 5 \end{aligned}$$

Em comparação, quando temos duas equações para a mesma reta e as adicionamos pelo método da eliminação, obtemos uma equação que é *sempre* verdadeira, como $0 = 0$ ou $5 = 5$.

Resolvendo Sistemas de Duas Equações Lineares pela Substituição

Outro método usado para resolver sistemas de equações lineares é chamado de *substituição*. Alguns preferem usar esse método na maioria das vezes, pois é preciso usá-lo para equações com expoentes mais altos; dessa maneira, só é necessário dominar um método. A substituição na álgebra funciona mais ou menos como a substituição em um jogo de basquete — você substitui um jogador por outro que pode jogar nessa posição e espera por melhores resultados. Também não é isso que esperamos obter em álgebra? Uma desvantagem da substituição é que pode ser necessário trabalhar com frações (ah, o horror), o que poderíamos evitar usando a eliminação (consulte a seção anterior). O método usado geralmente é uma questão de escolha pessoal.

Substituição de variáveis facilitada

Executar a substituição em sistemas de equações lineares é um processo composto por dois passos:

1. Resolva uma das equações e encontre uma das variáveis, x ou y.

2. Substitua o valor da variável na outra equação.

Para resolver o sistema $\begin{cases} 2x - y = 1 \\ 3x - 2y = 8 \end{cases}$ por substituição, por exemplo, primeiro procure por uma variável com a qual se possa trabalhar como uma possível candidata para o primeiro passo. Em outras palavras, queremos encontrar seu valor.

Antes de substituir, procure uma variável com coeficiente de 1 ou –1, que deverá ser usada para resolver uma das equações. Ao ater-se a termos que têm coeficientes de 1 ou –1, você evita ter de substituir frações na outra equação. Às vezes não é possível evitar as frações; nesses casos, escolha um termo com um coeficiente pequeno para que as frações não fiquem muito complexas.

Na equação do exemplo anterior, o termo com y na primeira equação tem um coeficiente de –1, por isso, você deve resolver essa equação e encontrar y (reescreva-a de forma que o y fique sozinho em um lado da equação). Temos $y = 2x - 1$. Agora, pode substituir o $2x - 1$ no lugar do y na outra equação:

$$3x - 2y = 8$$
$$3x - 2(2x - 1) = 8$$
$$3x - 4x + 2 = 8$$
$$-x = 6$$
$$x = -6$$

Você já criou a equação $y = 2x - 1$, por isso, pode colocar o valor $x = -6$ na equação para encontrar y: $y = 2(-6) - 1 = -12 - 1 = -13$. Para verificar seu trabalho, coloque ambos os valores, $x = -6$ e $y = -13$, na equação não alterada (a segunda equação, nesse caso): $3(-6) - 2(-13) = 8$; $-18 + 26 = 8$; $8 = 8$. Seu trabalho confere.

Identificando retas paralelas e coexistentes

Como mencionei na seção "Reconhecendo soluções de retas paralelas e coexistentes" anteriormente, neste capítulo, tudo vai bem quando conseguimos um ponto simples de intersecção para a solução. Mas também precisamos identificar o impossível (retas paralelas) e o sempre possível (retas coexistentes) ao usarmos o método da substituição para encontrar soluções.

Aqui estão algumas dicas para reconhecer esses dois casos especiais:

- ✔ Quando as retas são paralelas, o resultado algébrico é uma afirmação impossível. Obtemos uma equação que não pode ser verdadeira, como $2 = 6$.

- ✔ Quando as retas são coexistentes (iguais), o resultado algébrico é uma afirmação que é sempre verdadeira (a equação está sempre correta). Um exemplo é a equação $7 = 7$.

Encarando o impossível: Retas paralelas

O sistema de equações $\begin{cases} 3x - 2y = 4 \\ y = \dfrac{3}{2}x + 2 \end{cases}$ não tem uma solução. Se desenhar o

gráfico das retas, verá que os gráficos que as equações representam são paralelos. Você também pode chegar a uma afirmação impossível quando tenta resolver o sistema pela álgebra. Usando a substituição para resolver o sistema, insira o equivalente de y da segunda equação na primeira:

$$3x - 2y = 4$$
$$3x - 2\left(\frac{3}{2}x + 2\right) = 4$$
$$3x - 3x - 4 = 4$$
$$-4 = 4$$

A substituição produz uma afirmação incorreta. Essa equação é sempre errada, por isso, nunca é encontrada uma solução.

Identificando o que é sempre possível: Retas coexistentes

O sistema de equações $\begin{cases} 3x - 2y = 4 \\ y = \frac{3}{2}x - 2 \end{cases}$ representa duas maneiras de afirmar a mesma equação — duas equações que representam a mesma reta. Ao desenhar o gráfico das equações, é produzida uma reta idêntica. Ao resolver o sistema usando a substituição, você substitui o equivalente de y na primeira equação:

$$3x - 2y = 4$$
$$2x - 2\left(\frac{3}{2}x - 2\right) = 4$$
$$3x - 3x + 4 = 4$$
$$4 = 4$$

A substituição cria uma equação que é sempre verdadeira. Assim, qualquer par de valores que funcionar para uma equação funcionará para a outra.

É possível escrever a resposta no formato (x, y) para as coordenadas de um ponto usando uma variável — nesse caso, o x — e escrever a outra variável em termos de x. As soluções para o exemplo anterior são $\left(x, \frac{3}{2}x - 2\right)$. O valor de y tem sempre duas unidades a menos que três meios do valor de x. Se você escolher um número para o valor de x, pode colocá-lo na segunda coordenada para obter y. Por exemplo, se escolher $x = 6$, insira-o na solução para obter y:

$$\left(6, \frac{3}{2}(6) - 2\right)$$
$$= (6, 9 - 2)$$
$$= (6, 7)$$

O ponto (6, 7) funciona para ambas as equações, assim como os outros infinitos pares de valores.

Usando a Regra de Cramer para Derrotar Frações Indóceis

Resolver sistemas de equações lineares com gráficos, eliminação ou substituição geralmente é bastante fácil e simples. Entretanto, há uma alternativa a manter em mente, chamada *Regra de Cramer*. Para os fãs de *Seinfeld*[1], esse Cramer não é igual ao Kramer do seriado, um homem maluco e imprevisível. A Regra de Cramer é de fato adequada quando as soluções envolvem frações complexas com denominadores como 47.319, ou algum valor igualmente difícil. A Regra de Cramer oferece o valor fracionário exato das soluções encontradas — e não algum valor decimal arredondado que provavelmente foi obtido pela solução de uma calculadora ou computador — e a regra pode ser usada para qualquer sistema de equações lineares. Não é o primeiro método que deve ser usado, entretanto, pois ele é mais complicado e demanda mais tempo que os outros métodos. Entretanto, o esforço extra compensa quando as respostas são frações enormes.

Estabelecendo o sistema linear para Cramer

Para usar a *Regra de Cramer*, primeiro escreva duas equações lineares no seguinte formato:

$$a_1 x + b_1 y = c_1$$
$$a_2 x + b_2 y = c_2$$

As duas equações têm as variáveis de um lado — na ordem x, y — e o termo constante c do outro. Os coeficientes carregam os subscritos 1 ou 2 para identificar de qual equação se originam.

O próximo passo é designar d para representar a diferença dos dois produtos dos coeficientes de x e y: $d = a_1 b_2 - b_1 a_2$. A ordem da subtração é muito importante aqui.

Uma maneira fácil de lembrar a ordem dos produtos e da diferença é imaginar os coeficientes em um quadrado, em que multiplicamos e subtraímos diagonalmente.

Cruze a parte superior esquerda vezes a parte inferior direita e subtraia a parte superior direita vezes a parte inferior esquerda:

$$\begin{vmatrix} a_1 & b_1 \\ a_2 & b_2 \end{vmatrix}$$

A solução do sistema, os valores de x e y, é encontrada dividindo duas outras diferenças inteligentemente criadas pelo valor de d. Você pode memorizar essas diferenças, ou pode desenhar os quadrados formados substituindo os a e os b pelos c e realizando a multiplicação e subtração em cruz:

---

[1] *Seinfeld* foi um seriado bastante popular nos Estados Unidos e também no Brasil, criado e estrelado por Jerry Seinfeld, exibido entre 1989 e 1998. Situado em Nova York, o seriado carregava o lema de ser um "seriado sobre o nada."

Parte III: Conquistando Seções Cônicas e Sistemas de Equações

$$\begin{vmatrix} c_1 & b_1 \\ c_2 & b_2 \end{vmatrix} \qquad \begin{vmatrix} a_1 & c_1 \\ a_2 & c_2 \end{vmatrix}$$

Para encontrar x e y usando a Regra de Cramer quando se tem duas equações lineares escritas no formato correto, use as seguintes equações:

$$x = \frac{c_1 b_2 - b_1 c_2}{d} = \frac{c_1 b_2 - b_1 c_2}{a_1 b_2 - b_1 a_2}$$

$$x = \frac{a_1 c_2 - c_1 a_2}{d} = \frac{a_1 c_2 - c_1 a_2}{a_1 b_2 - b_1 a_2}$$

Aplicando a Regra de Cramer a um sistema linear

É possível resolver a maioria dos sistemas de equações pela eliminação ou substituição, mas alguns sistemas podem ficar bastante complicados devido às frações que aparecem. Se usar a Regra de Cramer, o trabalho é muito mais fácil (consulte a seção anterior para as informações necessárias).

Para resolver $\begin{cases} 13x + 7y = 25 \\ 10x - 9y = 13 \end{cases}$ pela Regra de Cramer, por exemplo, primeiro

encontre o valor do denominador, que resultará em d. Usando a fórmula

Cramer: um homem de muitos talentos

Gabriel Cramer (1704-1752) foi um matemático/astrônomo/filósofo suíço a quem os alunos modernos de álgebra reconhecem devido ao seu método perspicaz para resolver sistemas de equações lineares. Cramer foi o que se pode chamar de uma criança prodígio, recebendo seu doutorado quando tinha 18 anos. Sua tese tratava da teoria do som. Ele queria lecionar filosofia em Genebra, mas, em vez disso, decidiu compartilhar suas responsabilidades de ensino na matemática com Calandrini. Cramer lecionava geometria e mecânica em francês em vez do latim tradicional, o que significou uma ruptura para os membros da Academia.

Cramer passou um bom tempo com matemáticos em toda a Europa, às vezes editando e outras vezes expandindo seus trabalhos. Ele fez contribuições aos conhecimentos gerais sobre os planetas — seus formatos e posições em suas órbitas. Também publicou artigos sobre a data da Páscoa, a história da matemática e a aurora boreal e até mesmo discutiu a probabilidade aplicada às testemunhas em um caso judicial. Seu conhecimento matemático o auxiliou em suas funções no governo local, onde ele oferecia aconselhamento sobre fortificação, construção e artilharia. Se houvesse um caso envolvendo praticidade em termos matemáticos, Cramer o solucionava.

Capítulo 12: Resolvendo Sistemas de Equações Lineares

$d = a_1b_2 - b_1a_2$ (os subscritos indicam de quais equações os valores de a e b se originam), $d = 13(-9) - 7(10) = -117 - 70 = -187$.

Com o valor de d definido, tente encontrar x primeiro:

$$x = \frac{c_1b_2 - b_1c_2}{d} = \frac{25(-9) - 7(13)}{-187} = \frac{-225 - 91}{-187} = \frac{-316}{-187} = \frac{316}{187}$$

Não é conveniente substituir um número tão assustador em uma das equações para encontrar y, por isso, siga a fórmula de y:

$$y = \frac{a_1c_2 - c_1a_2}{d} = \frac{13(13) - 25(10)}{-187} = \frac{169 - 250}{-187} = \frac{-81}{-187} = \frac{81}{187}$$

Verificar a solução não é muito divertido, devido às frações, mas substituir os valores de x e y em ambas as equações mostra que, de fato, chegamos à solução.

Se você chegar a $d = 0$, terá de parar. Não é possível dividir por zero. O valor zero para d indica que não há solução ou há um número infinito de soluções — as retas são paralelas ou há duas equações para a mesma reta. Seja qual for o caso, a Regra de Cramer falhou, e é preciso voltar e usar um método diferente.

Elevando Sistemas Lineares a Três Equações Lineares

Sistemas de três equações lineares também têm solução: conjuntos de número (todos iguais para cada equação) que tornam cada uma das equações verdadeiras. Quando um sistema tem três variáveis em vez de duas, as equações não são mais grafadas como retas. Para grafar essas equações, é preciso um gráfico tridimensional dos planos representados pelas equações contendo as três variáveis. Em outras palavras, realmente não é possível encontrar a solução por meio do gráfico. O melhor método para resolver sistemas com três equações lineares envolve usar suas habilidades algébricas.

Resolvendo sistemas de três equações com a álgebra

Quando você tem um sistema de três equações lineares e três variáveis desconhecidas, resolva o sistema reduzindo as três equações com três variáveis para um sistema de duas equações com duas variáveis. Nesse ponto,

Parte III: Conquistando Seções Cônicas e Sistemas de Equações

estará de volta a um território familiar e terá todos os tipos de métodos à sua disposição para resolver o sistema (consulte as seções anteriores, neste capítulo). Após determinar os valores das duas variáveis no novo sistema, faça a *substituição inversa* em uma das equações originais para encontrar o valor da terceira variável.

Para resolver o sistema a seguir, por exemplo, escolha uma variável a ser eliminada:

$$\begin{cases} 3x - 2y + z = 17 \\ 2x + y + 2z = 12 \\ 4x - 3y - 3z = 6 \end{cases}$$

Os dois candidatos principais para eliminação são o y e o z, devido aos seus coeficientes de 1 ou -1 que ocorrem nas equações. Seu trabalho se torna mais fácil se puder evitar coeficientes maiores nas variáveis quando precisar multiplicar uma equação por um número para criar somas de zero. Vamos presumir que escolha eliminar a variável z.

Para eliminar os z das equações, adicione duas das equações — após multiplicar por um número adequado — para obter uma nova equação. Então, repita o processo com uma combinação diferente de duas equações. Seu resultado são duas equações que contêm somente as variáveis x e y.

Para esse problema de exemplo, comece multiplicando os termos na equação de cima por -2 e adicionando-os aos termos na equação do meio:

$$-2(3x - 2y + z = 17) \rightarrow \begin{array}{r} -6x + 4y - 2z = -34 \\ \underline{2x + y + 2z = 12} \\ -4x + 5y = -22 \end{array}$$

Em seguida, multiplique os termos na equação de cima (a equação de cima original — não aquela que você multiplicou anteriormente) por 3 e adicione-as aos termos na equação de baixo (novamente, a original):

$$3(3x - 2y + z = 17) \rightarrow \begin{array}{r} 9x - 6y + 3z = 51 \\ \underline{4x - 3y - 3z = 6} \\ 13x - 9y = 57 \end{array}$$

As duas equações criadas por adição compõem um novo sistema de equações com apenas duas variáveis:

$$\begin{cases} -4x + 5y = -22 \\ 13x - 9y = 57 \end{cases}$$

Para resolver esse novo sistema, é possível multiplicar os termos na primeira equação por 9 e os termos na segunda equação por 5 para criar coeficientes de 45 e -45 nos termos com y. Adicione as duas equações, livrando-se dos termos com y, e encontre x:

$$-36x + 45y = -198$$
$$\underline{65x - 45y = 285}$$
$$29x = 87$$
$$x = 3$$

Agora substitua $x = 3$ na equação $-4x + 5y = -22$. Optar por essa equação é somente uma escolha arbitrária — qualquer equação servirá. Ao substituir $x = 3$, temos $-4(3) + 5y = -22$. Adicionando 12 a cada lado, temos $5y = -10$, ou $y = -2$.

Você pode verificar seu trabalho substituindo $x = 3$ e $y = -2$ em uma das equações originais. Um bom hábito é substituir os valores na primeira equação e depois verificar substituindo todas as três respostas nas outras duas equações.

Colocando $x = 3$ e $y = -2$ na primeira equação, temos $3(3) - 2(-2) + z = 17$, resultando em $9 + 4 + z = 17$. Subtraia 13 de cada lado para obter o resultado $z = 4$. Agora confira esses três valores nas outras duas equações:

$$2(3) + (-2) + 2(4) = 6 - 2 + 8 = 12$$
$$4(3) - 3(-2) - 3(4) = 12 + 6 - 12 = 6$$

Ambas conferem — é claro!

A solução do sistema pode ser escrita como $x = 3$, $y = -2$, $z = 4$ ou como um *trio ordenado*. Um trio ordenado é formado por três números entre parênteses, separados por vírgulas. A ordem dos números é importante. O primeiro valor representa x, o segundo, y, e o terceiro, z. Escreva a solução do exemplo anterior como $(3, -2, 4)$. O trio ordenado é um método mais simples e claro — contanto que todo mundo entenda o que os números representam.

Chegando a uma solução generalizada para combinações lineares

Ao lidar com três equações lineares e três variáveis, é possível deparar-se com uma situação em que uma das equações é uma combinação linear das outras duas. Isso significa que você não encontrará uma única solução para o sistema, como $(3, -2, 4)$. Uma solução mais generalizada pode ser $(-z, 2z, z)$, em que você escolhe um número para z que determina quais são os valores de x e y. Nesse caso, em que a solução é $(-z, 2z, z)$, se fizer com que $z = 7$, o trio ordenado se tornará $(-7, 14, 7)$. É possível encontrar um número infinito de soluções para esse sistema específico de equações, mas as soluções são bastante específicas em formato — as variáveis todas têm uma relação.

Primeiro obtenha um indício de que um sistema tem uma resposta generalizada ao descobrir que uma das equações reduzidas criada é múltipla da outra. Tome o seguinte sistema como exemplo:

$$\begin{cases} 2x + 3y - z = 12 \\ x - 3y + 4z = -12 \\ 5x - 6y + 11z = -24 \end{cases}$$

Para resolver esse sistema, é possível eliminar os z multiplicando os termos na primeira equação por 4 e adicionando-os à segunda equação. Em seguida, multiplique os termos na primeira equação por 11 e adicione-os à terceira equação:

$$4(2x + 3y - z = 12) \rightarrow \begin{array}{l} 8x + 12y - 4z = 48 \\ \underline{x - 3y + 4z = -12} \\ 9x + 9y = 36 \end{array}$$

$$11(2x + 3y - z = 12) \rightarrow \begin{array}{l} 22x + 33y - 11z = 132 \\ \underline{5x - 6y + 11z = -24} \\ 27x + 27y = 108 \end{array}$$

A segunda equação, $27x + 27y = 108$, é três vezes a primeira equação. Como essas equações são múltiplas uma da outra, sabemos que o sistema não tem uma solução única; ele tem um número infinito de soluções.

Para descobrir essas soluções, pegue uma das equações e encontre uma variável. Você pode escolher encontrar y em $9x + 9y = 36$. Dividindo tudo por 9, temos $x + y = 4$. Encontrando y, obtemos $y = 4 - x$. Substitua essa equação em uma das equações originais no sistema para encontrar z em termos de x. Após encontrar z dessa maneira, temos as três variáveis todas escritas como alguma versão de x.

Substituindo $y = 4 - x$ em $2x + 3y - z = 12$, por exemplo, temos:

$$2x + 3(4 - x) - z = 12$$
$$2x + 12 - 3x - z = 12$$
$$-x - z = 0$$
$$-x = z$$

O trio ordenado que oferece as soluções do sistema é $(x, 4 - x, -x)$. É possível encontrar um número infinito de soluções, todas determinadas por esse padrão. Apenas escolha um x, como $x = 3$. A solução é $(3, 1, -3)$. Esses valores de x, y e z funcionam todos nas equações do sistema original.

Capítulo 12: Resolvendo Sistemas de Equações Lineares 241

Elevando a Aposta com Equações Aumentadas

Sistemas de equações lineares podem ter qualquer tamanho. É possível ter duas, três, quatro ou até 100 equações lineares (se passar de três ou quatro equações, recorra à tecnologia). Alguns desses sistemas têm soluções, e outros, não. É preciso mergulhar fundo para descobrir se é possível encontrar uma solução ou não. Você pode tentar resolver um sistema com qualquer número de equações lineares, mas encontrará uma solução única (um conjunto de números como resposta) somente quando o número de variáveis no sistema tiver esse mesmo número de equações. Se um sistema tiver três variáveis diferentes, você precisa de pelo menos três equações diferentes. Ter o mesmo número de equações para as variáveis não garante uma solução única, mas você deve, pelo menos, começar dessa maneira.

O processo geral para resolver n equações com n variáveis é continuar a eliminar variáveis. Uma maneira sistemática é começar com a primeira variável, eliminá-la, seguir para a segunda variável, eliminá-la, e assim por diante, até que crie um sistema reduzido com duas equações e duas variáveis. Encontre as soluções desse sistema e depois comece a substituir esses valores nas equações originais. Esse processo pode ser longo e tedioso, e erros podem aparecem facilmente, mas se tiver de fazer isso sem ajuda tecnológica, esse é um método bastante eficaz. A tecnologia, no entanto, é útil quando os sistemas se tornam indóceis.

O sistema a seguir tem cinco equações e cinco variáveis:

$$\begin{cases} x + y + z + w + t = 3 \\ 2x - y + z - w + 3t = 28 \\ 3x + y - 2z + w + t = -8 \\ x - 4y + z - w + 2t = 28 \\ 2x + 3y + z - w + t = 6 \end{cases}$$

Comece o processo eliminando os x:

1. **Multiplique os termos na primeira equação por -2 e adicione-os à segunda equação.**

2. **Multiplique a primeira equação inteira por -3 e adicione os termos à terceira equação.**

3. **Multiplique a primeira equação inteira por -1 e adicione os termos à quarta equação.**

4. **Multiplique a primeira equação inteira por -2 e adicione os termos à última equação.**

242 Parte III: Conquistando Seções Cônicas e Sistemas de Equações _____

Após terminar (ufa!), terá um sistema com os x eliminados:

$$\begin{cases} -3y - z - 3w + t = 22 \\ -2y - 5z - 2w - 2t = -17 \\ -5y - 2w + t = 25 \\ y - z - 3w - t = 0 \end{cases}$$

Agora, elimine os y no novo sistema multiplicando a última equação por 3, 2 e 5 e adicionando os resultados à primeira, segunda e terceira equações, respectivamente:

$$\begin{cases} -4z - 12w - 2t = 22 \\ -7z - 8w - 4t = -17 \\ -5z - 17w - 4t = 25 \end{cases}$$

Elimine os z no último sistema multiplicando os termos na primeira equação por 7 e na segunda por -4 e adicionando-os. Depois, multiplique os termos na segunda equação por 5 e na terceira por -7 e adicione-os. O novo sistema criado tem apenas duas variáveis e duas equações:

$$\begin{cases} -52w + 2t = 222 \\ 79w + 8t = -260 \end{cases}$$

Para resolver o sistema de duas variáveis da maneira mais conveniente, multiplique a primeira equação inteira por -4 e adicione os termos à segunda:

$$\begin{array}{r} 208w - 8t = -888 \\ 79w + 8t = -260 \\ \hline 287w \quad\quad = -1.148 \\ w = -4 \end{array}$$

Você descobre que $w = -4$. Agora substitua w na equação $-52w + 2t = 222$ para obter $-52(-4) + 2t = 222$, que é simplificado como $208 + 2t = 222 \rightarrow 2t = 14 \rightarrow t = 7$.

Pegue esses dois valores e insira-os em $-4z - 12w - 2t = 22$. Substituindo, temos $-4z - 12(-4) - 2(7) = 22$, que é simplificado como $-4z + 34 = 22 \rightarrow -4z = -12 \rightarrow z = 3$.

Coloque esses três valores em $y - z - 3w - t = 0$: $y - (3) - 3(-4) - 7 = 0$, ou $y + 2 - 0 \rightarrow y = -2$. Só falta mais um!

Volte para a equação $x + y + z + w + t = 3$ e insira os valores: $x + (-2) + 3 + (-4) + 7 = 3$, que é simplificado como $x + 4 = 3 \rightarrow x = -1$.

A solução é: $x = -1, y = -2, z = 3, w = -4$ e $t = 1$.

É possível colocar isso em um *quinteto ordenado* (cinco números entre parênteses), contanto que todos saibam a ordem correta: (x, y, z, w, t). A ordem não é alfabética, nesse caso, mas isso é bastante típico — ter x, y e z primeiro e depois as outras variáveis. Você saberá a ordem a ser usada de acordo com a maneira como o problema é apresentado. O quinteto ordenado é $(-1, -2, 3, -4, 7)$.

Aplicando Sistemas Lineares ao Nosso Mundo em 3D

Ser capaz de resolver sistemas de duas, três e até mais equações lineares é ótimo, mas qual é o objetivo? O objetivo é que há muitas aplicações no mundo real. E, fora da aula de álgebra, a tecnologia se apresenta quando o número de equações fica muito grande e indócil. Confira a seguinte situação que pode ser resolvida com três equações; pode ser interessante.

Você está tentando descobrir o preço de um hambúrguer, fritas e um refrigerante. Você sabe que quando um amigo comprou quatro hambúrgueres, duas fritas e três refrigerantes, ele pagou $14; outro amigo comprou seis hambúrgueres e seis refrigerantes por $18; e um terceiro amigo comprou cinco hambúrgueres, seis fritas e oito refrigerantes por $27.

É possível descobrir o preço de um hambúrguer, fritas e refrigerante estabelecendo três equações. Faça com que h represente o preço de um hambúrguer, f represente o preço de fritas e d represente o preço de um refrigerante. Escrevendo as compras dos três amigos em termos dessas variáveis, obtemos o seguinte:

$$\begin{cases} 4h + 2f + 3d = 14 \\ 6h + 6d = 18 \\ 5h + 6f + 8d = 27 \end{cases}$$

Como uma das equações não tem a variável f, escolha essa variável para a eliminação (consulte a seção "Eliminando Sistemas de Duas Equações Lineares por Adição"). Multiplique os termos na primeira equação por -3 e adicione-os aos termos na última equação:

Parte III: Conquistando Seções Cônicas e Sistemas de Equações

$$-3(4h + 2f + 3d = 14) \rightarrow \begin{array}{r} 12h - 6f - 9d = -42 \\ 5h + 6f + 8d = 27 \\ \hline -7h \qquad - d = -15 \end{array}$$

Multiplique a nova equação inteira por 6 e adicione os termos à equação original do meio. Divida e encontre h:

$$6(-7h - d = -15) \rightarrow \begin{array}{r} -42h - 6d = -90 \\ 6h + 6d = 18 \\ \hline -36h \qquad = -72 \\ h = 2 \end{array}$$

Você descobre que um hambúrguer custa \$2. Substitua esse valor na equação original do meio para obter $6(2) + 6d = 18$. Subtraindo 12 de cada lado, temos $6d = 6$, ou $d = 1$. Os refrigerantes custam \$1. Pegue esses dois valores e substitua-os na primeira equação (original) para obter $4(2) + 2f + 3(1) = 14$, que é simplificado como $2f + 11 = 14$. Subtraindo 11 de cada lado, temos $2f = 3$, ou $f = 1,5$. As fritas custam \$1,50. Assim, se quiser um hambúrguer, fritas e um refrigerante, terá de gastar $\$2 + \$1,50 + \$1 = \$4,50$. Quer resolver um problema envolvendo as calorias dessa refeição? Tudo bem. Não vou fazer você perder o apetite.

Usando Sistemas para Decompor Frações

Se você tem uma fração algébrica como $\dfrac{7x - 1}{x^2 - x - 6}$ — uma função racional com polinômios no numerador e no denominador — poderá determinar quais duas frações se unem para criar a equação. Esse processo é chamado *decomposição de frações*. O motivo para decompor frações é que há uma vantagem quando denominadores são expressões lineares (as potências das variáveis são de primeiro grau). É possível usar essa técnica com duas, três, quatro e mais frações. É claro que os sistemas de equações aumentam em relação ao número de frações.

O nome sugere algum tipo de autópsia. Não, esse não é um episódio de *CSI: Investigação Criminal.* Mas, espere, talvez seja. Podemos chamar isso de *Cuidadosamente Selecionando Inteiros.* Será que o nome pega? Certo, vou parar com o *CSI.* Decompor frações também é um método bastante útil de conhecer caso esteja estudando cálculo e quiser determinar um antiderivado. (Descubra mais sobre antiderivados em *Cálculo para Leigos,* de Mark Ryan, Alta Books.)

A fração $\dfrac{7x - 1}{x^2 - x - 6}$ tem um denominador, $x^2 - x - 6$, que é fatorado como $(x + 2)(x - 3)$. Isso significa que temos duas frações, uma com um denominador de $x + 2$ e a outra com um denominador de $x - 3$, que podem ser adicionadas para encontrar a fração com um numerador de 7x − 1 (consulte o Capítulo 3 para saber mais sobre fatoração).

Ao adicionar frações, você precisa de um denominador comum. Se os dois denominadores das frações que está adicionando não tiverem nada em comum, o denominador comum é o produto dos dois denominadores das frações. Por exemplo, para adicionar $\frac{3}{4} + \frac{1}{3}$, o denominador comum é 12, o produto de 4 e 3.

De volta à fração original. Para encontrar os numeradores das duas frações necessárias para oferecer a fração resultante, escreva a seguinte equação:

$$\frac{7x-1}{(x+2)(x-3)} = \frac{A}{x+2} + \frac{B}{x-3}$$

Os numeradores são A e B. Agora, combine as duas frações criando o denominador comum e multiplicando pelos termos adequados:

$$\frac{7x-1}{(x+2)(x-3)} = \left(\frac{A}{x+2} \cdot \frac{x-3}{x-3}\right) + \left(\frac{B}{x-3} \cdot \frac{x+2}{x+2}\right)$$
$$= \frac{A(x-3) + B(x+2)}{(x+2)(x-3)}$$

A fração de exemplo e a fração recém-criada serão iguais se seus numeradores forem iguais. Assim, é possível escrever a equação expressando esse relacionamento como $7x − 1 = A(x − 3) + B(x + 2)$. Resolva a equação primeiramente, distribuindo as letras A e B pelos termos respectivos à direita e depois os reorganizando de forma que os dois termos com x fiquem juntos e os dois termos sem x também fiquem juntos. Agora fatore o x dos primeiros dois termos e agrupe os últimos dois termos:

$$7x − 1 = A(x − 3) + B(x + 2)$$
$$= Ax − 3A + Bx + 2B$$
$$= (A + B)x + (−3A + 2B)$$

No numerador original, vemos que o coeficiente de x é 7. No último numerador criado, o coeficiente de x é $A + B$. Estabeleça-os como sendo um igual ao outro para obter $7 = A + B$. O termo constante no numerador original é −1. No mais novo numerador, o termo constante é $−3A + 2B$. Estabeleça-os como sendo um igual ao outro para obter $−1 = −3A + 2B$. Agora, você tem seu sistema de equações lineares:

$$\begin{cases} 7 = A + B \\ -1 = -3A + 2B \end{cases}$$

Parte III: Conquistando Seções Cônicas e Sistemas de Equações

Multiplique os termos na equação superior por 3 e adicione-as à segunda equação:

$$\begin{aligned}
3A + 3B &= 21 \\
-3A + 2B &= -1 \\
\hline
5B &= 20 \\
B &= 4
\end{aligned}$$

Descobrimos que $B = 4$. Substitua $B = 4$ em $A + B = 7$ para obter $A = 3$. Agora temos os numeradores das frações:

$$\frac{7x - 1}{(x + 2)(x - 3)} = \frac{3}{x + 2} + \frac{4}{x - 3}$$

Capítulo 13

Resolvendo Sistemas de Equações e Desigualdades Não Lineares

Neste Capítulo

▶ Indicando soluções de sistemas de parábolas/retas

▶ Combinando parábolas e círculos para encontrar intersecções

▶ Atacando sistemas polinomiais, exponenciais e racionais

▶ Explorando o mundo obscuro das desigualdades não lineares

*E*m sistemas de equações lineares, as variáveis têm expoentes de um, e geralmente é encontrada somente uma solução (consulte o Capítulo 12). As possibilidades de soluções múltiplas parecem crescer conforme os expoentes aumentam, criando sistemas de equações não lineares. Por exemplo, uma reta e uma parábola podem se intersectar em dois pontos, um ponto ou em nenhum ponto. Um círculo e uma elipse podem se intersectar em quatro pontos diferentes. E considere as desigualdades. Os gráficos das desigualdades envolvem muitas soluções. Ao colocar duas desigualdades juntas, as possibilidades são incríveis. (O que eu posso dizer? Sou professora de álgebras.)

Uma das partes mais importantes de resolver sistemas não lineares é o planejamento. Se houver um indício do que está por vir, será fácil planejar a solução, e você ficará mais convencido quando suas previsões se realizarem. Neste capítulo, você descobrirá em quantos pontos uma reta e uma parábola podem se cruzar e de quantas maneiras uma parábola e um círculo podem se cruzar. Também ajudarei na visualização de um círculo e uma elipse — ao colocar um em cima do outro, é possível planejar quantos pontos de intersecção são esperados. Por fim, veremos como os gráficos de desigualdades assumem uma imagem totalmente diferente — incluindo áreas curvas entre círculos e formas parecidas.

Cruzando Parábolas com Retas

Uma *parábola* é uma curva previsível e suave em formato de U (que apresento em detalhes no Capítulo 7). Uma reta também é bastante previsível; ela vai para cima ou para baixo e para a esquerda ou para a direita infinitamente, no mesmo ritmo. Se juntarmos essas duas características, é possível prever com bastante precisão o que acontecerá quando uma reta e uma parábola compartilharem o mesmo espaço.

Ao combinar as equações de uma reta e uma parábola, obtemos um desses três resultados (que podem ser conferidos na Figura 13-1):

- Duas soluções em comum (Figura 13-1a)
- Uma solução em comum (Figura 13-1b)
- Nenhuma solução (Figura 13-1c)

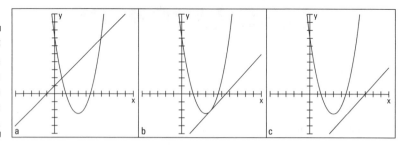

Figura 13-1: Uma reta e uma parábola compartilhando espaço em um gráfico.

A maneira mais fácil de encontrar soluções em comum, ou conjuntos de valores, para uma reta e uma parábola é resolver seus sistemas de equações algebricamente. Um gráfico é útil para confirmar seu trabalho e colocá-lo em perspectiva. Para resolver um sistema de equações que envolve uma reta e uma parábola, a maioria dos matemáticos usa o método da *substituição*. Para uma discussão completa sobre como usar a substituição, consulte o Capítulo 12. Também é possível seguir o método acompanhando o trabalho apresentado nas páginas a seguir.

Quase sempre substituímos os *x* pelos *y* em uma equação, pois geralmente vemos funções escritas com os *y* iguais a muitos *x*. Você pode ter de substituir os *x* pelos *y*, mas essa é uma exceção. Seja flexível. (Se quiser ver uma exceção, consulte a seção "Classificando as soluções" posteriormente neste capítulo.)

Determinando o(s) ponto(s) em que uma reta e uma parábola cruzam caminhos

Os gráficos de uma reta e uma parábola podem se cruzar em dois lugares, um lugar ou nenhum lugar (consulte a Figura 13-1). Em termos de equações, essas afirmações se traduzem como duas soluções, uma solução ou nenhuma solução. Adequado, não?

Encontrando duas soluções

A parábola $y = 3x^2 - 4x - 1$ e a reta $x + y = 5$ têm dois pontos em comum. Para encontrar as duas soluções usando o método da substituição, primeiro encontre y na equação da reta: $y = -x + 5$. Agora, substitua essa equivalência de y na primeira equação, estabeleça a nova equação como sendo igual a zero e fatore como faria com qualquer equação quadrática (consulte o Capítulo 3):

$$y = 3x^2 - 4x - 1$$
$$-x + 5 = 3x^2 - 4x - 1$$
$$0 = 3x^2 - 3x - 6$$
$$0 = 3(x^2 - x - 2)$$
$$0 = 3(x - 2)(x + 1)$$

Estabelecendo cada um dos fatores binomiais como sendo iguais a zero, temos $x = 2$ e $x = -1$. Ao substituir esses valores na equação $y = -x + 5$, descobrimos que, quando $x = 2$, $y = 3$, e quando $x = -1$, $y = 6$. Os dois pontos de intersecção, portanto, são (2, 3) e (-1, 6). A Figura 13-2 mostra os gráficos da parábola ($y = 3x^2 - 4x - 1$), da reta ($y = -x + 5$) e os dois pontos de intersecção.

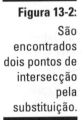

Figura 13-2: São encontrados dois pontos de intersecção pela substituição.

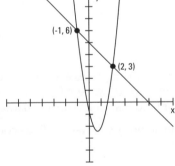

Estabelecendo uma solução

Quando uma reta e uma parábola têm um ponto de intersecção e, portanto, compartilham uma solução em comum, a reta é *tangente* à parábola. Uma reta e uma curva podem ser tangentes uma à outra se tocarem ou compartilharem exatamente um ponto e se a reta parecer seguir a curvatura nesse ponto (duas curvas também podem ser tangentes uma à outra — elas se tocam em um ponto e depois seguem seus próprios caminhos). A parábola $y = -x^2 + 5x + 6$ e a reta $y = 3x + 7$, por exemplo, têm somente um ponto em comum — em seu ponto de *tangência*. A Figura 13-3 mostra como uma reta e uma parábola podem ser tangentes.

Figura 13-3:
A reta toca a parábola em apenas um ponto — o ponto de tangência.

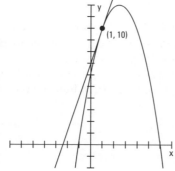

Encontre a coordenada do ponto que a parábola e a reta compartilham resolvendo o sistema de equações formado pela parábola e a reta. Substitua a equivalência de y da equação da reta na equação parabólica para encontrar x (consulte o Capítulo 12):

$$y = -x^2 + 5x + 6$$
$$3x + 7 = -x^2 + 5x + 6$$
$$0 = -x^2 + 2x - 1$$
$$0 = -1(x^2 - 2x + 1)$$
$$0 = -1(x - 1)^2$$
$$x = 1$$

O sinal óbvio de que a parábola e a reta são tangentes é a equação quadrática que resulta da substituição. Ela tem uma *raiz dupla* — a mesma solução aparece duas vezes — quando o fator binomial é elevado ao quadrado.

Substituindo $x = 1$ na equação da reta, temos $y = 3(1) + 7 = 10$. As coordenadas do ponto de tangência são (1, 10).

Lidando com uma solução que não é uma solução

Podemos ver quando não existe uma solução em um sistema de equações envolvendo uma parábola e uma reta se desenharmos o gráfico das duas figuras e descobrirmos que seus caminhos nunca se cruzam. Também descobrimos que uma parábola e uma reta não se intersectam quando obtemos uma resposta que não é resposta ao problema algébrico — não é necessário nem grafar as figuras. Por exemplo, se resolver o sistema de equações que contém a parábola $x = y^2 - 4y + 3$ e a reta $y = 2x + 5$ usando a substituição (consulte o Capítulo 12), obterá o seguinte:

$x = y^2 - 4y + 3$

$x = (2x + 5)^2 - 4(2x + 5) + 3$

$x = 4x^2 + 20x + 25 - 8x - 20 + 3$

$0 = 4x^2 + 11x + 8$

A equação parece perfeitamente adequada até agora, embora a quadrática não possa ser fatorada. É preciso recorrer à fórmula quadrática. (Encontre detalhes sobre como usar a fórmula quadrática no Capítulo 3, se precisar de uma revisão.) Substituindo os números da equação quadrática na fórmula, temos o seguinte:

$$x = \frac{-11 \pm \sqrt{121 - 4(4)(8)}}{2(4)} = \frac{-11 \pm \sqrt{121 - 128}}{8} = \frac{-11 \pm \sqrt{-7}}{8}$$

Uau! Pode parar por aí. Você vê que há um valor negativo dentro do radical. A raiz quadrada de –7 não é real, por isso, não existe uma resposta para x (para saber mais sobre números não reais, consulte o Capítulo 14). A resposta não existente é a grande dica de que o sistema de equações não tem uma solução comum, o que significa que a parábola e a reta nunca se intersectam (ei, até mesmo Sherlock Holmes tinha de procurar um pouco antes de encontrar suas pistas). A Figura 13-4 mostra os gráficos da parábola e da reta. É possível ver por que não foi encontrada nenhuma solução. Eu queria poder ensinar uma maneira fácil de dizer se um sistema não tem solução antes de termos de passar por todo esse trabalho. Pense dessa maneira: uma resposta de *sem solução* é uma resposta perfeitamente boa.

Figura 13-4:
A álgebra não funciona, e o par não se encontra nunca.

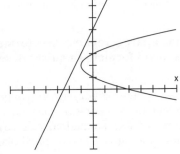

Mesclando Parábolas e Círculos

O gráfico de uma parábola é uma curva em formato de U e um círculo — bem, poderíamos dar voltas e voltas explicando o que é um círculo. Quando uma parábola e um círculo compartilham o mesmo gráfico, eles podem se intersectar de diversas maneiras (assim como você e seus vizinhos, eu suponho). As figuras podem se intersectar em quatro pontos diferentes, três pontos, dois pontos, um ponto ou nenhum ponto. As possibilidades podem parecer infinitas, mas não é o caso. As cinco possibilidades que listo aqui são aquelas com as quais você deve trabalhar. O desafio é determinar qual situação você tem em mãos e encontrar as soluções do sistema de equações (você ficará contente em saber que não é tão desafiador quanto fazer seu vizinho devolver aquelas coisas que ele pegou emprestado).

Trabalhando com intersecções múltiplas

Uma parábola e um círculo podem se intersectar em até quatro pontos diferentes, o que significa que suas equações podem ter até quatro soluções em comum. A Figura 13-5 mostra uma situação como essa.

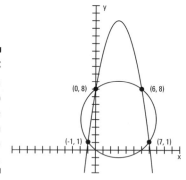

Figura 13-5: Uma parábola e um círculo que se intersectam em quatro pontos.

Para encontrar as soluções em comum que vemos na Figura 13-5, é preciso resolver o sistema de equações que inclui $y = -x^2 + 6x + 8$, a equação de uma parábola, e $x^2 + y^2 - 6x - 8y = 0$, a equação de um círculo. Aqui estão os passos para resolver esse sistema:

1. **Se a parábola e o círculo não aparecerem em seus formatos padrão, é preciso deixá-los nesse formato se quiser desenhar o gráfico.**

   Nesse caso, você precisa alterar o círculo para seu formato padrão — $(x - h)^2 + (y - k)^2 = r^2$ — completando o quadrado (consulte o Capítulo 11). A equação do círculo, escrita no formato padrão, é $(x - 3)^2 + (y - 4)^2 = 25$ (para saber mais sobre o formato padrão da parábola, consulte os Capítulos 3 e 7).

2. **Para encontrar os pontos em comum, substitua cada y na equação do círculo pelo equivalente de y na parábola.**

$$x^2 + y^2 - 6x - 8y = 0$$
$$x^2 + (-x^2 + 6x + 8)^2 - 6x - 8(-x^2 + 6x + 8) = 0$$
$$x^2 + x^4 - 12x^3 + 20x^2 + 96x + 64 - 6x + 8x^2 - 48x - 64 = 0$$
$$x^4 - 12x^3 + 29x^2 + 42x = 0$$

Resolver um sistema com uma parábola e um círculo por substituição (consulte o Capítulo 12) envolve elevar um trinômio ao quadrado e fatorar um polinômio de terceiro grau. Ao elevar um trinômio ao quadrado, você pode achar mais fácil distribuir os termos em vez de juntá-los como em um problema de multiplicação. Para encontrar $(-x^2 + 6x + 8)^2$, por exemplo, pense no produto $(-x^2 + 6x + 8)(-x^2 + 6x + 8)$. Multiplique cada termo por $-x^2$, e então por $6x$, e por fim por 8. Termine combinando os termos semelhantes (consulte o Capítulo 8 para saber mais sobre polinômios):

$-x^2(-x^2 + 6x + 8) + 6x(-x^2 + 6x + 8) + 8(-x^2 + 6x + 8)$

$= x^4 - 6x^3 - 8x^2 - 6x^3 + 36x^2 + 48x - 8x^2 + 48x + 64$

$= x^4 - 12x^3 + 20x^2 + 96x + 64$

3. **Estabeleça os termos resultantes como sendo iguais a zero e encontre x (isso geralmente requer fatoração ou o uso da fórmula quadrática; consulte o Capítulo 3).**

   Os termos na equação têm um fator comum de x. Fatorando o x, temos $x(x^3 - 12x^2 + 29x + 42) = 0$. A expressão dentro dos parênteses é fatorada como o produto de três binômios. É possível fazer essa fatoração e encontrar esses binômios usando o Teorema da Raiz Racional, que o leva a experimentar os fatores de 42 — 1, 6 e 7 — e a divisão sintética (o Capítulo 8 tem uma explicação completa do Teorema da Raiz Racional e da fatoração). A fatoração final da equação é $x(x + 1)(x - 6)(x - 7) = 0$. As soluções são $x = 0, -1, 6$ e 7.

4. **Substitua as soluções que encontrar na equação da curva com os menores expoentes para encontrar as coordenadas dos pontos de intersecção.**

   Nesse caso, faça a substituição na equação da parábola. Descobrimos que, quando $x = 0, y = 8$; quando $x = -1, y = 1$; quando $x = 6, y = 8$; e quando $x = 7, y = 1$. Os pontos de intersecção são, portanto, $(0, 8)$, $(-1, 1)$, $(6, 8)$ e $(7, 1)$.

Um círculo e uma parábola também podem se intersectar em três pontos, dois pontos, um ponto ou nenhum ponto. A Figura 13-6 mostra como são as situações com três e dois pontos. Na Figura 13-6a, o vértice da parábola é tangente a um ponto no círculo, e a parábola corta o círculo em dois outros pontos. Na Figura 13-6b, a parábola corta o círculo em apenas dois pontos.

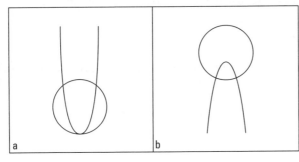

Figura 13-6: Parábolas e círculos se misturando, oferecendo diferentes soluções.

Use o mesmo método de substituição para resolver sistemas de equações com menos de quatro intersecções. A álgebra oferece as soluções — mas tome cuidado com as promessas falsas. É preciso tomar cuidado com soluções estranhas, conferindo suas respostas.

Após substituir uma equação na outra, observe a equação resultante. A potência mais alta da equação diz o que deve ser esperado em relação ao número de soluções comuns. Quando a potência for três ou quatro, pode haver no máximo três ou quatro soluções, respectivamente (consulte o Capítulo 8 sobre como resolver polinômios). Quando a potência for dois, pode haver até duas soluções em comum (o Capítulo 3 discute essas equações). Uma potência de um indica somente uma solução possível (consulte o Capítulo 2). Se você acabar com uma equação que não tem solução, saberá que o sistema não tem pontos de intersecção — os gráficos somente passam um pelo outro como navios no escuro da noite.

Classificando as soluções

Na seção "Cruzando Parábolas com Retas" anteriormente, neste capítulo, os exemplos que apresento usam a substituição, em que os x substituem a variável y. Na maioria das vezes, esse é o método mais indicado, mas sugiro que você permaneça flexível e aberto a outras oportunidades. O exemplo a seguir é uma oportunidade desse tipo — ele tira vantagem de uma situação em que faz mais sentido substituir o termo com x pelo termo com y.

Para encontrar as soluções em comum da parábola $y = x^2$, que tem seu vértice na origem (consulte o Capítulo 7), e o círculo $x^2 + (y-1)^2 = 9$, que tem centro em $(0, 1)$ e raio de 3 (consulte o Capítulo 11), nos beneficiamos da simplicidade de $y = x^2$ substituindo o x^2 na equação do círculo por y. Isso estabelece uma equação de y a ser resolvida:

$$x^2 + (y-1)^2 = 9$$
$$y + (y-1)^2 = 9$$
$$y + y^2 - 2y + 1 = 9$$
$$y^2 - y - 8 = 0$$

Essa equação quadrática não pode ser fatorada, por isso, é preciso usar a fórmula quadrática (consulte o Capítulo 3) para encontrar y:

$$y = \frac{1 \pm \sqrt{1 - 4(1)(-8)}}{2(1)} = \frac{1 \pm \sqrt{33}}{2}$$

São encontrados dois valores diferentes para y, de acordo com essa solução. Ao usar a parte positiva de $\pm$, descobrimos que y está próximo de 3,37. Ao usar a parte negativa, descobrimos que y é aproximadamente −2,37. Algo não parece certo. O que está incomodando você? Tem de ser o valor negativo de y. As soluções em comum de um sistema devem funcionar em ambas as equações, e y = −2,37 não funciona em $y = x^2$, pois quando o x é elevado ao quadrado, não obtemos um número negativo. Assim, somente a parte positiva da solução, em que y ≈ 3,37, funciona.

Substitua $\dfrac{1 + \sqrt{33}}{2}$ na equação $y = x^2$ para obter x:

$$\dfrac{1 + \sqrt{33}}{2} = x^2$$
$$\pm \sqrt{\dfrac{1 + \sqrt{33}}{2}} = x$$

O valor de x dá aproximadamente ± 1,84. O gráfico na Figura 13-7 mostra a parábola, o círculo e os pontos de intersecção em aproximadamente (1,84, 3,37) e aproximadamente (−1,84, 3,37).

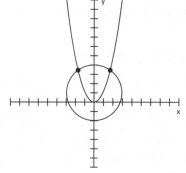

Figura 13-7: Esse sistema tem somente dois pontos de intersecção.

Quando y = −2,37, obtemos pontos que estão no círculo, mas esses pontos não estão na parábola. A álgebra mostra isso e a imagem confirma.

Ao fazer a substituição em uma das equações originais para encontrar a outra variável, sempre substitua na equação *mais simples* — aquela com expoentes menores. Isso ajuda você a identificar quaisquer soluções estranhas.

Planejando o Ataque em Outros Sistemas de Equações

Discuto as intersecções de retas e diferentes seções cônicas primeiramente neste capítulo, pois as curvas das cônicas são fáceis de serem visualizadas e os resultados das intersecções são um tanto previsíveis. Entretanto, também é possível encontrar as intersecções (soluções em comum) de outras funções e curvas; apenas pode ser preciso ter de começar sem ter ideia do que vai acontecer. Mas não se preocupe; usar os processos corretos — substituição e resolução de equações (consulte o Capítulo 12) — assegura respostas e resultados precisos.

É possível trabalhar com um sistema de equações lineares de muitas maneiras. (Discuto os métodos para resolver sistemas de equações lineares em maiores detalhes no Capítulo 12.) Um sistema de equações que contém uma ou mais funções polinomiais (não lineares), no entanto, apresenta menos opções para encontrar as soluções. Adicione uma função racional ou uma função exponencial e a história piora. Mas considerando que as equações cooperem, os diferentes métodos algébricos — eliminação e substituição — funcionarão. Sorte sua!

Equações cooperativas são aquelas que discuto neste livro. Quando os sistemas de equações desafiam os métodos algébricos, é preciso recorrer a calculadoras, comutadores e cursos de matemática universitários avançados. Enquanto isso, você pode se concentrar nos sistemas devidamente definidos e trabalháveis que apresento nesta seção de entidades não lineares.

Misturando polinômios e retas

Um *polinômio* é uma curva contínua e suave. (O capítulo 8 oferece muitas informações sobre o comportamento de curvas polinomiais e como desenhar seus gráficos.) Quanto mais a curva de um polinômio muda de direção e se move para cima e para baixo em um gráfico, mais oportunidades uma reta tem de cruzá-la. Por exemplo, a reta $y = 3x + 21$ intersecta o polinômio $y = -x^3 + 5x^2 + 20x$ três vezes. A Figura 13-8 mostra os gráficos da reta, do polinômio e os pontos de intersecção.

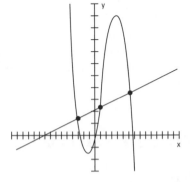

Figura 13-8:
Uma reta cruzando as curvas de um polinômio.

A substituição que altera o y no polinômio pelo equivalente de y na reta geralmente é o caminho mais eficaz para encontrar soluções em comum das intersecções (aplique esse método quando as soluções forem números inteiros cooperativos. Se os pontos em comum envolverem frações e radicais, usar a tecnologia é a única saída).

Para encontrar as soluções desse sistema de equações usando a substituição, comece substituindo o y no polinômio pelo equivalente de y na reta e estabelecendo a equação como sendo igual a zero:

$$y = -x^3 + 5x^2 + 20x$$
$$3x + 21 = -x^3 + 5x^2 + 20x$$
$$0 = -x^3 + 5x^2 + 17x - 21$$

A equação simplificada é fatorada como $0 = -(x + 3)(x - 1)(x - 7)$. (Se precisar de ajuda com essa fatoração, consulte as informações sobre o Teorema da Raiz Racional e a divisão sintética no Capítulo 8.) Os zeros, ou soluções, da equação são $x = -3$, 1 e 7. Encontre os valores de y dos pontos de intersecção inserindo esses valores de x na equação da reta. Os pontos de intersecção encontrados são $(-3, 12)$, $(1, 24)$ e $(7, 42)$.

Sempre use a equação com os menores expoentes ao encontrar a solução completa. A substituição é mais fácil com expoentes menores e, mais importante, não serão encontradas soluções estranhas — respostas não existentes para o problema (para saber mais sobre números imaginários, consulte o Capítulo 14).

Cruzando polinômios

"Cruzar polinômios" soa quase como se você estivesse realizando um experimento genético e criando uma nova curva híbrida — um tipo de monstro não linear. Mas antes de eu começar a dar a minha risada sinistra, devo admitir que cruzar polinômios resulta em coisas maravilhosas. (Ei, a beleza está nos olhos de quem vê.)

Apenas para dar um exemplo de como polinômios que se intersectam podem oferecer diversas soluções, escolhi um polinômio de quarto grau e um de terceiro para cruzar (oops, quero dizer, intersectar). O polinômio de quarto grau (a potência 4 é a mais alta) e um polinômio de terceiro grau (cúbica) podem compartilhar até quatro soluções em comum. Os gráficos de $y = x^4 + 2x^3 - 13x^2 - 14x + 24$ e $y = x^3 + 8x^2 - 13x + 4$, por exemplo, são mostrados na Figura 13-9. A curva em formato de W é o polinômio de quarto grau, e o S de lado é o polinômio de terceiro grau.

Cruzando música e química

Se você realizasse uma pesquisa buscando o casal mais improvável no que tange profissões ou interesses, a música e a química estariam em uma posição alta da lista. Pode ser surpreendente, então, para você, que esses tópicos tenham uma semelhança incrível. A música é composta por oitavas de tons — oito tons, indo de *dó, ré, mi* até *dó* (você está cantarolando a música da *Noviça Rebelde*?) e depois começando tudo de novo. Em 1869, Dimitri Ivanovich Mendeléev descobriu que se dispusesse os elementos da química em ordem crescente de peso atômico, cada oitavo elemento (começando a partir de um dado elemento) tinha propriedades químicas semelhantes ao primeiro elemento. Ele usou sua descoberta para prever que existiam elementos que os cientistas ainda não tinham descoberto. O que ele previu foi a existência de *elos,* ou elementos faltantes no padrão. A matemática — contando até oito e começando de novo — orientou Pitágoras na escala musical e Mendeléev com a tabela atômica.

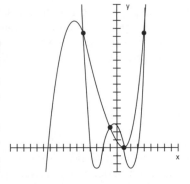

Figura 13-9: Contando as intersecções de polinômios cúbicos e de quarto grau.

Para resolver sistemas de equações que contêm dois polinômios, use o método da substituição (consulte o Capítulo 12). Estabeleça y como sendo igual a y, mova todos os termos para a esquerda e simplifique:

$$x^4 + 2x^3 - 13x^2 - 14x + 24 = x^3 + 8x^2 - 13x + 4$$

$$x^4 + x^3 - 21x^2 - x + 20 = 0$$

Essa equação é fatorada como $(x+5)(x+1)(x-1)(x-4) = 0$ (consulte o Capítulo 8), que oferece as soluções $x = -5, -1, 1$ e 4. Substituindo esses valores na equação cúbica (de terceiro grau — você deve sempre fazer a substituição na equação com os menores valores exponenciais), temos $y = 144$ quando $x = -5$, $y = 24$ quando $x = -1$, $y = 0$ quando $x = 1$ e $y = 144$ quando $x = 4$. Agora você tem todos os pontos de intersecção.

Navegando por intersecções exponenciais

Funções exponenciais têm curvas planas em formato de C quando grafadas em um papel gráfico (discuto exponenciais no Capítulo 10). Quando exponenciais intersectam uma à outra, elas geralmente fazem isso somente em um lugar, criando uma solução em comum. Misturar curvas exponenciais com outros tipos de curvas produz resultados semelhantes àqueles que vemos ao misturar retas e parábolas — é possível obter mais de uma solução.

Visualizando soluções exponenciais

As funções exponenciais $y = 5^x$ e $y = 3^x$ têm uma solução em comum: Ambas cruzam o eixo y no ponto (0, 1). Se você fizer com que $x = 0$ em $y = 5^x$, obterá $y = 5^0 = 1$. Qualquer número elevado à potência zero é igual a um. Assim, isso significa que substituir 0 por x em $y = 3^x$ dá $y = 3^0 = 1$. Chega-se ao mesmo número para ambas as equações. Sabemos que (0, 1) é a única solução possível para as duas funções exponenciais, pois qualquer outra potência de 5 e 3 não chegará aos mesmos números. Os números 3 e 5 são ambos números primos, e elevá-los a potências não criará soluções em comum. É possível descobrir a solução usando a álgebra, o raciocínio lógico ou observando os gráficos das equações. Os gráficos das funções exponenciais $y = 5^x$ e $y = 3^x$ são mostrados na Figura 13-10a. A mais íngreme das duas curvas exponenciais é $y = 5^x$.

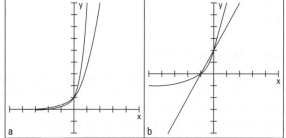

Figura 13-10: Grafando sistemas que contêm equações exponenciais.

A Figura 13-10b mostra as intersecções da reta $y = 2x + 2$ e da função exponencial $y = 2^{2x+1} + 2^x - 1$. Devido à complexidade da função exponencial, não é prático resolver esse sistema de equações algebricamente. Realmente é necessária uma ajuda da tecnologia. Mas, se conseguir determinar as soluções observando os gráficos, tire vantagem da situação. As duas soluções que a reta e a função exponencial têm em comum — onde elas se intersectam — são em (–1, 0) e (0, 2), presumindo que cada marca em cada eixo delimita uma unidade por vez (são esperadas apenas duas soluções, pois a reta continua indo em apenas uma direção, e a função exponencial continua crescendo, como é característico das funções exponenciais, e não se volta para si mesma). Você pode verificar para ter certeza de que essas respostas estão corretas substituindo os valores de x nas equações para ver se obtém os valores de y corretos:

Quando $x = -1$ na equação da reta, $y = 2(-1) + 2 = -2 + 2 = 0$.

Quando $x = -1$ na equação exponencial, temos o seguinte:

$y = 2^{2(-1)+1} + 2^{-1} - 1$

$ = 2^{-2+1} + 2^{-1} - 1$

$ = 2^{-1} + 2^{-1} - 1$

$ = \dfrac{1}{2} + \dfrac{1}{2} - 1$

$ = 0$

A reta e a função exponencial têm a solução $(-1, 0)$ em comum.

Quando $x = 0$ na equação da reta, $y = 2(0) + 2 = 0 + 2 = 2$.

Quando $x = 0$ na equação exponencial, temos o seguinte:

$y = 2^{2(0)+1} + 2^{0} - 1$

$ = 2^{1} + 1 - 1$

$ = 2$

A reta e a função exponencial têm a solução $(0, 2)$ em comum.

Encontrando soluções exponenciais

É possível resolver alguns sistemas que contêm funções exponenciais usando técnicas algébricas. O que você deve procurar? Quando as bases das funções exponenciais tiverem o mesmo número ou forem potências do mesmo número, uma solução encontrada algebricamente é possível.

Por exemplo, você pode resolver o sistema $y = 4^x$ e $y = 2^{x+1}$ algebricamente, pois a base 4 na primeira equação é uma potência de 2, a base na segunda equação. É possível escrever o número 4 como 2^2. (Se precisar lembrar como trabalhar com equações exponenciais, consulte o Capítulo 10.)

Para resolver um sistema de funções exponenciais quando as bases das funções tiverem o mesmo número ou forem potências do mesmo número, estabeleça os dois valores de y como sendo um igual ao outro, estabeleça os expoentes como sendo um igual ao outro e encontre x. O formato exponencial é modificado estabelecendo os expoentes como sendo iguais e descartando as bases.

Estabelecendo os dois valores de y como sendo iguais no exemplo anterior, temos:

$$4^x = 2^{x+1}$$
$$(2^2)^x = 2^{x+1}$$
$$2^{2x} = 2^{x+1}$$

Agora é possível estabelecer os expoentes como sendo um igual ao outro. A solução de $2x = x + 1$ é $x = 1$. Quando $x = 1$, $y = 4$ em ambas as equações. A Figura 13-11 mostra o gráfico das equações que se intersectam.

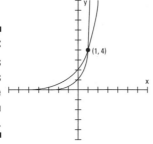

Figura 13-11: Duas funções exponenciais que se intersectam em (1,4).

Arredondando funções racionais

Uma *função racional* é uma fração que contém uma expressão polinomial no numerador e no denominador. Um polinômio tem um ou mais termos com expoentes com números inteiros, assim, uma função racional tem expoentes apenas com números inteiros — só que no formato fracionário. O gráfico de uma função racional geralmente tem assíntotas verticais e/ou horizontais que revelam seu formato. Além disso, funções racionais geralmente têm partes de hipérboles em seus gráficos. (É possível encontrar muitas informações sobre funções racionais no Capítulo 9.)

Resolver e grafar sistemas de equações que incluem funções racionais significa trabalhar com frações — a tarefa favorita de todos os alunos e professores. Mas não se preocupe. Eu preparo você nas seções a seguir.

Intersecções de uma função racional e uma reta

A função racional $y = \dfrac{x-1}{x+2}$ e a reta $3x + 4y = 7$ se intersectam em dois pontos, o que significa que elas têm duas soluções em comum. É possível ver isso a partir de seus gráficos na Figura 13-12. Mas não confunda as intersecções da reta com as assíntotas da função racional como partes da solução. Considere somente as intersecções com as curvas da função racional. A solução algébrica encontrada também confirma que você usa somente os pontos na curva.

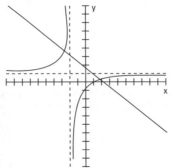

Figura 13-12: Uma reta cruzando uma função racional, formando duas soluções.

Para resolver esse sistema de equações, resolva a equação da reta para encontrar y, e depois substitua essa equivalência de y na equação da função racional:

$$3x + 4y = 7$$
$$4y = 7 - 3x$$
$$y = \frac{7}{4} - \frac{3}{4}x$$
$$\frac{7}{4} - \frac{3}{4}x = \frac{x-1}{x+2}$$

A equação remanescente parece um pouco confusa, não? Você pode tornar a equação mais agradável multiplicando cada lado por $4(x + 2)$, o denominador comum das frações na equação:

$$4(x+2)\left(\frac{7}{4} - \frac{3}{4}x\right) = \left(\frac{x-1}{x+2}\right)4(x+2)$$
$$\cancel{4}(x+2)\frac{7}{\cancel{4}} - \cancel{4}(x+2)\frac{3}{\cancel{4}}x = \left(\frac{x-1}{\cancel{x+2}}\right)4\cancel{(x+2)}$$
$$7(x+2) - 3x(x+2) = 4(x-1)$$

Agora é possível simplificar a equação resultante distribuindo e combinando os termos semelhantes (consulte o Capítulo 1 para descobrir como) e estabelecendo toda a equação como sendo igual a zero. O resultado é uma equação quadrática que pode ser fatorada (consulte o Capítulo 3):

$$7(x+2) - 3x(x+2) = 4(x-1)$$
$$7x + 14 - 3x^2 - 6x = 4x - 4$$
$$x + 14 - 3x^2 = 4x - 4$$
$$0 = 3x^2 + 3x - 18$$
$$0 = 3(x^2 + x - 6)$$
$$0 = 3(x+3)(x-2)$$

CUIDADO!

Ao mudar o formato de uma equação que contém frações, radicais ou exponenciais, é preciso tomar cuidado com *soluções estranhas* — respostas que satisfazem o novo formato, mas não o original. Sempre verifique seu trabalho substituindo as respostas na equação original.

As soluções da equação quadrática são $x = -3$ e $x = 2$. Agora, substitua esses valores na função racional para verificar seu trabalho. Quando $x = -3$, temos $y = 4$. E quando $x = 2$, temos $y = \frac{1}{4}$. Esses valores representam as soluções em comum (coordenadas da intersecção) da função racional e da reta (veja-os na Figura 13-12).

Descobrindo que funções são inversas ao resolver um sistema

Com um pouco de álgebra e gráficos, você perceberá algo especial sobre as duas funções racionais no sistema a seguir:

$$\begin{cases} y = \dfrac{3x - 4}{x - 2} \\ y = \dfrac{2x - 4}{x - 3} \end{cases}$$

Ao resolver o sistema identificando as soluções, observamos algo que pode ou não ser uma coincidência. Um gráfico ajuda a confirmar que a descoberta não é uma coincidência. Certo, chega de suspense. Para resolver o sistema, estabeleça as duas frações como sendo uma igual à outra — o mesmo que substituir as equivalências de y uma pela outra:

$$\frac{3x - 4}{x - 2} = \frac{2x - 4}{x - 3}$$

A equação criada é uma *proporção*, o que significa que temos duas razões (frações) diferentes, uma igual à outra. Aplique a regra de três e simplifique os produtos e depois mova cada termo para a esquerda para estabelecer a equação como sendo igual a zero:

$$(3x - 4)(x - 3) = (2x - 4)(x - 2)$$
$$3x^2 - 13x + 12 = 2x^2 - 8x + 8$$
$$x^2 - 5x + 4 = 0$$

A equação quadrática é fatorada como $(x - 4)(x - 1) = 0$, por isso, as duas soluções são $x = 4$ e $x = 1$. Substitua esses valores em qualquer uma das equações originais. Descobrimos que quando $x = 4$, $y = 4$, e quando $x = 1$, $y = 1$. Assim, de volta ao grande mistério. Você notou algo de especial nesses valores? Sim, os valores de x e y são os mesmos, pois ambos estão na reta $y = x$. Esse fenômeno acontece pois as duas funções racionais são *inversas* uma da outra. (Descubra mais sobre funções inversas no Capítulo 6.)

A característica especial dos gráficos de funções e suas inversas é que elas são sempre simétricas em relação uma à outra na reta $y = x$. Além disso, se elas intersectarem essa reta de simetria, elas a intersectam no mesmo lugar, formando uma imagem um tanto artística. A Figura 13-13 mostra as duas funções racionais que apresentei anteriormente e como elas são simétricas na reta $y = x$. (Eu deixei de fora as retas que mostram as assíntotas para que a imagem não fique muito confusa.)

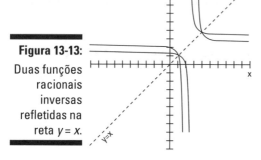

Figura 13-13: Duas funções racionais inversas refletidas na reta $y = x$.

Jogando Limpo com as Desigualdades

Os sistemas de desigualdades aparecem em aplicações usadas para empreendimentos comerciais e problemas de cálculo. Um sistema de desigualdades, por exemplo, pode representar um conjunto de restrições em um problema que envolve a produção de algum item — as *restrições* colocam limites nos recursos sendo usados ou no tempo disponível. Em cálculo, os sistemas de desigualdades representam áreas entre curvas que você precisa calcular. Graficamente, as soluções dos sistemas de desigualdades aparecem como áreas sombreadas entre curvas. Isso oferece uma solução visual e ajuda a determinar os valores de x e y que funcionam.

É possível encontrar tantas respostas para sistemas de desigualdades — soluções infinitas — que não há como listar todas elas; são apresentadas apenas regras em termos das afirmações das desigualdades. Algebricamente, as soluções são afirmações que envolvem desigualdades — dizendo em relação a que valor de x ou y são maiores ou menores. Geralmente, o gráfico de um sistema oferece mais informações que a lista de desigualdades mostrada em uma solução algébrica. Podemos *ver* que todos os pontos na solução estão acima de uma certa reta, por isso, escolhemos números que funcionam no sistema com base naquilo que vemos.

Desenhando e acabando com desigualdades

A desigualdade mais simples de grafar e resolver é aquela que está acima ou abaixo de uma reta horizontal ou à direita ou à esquerda de uma reta vertical.

Um sistema de desigualdades que envolve duas retas assim (uma vertical e uma horizontal) tem um gráfico que se parece com um quarto de um plano. Por exemplo, o gráfico do sistema de desigualdades $\begin{cases} x \geq 2 \\ y \leq 3 \end{cases}$ é mostrado na Figura 13-14.

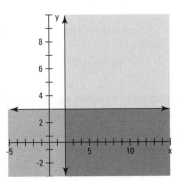

Figura 13-14:
Duas desigualdades se intersectando para compartilhar um quarto do plano (o sombreado mais escuro).

Tudo o que está à direita da reta $x = 2$ representa o gráfico de $x \geq 2$, e tudo o que está abaixo da reta $y = 3$ representa o gráfico de $y \leq 3$. Sua intersecção, a área escura sombreada no quadrante inferior à direita formado pelas retas que se intersectam, é formada por todos os pontos nessa área sombreada. É possível encontrar um número infinito de soluções. Alguns exemplos são os pontos (3,1), (4, 2) e (2, –1). Não é possível listar todas as respostas.

Desenhando o gráfico de áreas com curvas e retas

A solução de um sistema de desigualdades que envolve uma reta e uma curva (como uma parábola), duas curvas ou qualquer outra combinação é encontrada desenhando o gráfico das equações individualmente, determinando qual lado sombrear para cada curva e identificando onde as equações compartilham esse sombreado.

Para resolver o sistema $\begin{cases} x \geq y^2 + 2y - 3 \\ y \geq x - 3 \end{cases}$, por exemplo, realize os seguintes passos:

1. **Desenhe o gráfico da reta $y = x - 3$ e determine qual lado da reta sombrear verificando um *ponto de teste* (um ponto aleatório que está claramente de um lado ou do outro) para ver se ele satisfaz a desigualdade. (Para ter informações sobre como grafar retas, consulte os Capítulos 2 e 5.)**

   Se o ponto satisfizer a desigualdade, sombreie esse lado. Nesse caso, você pode usar o ponto de teste (0, 0), que está claramente acima e à esquerda da reta. Ao colocar a coordenada (0, 0) na desigualdade $y \geq$

$x - 3$, temos $0 \geq 0 - 3$. Sim, 0 é maior que -3, por isso, o ponto de teste está na área que precisa ser sombreada — acima da reta.

2. **Desenhe o gráfico da parábola $x = y^2 + 2y - 3$ e use um ponto de teste para ver se é preciso sombrear dentro da parábola ou fora dela. (Para obter informações sobre como grafar parábolas, consulte os Capítulos 5 e 7.)**

   Novamente, o ponto (0, 0) é útil. Teste o ponto na desigualdade da parábola, $x \geq y^2 + 2y - 3$. Chegamos a $0 \geq 0 + 0 - 3$, que é uma afirmação verdadeira. Assim, o ponto (0, 0) está na área que precisa ser sombreada — dentro da parábola.

3. **Determine onde as duas áreas sombreadas se sobrepõem para descobrir a solução do sistema de desigualdades.**

   As duas áreas sombreadas se sobrepõem onde a parte de dentro da parábola e a área acima da reta se intersectam.

A Figura 13-15 mostra a reta e a parábola que correspondem às desigualdades. A área sombreada indica a solução — onde as duas desigualdades se sobrepõem.

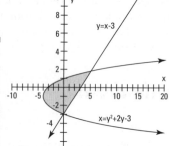

Figura 13-15: Uma parábola e uma reta esboçam a solução das desigualdades.

Parte IV:
Mudando a Marcha com Conceitos Avançados

A 5ª Onda — Por Rich Tennant

Nesta parte...

Os capítulos na Parte IV parecem ser bastante diferentes e, superficialmente, eles são, mas o que têm em comum são as mesmas operações e ideias algébricas básicas. As matrizes parecem um pouco diferentes de variáveis únicas com x, mas a aritmética aplicada a elas é familiar, e a álgebra é usada para trabalhar suas propriedades. Sequências e séries são listas de números e somas de listas de números, e usamos a álgebra ao discutir listas e somas. Conjuntos e representação de conjuntos apresentam algumas representações mais interessantes, e os conjuntos são uma premissa básica do estudo da probabilidade e da estatística.

Assim, como você pode ver, a Parte IV é bastante eclética. Pense nela como um tipo de família heterogênea — há laços de um membro para o outro, mas os membros têm suas próprias raízes também. Como um bônus, o material neste capítulo deixa você bem preparado para mais estudos avançados da matemática como cálculo, matemática discreta e estatística.

Capítulo 14

Simplificando Números Complexos em um Mundo Complexo

Neste Capítulo

▶ Atiçando sua imaginação matemática com números imaginários

▶ Realizando operações com números complexos

▶ Dividindo e conquistando números complexos e radicais

▶ Enfrentando soluções complexas em equações quadráticas

▶ Identificando raízes complexas de polinômios

*N*úmeros imaginários são o resultado da imaginação dos matemáticos. Não, os números imaginários não são reais — mas algum número é real? É possível pegar um número? É possível senti-lo? Quem decidiu que um 9 deveria ter o formato que tem, e o que faz essa pessoa estar certa? Seu cérebro já está doendo?

Os matemáticos definem os *números reais* como todos os números inteiros, negativos e positivos, frações e decimais, radicais — tudo o que você possa imaginar usar para contar, grafar e comparar quantias. Os matemáticos apresentaram os números imaginários quando passaram a não conseguir terminar os problemas sem eles. Por exemplo, ao encontrar raízes de equações quadráticas como $x^2 + x + 4 = 0$, você rapidamente descobre que não é possível encontrar respostas reais. Usando a fórmula quadrática (consulte o Capítulo 3), as soluções se tornam:

$$x = \frac{-1 \pm \sqrt{1^2 - 4(1)(4)}}{2(1)} = \frac{-1 \pm \sqrt{-15}}{2}$$

As respostas parecem bastante definitivas — como se não houvesse para onde ir. Mas não é possível encontrar a raiz quadrada de um número negativo, pois nenhum número real se multiplica por si mesmo e dá origem a um resultado negativo. Assim, em vez de permanecerem presos aí, sem nenhuma solução final, os matemáticos inventaram uma nova regra: Eles fizeram com que $i^2 = -1$. Eles inventaram um número para substituir $\sqrt{-1}$, e o chamaram de i (não foi necessária muita *imaginação* para inventar esse nome). Ao tirar a raiz quadrada de cada lado, temos $\sqrt{i^2} = \sqrt{-1}$, $i = \sqrt{-1}$. Com esse formato, podemos concluir os problemas e escrever as respostas com *i*.

Neste capítulo você descobrirá como criar, analisar e trabalhar com números imaginários e as expressões complexas em que eles aparecem. Apenas lembre-se de usar sua imaginação!

Usando Sua Imaginação para Simplificar Potências de i

As potências de *x* (representando números reais) — x^2, x^3, x^4 e assim por diante — seguem as regras dos expoentes, como adicionar expoentes ao multiplicar as potências ou subtrair expoentes ao dividi-las (consulte o Capítulo 1). As potências de *i* (representando números imaginários) também seguem regras. As potências de *i*, no entanto, têm algumas características claras que as separam dos outros números.

É possível escrever todas as potências de *i* como um dentre quatro números diferentes: *i*, –*i*, 1 e –1; tudo o que é necessário é um pouco de simplificação de produtos, usando as propriedades dos expoentes, para reescrever as potências de *i*:

- $i = i$: O bom e velho *i*

- $i^2 = -1$: A partir da definição dos números imaginários (consulte a introdução deste capítulo)

- $i^3 = -i$: Use a regra dos expoentes — $i^3 = i^2 \cdot i$ — e depois substitua i^2 por –1; assim, $i^3 = (-1) \cdot i = -i$

- $i^4 = 1$: Pois $i^4 = i^2 \cdot i^2 = (-1)(-1) = 1$

- $i^5 = i$: Pois $i^5 = i^4 \cdot i = (1)(i) = i$

- $i^6 = -1$: Pois $i^6 = i^4 \cdot i^2 = (1)(-1) = -1$

- $i^7 = -i$: Pois $i^7 = i^4 \cdot i^2 \cdot i = (1)(-1)(i) = -i$

- $i^8 = 1$: Pois $i^8 = i^4 \cdot i^4 = (1)(1) = 1$

Considere as duas potências de *i* apresentadas na lista a seguir e como determinar os valores reescritos; se quiser encontrar uma potência de *i*, use as regras dos expoentes e as quatro primeiras potências de *i*:

- $i^{41} = i$: Pois $i^{41} = i^{40} \cdot i = (i^4)^{10}(i) = (i)^{10} \cdot i = 1 \cdot i = i$

- $i^{935} = -i$: Pois $i^{935} = i^{932} \cdot i^3 = (i^4)^{233}(i^3) = (1)^{233}(-i) = 1(-i) = -i$

O processo de mudar as potências de *i* parece bastante trabalhoso — além do mais, é preciso descobrir pelo que multiplicar quatro para obter uma potência alta (queremos encontrar um múltiplo de quatro — o valor mais alto possível que é menor que o expoente). Mas na verdade não é preciso realizar todas as elevações de potências se reconhecermos um padrão específico nas potências de i.

Toda potência de i que é um múltiplo de quatro é igual a *um*. Se a potência for maior que um múltiplo de quatro em uma unidade, a potência de i será igual a i. E assim segue o processo. Aqui está a lista completa:

$i^{4n} = 1$

$i^{4n+1} = i$

$i^{4n+2} = -1$

$i^{4n+3} = -i$

Assim, tudo o que é preciso fazer para mudar as potências de i é descobrir onde uma potência de i está em relação a um múltiplo de quatro. Se precisar do valor de $i^{5.001}$, por exemplo, você sabe que 5.000 é um múltiplo de 4 (pois termina em 00), e 5.001 é 1 valor maior que 5.000, assim $i^{5.001} = i$. As expressões são realmente simplificadas quando você tem uma regra que reduz as potências dos números.

Entendendo a Complexidade dos Números Complexos

Um número imaginário, i, é uma parte dos números chamados *números complexos*, que surgiram após os matemáticos terem estabelecido os números imaginários. O formato padrão dos números complexos é $a + bi$, em que a e b são números reais, e i^2 é –1. O fato de que i^2 é igual a –1 e i é igual a $\sqrt{-1}$ é a base dos números complexos. Se os números imaginários não tivessem os i, não haveria necessidade de ter números complexos com números imaginários neles.

Alguns exemplos de números complexos incluem $3 + 2i$, $-6 + 4{,}45i$ e $7i$. Nesse último número, $7i$, o valor de a é zero. Se o valor de b também for zero, não se trata mais de um número complexo — mas sim de um número real sem a parte imaginária.

Assim, a é a parte *real* de um número complexo, e bi é a parte *complexa* (embora b seja um número real). Complexo o suficiente para você?

Os números complexos têm muitas aplicações, e os matemáticos os estudam extensivamente. Na verdade, cursos e áreas de estudo inteiros da matemática são devotados aos números complexos. E, imagine só, você tem a chance de observar esse mundo etéreo aqui e agora, nesta seção.

Operando com números complexos

É possível adicionar, subtrair, multiplicar e dividir números complexos — de uma maneira bastante cuidadosa. As regras usadas para realizar operações com números complexos são bastante parecidas com as regras usadas para qualquer expressão algébrica, com duas grandes exceções:

- Simplifique as potências de i, mude-as para suas equivalências nas primeiras quatro potências de i (consulte a seção "Usando sua Imaginação para Simplificar Potências de i" anteriormente, neste capítulo), e depois combine os termos semelhantes.

- Na verdade os números complexos não são divididos; são multiplicados pelo conjugado (explico tudo sobre isso na seção "Multiplicando pelo conjugado para realizar a divisão" posteriormente, neste capítulo).

Adicionando números complexos

Ao adicionar dois números complexos $a + bi$ e $c + di$, obtemos a soma das partes reais e a soma das partes imaginárias:

$$(a + bi) + (c + di) = (a + c) + (b + d)i$$

O resultado da adição agora está no formato de um número complexo, em que $a + c$ é a parte real e $(b + d)i$ é a parte imaginária.

Ao adicionar $(-4 + 5i) + (3 + 2i)$, por exemplo, temos $(-4 + 3) + (5 + 2)i = -1 + 7i$.

Subtraindo números complexos

Ao subtrair os números complexos $a + bi$ e $c + di$, obtemos a diferença das partes reais e a diferença das partes imaginárias:

$$(a + bi) - (c + di) = (a - c) + (b - d)i$$

O resultado da subtração agora está no formato de um número complexo, em que $a - c$ é a parte real e $(b - d)i$ é a parte imaginária.

Ao subtrair $(-4 + 5i) - (3 + 2i)$, por exemplo, temos $(-4 - 3) + (5 - 2)i = -7 + 3i$.

Multiplicando números complexos

Ao multiplicar números complexos, as operações ficam mais empolgantes.

Para multiplicar números complexos, você não pode simplesmente multiplicar as partes reais e as partes complexas; tem de tratar os números como binômios e distribuir ambos os termos de um número complexo pelo outro. Outra maneira de ver isso é que é preciso aplicar o método FOIL nos termos (para saber detalhes do método FOIL, consulte o Capítulo 1):

$$(a + bi)(c + di) = (ac - bd) + (ad + bc)i$$

O resultado da multiplicação mostrada aqui está no formato de um número complexo, com $ac - bd$ como a parte real e $(ad + bc)i$ como a parte imaginária. É possível ver, a partir da distribuição a seguir, de onde vêm os valores dessa regra:

$$(a + bi)(c + di) = ac + adi + bci + bdi^2$$
$$= ac + (ad + bc)i + bd(-1)$$
$$= ac - bd + (ad + bc)i$$

Nas equações anteriores, o produto dos dois primeiros termos é ac; o produto dos dois termos externos é adi; o produto dos dois termos internos é bci; e o produto dos dois últimos termos é bdi^2. Fatore o i no segundo e no terceiro termos, substitua o i^2 por -1 (consulte a primeira seção deste capítulo), e depois combine esse termo com o outro termo real.

Para encontrar o produto de $(-4 + 5i)(3 + 2i)$, por exemplo, aplique o método FOIL para obter $-12 - 8i + 15i + 10i^2$. Simplifique esse último termo como -10 e combine-o com o primeiro termo. O resultado é $-22 + 7i$, um número complexo.

Não é preciso memorizar o formato da regra. É possível facilmente aplicar o método FOIL aos binômios complexos e simplificar os termos.

Multiplicando pelo conjugado para realizar a divisão

Um aspecto complexo da divisão de números complexos é que, na verdade, você não realiza a divisão. Lembra-se de quando descobriu pela primeira vez como multiplicar e dividir frações? Você nunca, na verdade, *divide* frações; apenas muda a segunda fração para a sua recíproca, e depois muda o problema para um problema de multiplicação. Você descobre que a resposta para o problema de multiplicação é a mesma resposta do problema de divisão original. A divisão é evitada da mesma maneira com números complexos. É resolvido um problema de multiplicação — que tenha a mesma resposta que o problema de divisão. Mas antes de lidar com a "divisão," deve saber mais sobre o *conjugado* de um número complexo.

Definindo o conjugado

Um número complexo e seu *conjugado* têm sinais opostos entre os dois termos. O conjugado do número complexo $a + bi$ é $a - bi$, por exemplo.

Parte IV: Mudando a Marcha com Conceitos Avançados

Aqui estão alguns exemplos numéricos: O conjugado de $-3 + 2i$ é $-3 - 2i$, e o conjugado de $5 - 3i$ é $5 + 3i$. Parece simples, pois você não vê a característica especial atribuída ao conjugado de um número complexo até multiplicar o número complexo e seu conjugado.

O produto de um número imaginário e seu conjugado é um número real (sem a parte imaginária) e assume o seguinte formato:

$$(a + bi)(a - bi) = a^2 + b^2$$

Aqui está o produto do número complexo e seu conjugado, usando o método FOIL (consulte o Capítulo 1): $(a+bi)(a-bi) = a^2 - abi + abi - b^2i^2 = a^2 - b^2(-1) = a^2 + b^2$. Os termos do meio são opostos um ao outro, e $i^2 = -1$ (a definição de um número imaginário) faz com que nos livremos do fator i^2.

Usando conjugados para dividir números complexos

Quando um problema pede que você divida um número complexo por outro, escreva o problema como uma fração e depois multiplique pelo número um. Você na verdade não multiplica por um; mas sim multiplica por uma fração que tem o conjugado do denominador no numerador e no denominador (pois o mesmo valor aparece no numerador e no denominador, a fração é igual a um):

$$(a + bi) \div (c + di) = \frac{a + bi}{c + di} \cdot \frac{c - di}{c - di}$$

$$= \frac{(ac + bd) + (bc - ad)i}{c^2 + d^2}$$

Para escrever o resultado da divisão de números complexos em um formato restrito a partes reais e imaginárias, separe a fração:

$$\frac{(ac + bd)}{c^2 + d^2} + \frac{(bc - ad)i}{c^2 + d^2}$$

O formato da fração resultante parece terrivelmente complicado, e não é conveniente memorizá-lo. Ao resolver um problema com uma divisão complexa, é possível usar o mesmo processo que uso para obter o formato anterior para a divisão de números complexos. Para dividir $(-4 + 5i)$ por $(3 + 2i)$, por exemplo, realize os seguintes passos:

$$\frac{-4 + 5i}{3 + 2i} \cdot \frac{3 - 2i}{3 - 2i} = \frac{-12 + 8i + 15i - 10i^2}{3^2 + 2^2}$$

$$= \frac{-12 + (8 + 15)i - 10(-1)}{9 + 4}$$

$$= \frac{-12 + 10 + (8 + 15)i}{13}$$

$$= \frac{-2 + 23i}{13} = -\frac{2}{13} + \frac{23}{13}i$$

Divida, tire a média e conquiste raízes quadradas

É possível usar diversos métodos para encontrar a raiz quadrada de um número de acordo com uma quantia específica de casas decimais. Os principais métodos que os matemáticos usavam antes das calculadoras de mão envolviam um lápis e um pedaço de papel (ou, antes disso, uma pena e tinta sobre madeira). Um dos métodos mais fáceis de lembrar é o método da *divisão/média*. Por exemplo, se quiser descobrir a raiz quadrada de 56 com duas casas decimais, chute um valor e divida 56 por esse valor. Por exemplo, imagino que 7 seja a raiz quadrada: $56 \div 7 = 8$.

Eu agora tiro a *média* entre o meu palpite, o 7, e a resposta do problema de divisão, 8.

A média de 7 e 8 (adicione-os e divida por dois) é 7,5. Agora, eu uso o 7,5 como meu próximo palpite: $56 \div 7,5 = 7,467$, arredondado para três casas decimais (uma casa a mais que a resposta que eu quero). Tirando a média de 7,5 e 7,467, temos 7,484. Divido 56 por 7,484 e obtenho 7,483. Os números 7,484 e 7,483 são arredondados para o mesmo número, 7,48, por isso, concluímos que 7,48 seja a raiz quadrada de 56, com precisão de duas casa decimais (nenhum outro número com duas casas decimais elevado ao quadrado chega mais próximo de 56 que este). O simples método de divisão/média é bastante preciso e fácil de lembrar!

Simplificando radicais

Até os matemáticos terem definido os números imaginários, muitos problemas não tinham resposta, pois as resposta envolviam raízes quadradas de números negativos, ou *radicais*. Após a definição de número imaginário, $i^2 = -1$, passou a existir e as portas se abriram; as janelas se escancararam; desfiles foram feitos; as crianças dançavam nas ruas; e os problemas foram resolvidos. Eureca!

Para simplificar a raiz quadrada de um número negativo, escreva a raiz quadrada como o produto de raízes quadradas e simplifique: $\sqrt{-a} = \sqrt{-1}\sqrt{a} = i\sqrt{a}$.

Se quiser simplificar $\sqrt{-24}$, por exemplo, primeiro separe o radical como a raiz quadrada de -1 e a raiz quadrada do restante do número, e depois realize as simplificações por fatoração de quadrados perfeitos:

$$\sqrt{-24} = \sqrt{-1}\sqrt{24}$$
$$= \sqrt{-1}\sqrt{4}\sqrt{6}$$
$$= i \cdot 2\sqrt{6}$$

Por convenção, escreva a solução acima como $2i\sqrt{6}$. Esse formato não é diferente em valor do outro formato. A maioria dos matemáticos apenas prefere colocar a parte numérica do coeficiente primeiro, as variáveis ou outras letras em seguida (em ordem alfabética), e os radicais por último. Eles acham que fica melhor desse jeito.

Tecnicamente, no formato complexo, escrevemos um número com o i no final, após todos os outros números — mesmo após o radical. Se escrever o número dessa maneira, assegure-se de não deixar o *i* embaixo do radical — mantenha-o claramente à direita. Por exemplo, $\sqrt{6} \cdot i \neq \sqrt{6i}$. Para evitar confusão, escreva como $i\sqrt{6}$.

Resolvendo Equações Quadráticas com Soluções Complexas

Sempre é possível resolver equações quadráticas pela fórmula quadrática. Pode ser mais fácil resolver equações quadráticas por fatoração, mas quando não é possível fatorar, a fórmula é útil. (Consulte o Capítulo 3 se precisar lembrar da fórmula quadrática.)

Até os matemáticos terem começado a reconhecer os números imaginários, no entanto, eles não conseguiam concluir muitos resultados pela fórmula quadrática. Sempre que um valor negativo aparecia embaixo de um radical, a equação deixava os matemáticos sem ter o que fazer.

O mundo moderno dos números imaginários veio ao resgate! Para resolver a equação quadrática $2x^2 + x + 8 = 0$, por exemplo, é possível usar a fórmula quadrática para obter o seguinte:

$$x = \frac{-1 \pm \sqrt{1^2 - 4(2)(8)}}{3(2)}$$

$$= \frac{-1 \pm \sqrt{1 - 64}}{4}$$

$$= \frac{-1 \pm \sqrt{-63}}{4}$$

$$= \frac{-1 \pm \sqrt{-1}\sqrt{9}\sqrt{7}}{4}$$

$$= \frac{-1 \pm 3i\sqrt{7}}{4}$$

Juntamente com a fórmula quadrática que produz uma solução complexa, é útil observar a curva que corresponde à equação em um gráfico (consulte o Capítulo 7).

Uma parábola que se abre para cima ou para baixo sempre tem um intercepto de *y*; essas parábolas são funções e têm domínios que contêm todos os números reais. Entretanto, uma parábola que se abre para cima ou para baixo não necessariamente tem interceptos de *x*.

Para resolver uma função quadrática e encontrar seus interceptos de *x*, estabeleça a equação como sendo igual a zero. Quando não existir uma solução real para a equação, não haverá interceptos de *x*.

Ainda há um intercepto de *y*, pois todas as funções quadráticas cruzam o eixo *y* em algum lugar, mas seu gráfico pode permanecer acima ou abaixo do eixo *x* sem cruzá-lo.

A equação quadrática $2x^2 + x + 8 = 0$ corresponde à parábola $2x^2 + x + 8 = y$. Substituir zero pela variável *y* permite que você encontre os interceptos de *x* da parábola. O fato de não encontrar soluções reais para a equação indica que a parábola não tem interceptos de *x*. (A Figura 14-1 mostra um gráfico dessa situação.)

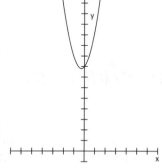

Figura 14-1:
Uma parábola sem solução real para os interceptos de *x* nunca cruza o eixo *x*.

As parábolas que se abrem para a esquerda ou para a direita não são funções. Uma função tem somente um valor de *y* para cada valor de *x*, por isso, essas curvas violam esse requisito. Uma parábola que se abre para a esquerda ou para a direita nunca pode cruzar o eixo *y* se seu vértice estiver à esquerda ou à direita desse eixo, por isso, não é possível encontrar uma solução real para o intercepto de *y*. Uma parábola que se abre para a esquerda ou a direita, no entanto, sempre tem um intercepto de *x*.

Para encontrar um intercepto de *y*, estabeleça *x* como sendo igual a zero e resolva a equação quadrática. Se a equação não tiver solução, ela não tem interceptos de *y*. Resolvendo a equação $x = -y^2 + 6y - 12$ para encontrar o intercepto de *y*, por exemplo, faça com que $x = 0$. A equação não é fatorada, por isso, use a fórmula quadrática:

$$y = \frac{-6 \pm \sqrt{36 - 4(-1)(-12)}}{2(-1)}$$

$$= \frac{-6 \pm \sqrt{36 - 48}}{-2}$$

$$= \frac{-6 \pm \sqrt{-12}}{-2}$$

$$= \frac{-6 \pm 2i\sqrt{3}}{-2} = \frac{-3 \pm i\sqrt{3}}{-1} = 3 \pm i\sqrt{3}$$

A parábola $x = -y^2 + 6y - 12$ se abre para a esquerda e nunca cruza o eixo *y*. O gráfico dessa parábola é mostrado na Figura 14-2.

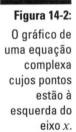

Figura 14-2: O gráfico de uma equação complexa cujos pontos estão à esquerda do eixo x.

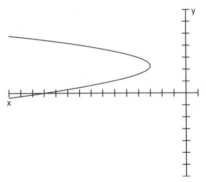

Trabalhando em Polinômios com Soluções Complexas

Polinômios são funções cujos gráficos são curvas suaves que podem ou não cruzar o eixo x. Se o grau (ou potência mais alta) de um polinômio for um número ímpar, seu gráfico deve cruzar o eixo x, e ele deve ter uma raiz ou solução real. (No Capítulo 8 descobrimos como encontrar as soluções ou raízes reais de equações polinomiais.) Ao resolver equações formadas ao estabelecer os polinômios como sendo iguais a zero, é preciso planejar com antecedência quantas soluções espera-se encontrar. A potência mais alta indica o número máximo de soluções que podem ser encontradas. No caso de equações em que as potências mais altas são números pares, é possível descobrir que as equações não têm absolutamente nenhuma solução, enquanto que se as potências mais altas forem ímpares, é garantida pelo menos uma solução em cada equação.

Identificando pares conjugados

Um polinômio de grau (ou potência) n pode ter até n zeros reais (também conhecidos como soluções ou interceptos de x). Se o polinômio não tiver n zeros reais, ele tem $n - 2$ zeros, $n - 4$ zeros, ou algum número de zeros que decresce a cada duas unidades. (Consulte o Capítulo 8 para saber como contar o número de zeros usando a Regra de Sinais de Descartes.) O motivo pelo qual o número de zeros diminui em duas unidades é que zeros complexos sempre vêm em *pares conjugados* — um número complexo e seu conjugado.

Zeros complexos, ou soluções de polinômios, vêm em *pares conjugados* — $a + bi$ e $a - bi$. O produto de um número complexo e seu conjugado, $(a + bi)(a - bi)$, é $a^2 + b^2$, por isso, não vemos nenhum i na equação do polinômio.

A equação $0 = x^5 - x^4 + 14x^3 - 16x^2 - 32x$, por exemplo, tem três raízes reais e duas raízes complexas, o que sabemos ao aplicar o Teorema da Raiz Racional e a Regra de Sinais de Descartes (do Capítulo 8) e buscar essas soluções reais e complexas. A equação é fatorada como $0 = x(x - 2)(x + 1)(x^2 + 16)$. Os três zeros reais são 0, 2 e –1 para as soluções de $x = 0$, $x - 2 = 0$ e $x + 1 = 0$. Os dois zeros complexos são $4i$ e $-4i$. Diz-se que os dois zeros complexos são um *par conjugado*, e obtemos as raízes resolvendo a equação $x^2 + 16 = 0$.

Um par conjugado mais comum tem ambas as partes, real e imaginária, nos números. Por exemplo, a equação $0 = x^4 + 6x^3 + 9x^2 - 6x - 10$ é fatorada como $0 = (x - 1)(x + 1)(x^2 + 6x + 10)$. As raízes são $x = 1$, $x = -1$, $x = -3 + i$ e $x = -3 - i$. Chegue às duas últimas raízes usando a fórmula quadrática no fator quadrático na equação (consulte o Capítulo 3). As duas raízes são um par conjugado.

Interpretando zeros complexos

A função polinomial $y = x^4 + 7x^3 + 9x^2 - 28x - 52$ tem duas raízes reais e duas raízes complexas. De acordo com a Regra de Sinais de Descartes (consulte o Capítulo 8), a função poderia conter até quatro raízes reais (é possível dizer isso experimentando as raízes sugeridas pelo Teorema da Raiz Racional; consulte o Capítulo 8). Pode-se determinar o número de raízes complexas de duas maneiras diferentes: fatorando o polinômio ou observando o gráfico da função.

A função de exemplo é fatorada como $y = (x - 2)(x + 2)(x^2 + 7x + 13)$. Os primeiros dois fatores oferecem raízes reais, ou interceptos de x. Ao estabelecer $x - 2$ como sendo igual a 0, obtemos o intercepto (2, 0). Ao estabelecer $x + 2$ como sendo igual a 0, obtemos o intercepto (–2, 0). Estabelecendo o último fator, $x^2 + 7x + 13$, como sendo igual a 0 não obtemos uma raiz real, como pode ser visto aqui:

$$x^2 + 7x + 13 = 0$$

$$x = \frac{-7 \pm \sqrt{49 - 4(1)(13)}}{2(1)}$$

$$x = \frac{-7 \pm \sqrt{49 - 52}}{2}$$

$$x = \frac{-7 \pm i\sqrt{3}}{2}$$

Também é possível dizer se uma função polinomial tem raízes complexas observando seu gráfico. Não é possível dizer quais são as raízes, mas você *pode* ver que o gráfico tem raízes. Se precisar dos valores das raízes, é possível recorrer ao uso da álgebra para encontrá-los. A Figura 14-3 mostra o gráfico da função de exemplo, $y = x^4 + 7x^3 + 9x^2 - 28x - 52$. Podemos ver os dois interceptos de x, que representam os dois zeros reais. Também podemos ver o gráfico se achatando à esquerda.

Um comportamento como esse pode representar uma mudança de direção, ou um *ponto de inflexão*, onde a curvatura do gráfico muda. Áreas como essa em um gráfico indicam que existem zeros complexos no polinômio.

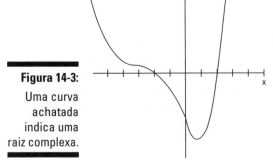

Figura 14-3:
Uma curva achatada indica uma raiz complexa.

A Figura 14-4 pode indicar muito sobre o número de zeros reais e zeros complexos que o gráfico do polinômio tem... antes de você chegar a ver o polinômio que ele representa.

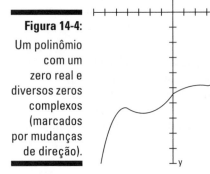

Figura 14-4:
Um polinômio com um zero real e diversos zeros complexos (marcados por mudanças de direção).

O polinômio na Figura 14-4 parece ter um zero real e diversos zeros complexos. Você está vendo como ele muda de direção em todos os lugares abaixo do eixo x? Essas mudanças indicam a presença de zeros complexos. O gráfico representa a função polinomial $y = 12x^5 + 15x^4 - 320x^3 - 120x^2 + 2880x - 18.275$. A função tem quatro zeros complexos — dois pares complexos (conjugados) — e um zero real (quando $x = 5$).

Você precisa se esforçar e do auxílio da boa e velha álgebra do Teorema da Raiz Racional e da Regra de Sinais de Descartes combinados a uma calculadora gráfica ou a um computador, além de um pouco de sorte e bom senso para resolver essas equações avançadas. Quando os zeros são números inteiros, tudo vai bem. Quando os zeros são irracionais ou complexos, tudo ainda vai bem, mas fica um pouco mais complicado. Espere o melhor e trabalhe com os desafios se eles surgirem.

Capítulo 15
Movimentando-se com Matrizes

Neste Capítulo
- Utilizando matrizes variadas
- Realizando operações com matrizes
- Escolhendo linhas únicas para operações
- Identificando as inversas das matrizes
- Empregando matrizes para resolver sistemas de equações

Uma *matriz* é um conjunto retangular de números. Ela possui o mesmo número de elementos em cada uma de suas linhas, e cada coluna também compartilha o mesmo número de elementos. Se você já viu os filmes da série *Matrix*, talvez se lembre das linhas e colunas de códigos verdes passando nas telas dos computadores das personagens. Essa matriz de códigos representava a "matriz" abstrata dos filmes. Colocar os números ou os elementos em um conjunto ordenado permite organizar as informações, acessá-las rapidamente, realizar cálculos envolvendo algumas das entradas na matriz e comunicar os resultados de maneira eficiente.

O termo "matrix," em inglês, é singular — só há uma. Quando há mais de uma matriz, o plural, também em inglês, é "matrices." Aposto que você não estava esperando uma aula de inglês (ou latim) neste livro.

Neste capítulo, descobriremos como adicionar e subtrair matrizes, como multiplicá-las e como resolver sistemas de equações usando matrizes. Os processos neste capítulo são facilmente adaptáveis para serem usados para fins tecnológicos (como evidenciado pelas máquinas nos filmes *Matrix*!) — é possível transferir as informações para uma planilha ou calculadora gráfica para auxiliar no cálculo de grandes quantias de dados.

Descrevendo os Diferentes Tipos de Matrizes

Uma matriz tem um tamanho, ou *dimensão*, que precisa ser reconhecido antes de prosseguirmos com quaisquer operações na matriz.

As dimensões de uma matriz são fornecidas em uma ordem específica. O número de linhas na matriz é identificado primeiro, e depois é mencionado o número de colunas. Geralmente, coloca-se o número de linhas e colunas em um dos lados de um sinal de x: *linhas x colunas*.

Na figura a seguir, vemos quatro matrizes. Leia suas dimensões, na ordem da esquerda para a direita, como segue: 2 x 4, 3 x 3, 1 x 5 e 3 x 1. Os colchetes ao redor do conjunto de números sevem como indicadores claros de que você está lidando com matrizes.

$$\begin{bmatrix} 1 & 3 & -2 & 4 \\ 0 & -3 & 5 & 9 \end{bmatrix} \begin{bmatrix} 4 & -2 & 1 \\ -1 & 0 & 0 \\ -3 & 3 & 1 \end{bmatrix} \begin{bmatrix} 1 & 2 & 3 & 2 & 4 \end{bmatrix} \begin{bmatrix} 2 \\ 0 \\ -4 \end{bmatrix}$$

Quando você precisa trabalhar com mais de uma matriz, pode identificá-las designando às matrizes nomes diferentes. Isso não quer dizer que vamos chamar as matrizes de Bill ou Ted; isso não seria muito matemático! As matrizes tradicionalmente são designadas por letras maiúsculas, como matriz A ou matriz B, para evitar confusão.

Os números que aparecem no conjunto retangular de uma matriz são chamados de *elementos*. Refira-se a cada elemento em uma matriz listando a mesma letra que o nome da matriz, em caixa baixa, seguida por números subscritos designando a linha e depois a coluna. Por exemplo, o item na primeira linha e na terceira coluna da matriz B é b_{13}. Se o número de linhas ou colunas for maior que nove, coloque uma vírgula entre os dois números subscritos.

Matrizes com linhas e colunas

As matrizes têm muitos tamanhos (ou dimensões), assim como os retângulos, mas em vez de medir sua largura ou comprimento, contamos suas linhas e colunas. Matrizes que têm apenas uma linha ou uma coluna são chamadas de *matrizes de linha* ou *matrizes de coluna*, respectivamente. Uma matriz de linha possui dimensão 1 x n, em que n é o número de colunas. A matriz a seguir, matriz A, é uma matriz de linha com dimensão 1 x 5:

A = [1 – 3 4 5 0]

Uma matriz de coluna possui dimensão m x 1. A matriz B, mostrada na figura a seguir, é uma matriz de coluna com dimensão 4 x 1.

$$B = \begin{bmatrix} 6 \\ -3 \\ 0 \\ 1 \end{bmatrix}$$

Matrizes quadradas

Uma *matriz quadrada* tem o mesmo número de linhas e colunas. Matrizes quadradas têm dimensões como 2 x 2, 3 x 3, 8 x 8, e assim por diante. Os elementos nas matrizes quadradas podem assumir qualquer número — embora algumas matrizes quadradas especiais sejam designadas *matrizes de identidade* (apresentadas posteriormente, nesta seção). Todas as matrizes são conjuntos retangulares, e um quadrado é um tipo especial de retângulo.

Matrizes de zero

Matrizes de zero podem ter qualquer dimensão — elas podem ter qualquer número de linhas ou colunas. As matrizes na figura a seguir são matrizes de nulas, pois seus elementos são compostos apenas de zeros.

Matrizes de zero podem não parecer muito impressionantes — afinal, elas não contêm muita coisa —, mas são necessárias para a aritmética das matrizes. Assim como precisamos de um zero para adicionar e subtrair números, precisamos de matrizes de zero para realizar a adição e subtração de matrizes.

$$C = \begin{bmatrix} 0 & 0 & 0 \\ 0 & 0 & 0 \\ 0 & 0 & 0 \end{bmatrix} \quad D = \begin{bmatrix} 0 & 0 & 0 & 0 \\ 0 & 0 & 0 & 0 \end{bmatrix}$$

Matrizes de identidade

Matrizes de identidade adicionam algumas características ao formato da matriz de zero (consulte a seção anterior) em termos de suas dimensões e elementos. Uma matriz de identidade tem que:

- Ser uma matriz quadrada.
- Ter uma faixa diagonal composta por números 1 indo da parte superior esquerda à parte inferior direita da matriz.
- Ser formada por zeros fora da faixa diagonal de 1.

A seguir estão três matrizes de identidade, embora possamos nos deparar com muitos, muitos outros tipos.

$$E = \begin{bmatrix} 1 & 0 \\ 0 & 1 \end{bmatrix} \quad F = \begin{bmatrix} 1 & 0 & 0 \\ 0 & 1 & 0 \\ 0 & 0 & 1 \end{bmatrix} \quad G = \begin{bmatrix} 1 & 0 & 0 & 0 \\ 0 & 1 & 0 & 0 \\ 0 & 0 & 1 & 0 \\ 0 & 0 & 0 & 1 \end{bmatrix}$$

Matrizes de identidade são fundamentais para a multiplicação de matrizes e suas inversas. Matrizes de identidade agem de modo bastante semelhante ao número um na multiplicação de números. O que acontece ao multiplicar um número por um? O número mantém sua identidade. Vemos o mesmo comportamento ao multiplicar uma matriz por uma matriz de identidade — a matriz permanece igual.

Realizando Operações com Matrizes

É possível adicionar matrizes, subtrair uma da outra, multiplicá-las por números, multiplicá-las por outras matrizes e dividi-las. Bem, na verdade, não dividimos matrizes; mudamos o problema de divisão para um problema de multiplicação. Entretanto, não é possível adicionar, subtrair ou multiplicar qualquer matriz. Cada operação tem seu próprio conjunto de regras. Eu discuto as regras de adição, subtração e multiplicação nesta seção. (A divisão é apresentada posteriormente, neste capítulo, após discutir as inversas das matrizes.)

Adicionando e subtraindo matrizes

Para adicionar ou subtrair matrizes, deve se assegurar que as matrizes têm o mesmo tamanho. Em outras palavras, elas têm de ter dimensões idênticas. A matriz resultante é encontrada combinando ou subtraindo os elementos correspondentes nas matrizes. Se duas matrizes não tiverem a mesma dimensão, não é possível adicioná-las ou subtraí-las, e não se pode fazer nada para reparar a situação.

A Figura 15-1 ilustra as regras de adição e subtração de matrizes.

$$A = \begin{bmatrix} a_{11} & a_{12} & a_{13} \\ a_{21} & a_{22} & a_{23} \end{bmatrix}, \quad B = \begin{bmatrix} b_{11} & b_{12} & b_{13} \\ b_{21} & b_{22} & b_{23} \end{bmatrix}$$

Figura 15-1: Ligue os elementos correspondentes e adicione ou subtraia.

$$A+B = \begin{bmatrix} a_{11}+b_{11} & a_{12}+b_{12} & a_{13}+b_{13} \\ a_{21}+b_{21} & a_{22}+b_{22} & a_{23}+b_{23} \end{bmatrix}$$

$$A-B = \begin{bmatrix} a_{11}-b_{11} & a_{12}-b_{12} & a_{13}-b_{13} \\ a_{21}-b_{21} & a_{22}-b_{22} & a_{23}-b_{23} \end{bmatrix}$$

É possível ver por que as matrizes precisam ter as mesmas dimensões antes de poder adicionar ou subtrair. Matrizes divergentes teriam alguns elementos sem correspondência.

Aqui está um exemplo com números reais como elementos. Se quiser adicionar ou subtrair as matrizes a seguir, apenas combine ou subtraia os elementos:

$$C = \begin{bmatrix} 2 & 5 & -3 & 8 \\ -1 & 0 & 7 & -4 \end{bmatrix}, \quad D = \begin{bmatrix} -2 & 4 & 3 & -6 \\ 0 & 2 & 7 & 3 \end{bmatrix}$$

$$C + D = \begin{bmatrix} 2+(-2) & 5+4 & -3+3 & 8+(-6) \\ -1+0 & 0+2 & 7+7 & -4+3 \end{bmatrix} = \begin{bmatrix} 0 & 9 & 0 & 2 \\ -1 & 2 & 14 & -1 \end{bmatrix}$$

$$C - D = \begin{bmatrix} 2-(-2) & 5-4 & -3-3 & 8-(-6) \\ -1-0 & 0-2 & 7-7 & -4-3 \end{bmatrix} = \begin{bmatrix} 4 & 1 & -6 & 14 \\ -1 & -2 & 0 & -7 \end{bmatrix}$$

Multiplicando matrizes por escalares

Escalar é apenas um termo rebuscado para número. A álgebra usa o termo escalar em relação à multiplicação de matrizes para contrastar um número e uma matriz, que tem uma dimensão. Um escalar não tem dimensão, por isso, você pode usá-lo de maneira uniforme em toda a matriz.

A *multiplicação escalar* de uma matriz significa que multiplicamos cada elemento na matriz por um número.

Para multiplicar a matriz A pelo número k, por exemplo, multiplique cada elemento em A por k. A Figura 15-2 ilustra como essa multiplicação escalar funciona.

Figura 15-2: Na multiplicação escalar, cada elemento é um múltiplo de k.

$$A = \begin{bmatrix} a_{11} & a_{12} \\ a_{21} & a_{22} \\ a_{31} & a_{32} \\ a_{41} & a_{42} \end{bmatrix}, \quad kA = k \begin{bmatrix} a_{11} & a_{12} \\ a_{21} & a_{22} \\ a_{31} & a_{32} \\ a_{41} & a_{42} \end{bmatrix} = \begin{bmatrix} ka_{11} & ka_{12} \\ ka_{21} & ka_{22} \\ ka_{31} & ka_{32} \\ ka_{41} & ka_{42} \end{bmatrix}$$

Esse é o processo com números reais. Multiplicando a matriz F pelo escalar 3, você cria uma matriz em que cada elemento é um múltiplo de 3:

$$F = \begin{bmatrix} 4 & -3 & 1 \\ 2 & 0 & -1 \\ 5 & 10 & -4 \end{bmatrix}, \quad 3F = 3 \begin{bmatrix} 4 & -3 & 1 \\ 2 & 0 & -1 \\ 5 & 10 & -4 \end{bmatrix} = \begin{bmatrix} 12 & -9 & 3 \\ 6 & 0 & -3 \\ 15 & 30 & -12 \end{bmatrix}$$

Multiplicando duas matrizes

A multiplicação de matrizes requer que o número de colunas na primeira matriz seja igual ao número de linhas na segunda matriz. Isso significa, por exemplo, que uma matriz com 3 linhas e 11 colunas pode ser multiplicada por uma matriz com 11 linhas e 4 colunas — mas tem de ser nessa ordem. As 11 colunas na primeira matriz devem corresponder às 11 linhas na segunda matriz.

A multiplicação de matrizes requer algumas regras rígidas quanto às dimensões e a ordem na qual as matrizes são multiplicadas. Até mesmo quando as matrizes são quadradas e podem ser multiplicadas em qualquer ordem, não obtemos a mesma resposta ao multiplicá-las em ordens diferentes. No geral, o produto AB não é igual ao produto BA.

Determinando dimensões

Se quiser multiplicar matrizes, o número de colunas na primeira matriz deve ser igual ao número de linhas na segunda matriz. Após multiplicar as matrizes, você obtém uma matriz nova que apresenta o número de linhas da primeira matriz e o número de colunas da segunda matriz original. O processo é mais ou menos como cruzar petúnias brancas e vermelhas, obtendo uma flor rosa.

Em termos algébricos, se a matriz A tiver dimensão $m \times n$ e a matriz B tiver dimensão $p \times q$, para multiplicar $A \cdot B$, n deve ser igual a p. A dimensão da matriz resultante será $m \times q$, o número de linhas da primeira matriz e o número de colunas da segunda.

Por exemplo, se multiplicar uma matriz 2×3 por uma matriz 3×7, terá uma matriz 2×7. Entretanto, não é possível multiplicar uma matriz 2×2 por uma matriz 7×2. Para mostrar que a ordem na qual as matrizes são multiplicadas de fato importa, é possível multiplicar uma matriz 7×2 por uma matriz 2×2 e obter uma matriz 7×2.

Definindo o processo

Multiplicar matrizes não é algo simples, mas também não é tão complexo assim — se conseguir multiplicar e adicionar de maneira correta. Ao multiplicar duas matrizes, calcule os elementos de acordo com a seguinte regra:

Se encontrar o elemento c_{ij} após multiplicar a matriz A pela matriz B, c_{ij} é a soma dos produtos dos elementos na linha i da matriz A e na coluna j da matriz B.

Certo, essa regra pode parecer bastante obscura. E se eu mostrar algo mais concreto? Na Figura 15-3, a matriz A tem dimensão 3×2 e a matriz B tem dimensão 2×4. De acordo com as regras que regem a multiplicação de matrizes, é possível multiplicar A por B, pois o número de colunas na matriz A é dois, e o número de linhas na matriz B é dois. A matriz criada ao multiplicar A e B tem dimensão 3×4.

$$A = \begin{bmatrix} a_{11} & a_{12} \\ a_{21} & a_{22} \\ a_{31} & a_{32} \end{bmatrix}, \quad B = \begin{bmatrix} b_{11} & b_{12} & b_{13} & b_{14} \\ b_{21} & b_{22} & b_{23} & b_{24} \end{bmatrix}$$

$$A * B = C = \begin{bmatrix} c_{11} & c_{12} & c_{13} & c_{14} \\ c_{21} & c_{22} & c_{23} & c_{24} \\ c_{31} & c_{32} & c_{33} & c_{34} \end{bmatrix}$$

Figura 15-3: Multiplicar as matrizes 3×2 e 2×4 resulta em 3×4.

O elemento c_{11} é encontrado multiplicando os elementos na primeira linha de A pelos elementos na primeira coluna de B e depois adicionando os produtos: $c_{11} = a_{11}b_{11} + a_{12}b_{21}$. Você encontra c_{23} multiplicando a segunda linha da matriz A pela terceira coluna da matriz B e adicionando: $c_{23} = a_{21}b_{13} + a_{22}b_{23}$.

Embora o último exemplo tenha sido mais concreto, ele não apresenta números de verdade. Nas matrizes a seguir, é possível multiplicar a matriz J pela matriz K, pois o número de colunas na matriz J corresponde ao número de linhas matriz K. Você também pode ver os cálculos necessários para encontrar a matriz resultante.

$$J = \begin{bmatrix} 1 & 2 & -3 \\ 0 & 4 & 2 \end{bmatrix}, \quad K = \begin{bmatrix} 4 & 5 \\ 1 & -1 \\ 2 & 3 \end{bmatrix}$$

$$J * K = \begin{bmatrix} 1 \cdot 4 + 2 \cdot 1 + (-3) \cdot 2 & 1 \cdot 5 + 2 \cdot (-1) + (-3) \cdot 3 \\ 0 \cdot 4 + 4 \cdot 1 + 2 \cdot 2 & 0 \cdot 5 + 4 \cdot (-1) + 2 \cdot 3 \end{bmatrix}$$

$$= \begin{bmatrix} 4 + 2 - 6 & 5 - 2 - 9 \\ 0 + 4 + 4 & 0 - 4 + 6 \end{bmatrix} = \begin{bmatrix} 0 & -6 \\ 8 & 2 \end{bmatrix}$$

O resultado da multiplicação é uma matriz 2×2, pois ao multiplicar uma matriz 2×3 por uma matriz 3×2, ficamos com duas linhas e duas colunas. O processo de multiplicação pode parecer um pouco complicado, mas após pegar o jeito, conseguirá realizar as multiplicações e adições de cabeça.

Aplicando matrizes e operações

Uma das principais características das matrizes é sua capacidade de organizar informações e torná-las mais úteis. Se você tem um pequeno negócio, pode controlar as vendas e os pagamentos sem ter de recorrer às matrizes. Mas grandes empresas e fábricas têm centenas, senão milhares de itens para controlar. As matrizes ajudam na organização e, como podem ser transferidas para computadores, sua precisão e a facilidade de uso aumentam ainda mais.

Considere a situação de vendas a seguir que ocorreu em uma loja de eletrônicos em que Ariel, Ben, Carlie e Don trabalham. Em janeiro, Ariel vendeu 12 televisores, 9 CD *players* e 4 computadores; Ben vendeu 21 CD *players* e 3 computadores; Carlie vendeu 4 TVs, 10 CD *players* e 1 computador; e Don vendeu 13 TVs, 12 CD *players* e 5 computadores. Na Figura 15-4, vemos

Capítulo 15: Movimentando-se com Matrizes **289**

os resultados das vendas de Ariel, Ben, Carlie e Don durante o mês de janeiro (vemos também as vendas de fevereiro e março). Observe como as matrizes organizam bem as informações!

Ao organizar as informações em matrizes, é possível ver rapidamente quem está vendendo mais, quem teve meses ruins, quem teve meses bons e quais eletrônicos parecem estar tendo melhores vendas. Com essas informações em mãos, diversas perguntas podem surgir.

Figura 15-4:

As linhas representam os vendedores e as colunas representam os itens vendidos.

$$
J = \begin{array}{c} \\ A \\ B \\ C \\ D \end{array}
\begin{array}{ccc} TV & CD & C \\ \left[\begin{array}{ccc} 12 & 9 & 4 \\ 0 & 21 & 3 \\ 4 & 10 & 1 \\ 13 & 12 & 5 \end{array}\right] \end{array}
\qquad
F = \begin{array}{c} \\ A \\ B \\ C \\ D \end{array}
\begin{array}{ccc} TV & CD & C \\ \left[\begin{array}{ccc} 10 & 3 & 3 \\ 5 & 15 & 0 \\ 0 & 1 & 6 \\ 10 & 10 & 10 \end{array}\right] \end{array}
\qquad
M = \begin{array}{c} \\ A \\ B \\ C \\ D \end{array}
\begin{array}{ccc} TV & CD & C \\ \left[\begin{array}{ccc} 4 & 5 & 2 \\ 2 & 15 & 4 \\ 3 & 6 & 4 \\ 9 & 9 & 8 \end{array}\right] \end{array}
$$

Determinando quantos de cada item foram vendidos

A primeira pergunta é: Quantas TVs, CD *players* e computadores a loja vendeu durante esses três meses? Como todas as matrizes na Figura 15-4 têm as mesmas dimensões, elas podem ser adicionadas (consulte a seção "Adicionando e subtraindo matrizes"). A Figura 15-5 mostra como descobrir as vendas dos primeiros três meses do ano adicionando as matrizes (os totais dos vendedores individualmente).

Figura 15-5:

Adicione as matrizes para encontrar o total de vendas de eletrônicos.

$$
J + F + M = Sum =
\begin{array}{c} \\ A \\ B \\ C \\ D \end{array}
\begin{array}{ccc} TV & CD & C \\ \left[\begin{array}{ccc} 12+10+4 & 9+3+5 & 4+3+2 \\ 0+5+2 & 21+15+15 & 3+0+4 \\ 4+0+3 & 10+1+6 & 1+6+4 \\ 13+10+9 & 12+10+9 & 5+10+8 \end{array}\right] \end{array}
=
\begin{array}{c} \\ A \\ B \\ C \\ D \end{array}
\begin{array}{ccc} TV & CD & C \\ \left[\begin{array}{ccc} 26 & 17 & 9 \\ 7 & 51 & 7 \\ 7 & 17 & 11 \\ 32 & 31 & 23 \end{array}\right] \end{array}
$$

Para encontrar o total de vendas para cada tipo de eletrônico, multiplique a *matriz de soma* (a matriz que você acabou de encontrar) por uma *matriz de linha*, T = [1 1 1 1]. Uma matriz com a dimensão 1 x 4 está sendo multiplicada por uma matriz com dimensão 4 x 3, por isso, o resultado é uma matriz com dimensão

1 x 3; os totais de cada eletrônico aparecem na ordem da esquerda para a direita. Pense na matriz de linha T com os nomes dos vendedores em cima. Ao multiplicar essa matriz pela matriz de soma, você corresponde cada uma das colunas em T por cada uma das linhas na soma. As colunas em T e as linhas na soma são os vendedores, por isso, elas se alinham. Ao multiplicar todos os números na segunda matriz por 1, você essencialmente multiplica por 100% — adiciona tudo. A matriz resultante é uma matriz de linha com os números para os eletrônicos nas colunas respectivas. A Figura 15-6 mostra os cálculos e o resultado.

Figura 15-6: Totalizando as vendas de eletrônicos do primeiro trimestre.

$$T * Sum = \begin{bmatrix} A & B & C & D \\ 1 & 1 & 1 & 1 \end{bmatrix},$$

$$T * Sum = \begin{bmatrix} A & B & C & D \\ 1 & 1 & 1 & 1 \end{bmatrix} * \begin{bmatrix} & TV & CD & C \\ A & 26 & 17 & 9 \\ B & 7 & 51 & 7 \\ C & 7 & 17 & 11 \\ D & 32 & 31 & 23 \end{bmatrix} = \begin{bmatrix} TV & CD & C \\ 72 & 116 & 50 \end{bmatrix}$$

Talvez esteja se perguntando por que não pode simplesmente adicionar os números em cada coluna, não é? Vá em frente! Isso também funciona. Eu mostro esse processo com um pequeno número razoável de itens para que você possa ver como instruir um computador a realizar isso com centenas ou milhares de entradas. Também é possível "ponderar" algumas entradas — fazer alguns itens valerem mais que outros — se estivermos controlando pontos. A matriz de linha pode ter entradas diferentes que se alinham a diferentes itens.

Determinando as vendas por vendedor

Aqui está outra pergunta que pode ser respondida com as matrizes da Figura 15-4: Quanto dinheiro cada vendedor rendeu? Por exemplo, vamos assumir que o custo médio de uma TV, de um CD *player* e de um computador seja $1.500, $400 e $2.000, respectivamente. É possível construir uma matriz de coluna contendo essas quantias em dólares, chamá-la de *matriz dólar*, e multiplicá-la pela matriz de soma (consulte a seção "Multiplicando duas matrizes" para obter instruções e a Figura 15-5 para ver a matriz de soma).

A Figura 15-7 mostra a multiplicação da matriz de soma pela matriz dólar, com a quantia resultante de dinheiro que cada vendedor rendeu. Aqui estão os resultados da multiplicação das entradas na linha da primeira matriz pelas colunas da segunda:

A: 26 · $1,500 + 17 · $400 + 9 · $2,000 = $63,800

B: 7 · $1,500 + 51 · $400 + 7 · $2,000 = $44,900

C: 7 · $1,500 + 17 · $400 + 11 · $2,000 = $39,300

D: 32 · $1,500 + 31 · $400 + 23 · $2,000 = $106,400

É isso aí, George!

George Dantzig, um matemático do século XX, é famoso por ter desenvolvido o *método simplex* — um processo que usa matrizes para resolver problemas de otimização (encontrando a maior ou menor solução, dependendo da situação). Com esse método, ele descobriu a maneira mais eficiente e mais barata de alocar suprimentos às diferentes bases da Força Aérea Americana. O método simplex considera grandes quantidades de bens e determina uma maneira de reparti-los entre milhares de pessoas usando matrizes e operações com matrizes para resolver sistemas de equações e desigualdades que representam o que deve ser realizado. Se A precisa de pelo menos 100.000 galões de combustível, B precisa de pelo menos 50.000 galões de combustível, e assim por diante.

A genialidade de Dantzig se tornou aparente após um episódio interessante durante seu primeiro ano na universidade. Ele chegou atrasado para uma aula de estatística e viu dois problemas escritos na lousa. Ele os copiou, presumindo que devessem ser resolvidos como problemas de tarefa de casa. Alguns dias depois, entregou os problemas, se desculpando pela demora. Diversas semanas depois, logo pela manhã, o professor de estatística o acordou anunciando que iria enviar um dos problemas para ser publicado. Acontece que os dois problemas na lousa eram, na verdade, famosos problemas ainda não resolvidos da estatística.

Figura 15-7: Determinando o total de cada vendedor.

$$
Sum =
\begin{array}{c} A \\ B \\ C \\ D \end{array}
\begin{array}{ccc} TV & CD & C \\ \end{array}
\begin{bmatrix} 26 & 17 & 9 \\ 7 & 51 & 7 \\ 7 & 17 & 11 \\ 32 & 31 & 23 \end{bmatrix}
*
\begin{array}{c} TV \\ CD \\ C \end{array}
\begin{bmatrix} \$1.500 \\ \$400 \\ \$2.000 \end{bmatrix}
=
\begin{array}{c} A \\ B \\ C \\ D \end{array}
\begin{bmatrix} \$63.800 \\ \$44.900 \\ \$39.300 \\ \$106.400 \end{bmatrix}
$$

Determinando como aumentar as vendas

Aqui está uma última pergunta que tem a ver com uma porcentagem: quantos aparelhos eletrônicos em cada categoria cada vendedor deve vender se eles tiverem de aumentar as vendas em 125% durante o próximo trimestre?

Identifique esse problema como um problema de multiplicação escalar (consulte a seção "Multiplicando matrizes por escalares"), pois cada entrada é multiplicada na matriz de soma (consulte a Figura 15-5) por 125% para obter a meta de vendas. O valor 1,25 representa 125% — 25% a mais que o último trimestre. A Figura 15-8 mostra o resultado da multiplicação escalar e a segunda matriz com os números arredondados (não é possível vender meio computador, e o arredondamento oferece ao vendedor o número que ele precisa para atingir ou exceder a meta [e não chegar quase perto disso]).

Figura 15-8:
Estabelecendo um desafio de vendas com a multiplicação escalar.

$$125\% * \text{Sum} = 1{,}25 \begin{bmatrix} \text{TV} & \text{CD} & \text{C} \\ 26 & 17 & 9 \\ 7 & 51 & 7 \\ 7 & 17 & 11 \\ 32 & 31 & 23 \end{bmatrix} = \begin{matrix} A \\ B \\ C \\ D \end{matrix} \begin{bmatrix} \text{TV} & \text{CD} & \text{C} \\ 32{,}5 & 21{,}25 & 11{,}25 \\ 8{,}75 & 63{,}75 & 8{,}75 \\ 8{,}75 & 21{,}25 & 13{,}75 \\ 40 & 38{,}75 & 28{,}75 \end{bmatrix} \approx \begin{matrix} A \\ B \\ C \\ D \end{matrix} \begin{bmatrix} \text{TV} & \text{CD} & \text{C} \\ 33 & 22 & 12 \\ 9 & 64 & 9 \\ 9 & 22 & 14 \\ 40 & 39 & 29 \end{bmatrix}$$

Definindo Operações em Linhas

Juntamente com as operações de matrizes que menciono nas seções anteriores deste capítulo, é possível realizar *operações em linhas* com linhas individuais de uma matriz. Uma operação em linha é realizada em uma matriz por vez; não é possível combinar uma matriz com outra. Uma operação em linha muda a aparência da matriz, alterando alguns dos elementos, mas a operação permite que a matriz mantenha as propriedades que permitem que ela seja usada em outras aplicações, como resolver sistemas de equações. (Consulte a seção "Usando Matrizes para Encontrar Soluções de Sistemas de Equações" posteriormente, neste capítulo.)

Alterar matrizes para matrizes equivalentes é como alterar frações para frações equivalentes para que elas tenham um denominador comum — a mudança torna as frações mais úteis. O mesmo vale para as matrizes.

Há diversas operações em linha diferentes à disposição:

- Você pode trocar duas linhas.
- Pode multiplicar os elementos em uma linha por um termo constante (diferente de zero).
- Pode adicionar os elementos em uma linha aos elementos em outra linha.
- Pode adicionar uma linha multiplicada por algum número a outra linha.

A Figura 15-9 mostra uma matriz que passou pelas seguintes operações em linha, em ordem, realizada por essa que vos fala:

Troquei a primeira e a terceira linhas (a).

Multipliquei a segunda linha inteira por −1 (b).

Adicionei a primeira e a terceira linhas e coloquei o resultado na terceira linha (c).

Adicionei duas vezes a primeira linha à segunda e coloquei o resultado na segunda linha (d).

Capítulo 15: Movimentando-se com Matrizes **293**

Realizar operações em linha corretamente resulta em uma matriz que é equivalente à matriz original. As linhas em si não são equivalentes umas às outras; a matriz inteira e as relações entre suas linhas são preservadas com as operações.

As operações em linhas parecem inúteis e sem propósito. Para as ilustrações das operações em linha na Figura 15-9, não tenho um objetivo específico além de ilustrar as possibilidades. Mas você pode fazer escolhas mais sábias ao realizar operações em linha para realizar uma tarefa, como encontrar a inversa de uma matriz (consulte a seção a seguir).

$$\begin{bmatrix} -5 & 2 & 4 & 1 \\ -4 & 1 & -2 & 0 \\ 1 & 0 & 3 & 2 \end{bmatrix} \xrightarrow{R_1 \leftrightarrow R_3} \begin{bmatrix} 1 & 0 & 3 & 2 \\ -4 & 1 & -2 & 0 \\ -5 & 2 & 4 & 1 \end{bmatrix} a$$

$$\xrightarrow{(-1)R_2} \begin{bmatrix} 1 & 0 & 3 & 2 \\ 4 & -1 & 2 & 0 \\ -5 & 2 & 4 & 1 \end{bmatrix} b$$

$$\xrightarrow{R_1 + R_3 = R_3} \begin{bmatrix} 1 & 0 & 3 & 2 \\ 4 & -1 & 2 & 0 \\ -4 & 2 & 7 & 3 \end{bmatrix} c$$

Figura 15-9:

Operações em linha realizadas em uma matriz.

$$\xrightarrow{(2)R_1 + R_2 = R_2} \begin{bmatrix} 1 & 0 & 3 & 2 \\ 6 & -1 & 8 & 4 \\ -4 & 2 & 7 & 3 \end{bmatrix} d$$

Encontrando Matrizes Inversas

Inversas de matrizes agem de modo parecido com os inversos de números. O *inverso aditivo* de um número é aquilo que é preciso adicionar ao número para obter zero. Por exemplo, o inverso aditivo do número 2 é –2, e o inverso aditivo de –3,14159 é 3,14159. Simples assim.

A álgebra também oferece o *inverso multiplicativo*. Inversos multiplicativos resultam no número um. Por exemplo, o inverso multiplicativo de 2 é 1/2.

Adicionar ou multiplicar inversos sempre oferece o elemento de *identidade* de uma operação específica. Antes de poder encontrar inversos de matrizes, é preciso entender as identidades, por isso, discuto-as em detalhes aqui.

Determinando inversos aditivos

Pode-se designar o número zero como a *identidade aditiva*, pois adicionar zero a um número permite que esse número mantenha sua identidade. A identidade aditiva das matrizes é uma *matriz de zero*. Ao adicionar uma matriz de zero a qualquer matriz com a mesma dimensão, a matriz original não muda.

Matrizes inversas associadas à adição são fáceis de serem identificadas e criadas. O inverso aditivo de uma matriz é outra matriz com a mesma dimensão, mas cada elemento tem o sinal oposto. Ao adicionar a matriz e seu inverso aditivo, as somas dos elementos correspondentes são todas zero, e chega-se a uma matriz de zero — a identidade aditiva das matrizes (consulte a seção "Matrizes de zero" anteriormente, neste capítulo). A Figura 15-10 mostra como duas matrizes podem ser adicionadas para resultar em zero.

Todas as matrizes têm inversos aditivos — independentemente da dimensão da matriz. Mas esse não é o caso com os inversos multiplicativos das matrizes. Algumas matrizes têm inversos multiplicativos e outras não. Continue lendo se ficou intrigado com essa situação (ou se isso vai cair na sua próxima prova).

Figura 15-10: Adicionar elementos com sinais opostos resulta em uma matriz de zero.

$$A = \begin{bmatrix} 4 & 1 \\ -3 & 7 \\ -2 & 0 \end{bmatrix}, \quad B = \begin{bmatrix} -4 & -1 \\ 3 & -7 \\ 2 & 0 \end{bmatrix},$$

$$A + B = \begin{bmatrix} 4 + (-4) & 1 + (-1) \\ -3 + 3 & 7 + (-7) \\ -2 + 2 & 0 + 0 \end{bmatrix} = \begin{bmatrix} 0 & 0 \\ 0 & 0 \\ 0 & 0 \end{bmatrix}$$

Determinando inversos multiplicativos

É possível designar o número um como a identidade multiplicativa, pois multiplicar um número por um não muda esse número — ele mantém sua identidade.

As matrizes têm identidades aditivas formadas apenas por zeros, mas as identidades multiplicativas das matrizes são um pouco mais complexas. Uma *identidade multiplicativa* de uma matriz tem de ser uma matriz quadrada, e essa matriz quadrada tem de ter uma diagonal composta por números um; o restante dos elementos são todos zeros. Essa disposição assegura que, ao multiplicar qualquer matriz por uma identidade multiplicativa, a matriz original não muda. A Figura 15-11 mostra o processo de multiplicar duas matrizes por identidades. A regra da multiplicação de matrizes ainda se aplica aqui (consulte a seção "Multiplicando duas matrizes"): o número de colunas na primeira matriz deve corresponder ao número de linhas na segunda matriz.

Assim como a identidade multiplicativa de uma matriz, o inverso multiplicativo não é tão simples quanto seu correspondente aditivo. Ao multiplicar duas matrizes, são realizadas muitas multiplicações e adições, e vemos muitas mudanças na dimensão. Por causa disso, as matrizes e suas inversas são sempre matrizes quadradas; matrizes que não são quadradas não têm inversos multiplicativos.

$$\begin{bmatrix} 3 & 0 & -2 \\ 1 & 5 & 9 \end{bmatrix} * \begin{bmatrix} 1 & 0 & 0 \\ 0 & 1 & 0 \\ 0 & 0 & 1 \end{bmatrix} = \begin{bmatrix} 3 \cdot 1 + 0 \cdot 0 + (-2) \cdot 0 & 3 \cdot 0 + 0 \cdot 1 + (-2) \cdot 0 & 3 \cdot 0 + 0 \cdot 0 + (-2) \cdot 1 \\ 1 \cdot 1 + 5 \cdot 0 + 9 \cdot 0 & 1 \cdot 0 + 5 \cdot 1 + 9 \cdot 0 & 1 \cdot 0 + 5 \cdot 0 + 9 \cdot 1 \end{bmatrix}$$

Figura 15-11: Multiplicar uma matriz por uma identidade preserva a matriz original.

$$= \begin{bmatrix} 3+0+0 & 0+0+0 & 0+0+(-2) \\ 1+0+0 & 0+5+0 & 0+0+9 \end{bmatrix} = \begin{bmatrix} 3 & 0 & -2 \\ 1 & 5 & 9 \end{bmatrix}$$

$$\begin{bmatrix} 1 & 0 \\ 0 & 1 \end{bmatrix} * \begin{bmatrix} -3 \\ 6 \end{bmatrix} = \begin{bmatrix} 1 \cdot (-3) + 0 \cdot 6 \\ 0 \cdot (-3) + 1 \cdot 6 \end{bmatrix} = \begin{bmatrix} -3 + 0 \\ 0 + 6 \end{bmatrix} = \begin{bmatrix} -3 \\ 6 \end{bmatrix}$$

Se a matriz A e a matriz A^{-1} são inversas multiplicativas, $A \cdot A^{-1} = I$, e $A^{-1} \cdot A = I$. O sobrescrito −1 na matriz A a identifica como a inversa da matriz A — não se trata de uma recíproca, que o expoente −1 geralmente representa. Além disso, a letra maiúscula I identifica a matriz de identidade associada com essas matrizes — com dimensões 2 x 2, 3 x 3, 4 x 4, e assim por diante.

Na Figura 15-12, multiplico a matriz B e sua inversa B^{-1} em uma ordem e depois em outra ordem; o processo resulta na matriz de identidade nas duas vezes.

$$B = \begin{bmatrix} 6 & 2 \\ 8 & 3 \end{bmatrix}, \quad B^{-1} = \begin{bmatrix} 1{,}5 & -1 \\ -4 & 3 \end{bmatrix}$$

Figura 15-12: A ordem não importa ao multiplicar matrizes inversas.

$$B * B^{-1} = \begin{bmatrix} 6 \cdot 1{,}5 + 2(-4) & 6(-1) + 2 \cdot 3 \\ 8 \cdot 1{,}5 + 3(-4) & 8(-1) + 3 \cdot 3 \end{bmatrix} = \begin{bmatrix} 9-8 & -6+6 \\ 12-12 & -8+9 \end{bmatrix} = \begin{bmatrix} 1 & 0 \\ 0 & 1 \end{bmatrix}$$

$$B^{-1} * B = \begin{bmatrix} 1{,}5 \cdot 6 + (-1) \cdot 8 & 1{,}5 \cdot 2 + (-1) \cdot 3 \\ -4 \cdot 6 + 3 \cdot 8 & -4 \cdot 2 + 3 \cdot 3 \end{bmatrix} = \begin{bmatrix} 9-8 & 3-3 \\ -24+24 & -8+9 \end{bmatrix} = \begin{bmatrix} 1 & 0 \\ 0 & 1 \end{bmatrix}$$

Nem todas as matrizes quadradas têm inversas. Mas, para as que têm, há uma maneira de encontrar as matrizes inversas. Nem sempre é possível saber com antecedência quais matrizes falharão, mas isso se torna aparente ao seguir com o processo. O primeiro processo, ou *algoritmo* (um processo ou rotina que produz um resultado), que pode ser usado funciona para qualquer tamanho de matriz quadrada. Também é possível usar um método rápido e fácil para matrizes 2 x 2, que funciona somente para matrizes com essa dimensão.

Identificado uma inversa para uma matriz quadrada de qualquer tamanho

O método geral usado para encontrar a inversa de uma matriz envolve escrever a matriz, inserir uma matriz de identidade e depois mudar a matriz original para uma matriz de identidade.

Para encontrar a inversa de uma matriz, siga esses passos:

1. **Crie uma grande matriz — formada pela matriz meta e pela matriz de identidade do mesmo tamanho — com a matriz de identidade à direita da original.**

2. **Realize operações em linha até que os elementos à esquerda se tornem uma matriz de identidade (consulte a seção "Definindo Operações em Linha" anteriormente, neste capítulo).**

   Os elementos precisam apresentar uma diagonal de números um, com zeros acima e abaixo deles. Após concluir esse passo, os elementos à direita se tornam elementos da matriz inversa.

Por exemplo, digamos que queira encontrar a inversa da matriz M, na figura a seguir. Primeiro, coloque a matriz de identidade 3 x 3 à direita dos elementos na matriz M. O objetivo é fazer os elementos à esquerda se parecerem com uma matriz de identidade usando as operações em linha da matriz.

$$M = \begin{bmatrix} 1 & 2 & 4 \\ -3 & -5 & -6 \\ 2 & -3 & -36 \end{bmatrix}$$

$$\begin{bmatrix} 1 & 2 & 4 & 1 & 0 & 0 \\ -3 & -5 & -6 & 0 & 1 & 0 \\ 2 & -3 & -36 & 0 & 0 & 1 \end{bmatrix}$$

A matriz de identidade tem uma faixa diagonal composta por números um, e zeros acima e abaixo deles. A primeira coisa a fazer para criar a matriz de identidade é colocar os zeros abaixo do um no canto superior esquerdo da identidade original. Aqui estão as operações em linha usadas para esse exemplo:

1. Multiplique a Linha 1 pela 3 e adicione o resultado à Linha 2, tornando o resultado a nova Linha 2.

2. Multiplique a Linha 1 por –2 e adicione o resultado à Linha 3, colocando a resposta resultante na Linha 3.

A seguir está a matriz, após realizadas as operações em linha. As anotações na seta entre as duas matrizes descrevem as operações em linha usadas.

$$\begin{bmatrix} 1 & 2 & 4 & 1 & 0 & 0 \\ -3 & -5 & -6 & 0 & 1 & 0 \\ 2 & -3 & -36 & 0 & 0 & 1 \end{bmatrix} \xrightarrow[(-2)R_1 + R_3 = R_3]{(3)R_1 + R_2 = R_2} \begin{bmatrix} 1 & 2 & 4 & 1 & 0 & 0 \\ 0 & 1 & 6 & 3 & 1 & 0 \\ 0 & -7 & -44 & -2 & 0 & 1 \end{bmatrix}$$

Observe o um na segunda coluna e na segunda linha da matriz resultante — na diagonal de números um. Obter o um nessa posição é uma boa coincidência; mas isso nem sempre funciona tão bem. Se o um não tivesse ficado nessa posição, seria preciso dividir toda a linha por algum número que tornasse esse elemento igual a um.

Agora, é preciso obter zeros acima e abaixo do um no meio, por isso, siga esses passos:

1. Multiplique a Linha 2 por –2 e adicione o resultado à Linha 1.

2. Multiplique a Linha 2 por 7 e adicione o resultado à Linha 3.

$$\begin{bmatrix} 1 & 2 & 4 & 1 & 0 & 0 \\ 0 & 1 & 6 & 3 & 1 & 0 \\ 0 & -7 & -44 & -2 & 0 & 1 \end{bmatrix} \xrightarrow[(7)R_2 + R_3 = R_3]{(-2)R_2 + R_1 = R_1} \begin{bmatrix} 1 & 0 & -8 & -5 & -2 & 0 \\ 0 & 1 & 6 & 3 & 1 & 0 \\ 0 & 0 & -2 & 19 & 7 & 1 \end{bmatrix}$$

Agora, é preciso transformar o elemento na terceira linha, terceira coluna da matriz, em um, por isso, multiplique a linha por –0,5; essa multiplicação é o mesmo que dividir tudo por –2.

$$\begin{bmatrix} 1 & 0 & -8 & -5 & -2 & 0 \\ 0 & 1 & 6 & 3 & 1 & 0 \\ 0 & 0 & -2 & 19 & 7 & 1 \end{bmatrix} \xrightarrow{(-.5)R_3 = R_3} \begin{bmatrix} 1 & 0 & -8 & -5 & -2 & 0 \\ 0 & 1 & 6 & 3 & 1 & 0 \\ 0 & 0 & 1 & -9,5 & -3,5 & -0,5 \end{bmatrix}$$

Há um último conjunto de operações em linha para realizar para obter zeros acima do último um da diagonal:

1. Multiplique a Linha 3 por 8 e adicione os elementos na linha à Linha 1.

2. Multiplique a Linha 3 por −6 e adicione o resultado à Linha 2.

Agora, você tem a matriz de identidade 3 x 3 à esquerda e uma nova matriz 3 x 3 à direita. Os elementos na matriz à direita formam a matriz inversa, M^{-1}. O produto de M e sua inversa, M^{-1}, é a matriz de identidade. A figura a seguir mostra os dois passos finais e o resultado.

$$\begin{bmatrix} 1 & 0 & -8 & -5 & -2 & 0 \\ 0 & 1 & 6 & 3 & 1 & 0 \\ 0 & 0 & 1 & -9{,}5 & -3{,}5 & -0{,}5 \end{bmatrix} \xrightarrow[(-6)R_3 + R_2 = R_2]{(8)R_3 + R_1 = R_1} \begin{bmatrix} 1 & 0 & 0 & -81 & -30 & -4 \\ 0 & 1 & 0 & 60 & 22 & 3 \\ 0 & 0 & 1 & -9{,}5 & -3{,}5 & -0{,}5 \end{bmatrix}$$

$$M^{-1} = \begin{bmatrix} -81 & -30 & -4 \\ 60 & 22 & 3 \\ -9{,}5 & -3{,}5 & -0{,}5 \end{bmatrix}$$

A figura a seguir confere o trabalho — mostrando que $M \cdot M^{-1}$ é a matriz de identidade:

$$M * M^{-1} = \begin{bmatrix} 1 & 2 & 4 \\ -3 & -5 & -6 \\ 2 & -3 & -36 \end{bmatrix} * \begin{bmatrix} -81 & -30 & -4 \\ 60 & 22 & 3 \\ -9{,}5 & -3{,}5 & -0{,}5 \end{bmatrix} = \begin{bmatrix} 1 & 0 & 0 \\ 0 & 1 & 0 \\ 0 & 0 & 1 \end{bmatrix}$$

Aqui está o que acontece quando uma matriz não tem uma inversa: Não é possível obter números um na diagonal usando as operações em linha. Geralmente chega-se a uma linha inteira de zeros como resultado das operações em linha. Uma linha de zeros é o aviso de que não é possível haver uma inversa.

Usando uma regra rápida e fácil para matrizes 2 x 2

Há uma regra especial à sua disposição para encontrar inversas de matrizes 2 x 2. Para implementar a regra de uma matriz 2 x 2, é preciso trocar dois elementos, negar outros dois elementos e dividir todos os elementos pela diferença dos produtos cruzados dos elementos. Isso pode parecer complicado, mas a matemática é realmente fácil, e o processo é muito mais rápido que o método geral (consulte a seção anterior).

A Figura 15-13 mostra a fórmula geral para a regra da matriz 2 x 2.

Como pode ser visto na Figura 15-13, os elementos do canto superior esquerdo e do canto inferior direito estão trocados; os elementos do canto superior direito e do canto interior esquerdo são negados (mudados para sinais opostos); e todos os elementos são divididos pelo resultado de dois produtos cruzados e da subtração.

Figura 15-13:
A maneira rápida de calcular inversas 2 x 2.

$$K = \begin{bmatrix} a & b \\ c & d \end{bmatrix}, K^{-1} = \begin{bmatrix} \dfrac{d}{ad-bc} & \dfrac{-b}{ad-bc} \\ \dfrac{-c}{ad-bc} & \dfrac{a}{ad-bc} \end{bmatrix}$$

Para encontrar a inversa da matriz Z da Figura 15-14 usando o método 2 x 2, troque o 5 e o 11, mude o 6 para –6 e o 9 para –9 e divida pela diferença dos produtos cruzados — (5 · 11) – (6 · 9) = 55 – 54 = 1. Observe a ordem da subtração — a ordem importa. Dividir cada elemento por 1 não muda os elementos, como você pode ver.

Figura 15-14:
Determinando a inversa da matriz Z.

$$Z = \begin{bmatrix} 5 & 6 \\ 9 & 11 \end{bmatrix}, Z^{-1} = \begin{bmatrix} 11 & -6 \\ -9 & 5 \end{bmatrix}$$

Dividindo Matrizes Usando Inversas

Até este ponto do capítulo, evitei o tópico da divisão de matrizes. Não gastarei muito tempo nesse tópico, pois na verdade não dividimos *realmente* as matrizes — multiplicamos uma matriz pelo inverso de outra (consulte a seção anterior para saber sobre inversas). O processo de divisão lembra o que pode ser feito com números reais. Em vez de dividir 27 por 2, por exemplo, podemos multiplicar 27 pelo inverso de 2, 1/2.

Para dividir as matrizes mostradas na Figura 15-15, primeiro encontre a inversa da matriz no denominador. Depois, multiplique a matriz no numerador pela inversa da matriz no denominador (consulte a seção "Multiplicando duas matrizes" anteriormente, neste capítulo).

$$\frac{\begin{bmatrix} 3 & -2 \\ 4 & -3 \end{bmatrix}}{\begin{bmatrix} 6 & -10 \\ 1 & -2 \end{bmatrix}} = \begin{bmatrix} 3 & -2 \\ 4 & -3 \end{bmatrix} * \begin{bmatrix} 1 & -5 \\ 0{,}5 & -3 \end{bmatrix} = \begin{bmatrix} 3-1 & -15+6 \\ 4-1{,}5 & -20+9 \end{bmatrix} = \begin{bmatrix} 2 & -9 \\ 2{,}5 & -11 \end{bmatrix}$$

Figura 15-15:
Evitando a temida divisão usando inversas.

$$\begin{bmatrix} 6 & -10 \\ 1 & -2 \end{bmatrix}^{-1} = \begin{bmatrix} \dfrac{-2}{-12-(-10)} & \dfrac{10}{-12-(-10)} \\ \dfrac{-1}{-12-(-10)} & \dfrac{6}{-12-(-10)} \end{bmatrix} = \begin{bmatrix} 1 & -5 \\ 0{,}5 & -3 \end{bmatrix}$$

Usando Matrizes para Encontrar Soluções para Sistemas de Equações

Uma das melhores aplicações das matrizes é que elas podem ser usadas para resolver sistemas de equações lineares. No Capítulo 12, você descobre como resolver sistemas de duas, três, quatro e mais equações lineares. Os métodos usados nesse capítulo envolvem a eliminação de variáveis e a substituição. Ao usar matrizes, trabalhamos somente com os coeficientes das variáveis no problema. Essa maneira é menos confusa, e as matrizes podem ser inseridas em calculadoras gráficas ou programas de computador para um processo ainda mais facilitado.

Esse método é mais desejável quando há algum recurso tecnológico disponível. Encontrar matrizes inversas pode ser um trabalho difícil se aparecerem frações e decimais. Calculadoras gráficas simples podem facilitar bastante o processo.

É possível usar matrizes para resolver sistemas de equações lineares contanto que o número de equações e variáveis seja o mesmo. Para resolver um sistema, use os passos a seguir:

1. **Assegure-se de que todas as variáveis nas equações aparecem na mesma ordem.**

   Substitua variáveis ausentes por zeros e escreva todos os termos constantes do outro lado do sinal de igualdade em relação às variáveis.

2. **Crie uma *matriz de coeficientes* quadrada, A, usando os coeficientes das variáveis.**

3. **Crie uma *matriz de constantes* de coluna, B, usando os termos constantes nas equações.**

Capítulo 15: Movimentando-se com Matrizes *301*

4. Encontre a inversa da matriz de coeficientes, A^{-1}.

Esse passo pode ser realizado usando os processos mostrados na seção "Encontrando Matrizes Inversas" ou usando uma calculadora gráfica.

5. Multiplique a inversa da matriz de coeficientes pela matriz de constantes — $A^{-1} \cdot B$.

A matriz de coluna resultante tem as soluções, ou os valores das variáveis, na ordem de cima para baixo.

Digamos, por exemplo, que você queira resolver o seguinte sistema de equações:

$$\begin{cases} x - 2y + 8z = 5 \\ 2x + 15z = 3y + 6 \\ 8y + 22 = 4x + 30z \end{cases}$$

Primeiro, reescreva as equações de forma que as variáveis apareçam na ordem e os termos constantes apareçam no lado direito das equações:

$$\begin{cases} x - 2y + 8z = 5 \\ 2x - 3y + 15z = 6 \\ -4x + 8y - 30z = -22 \end{cases}$$

Agora, siga os Passos 2 e 3 escrevendo a matriz de coeficientes, A, e a matriz de constantes, B (mostradas na figura a seguir):

$$A = \begin{bmatrix} 1 & -2 & 8 \\ 2 & -3 & 15 \\ -4 & 8 & -30 \end{bmatrix}, \quad B = \begin{bmatrix} 5 \\ 6 \\ -22 \end{bmatrix}$$

O Passo 4 é encontrar a inversa da matriz A. Siga esses passos:

Escreva a matriz de identidade ao lado da matriz original.

Adicione a Linha 2 a $(-2 \cdot$ Linha 1) para ter uma nova Linha 2.

Adicione a Linha 3 a $(4 \cdot$ Linha 1) para ter uma nova Linha 3.

Adicione a Linha 1 a $(2 \cdot$ Linha 2) para ter uma nova Linha 1.

Multiplique a Linha 3 por 0,5.

Adicione a Linha 1 a $(-6 \cdot$ Linha 3) para ter uma nova Linha 1.

Adicione a Linha 2 à Linha 3 para ter uma nova Linha 2.

Parte IV: Mudando a Marcha com Conceitos Avançados

Voilà! A matriz inversa. Veja o produto final a seguir:

$$A^{-1} = \begin{bmatrix} -15 & 2 & -3 \\ 0 & 1 & 0,5 \\ 2 & 0 & 0,5 \end{bmatrix}$$

Agora, multiplique a inversa da matriz A pela matriz de constantes, B (consulte a seção "Multiplicando duas matrizes"); você obtém uma matriz de coluna com todas as soluções de x, y e z listadas em ordem, de cima para baixo:

$$A^{-1} * B = \begin{bmatrix} -15 & 2 & -3 \\ 0 & 1 & 0,5 \\ 2 & 0 & 0,5 \end{bmatrix} * \begin{bmatrix} 5 \\ 6 \\ -22 \end{bmatrix} = \begin{bmatrix} 3 \\ -5 \\ -1 \end{bmatrix}$$

A matriz de coluna diz que $x = 3$, $y = -5$ e $z = -1$.

Capítulo 16

Fazendo uma Lista: Sequências e Séries

• •

Neste Capítulo

▶ Familiarizando-se com a terminologia das sequências

▶ Trabalhando com sequências aritméticas e geométricas

▶ Entendendo as funções definidas recursivamente

▶ Avançando de sequências a séries

▶ Reconhecendo sequências em ação no mundo real

▶ Discutindo e usando fórmulas especiais para sequências e séries

• •

Uma *sequência* é uma lista de itens ou indivíduos — e como esse é um livro de álgebra, as sequências vistas aqui apresentam listas de números. Uma *série* é a soma dos números em uma lista. Esses conceitos aparecem em muitas áreas da vida (sem contar as listas dos dez mais). Por exemplo, é possível fazer uma lista do número de assentos em cada fila de um cinema. Com essa lista, números podem ser somados para descobrir o número total de assentos. O ideal é termos situações em que o número de itens em uma lista não é aleatório; é preferível quando o número segue um padrão ou regra. Os padrões formados podem ser descritos pelos elementos em uma sequência com expressões matemáticas, contendo símbolos e operações matemáticas. Neste capítulo, descobriremos como descrever os termos em sequências e, com sorte, como adicionar os termos sem muita confusão ou complicação.

Entendendo a Terminologia das Sequências

Uma *sequência de eventos* é formada por dois ou mais acontecimentos em que um item ou evento se segue a outro, que se segue a outro, e assim por diante. Em matemática, uma *sequência* é uma lista de *termos,* ou números, criados a partir de algum tipo de regra matemática. Por exemplo, $\{3 + 4n\}$ indica que os números em uma sequência devem começar com o número 7 e aumentar em quatro unidades a cada termo adicional. Os números na sequência são 7, 11,15, ...

Os três pontos que seguem uma lista curta de termos são chamados de *reticências*. Use-as no lugar de "et cetera" (etc.) ou "e assim por diante."

Para ser ainda mais específica, aqui está a definição formal de uma *sequência*: Uma função cujo domínio consiste de números inteiros positivos (1, 2, 3,...). Essa é uma boa característica — ter de trabalhar somente com números inteiros positivos. O restante desta seção traz muitas outras dicas úteis sobre as sequências, que deixarão seu cérebro satisfeito.

Usando a representação de sequências

Um grande indício de que aquilo com que estamos trabalhando é uma sequência é quando vemos algo como {7,10,13,16,19,...} ou {a_n}. As chaves, { }, indicam que temos uma lista de itens, chamados *termos;* as vírgulas geralmente separam os termos em uma lista. O termo a_n é a representação da regra que determina uma sequência específica. Ao identificar uma sequência, é possível listar os termos nessa sequência, mostrando termos suficientes para estabelecer um padrão, ou apresentar uma regra que gere os termos.

Por exemplo, se vir a representação {$2n + 1$}, saberá que a sequência é formada pelos termos {3, 5, 7, 9,11, 13,...}. $2n + 1$ é a regra que cria a sequência ao inserir todos os números inteiros positivos no lugar do n. Quando $n = 1$, $2(1) + 1 = 3$; quando $n = 2$, $2(2) + 1 = 5$; e assim por diante. O domínio de uma sequência são todos os números inteiros positivos, por isso, o processo é tão fácil quanto contar 1, 2, 3.

Como os termos em uma sequência estão ligados a números inteiros positivos, é possível se referir a eles pela posição na lista de números inteiros. Se a regra de uma sequência for {a_n}, por exemplo, os termos na sequência são denominados a_1, a_2, a_3, a_4, e assim por diante. Essa disposição ordenada permite que você peça pelo décimo termo em uma sequência {a_n} = {$n^2 - 1$} escrevendo $a_{10} = 10^2 - 1 = 99$. Não é preciso escrever os primeiro nove termos para chegar ao décimo. A representação de sequências economiza tempo!

Fatoriais sem medo em sequências

Uma operação matemática que vemos em muitas sequências é o *fatorial*. O símbolo do fatorial é um ponto de exclamação.

Capítulo 16: Fazendo uma Lista: Sequências e Séries

Aqui está a fórmula para o fatorial em uma sequência: $n! = n(n-1)(n-2)(n-3)\ldots 3 \cdot 2 \cdot 1$.

Ao realizar um fatorial, multiplique o número sobre o qual está realizando a operação vezes cada número inteiro positivo menor que esse número.

Por exemplo, $6! = 6 \cdot 5 \cdot 4 \cdot 3 \cdot 2 \cdot 1 = 720$, e $9! = 9 \cdot 8 \cdot 7 \cdot 6 \cdot 5 \cdot 4 \cdot 3 \cdot 2 \cdot 1 = 362.880$.

É possível aplicar uma regra especial para $0!$ (zero fatorial). A regra é que $0! = 1$. "O quê? Como pode ser possível?" Bem, é possível. Os matemáticos descobriram que designar o número 1 a $0!$ faz com que tudo o que envolva fatoriais funcione melhor. (O motivo pelo qual precisamos dessa regra para $0!$ se torna mais aparente no Capítulo 17. Por ora, contente-se em usar a regra ao escrever os termos em uma sequência.)

Assim, se $\{c_n\} = \{n! - n\}$, escreva $c_1 = 1! - 1 = 1 - 1 = 0$, $c_2 = 2! - 2 = 2 \cdot 1 - 2 = 0$, $c_3 = 3! - 3 = 3 \cdot 2 \cdot 1 - 3 = 6 - 3 = 3$, e assim por diante. Escreva os termos na sequência como $(0, 0, 3, 20,\ldots)$.

Alternando padrões sequenciais

Um tipo especial de sequência é uma sequência alternada. Uma *sequência alternada* possui termos que se alteram infinitamente de positivo a negativo, a positivo novamente. Uma sequência alternada tem um multiplicador de -1, que é elevado a alguma potência como n, $n - 1$ ou $n + 1$. Adicionar a potência, que está relacionada ao número do termo, ao -1 faz com que os termos se alternem, pois os números inteiros positivos se alternam entre pares e ímpares. Potências pares de -1 resultam em $+1$, e potências ímpares de -1 resultam em -1.

Por exemplo, a sequência alternada $\{(-1)^n 2(n + 3)\} = \{-8, 10, -12, 14,\ldots\}$, pois:

$$a_1 = (-1)^1 2(1 + 3) = -1 \cdot 2(4) = -8$$

$$a_2 = (-1)^2 2(2 + 3) = +1 \cdot 2(5) = 10$$

$$a_3 = (-1)^3 2(3 + 3) = -1 \cdot 2(6) = -12$$

e assim por diante.

Aqui está o exemplo de uma sequência alternada que tem um fatorial (consulte a seção anterior) e uma fração — um pouco de tudo. Os primeiros quatro termos da sequência $\left\{(-1)^n \dfrac{(n+1)!}{n}\right\}$ são os seguintes:

$$a_1 = (-1)^1 \frac{(1+1)!}{1} = -1\left[\frac{2!}{1}\right] = -1\left[\frac{2}{1}\right] = -2$$

$$a_2 = (-1)^2 \frac{(2+1)!}{2} = +1\left[\frac{3!}{2}\right] = 1\left[\frac{6}{2}\right] = 3$$

$$a_3 = (-1)^3 \frac{(3+1)!}{3} = -1\left[\frac{4!}{3}\right] = -1\left[\frac{24}{3}\right] = -8$$

$$a_4 = (-1)^4 \frac{(4+1)!}{4} = +1\left[\frac{5!}{4}\right] = 1\left[\frac{120}{4}\right] = 30$$

Assim, a sequência é {–2, 3, –8, 30,...}.

Podemos ver como o valor absoluto dos termos continua crescendo conforme os termos se alternam entre positivos e negativos (consulte o Capítulo 2 para saber mais sobre valor absoluto).

Procurando por padrões sequenciais

A lista de termos em uma sequência pode ou não exibir um padrão aparente. É claro que se você vir a regra da função — a regra que diz como gerar todos os termos na sequência — terá uma grande dica sobre o padrão dos termos. Podemos sempre listar os termos de uma sequência se tivermos a regra, e geralmente é possível identificar a regra quando temos termos suficientes na sequência para descobrir o padrão.

Os padrões que devem ser procurados podem ser simples ou um pouco mais complicados:

- ✔ Uma diferença de um número único entre cada termo, como 4, 9, 14, 19,…, em que a diferença entre cada termo é 5.

- ✔ Um multiplicador separando os termos, como multiplicar por 5 para obter 2, 10, 50, 250,...

- ✔ Um padrão dentro de um padrão, como com os números 2, 5, 9, 14, 20,..., em que as diferenças entre os números se torna uma unidade maior a cada vez.

Quando você precisa descobrir um padrão e escrever uma regra para uma sequência de números, pode consultar sua lista de possibilidades — essas que menciono e outras — e ver que tipo de regra se aplica.

Diferença entre termos

O padrão mais rápido e fácil de encontrar apresenta uma diferença comum entre os termos. Uma *diferença* entre dois números é o resultado da subtração. Geralmente é possível identificar quando temos uma sequência desse tipo ao inspecioná-la — observando a distância entre os números na reta numérica.

Ao observar as diferenças em uma lista de números, tome o cuidado de sempre subtrair na mesma ordem — o número menos o número à esquerda dele.

As três sequências a seguir têm algo em comum: os termos nas sequências têm uma *primeira diferença* comum, uma *segunda diferença* comum ou uma *terceira diferença* comum.

Primeira diferença

Quando a *primeira diferença* dos termos em uma sequência é um número constante, a regra que determina os termos geralmente é uma expressão linear (uma expressão linear tem um expoente de 1 em n; consulte o Capítulo 2). Por exemplo, a sequência dos números {2, 7, 12, 17, 22, 27,...} é formada por termos que têm uma diferença comum de 5. A regra para essa sequência de exemplo é {$5n - 3$}. Use o multiplicador 5 para fazer com que cada um dos termos na sequência tenha 5 unidades a mais que o termo anterior. Subtraia o 3, pois, ao substituir n por 1, obtemos um número a mais; se quiser começar com o número 2, subtraia 3 do primeiro múltiplo. Sequências com uma primeira diferença comum são chamadas de *sequências aritméticas* (que discuto em detalhes na seção "Observando Sequências Aritméticas e Geométricas").

Segunda diferença

Quando a *segunda diferença* dos termos em uma sequência é um termo constante, como 2, a regra dessa sequência geralmente é quadrática (consulte o Capítulo 3) — ela contém o termo n^2. A sequência de números {−2, 1, 6, 13, 22, 33, 46,...}, por exemplo, é formada pelos termos que têm uma segunda diferença comum de 2. As primeiras diferenças entre os termos aumentam em duas unidades para cada intervalo:

$$\begin{array}{ccccccc} -2 & 1 & 6 & 13 & 22 & 33 & 46 \\ & 3 & 5 & 7 & 9 & 11 & 13 \\ & & 2 & 2 & 2 & 2 & 2 \end{array}$$

A regra usada para criar essa sequência de exemplo é {$n^2 - 3$}.

Não é possível oferecer uma maneira rápida e fácil de encontrar as regras específicas, mas se você souber que uma regra deve ser quadrática, terá por onde começar. Pode tentar elevar os números 1, 2, 3, e assim por diante, ao quadrado e depois ver como terá de "ajustar" os quadrados subtraindo ou adicionando de forma que os números na sequência apareçam de acordo com a regra.

Terceira diferença

A sequência {0, 6, 24, 60, 120, 210, 336,...} apresenta uma *terceira diferença* comum de 6. No diagrama a seguir, vemos que a linha abaixo das sequências mostra as primeiras diferenças; abaixo das primeiras diferenças estão as segundas diferenças; e, por fim, a terceira linha contém as terceiras diferenças:

$$0 \underbrace{\quad} 6 \underbrace{\quad} 24 \underbrace{\quad} 60 \underbrace{\quad} 120 \underbrace{\quad} 210 \underbrace{\quad} 336$$
$$\quad 6 \underbrace{\quad} 18 \underbrace{\quad} 36 \underbrace{\quad} 60 \underbrace{\quad} 90 \underbrace{\quad} 126$$
$$\quad\quad \underbrace{12} \underbrace{18} \underbrace{24} \underbrace{30} \underbrace{36}$$
$$\quad\quad\quad \underbrace{6} \underbrace{6} \underbrace{6} \underbrace{6}$$

A regra para essa sequência de exemplo é $\{n^3 - n\}$, que contém um termo elevado ao cubo.

A regra para essa sequência não necessariamente salta aos olhos quando observamos os termos. É preciso brincar com os termos um pouco para determinar a regra. Comece com um termo elevado ao cubo e depois tente subtrair ou adicionar números constantes. Se isso não ajudar, tente adicionar ou subtrair quadrados de números ou apenas múltiplos de números. Isso parece ser um tanto aleatório, mas, sem usar um pouco de cálculo, as opções são limitadas. Calculadoras gráficas têm recursos de ajuste de curvas que pegam dados e descobrem as regras por você, mas você ainda tem de escolher que tipo de regras (que potências) fazem os dados funcionarem.

Múltiplos e potências

Algumas sequências têm regras bastante aparentes que geram seus termos, pois cada termo é um múltiplo ou uma potência de algum outro número constante. Por exemplo, a sequência $\{3, 6, 9, 12, 15, 18,...\}$ é formada de múltiplos de 3, e sua regra é $\{3n\}$.

Mas e se a sequência começar com 21? Qual é a regra para $\{21, 24, 27, 30, 33, 36,...\}$? Os termos são todos múltiplos de 3, mas $\{3n\}$ não funciona, pois é preciso começar com $n = 1$. Lembre-se, o domínio ou entrada de uma sequência é composto de números inteiros positivos — 1, 2, 3,... — por isso, você não pode usar nada menor que 1.

Um modo de começar sequências com números menores é adicionar um termo constante a n (que é como um contador). O número 21 é igual a $3 \cdot 7$, por isso, adicione 6 a n ($1 + 6 = 7$) para formar a regra $\{3(n + 6)\}$.

A sequência $\left\{1, -\dfrac{1}{2}, \dfrac{1}{3}, -\dfrac{1}{4}, \dfrac{1}{5}, -\dfrac{1}{6}, ...\right\}$ tem duas características interessantes: Os termos alternam de sinais (consulte a seção "Alternando Padrões sequenciais") e as frações têm números inteiros positivos em seus denominadores. Para escrever a regra para essa sequência, considere as duas características. Os termos alternados sugerem uma potência de -1. O primeiro, terceiro, quinto e todos os outros termos ímpares são positivos, por isso, é possível elevar o fator -1 a $n + 1$ para tornar esses expoentes pares e os termos positivos. Para as frações, você pode colocar n, o número do termo, no denominador. A regra para essa sequência, portanto, é a seguinte:

$$\left\{(-1)^{n+1}\frac{1}{n}\right\} = \left\{\frac{(-1)^{n+1}}{n}\right\}$$

Outras sequências podem ter termos que são potências do mesmo número. Essas sequências são chamadas de *sequências geométricas* (discuto-as com mais detalhes na seção "Observando Sequências Aritméticas e Geométricas"). Um exemplo de uma sequência geométrica é {2, 4, 8, 16, 32, 64, 128,...}. É possível ver que esses termos são potências do número 2.

Observando Sequências Aritméticas e Geométricas

Sequências aritméticas e geométricas são tipos especiais de sequências que têm muitas aplicações em matemática. Como geralmente é possível reconhecer sequências aritméticas ou geométricas e escrever suas regras gerais com facilidade, essas sequências se tornaram as melhores amigas de um matemático. Sequências aritméticas e geométricas também têm boas fórmulas para as somas de seus termos, o que abre um novo ramo da atividade matemática.

Encontrando uma base comum: sequências aritméticas

Sequências aritméticas são sequências cujos termos têm as mesmas diferenças entre si, independentemente da extensão da lista (em outras palavras, de quantos termos a lista inclui).

Uma maneira de descrever a fórmula geral de sequências aritméticas é a seguinte:

$a_n = a_{n-1} + d$

A fórmula afirma que o termo n da sequência é igual ao termo diretamente antes dele (o termo $n - 1$) mais a diferença comum, d.

Outra equação que pode ser usada com sequências aritméticas é a seguinte:

$a_n = a_1 + (n - 1)d$

Essa fórmula afirma que o termo n da sequência é igual ao primeiro termo, a_1, mais $n - 1$ vezes a diferença comum, d.

A equação a ser usada depende daquilo que você quer realizar. Use a primeira fórmula se identificar um termo na sequência e quiser encontrar o próximo. Por exemplo, se quiser achar o termo seguinte após 201 na sequência $a_n = a_{n-1} + 3$, adicione 3 a 201 e obtenha o termo seguinte, 204. Use a segunda fórmula

Parte IV: Mudando a Marcha com Conceitos Avançados

se quiser encontrar um termo específico na sequência. Por exemplo, se quiser o 50º termo na sequência em que $a_n = 5 + (n-1)7$, substitua o n por 50, subtraia 1, multiplique por 7, adicione 5 e obterá 348. Tudo isso pode parecer ser muito trabalhoso, mas é mais fácil do que listar 50 termos. E você pode encontrar uma dessas regras para uma sequência se tiver as informações corretas.

Por exemplo, se souber que a diferença comum entre os termos de uma sequência aritmética é 4 e que o sexto termo é 37, pode substituir essas informações na equação $a_n = a_1 + (n-1)d$, fazendo com que $a_n = 37$, $n = 6$ e $d = 4$. Obtemos o seguinte:

$$a_n = a_1 + (n-1)d$$
$$a_6 = a_1 + (6-1)d$$
$$37 = a_1 + (6-1) \cdot 4$$
$$37 = a_1 + 20$$
$$17 = a_1$$

Descobrimos que o primeiro termo é 17. Agora, podemos encontrar a regra geral substituindo a_1 e d e simplificando:

$$a_n = a_1 + (n-1)d$$
$$a_n = 17 + (n-1) \cdot 4$$
$$a_n = 17 + 4n - 4$$
$$a_n = 13 + 4n$$

Uma sequência aritmética que tem uma diferença comum de 4 e cujo sexto termo é 37 tem a regra geral $\{13 + 4n\}$.

Use esse procedimento quando tiver os valores numéricos dos termos e quando tiver de descobri-los a partir de alguma aplicação ou problema. Aqui está um exemplo de um problema para o qual é preciso usar uma sequência aritmética. Você e um grupo de amigos foram contratados para serem recepcionistas em um espetáculo teatral local, e o pagamento inclui ingressos gratuitos para o espetáculo. O teatro reserva a última fila inteira na seção do meio para o seu grupo. A primeira fila na seção do meio do teatro tem 26 assentos, e há um assento a mais em cada fila atrás dela, somando um total de 25 filas. Quantos assentos existem na última fila?

É possível resolver esse problema rapidamente com uma sequência aritmética. Usando a fórmula $a_n = a_1 + (n-1)d$, substitua a_1 por 26, n por 25, e d por 1:

$$a_n = a_1 + (n-1)d$$
$$a_{25} = 26 + (25-1) \cdot 1$$
$$a_{25} = 26 + (24) \cdot 1 = 26 + 24$$
$$a_{25} = 50$$

Parece que seus amigos vão poder trazer os amigos deles também!

Adotando a abordagem multiplicativa: Sequências geométricas

Uma *sequência geométrica* é uma sequência na qual cada termo é diferente do termo que o segue a uma razão comum. Em outras palavras, a sequência tem um número constante que se multiplica com cada termo para criar o termo seguinte. Com sequências aritméticas, o termo constante é adicionado; com sequências geométricas, é multiplicado.

Uma fórmula ou regra geral de uma sequência geométrica é a seguinte:

$$g_n = rg_{n-1}$$

Nessa equação, r é a razão constante que é multiplicada por cada termo. A regra afirma que, para obter o termo n, você deve multiplicar o termo antes dele — o termo $(n-1)$ — pela razão, r.

Outra maneira de escrever a regra geral de uma sequência geométrica é a seguinte:

$$g_n = g_1 r^{n-1}$$

O segundo formato da regra envolve o primeiro termo, g_1, e aplica a razão quantas vezes forem necessárias. O termo n é igual ao primeiro termo multiplicado pela razão $n-1$ vezes.

Use a primeira regra, $g_n = rg_{n-1}$, quando tiver a razão, r, e um termo específico na sequência e quiser encontrar o termo seguinte. Se o nono termo em uma sequência cuja razão é 3 for 65.610, por exemplo, e você quiser encontrar o décimo termo, multiplique 65.610 por 3 para chegar a 196.830. Use a segunda regra, $g_n = g_1 r^{n-1}$, quando tiver o primeiro termo na sequência e quiser encontrar um termo específico. Por exemplo, se você sabe que o primeiro termo é 3, que a razão é 2, e quiser encontrar o 10º termo, encontre-o multiplicando 3 vezes 2^9, que dá 1.536.

É possível encontrar a razão ou multiplicador, r, se tiver dois termos consecutivos em uma sequência geométrica. Apenas divida o segundo termo pelo termo imediatamente anterior a ele — o quociente é a razão. Por exemplo, se tiver uma sequência geométrica em que o sexto termo é 1.288.408 e o quinto termo é 117.128, poderá encontrar r dividindo 1.288.408 por 117.128 para obter 11. A razão, r, é 11.

Digamos que a regra de uma sequência geométrica específica seja $\left\{ 360 \left(\frac{1}{3} \right)^{n-1} \right\}$.

Quando $n = 1$, a potência da fração é 0, e temos 360 sendo multiplicado pelo termo número 1. Assim, $g_1 = 360$. Quando $n = 2$, o expoente é igual a 1, por isso, a fração é multiplicada por 360, e chegamos a 120. Aqui estão os primeiros termos nessa sequência:

$$\left\{ 360, 120, 40, \frac{40}{3}, \frac{40}{9}, \frac{40}{27}, \ldots \right\}$$

É possível encontrar cada termo multiplicando o termo anterior por $\frac{1}{3}$.

Aqui está outro exemplo para que você se familiarize com as fórmulas geométricas... sinta-se à vontade para usá-las no futuro. Um apostador não tão sábio aposta um dólar em um arremesso de moeda e perde. Em vez de pagar, ele diz, "O dobro ou nada," o que significa que ele quer arremessar a moeda novamente; ele pagará dois dólares se perder, e seu oponente não ganhará nada se o apostador ganhar. Oops! Ele perde novamente, e novamente diz, "O dobro ou nada!" Se repetir esse processo de dobrar e perder 20 vezes, quanto ele estará devendo na 21ª tentativa?

Usando a fórmula $g_n = g_1 r^{n-1}$ (sabemos qual é o primeiro termo — o um dólar — e o multiplicador), substitua o primeiro termo, g_1, pelo número 1, r por 2 para o dobro, e n por 21:

$$g_{21} = 1(2)^{21-1} = 1(2)^{20} = 1.048.576$$

O apostador deverá mais de um milhão de dólares se continuar até a 21ª rodada. Se ele não está disposto a pagar nem o primeiro dólar, como vai reagir a esse número?

Talvez ele não devesse ter começado com uma aposta tão alta logo de início. E se começar com 25 centavos em vez de um dólar? Usando a mesma fórmula, $g_n = g_1 r^{n-1}$, o primeiro termo é 0,25, e a razão ainda é 2. Assim, $g_{21} = (0.25)2^{20} = \$262.144$. Parece que ele ainda estará com um grande problema. E, em mais duas tentativas, fazendo com que $n = 23$, ele volta ao ponto inicial da nota de um dólar.

Definindo Funções Recursivamente

Uma maneira alternativa de descrever os termos de uma sequência, em vez de oferecer a regra geral da sequência, é defini-la *recursivamente*. Para fazer isso, identifique o primeiro termo, ou talvez alguns dos termos iniciais, e descreva como encontrar o restante dos termos usando os termos que os precedem.

A regra recursiva das sequências aritméticas é $a_n = a_{n-1} + d$, e a regra recursiva das sequências geométrica é $g_n = rg_{n-1}$.

Aqui está um exemplo de uma sequência definida recursivamente. Faça com que $a_1 = 6$ e $a_n = 2a_{n-1} + 3$. A fórmula indica que, para encontrar um termo na sequência, você deve observar o termo anterior (a_{n-1}), dobrá-lo ($2a_{n-1}$) e adicionar 3. O primeiro termo é 6, por isso, o segundo termo é 3 mais o dobro de 6, ou 15. O termo seguinte é 3 mais o dobro de 15, ou 33. Aqui estão alguns dos termos dessa sequência listados na ordem: {6, 15, 33, 69, 141, ...}.

Às vezes, você precisa listar os números em uma sequência recursiva quando tem uma regra e, se realmente tiver sorte, poderá criar a regra por si próprio. A opção "crie a sua própria regra" estará disponível se você estudar matemática discreta ou programação de computadores — mas não aqui!

Também é possível definir sequências recursivamente referindo-se a mais de um termo anterior. Por exemplo, suponhamos que você faça com que $a_n = 3a_{n-2} + a_{n-1}$. Essa regra indica que, para encontrar o termo n na sequência (escolha o n que quiser — o 5º termo, o 50º termo, e assim por diante), é preciso observar os dois termos anteriores [os termos $(n-2)$ e $(n-1)$], multiplicar o termo a duas posições atrás por 3, $3(a_{n-2})$, e depois adicionar o termo a uma posição atrás ao produto, a_{n-1}.

Para começar a escrever os termos dessa sequência, é preciso identificar dois termos consecutivos. Para essa sequência específica, você decide escolher $b_1 = 4$ e $b_2 = -1$. (Certo, não foi você quem decidiu, fui eu. Apenas escolhi números aleatórios, mas, após eles terem sido escolhidos, determinam o que vai acontecer com o resto dos números na sequência — usando a regra especificada.) É assim que ficam os termos (**Nota:** Se estiver procurando o sexto termo, precisa do termo $[n-1]$, que é o quinto termo, e do termo $[n-2]$, que é o quarto):

$b_1 = 4, b_2 = -1$

$b_n = 3b_{n-2} + b_{n-1}$

$b_3 = 3b_1 + b_2 = 3(4) + (-1) = 12 - 1 = 11$

$b_4 = 3b_2 + b_3 = 3(-1) + 11 = -3 + 11 = 8$

$b_5 = 3b_3 + b_4 = 3(11) + 8 = 33 + 8 = 41$

$b_6 = 3b_4 + b_5 = 3(8) + 41 = 24 + 41 = 65$

Sequências formadas recursivamente usam termos anteriores das sequências para formar os termos posteriores. As regras usadas para escrever essas sequências não são tão úteis quanto as regras que permitem que você encontre o 50º ou o 100º termo (como sequências aritméticas e geométricas) sem encontrar todos os termos que vêm antes. Mas a regra recursiva às vezes é mais fácil de ser escrita.

Por exemplo, se descobrisse que seu salário em um emprego novo seria de $20.000 no ano atual, $25.000 no ano seguinte, e que a cada ano posterior ele será de 80% do salário de 2 anos atrás mais 40% do salário do ano anterior, você iria assinar o contrato? A regra é: $b_n = 0{,}8b_{n-2} + 0{,}4b_{n-1}$. Usando os primeiros dois termos e essa regra, seu salário para os primeiros cinco anos seria de {20.000, 25.000, 26.000, 30.400, 32.960,...}.

Realizando uma Série de Movimentos

Uma *série* é a soma de um certo número de termos de uma sequência. Quantos termos? Isso é parte do problema — ou essa informação será apresentada ou será o que você tem de descobrir para responder uma pergunta.

Conseguir listar todos os termos em uma sequência é uma ferramenta útil de se ter em seu cinto de ferramentas algébricas, mas é possível fazer muito mais com as sequências. Por exemplo, adicionar um determinado número de termos em uma sequência é útil quando a sequência é uma lista de quanto dinheiro você receberá durante o mês ou quantos assentos há em um teatro.

Encontrar a soma da sequência significa adicionar os termos necessários para descobrir a quantia de dinheiro total que você receberá no mês ou descobrir quantas pessoas estão nas primeiras vinte filas do teatro. Esse processo não parece uma tarefa muito difícil, especialmente com o uso de calculadoras, mas se os números ficarem muito grandes e você quiser encontrar a soma de muitos termos, a tarefa pode ser desafiadora.

Por esse motivo, muitas sequências usadas em aplicações comerciais e financeiras têm fórmulas para a soma de seus termos. Essas fórmulas são de grande ajuda. Na verdade, para algumas séries geométricas, é possível adicionar *todos* os termos — infinitamente — e ser capaz de prever a soma de todos os termos.

Apresentando a representação de somatória

Os matemáticos gostam de manter as fórmulas e regras claras e concisas, por isso, eles criaram um símbolo especial para indicar que os termos de uma sequência estão sendo adicionados. O símbolo especial é um *sigma*, Σ, ou *representação de soma*.

A representação $\sum_{k=1}^{n} a_k$ indica que você quer adicionar todos os termos na sequência com a regra geral a_k, desde $k = 1$ até $k = n$:

$$\sum_{k=1}^{n} a_k = a_1 + a_2 + a_3 + a_4 + \ldots + a_{n-1} + a_n.$$

Por exemplo, se quiser a soma $\sum_{k=1}^{5}(k^2 - 2)$, precisa encontrar os primeiros cinco termos, fazendo com que $k = 1, 2$, e assim por diante; termine adicionando todos esses termos:

$$\sum_{k=1}^{5}(k^2 - 2) = (1^2 - 2) + (2^2 - 2) + (3^2 - 2) + (4^2 - 2) + (5^2 - 2)$$

$$= -1 + 2 + 7 + 14 + 23 = 45$$

Descobrimos que a soma é 45.

Se quiser adicionar *todos* os termos em uma sequência, infinitamente, use o símbolo ∞ na representação de sigma, que será $\sum_{k=1}^{\infty} a_k$.

Somando aritmeticamente

Uma sequência aritmética possui uma regra geral (consulte a seção "Encontrando uma base comum: Sequências aritméticas") que envolve o primeiro termo e a diferença comum entre os termos consecutivos: $a_n = a_1 + (n-1)d$. Uma série aritmética é a soma dos termos originados de uma sequência aritmética. Considere a sequência aritmética $a_n = 4 + (n-1)5 = 5n - 1$. Os primeiros dez termos nessa sequência são 4, 9, 14, 19, 24, 29, 34, 39, 44 e 49. A soma desses dez termos é 265. Como eu descobri esse valor? Papel e lápis, meu amigo. A adição simples funciona bem para uma lista pequena de números. Entretanto, seu professor de álgebra pode nem sempre o abençoar com listas pequenas. Considere, agora, uma fórmula para a soma dos primeiros n termos de uma sequência aritmética.

A soma dos primeiros n termos de uma sequência aritmética, S_n, é:

$$S_n = \frac{n}{2}\left[2a_1 + (n-1)d\right] = \frac{n}{2}(a_1 + a_n)$$

Aqui, a_1 e d são o primeiro termo e a diferença, respectivamente, da sequência aritmética $a_n = a_1 + (n-1)d$. O n indica qual termo na sequência é obtido ao colocar o valor de n na fórmula.

A primeira parte da fórmula, à esquerda, permite que você insira o primeiro termo, a diferença e o número de termos que quer adicionar. A segunda parte, à direita, é mais rápida e mais fácil; use-a quando souber o primeiro e o último termos e quantos termos quiser adicionar. No exemplo a seguir, n é 10, pois é esse o tanto de termos que está adicionando. Inserindo o 10 no lugar de n na fórmula do termo geral, obtemos 49.

Para usar a fórmula para a soma dos dez números 4, 9, 14, 19, 24, 29, 34, 39, 44 e 49 (anteriormente adicionados para obter 265), insira os dados conhecidos: $S_{10} = \frac{10}{2}(4 + 49) = 5(53) = 265$.

Agora, digamos que queira adicionar os 100 primeiros números em uma sequência que começa com 13 e apresenta uma diferença comum de 2 entre cada um dos termos: $13 + 15 + 17 + 19 + \ldots$, até o $100°$ número. Encontre a soma desses 100 números usando a primeira parte da fórmula da soma:

$$S_n = \frac{n}{2}[2a_1 + (n-1)d]$$

$$S_{100} = \frac{100}{2}[2(13) + (100-1)2] = 50(26+198) = 50(224) = 11.200$$

Somando geometricamente

Uma sequência geométrica é formada por termos que diferem um do outro de acordo com uma razão comum. Multiplique um termo na sequência por um número ou razão constante para encontrar o termo seguinte. É possível usar duas fórmulas diferentes para encontrar a soma dos termos em uma sequência geométrica. Use a primeira fórmula para encontrar a soma de um determinado número finito de termos de uma sequência geométrica — qualquer sequência geométrica. A segunda fórmula se aplica somente a sequências geométricas que têm uma razão entre zero e um (uma fração própria); utilize-a quando quiser adicionar todos os termos na sequência — infinitamente (para saber mais sobre sequências geométricas, consulte a seção "Adotando a abordagem multiplicativa: Sequências geométricas").

Adicionando os primeiros n termos

A fórmula usada para adicionar um número específico e finito de termos de uma sequência geométrica envolve uma fração em que você subtrai a razão — ou uma potência da razão — de um. Não é possível reduzir a fórmula, por isso não tente. Apenas use-a como ela é.

Encontre a soma dos primeiros n termos da sequência geométrica $g_n = g_1 r^{n-1}$ com a seguinte fórmula:

$$S_n = \frac{g_1(1-r^n)}{1-r}$$

O termo g_1 é o primeiro termo da sequência, e r representa a razão comum.

Por exemplo, digamos que queira adicionar os primeiros dez termos da sequência geométrica {1, 3, 9, 27, 81,...}. Identifique o primeiro termo, o 1, e depois a razão pela qual é feita a multiplicação, 3. Substitua essas informações na fórmula:

$$S_n = \frac{g_1(1-r^n)}{1-r}$$
$$S_{10} = \frac{1(1-3^{10})}{1-3} = \frac{1-59{,}049}{-2} = \frac{-59{,}048}{-2} = 29{.}524$$

Um número um tanto grande! Usar a fórmula não é mais fácil do que adicionar 1 + 3 + 9 + 27 + 81 + 243 + 729 + 2.187 + 6.561 + 19.683?

Adicionando os termos ao infinito

Sequências geométricas têm uma razão, ou multiplicador, que muda o termo para o seguinte. Se multiplicar um número por 4 e o resultado disso por 4 e continuar a fazer isso, você criará números enormes em um curto espaço de tempo. Assim, pode parecer impossível adicionar números que parecem ficar infinitamente grandes.

Mas a álgebra possui uma propriedade realmente maravilhosa para sequências geométricas com razões entre os números um negativo e um. Os números nessas sequências ficam cada vez menores, e as somas dos termos nessas sequências nunca excedem valores constantes determinados.

Se a razão for maior que um, a soma cresce infinitamente, e não é possível chegar a uma resposta final. Se a razão for negativa e estiver entre 0 e –1, a soma é um valor constante único. Para razões menores que –1, novamente instala-se o caos.

Na Figura 16-1, vemos os termos em uma sequência que começa com 1 e tem uma razão de 1/2. Também vemos a soma dos termos até cada ponto sucessivo.

A regra dessa sequência é a seguinte:

$$g_n = g_1 r^{n-1} = 1 \cdot \left(\frac{1}{2}\right)^{n-1} = \left(\frac{1}{2}\right)^{n-1}$$

Assim, estamos na verdade encontrando potências de $\frac{1}{2}$. Aqui estão os primeiros termos:

$$\left\{1, \frac{1}{2}, \frac{1}{4}, \frac{1}{8}, \frac{1}{16}, \frac{1}{32}, \frac{1}{64}, \frac{1}{128}, \frac{1}{256}, \frac{1}{512}, \ldots\right\}$$

Como é possível ver na Figura 16-1, a soma dos termos é igual a *quase* dois conforme os termos aumentam. O número no numerador da fração da soma é sempre um a menos que duas vezes o denominador. A soma na Figura 16-1 se aproxima de dois, mas nunca realmente atinge esse valor. A soma, no entanto, chega tão perto, que você pode arredondar para dois. Esse aspecto de se *aproximar* de um valor específico se aplica para qualquer sequência geométrica com uma fração própria (entre zero e um) como razão.

A álgebra também oferece uma fórmula para encontrar a soma de *todos* os termos em uma sequência geométrica com uma razão entre zero e um. Você pode pensar que essa fórmula é muito mais complicada que a fórmula para encontrar somente alguns termos, mas esse não é o caso. Essa fórmula, na verdade, é muito mais simples.

A soma de todos os termos de uma sequência geométrica cuja razão, r, está entre zero e um ($0 < r < 1$) é $S_n \to \frac{g_1}{1-r}$, em que g_1 é o primeiro termo na sequência.

Essa regra pode ser aplicada à soma da sequência cujo primeiro termo é 1 e cuja razão é $\frac{1}{2}$:

$$S_n \to \frac{g_1}{1-r} = \frac{1}{1-\frac{1}{2}} = \frac{1}{\frac{1}{2}} = 2$$

n	g_n	S_n	Decimal
1	1	1	1
2	$\dfrac{1}{2}$	$1 + \dfrac{1}{2} = \dfrac{3}{2}$	1,5
3	$\dfrac{1}{4}$	$\dfrac{3}{2} + \dfrac{1}{4} = \dfrac{7}{4}$	2,75
4	$\dfrac{1}{8}$	$\dfrac{7}{4} + \dfrac{1}{8} = \dfrac{15}{8}$	1,875
5	$\dfrac{1}{16}$	$\dfrac{15}{8} + \dfrac{1}{16} = \dfrac{31}{16}$	1,9375
6	$\dfrac{1}{32}$	$\dfrac{31}{16} + \dfrac{1}{32} = \dfrac{63}{32}$	1,96875
⋮	⋮	⋮	
12	$\dfrac{1}{2{,}048}$	$= \dfrac{4{,}095}{2{,}048}$	1,999511719
⋮	⋮	⋮	
n	$\left(\dfrac{1}{2}\right)^{n-1}$	$= \dfrac{2\,(2^{n-1}) - 1}{2^{n-1}}$	1,999999999......

Figura 16-1: Adicionando termos em uma sequência geométrica.

Aplicando Somas de Sequências ao Mundo Real

Ter as ferramentas para adicionar todos os termos em uma sequência matemática é ótimo quando se tem em mente as tarefas de casa, mas qual é o objetivo fora da sala de aula? Por que alguém precisaria adicionar sequências no mundo real? Você pode se surpreender com as aplicações possíveis em muitas circunstâncias da vida. Espero que os três exemplos que incluo nesta seção ofereçam uma noção de como descobrir essas somas pode ser útil.

Limpando um anfiteatro

Você foi contratado para limpar um enorme teatro após a apresentação de uma banda popular. Uma de suas tarefas é limpar todos os assentos a vapor na área principal. Como você leva dois minutos por assento, precisa distribuir seu tempo para realizar o trabalho. O chefe da manutenção diz que a primeira fileira tem 36 assentos, e cada fileira subsequente tem um assento adicional. O teatro tem um total de 25 fileiras. Quantos assentos há no teatro? Quanto tempo levará?

Esse problema pede a soma de uma sequência aritmética (consulte a seção "Somando aritmeticamente"). O primeiro termo é 36, a diferença comum é 1 e há 25 termos. Usando a fórmula para a soma dos termos de uma sequência aritmética, calcule o seguinte:

$$S_n = \frac{n}{2}[2a_1 + (n-1)d]$$
$$= \frac{25}{2}[2\,(36) + (25-1)\cdot 1]$$
$$= \frac{25}{2}[72 + 24]$$
$$= \frac{25}{2}[96] = 1.200$$

Você tem de limpar 1.200 assentos. Gastando 2 minutos por assento, precisará de 2.400 minutos, ou 40 horas para concluir o trabalho. É melhor contratar um ajudante!

Negociando sua mesada

Você conversa com seu pai sobre aumentar sua mesada, pois $10 por semana não está mais sendo suficiente. Ele responde, "É claro que não. Não até você não melhorar suas notas de matemática." Você então negocia com a seguinte proposta: Receberá 1 centavo no primeiro dia do mês, 2 centavos no segundo dia do mês, 4 centavos no terceiro, 8 centavos no quarto, e assim por diante, dobrando a quantia a cada dia até o final do mês. Nesse momento, seu pai pode querer conferir suas notas de matemática e ver se ele quer optar por aumentar sua mesada. Ele sabe como você é esperto, então pede que explique quais são suas intenções antes de ele concordar.

Quanto receberá com o seu sistema durante o mês de janeiro? O mês tem 31 dias em que você receberá centavos. Usando a fórmula para a soma de uma sequência geométrica cujo primeiro termo é 1, a razão comum é 2 e o número de termos é 31 (consulte a seção "Somando geometricamente"), calcule o seguinte:

$$S_n = \frac{a_1(1 - r^{\,n})}{1 - r}$$
$$= \frac{1\,(1 - 2^{31})}{1 - 2}$$
$$= \frac{1 - 2.147.483.648}{-1}$$
$$= 2.147.483.647$$

É claro que sua resposta está em centavos, por isso, mova a casa decimal. Sua mesada atinge um total de $21.474.836,47. O que o seu pai estará achando de suas habilidades matemáticas agora? Infelizmente, ele quer que você se importe com suas notas tanto quanto se importa com o dinheiro. Não há acordo.

Arremessando uma bola

O exemplo da bola arremessada é tirado do meu livro *Álgebra I Para Leigos* (Alta Books). Finalmente conseguirei uma chance de explicar de onde tirei esse exemplo! Em *Álgebra I Para Leigos*, uso a bola arremessada para mostrar como usar expoentes; entretanto, eu não esperava receber tantas perguntas sobre de onde tirei a fórmula. Tantas pessoas escreveram para perguntar sobre esse problema que eu disponibilizei uma solução em meu *site*, para que elas pudessem ver que eu não simplesmente inventei a fórmula.

Queremos descobrir a distância total (para cima e para baixo e para cima e para baixo novamente...) que uma bola percorre em n saltos, mais o primeiro arremesso, se ela sempre voltar 75% da distância em que for arremessada. Você arremessa a bola em direção a uma calçada sem buracos a partir de uma janela a 40 pés do chão. Observe a Figura 16-2 para ver o que o problema envolve.

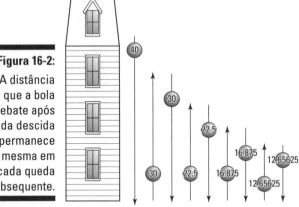

Figura 16-2: A distância que a bola rebate após cada descida permanece a mesma em cada queda subsequente.

Como pode ver, a primeira distância é a queda de 40 pés. A bola volta 75% da distância que ela caiu, ou seja, 30 pés, e cai 30 pés novamente. Ela então volta 75% de 30 pés, ou 22,5 pés, e repete o processo. Com exceção dos 40 pés iniciais, todas as medidas devem ser dobradas para explicar o movimento para cima e para baixo.

A pergunta é: Qual distância a bola viaja em 10 arremessos, mais a primeira queda? Para descobrir isso usando uma sequência geométrica (consulte a seção "Somando geometricamente"), faça com que o primeiro termo seja igual a 30, a razão seja igual a 0,75 e o número de termos seja igual a 10. Dobre essa soma da sequência para descobrir a distância que a bola percorre para cima e para baixo e adicione os primeiros 40 pés à distância total percorrida pela bola.

Primeiramente, encontre o valor da soma da sequência:

$$S_{10} = \frac{30(1 - 0,75^{10})}{1 - 0,75}$$
$$= \frac{30(1 - 0,0563135147)}{0,25}$$
$$= \frac{30(0,9436864853)}{0,25}$$
$$= 113,2423782$$

Agora, dobre a soma da sequência e adicione 40 pés:

$$2(113,2423782) + 40 = 266,4847565 \text{ pés}$$

A bola percorre mais de 266 pés em 10 arremessos. Muito bem!

A fórmula que uso em *Álgebra I Para Leigos* que levou a todas as perguntas era Distância = 40 + 240 [1 − 0,75^n]. Criei essa fórmula dobrando os termos na fórmula da soma da sequência e adicionando 40:

$$\text{Distância} = 40 + 2\left[\frac{30(1 - 0,75^n)}{1 - 0,75}\right]$$
$$= 40 + \frac{60(1 - 0,75^n)}{0,25}$$
$$= 40 + \frac{60(1 - 0,75^n)}{0,25} \cdot \frac{4}{4}$$
$$= 40 + \frac{4(60)(1 - 0,75^n)}{4(0,25)}$$
$$= 40 + \frac{240(1 - 0,75^n)}{1}$$
$$= 40 + 240(1 - 0,75^n)$$

Ufa! Fico feliz de ter esclarecido isso. Agora, quando as pessoas me perguntarem sobre a fórmula, posso pedir que elas consultem este livro para obter uma explicação completa.

Destacando Fórmulas Especiais

A álgebra oferece diversos tipos especiais de sequências e séries que podem ser usados frequentemente em matemática avançada, como cálculo, e para aplicações financeiras e físicas. Para essas aplicações, há fórmulas para as somas dos termos nas sequências. Adicionar números inteiros consecutivos é uma tarefa que é facilitada por existirem fórmulas à sua disposição. Para contar azulejos a serem usados em um piso ou mosaico, calcular a quantia total de dinheiro de uma anuidade e outras aplicações como essas também são usadas as somas de sequências de números.

Aqui estão algumas das fórmulas especiais que podem ser encontradas:

A soma dos *n* primeiros números inteiros positivos:

$$1 + 2 + 3 + \ldots + n = \frac{n(n+1)}{2}$$

A soma dos *n* primeiros quadrados dos números inteiros positivos:

$$1^2 + 2^2 + 3^2 + \ldots + n^2 = \frac{n(n+1)(2n+1)}{6}$$

A soma dos *n* primeiros cubos dos números inteiros positivos:

$$1^3 + 2^3 + 3^3 + \ldots + n^3 = \frac{n^2 (n+1)^2}{4}$$

A soma dos *n* primeiros números inteiros positivos ímpares:

$$1 + 3 + 5 + 7 + \ldots + (2n - 1) = n^2$$

Por exemplo, se quiser a soma dos primeiros 10 quadrados de números inteiros positivos, use a fórmula para obter o seguinte:

$$1 + 4 + 9 + \ldots 100 = \frac{10(10+1)(20+1)}{6}$$
$$= \frac{10(11)(21)}{6} = 385$$

O *n* é o número do termo, e não o termo em si.

Para usar a fórmula da soma de números inteiros positivos e ímpares, é preciso determinar o número do termo — qual número ímpar significa o fim da sequência. Por exemplo, se quiser adicionar todos os números positivos ímpares de 1 a 49, determine o 49º termo. Usando a equação $2n - 1$ para 49, vemos que $n = 25$, pois $2(25) - 1 = 50 - 1 = 49$. Assim, use $n = 25$ na fórmula:

$$1 + 3 + 5 + \ldots + 49 = 25^2 = 625$$

Capítulo 17

Tudo o que Você Queria Saber sobre Conjuntos

Neste Capítulo
▶ Conquistando a representação de conjuntos
▶ Realizando operações algébricas em conjuntos
▶ Circundando os vagões com diagramas de Venn
▶ Trabalhando com fatoriais em conjuntos
▶ Usando permutações e combinações para contar elementos de um conjunto
▶ Facilitando a vida em conjunto com diagramas em árvore e o teorema binomial

*N*os anos de 1970, um livro chamado *Everything you Always Wanted to Know about Sex — But Where Afraid to Ask* (Tudo o que Você Sempre Quis Saber sobre Sexo — Mas Tinha Medo de Perguntar), Bantam Books, chegou às prateleiras das lojas em todo o mundo. O livro deu muito que falar. Hoje em dia, entretanto, as pessoas parecem não ter muito medo de perguntar — ou dar conselhos — sobre qualquer coisa. Assim, no espírito moderno, este capítulo põe tudo às claras. Aqui, você descobrirá todos os segredinhos insólitos relativos aos conjuntos. Eu discutirei a união e intersecção de conjuntos, conjuntos complementares, contagem de conjuntos e apresentarei algumas ilustrações bastante reveladoras. Você aguenta?

Revelando a Representação de Conjuntos

Um *conjunto* é uma coleção de itens. Os itens podem ser pessoas, pares de sapatos ou números, por exemplo, mas geralmente têm algo em comum – mesmo se a única característica que os ligue seja o fato de que eles aparecem no mesmo conjunto. Os itens de um conjunto são chamados de *elementos* do conjunto.

Os matemáticos desenvolveram algumas representações e regras específicas para ajudar-nos a trabalhar no mundo dos conjuntos. Não é difícil dominar os símbolos e o vocabulário; só é preciso lembrar o que eles significam. Familiarizar-se com a representação de conjuntos é como aprender um novo idioma.

Listando elementos com uma lista

O nome de um conjunto aparece como uma letra maiúscula (A no exemplo a seguir, por exemplo) para distingui-lo de outros conjuntos. Para organizar os elementos de um conjunto, você os apresenta em *representação de lista*, o que significa apenas que lista os elementos. Por exemplo, se um conjunto A contém os primeiros cinco números inteiros, o conjunto é escrito como segue:

$$A = \{0, 1, 2, 3, 4\}$$

Liste os elementos em um conjunto dentro de chaves e separe-os por vírgulas. A ordem na qual os elementos são listados não importa. Também poderíamos dizer que A = {0, 2, 4, 1, 3}, por exemplo.

Construindo conjuntos a partir do zero

Uma maneira simples de descrever um conjunto (que não a representação em lista; consulte a seção anterior) é usar a *representação conjunta de regra* ou *conjunto*. Por exemplo, é possível escrever o conjunto A = {0, 1, 2, 3, 4} como segue:

$$A = \{x \mid x \varepsilon W, x < 5\}$$

Lê-se a representação conjunta como "A é o conjunto contendo todos os valores de x de forma que x seja um elemento de W, composto por números inteiros, e x seja menor que 5." A barra vertical, |, separa a variável de sua regra, e o épsilon, ε, significa *um elemento de*. Essa é uma bela abreviação matemática.

Você pode estar se perguntando por que alguém iria querer usar essa representação longa se listar elementos é tão simples. Você está certo em se perguntar isso; não faz sentido no exemplo anterior, mas e se quisesse falar sobre um conjunto B que contém todos os números ímpares entre 0 e 100? Realmente iria querer listar todos os elementos?

Ao lidar com conjuntos que têm números enormes como elementos, usar a representação conjunta pode economizar tempo e trabalho. E se o padrão de elementos for óbvio (essa sempre é uma palavra traiçoeira na matemática), é possível usar reticências. Para o conjunto contendo todos os números ímpares entre 0 e 100, por exemplo, pode-se escrever B = {1, 3, 5, 7, ..., 99}, ou pode-se usar a representação conjunta: B = {$x \mid x$ é ímpar, e $0 < x < 100$}. Ambos os métodos são mais fáceis que listar todos os elementos do conjunto.

Capítulo 17: Tudo o que Você Queria Saber sobre Conjuntos **325**

É tudo (conjunto universal) ou nada (conjunto vazio)

Considere os conjuntos F = {Iowa, Ohio, Utah} e I = {Idaho, Illinois, Indiana, Iowa}. O conjunto F contém três elementos, e o conjunto I contém quatro elementos. Desses conjuntos, podemos retirar um conjunto que chamaremos de _conjunto universal_ para F e I. Também é possível distinguir um conjunto chamado _conjunto vazio_, ou _conjunto nulo_. Nessa característica "tudo ou nada" está a base da realização de operações com conjuntos (consulte a seção "Realizando Operações em Conjuntos" posteriormente, neste capítulo).

A lista a seguir apresenta as características desses conjuntos "tudo ou nada":

- **Conjunto universal:** Um conjunto universal de um ou mais conjuntos contém todos os elementos possíveis em uma categoria específica. Quem está escrevendo a situação deve decidir quantos elementos precisam ser considerados em um problema específico. Mas uma característica é padrão: o conjunto universal é denotado por U.

   Por exemplo, pode-se dizer que o conjunto universal para F = {Iowa, Ohio, Utah} e I = {Idaho, Illinois, Indiana, Iowa} é U = {estados dentro dos Estados Unidos}. O conjunto universal para F e I não precisa ser um conjunto contendo todos os estados; pode ser apenas todos os estados que começam em vogal.

- **Conjunto vazio (ou nulo):** O oposto do conjunto universal é o conjunto vazio (ou nulo). O conjunto vazio não contém nada (sem brincadeira!). Os dois tipos de representação usados para indicar o conjunto vazio são ø e { }. A primeira representação lembra um zero com um traço no meio, e a segunda são chaves vazias. Você deve usar uma representação ou a outra, e não ambas ao mesmo tempo, para indicar que o conjunto é vazio.

   Por exemplo, se quiser listar todos os elementos no conjunto G, em que G é o conjunto que contém todos os estados que começam com a letra Q, escreva G = { }. O conjunto é vazio porque nenhum estado nos Estados Unidos começa com a letra Q.

Entrando em cena com subconjuntos

O mundo real oferece muitos títulos especiais para os que são menores. Apartamentos podem ser sublocados, livros podem ter subtítulos e navios podem ser submarinos, então, é claro que os conjuntos podem ter subconjuntos. Um _subconjunto_ é um conjunto completamente contido dentro de outro conjunto — nenhum elemento em um subconjunto está ausente do conjunto do qual ele é um subconjunto. Uau! Isso é complexo. Pelo bem do esclarecimento, começarei a denominar os conjuntos de _subconjuntos_ e _superconjuntos_ — um _superconjunto_ representa aquilo em relação ao que há um subconjunto (aqui vou eu de novo!).

Indicando subconjuntos com representação

O conjunto B = {2, 4, 8, 16, 32} é um subconjunto de C = {$x \mid x = 2^n, n \in Z$}. O conjunto B é um subconjunto do conjunto C, pois B está completamente contido em C. O conjunto C é composto por todos os números que são potências de 2, em que as potências são todos os elementos do conjunto de números inteiros (Z). A representação para *subconjunto de* é $\subset$, e você pode escrever B $\subset$ C para dizer que B é um subconjunto de C.

A letra Z geralmente representa os números inteiros, os positivos e negativos, e o zero.

Outra maneira de escrever o superconjunto C é

$$C = \left\{ ..., \frac{1}{8}, \frac{1}{4}, \frac{1}{2}, 1, 2, 4, 8, 16, 32, 64, 128, ... \right\}$$

usando reticências para indicar que o conjunto continua infinitamente.

Quando um conjunto é um subconjunto de outro, e os dois conjuntos não são iguais (o que significa que eles não contêm os mesmos elementos), o subconjunto é chamado de *subconjunto próprio*, indicando que o subconjunto tem menos elementos que o superconjunto. Tecnicamente, qualquer conjunto é seu próprio subconjunto, por isso, podemos dizer que um conjunto é um *subconjunto impróprio* de si mesmo. Escrevemos essa afirmação com a representação de subconjunto e uma linha embaixo para indicar "subconjunto e, também, igual a". Para dizer que o conjunto B é seu próprio subconjunto, escrevemos B $\subseteq$ B. Isso pode parece algo tolo, mas, assim como com todas as regras matemáticas, há um bom motivo para fazer isso. Um dos motivos tem a ver com o número de subconjuntos de um determinado conjunto.

Contando o número de subdivisões

Observe as seguintes listas com alguns conjuntos selecionados e todos os seus subconjuntos. Observe que incluo o conjunto vazio em cada lista de subconjuntos. Faço isso porque o conjunto vazio satisfaz a definição de que nenhum elemento do subconjunto está ausente no superconjunto. Aqui está o primeiro conjunto:

Os subconjuntos de A = {3, 8} são {3}, {8}, ø, {3, 8}.

O conjunto A tem quatro subconjuntos: dois subconjuntos com um elemento, um com nenhum elemento e um com ambos os elementos do conjunto original.

Aqui está um conjunto com tema animal:

Os subconjuntos de B = {cão, gato, rato} são {cão}, {gato}, {rato}, {cão, gato}, {cão, rato}, {gato, rato}, ø, {cão, gato, rato}.

O conjunto B tem oito subconjuntos: três subconjuntos com um elemento, três com dois elementos, um sem elementos e um com todos os elementos do conjunto original.

É hora de aumentar um pouco:

Os subconjuntos do conjunto C = {r, s, t, u} são {r}, {s}, {t}, {u}, {r,s}, {r,t}, {r,u}, {s,t}, {s,u}, {t,u}, {r,s,t}, {r,s,u}, {r,t,u}, {s,t,u}, ø, {r,s,t,u}.

O conjunto C tem 16 subconjuntos: quatro subconjuntos com um elemento, seis com dois elementos, quatro com três elementos, um com nenhum elemento e um com todos os elementos.

Você já determinou um padrão? Veja se as informações a seguir ajudam:

Um conjunto com dois elementos tem quatro subconjuntos.

Um conjunto com três elementos tem oito subconjuntos.

Um conjunto com quatro elementos tem dezesseis subconjuntos.

O número de subconjuntos produzido por um conjunto é igual a uma potência de 2.

Se um conjunto A tiver n elementos, ele tem 2^n subconjuntos.

É possível aplicar essa regra ao conjunto Q = {1, 2, 3, 4, 5, 6}, por exemplo. O conjunto tem seis elementos, por isso, ele tem $2^6 = 64$ subconjuntos. Conhecer o número de subconjuntos que um conjunto tem não necessariamente ajuda você a listar todos eles, mas faz com que saibamos se tivermos pulado algum. (Confira a seção "Misturando conjuntos com combinações" para descobrir quantos subconjuntos de cada tipo [número de elementos] um conjunto tem.)

Realizando Operações em Conjuntos

A álgebra oferece três operações básicas que podem ser realizadas em conjuntos: união, intersecção e complementação (negação). As operações de união e intersecção precisam ser realizadas em dois conjuntos por vez — assim como a adição e a subtração precisam de dois números. Encontrar o complemento de um conjunto (ou negá-lo) é como encontrar o oposto do conjunto, por isso, essa operação é realizada em somente um conjunto por vez.

Um processo adicional, que não é de fato uma operação, envolve contar o número de elementos contidos em um conjunto. Esse processo possui sua própria notação que indica que você deve realizar a contagem. As operações de união, intersecção e negação também possuem suas próprias notações.

Celebrando a união de dois conjuntos

Encontrar a união de dois conjuntos é como unir duas empresas. Você as une para compor um grande conjunto (entretanto, formar uniões provavelmente não é tão lucrativo).

Para encontrar a união dos conjuntos A e B, denotados como A ∪ B, combine todos os elementos de ambos os conjuntos escrevendo-os em um conjunto. Não duplique os elementos que os conjuntos têm em comum. Aqui está um exemplo:

Conjunto A = {10, 20, 30, 40, 50, 60}

Conjunto B = {15, 30, 45, 60}

A ∪ B = {10, 15, 20, 30, 40, 45, 50, 60}

Também podemos dizer que cada conjunto é um subconjunto da união dos conjuntos.

Podemos aplicar a operação de união em mais de dois conjuntos por vez (mas são necessários pelo menos dois conjuntos). Por exemplo, se temos os conjuntos R = {coelho, lebre, roedor}, S = {coelho, ovo, cesta, primavera} e T = {verão, outono, inverno, primavera}, a união R ∪ S ∪ T = {coelho, lebre, roedor, ovo, cesta, primavera, verão, outono, inverno}. Novamente, mencionamos cada elemento somente uma vez na união dos conjuntos.

Algumas uniões especiais envolvem subconjuntos e o conjunto vazio. O que acontece quando unimos dois conjuntos e um conjunto é o subconjunto do outro? Por exemplo, digamos que tenhamos G = {1, 2, 3, 4, 5, 6} e H = {2, 4, 6}. Podemos escrever a união como G ∪ H = G, pois a união dos conjuntos é simplesmente o conjunto G. H é um subconjunto de G — cada elemento em H é contido em G. Além disso, como H é um subconjunto de G, H também deve ser um subconjunto da união dos dois conjuntos, G ∪ H.

Como o conjunto vazio é um subconjunto de cada conjunto, podemos dizer que G ∪ ø = G, H ∪ ø = H, T ∪ ø = T, e assim por diante. Pense em como adicionar zero afeta um número — não afeta.

Olhando para os dois lados em intersecções de conjuntos

A intersecção de dois conjuntos é como a intersecção de duas ruas. Se a Rua Principal vai de leste a oeste e a Rua Universitária vai de norte a sul, elas se cruzam em sua intersecção. O departamento público não precisa pavimentar a rua duas vezes, pois as duas ruas compartilham esse pequeno espaço.

Para encontrar a intersecção dos conjuntos A e B, denotados como A ∩ B, liste todos os elementos que os dois conjuntos têm em comum. Se os conjuntos não tiverem nada em comum, sua intersecção é um conjunto vazio. Aqui está um exemplo:

Conjunto A = {a, e, i, o, u}

Conjunto B = {v, o, g, a, l}

A ∩ B = {a, o}

Se o conjunto A for um subconjunto de outro conjunto, a intersecção de A e seu superconjunto é simplesmente A. Por exemplo, se o conjunto C = {a, c, e, g, i, k, m, o, q, s, u, w, z} e A = {a, e, i, o, u}, A ∩ C = {a, e, i, o, u} = A.

A intersecção de qualquer conjunto com o conjunto vazio é simplesmente o conjunto vazio.

Sentindo-se complementar em relação a conjuntos

O complemento do conjunto A, denotado A', contém todos os elementos que não aparecem em A. Cada item que não aparece em um conjunto pode ser composto por diversas coisas — a menos que você limite sua busca.

Para determinar o complemento de um conjunto, é preciso conhecer o conjunto universal. Se A = {p, q, r} e o conjunto universal, U, contém todas as letras do alfabeto, A' = {a, b, c, d, e, f, g, h, i, j, k, l, m, n, o, s, t, u, v, w, x, y, z}. Ainda é preciso trabalhar com muitos elementos, mas a busca estará limitada às letras do alfabeto.

O número de elementos em um conjunto mais o número de elementos em seu complemento sempre é igual ao número de elementos no conjunto universal. Escreva essa regra como $n(A) + n(A') = n(U)$. Essa relação é bastante útil quando temos de lidar com grandes quantidades de elementos e queremos maneiras fáceis de contá-los.

Contando os elementos em conjuntos

Geralmente, surgem situações em que precisamos contar e indicar quantos elementos um conjunto contém. Quando conjuntos aparecem em problemas de probabilidade, lógica ou outros problemas matemáticos, nem sempre é preciso se preocupar com o que são os elementos — somente quantos deles há nos conjuntos. A representação que indica que queremos saber o número de elementos contidos em um conjunto é $n(A) = k$, o que significa "O número de elementos no conjunto A é k". O número k sempre será algum número inteiro: 0, 1, 2, e assim por diante.

A união e a intersecção de conjuntos têm uma relação interessante no que diz respeito ao número de elementos:

$$n(A \cup B) = n(A) + n(B) - n(A \cap B)$$

Considere os conjuntos A = {2, 4, 6, 8, 10, 12, 14, 16, 18, 20} e B = {3, 6, 9, 12, 15, 18, 21}, por exemplo. A união de A e B, A ⊇ B, = {2, 3, 4, 6, 8, 9, 10, 12, 14, 15, 16, 18, 20, 21}, e a intersecção, A ⊇ B, = {6, 12, 18}. Você pode aplicar a fórmula anterior para contar o número de elementos em cada conjunto e os resultados das operações. Aqui estão as diferentes entradas:
$n(A) = 10$, $n(B) = 7$, $n(A \cup B) = 14$, e $n(A \cap B) = 3$.

Preenchendo os números, encontramos 14 = 10 + 7 − 3. Essa é uma afirmação verdadeira. Verifique os cálculos aritméticos para ter certeza de que o problema foi resolvido corretamente.

Desenhando Diagramas de Venn Quando Quiser

Diagramas de Venn são figuras que mostram as relações entre dois ou mais conjuntos e os elementos nesses conjuntos. O ditado "uma imagem vale mais que mil palavras" nunca foi tão verdadeiro quanto para esses diagramas. Os diagramas de Venn podem ajudar você a identificar uma situação e chegar a uma conclusão. Muitos problemas que são resolvidos usando diagramas de Venn são apresentados em parágrafos — com muitas palavras, números e relações confusas. Nomear os círculos nos diagramas e preencher os números ajuda a determinar como tudo funciona conjuntamente — e permite que você veja se esqueceu de algo.

Diagramas de Venn geralmente são desenhados com círculos que se intersectam. Os círculos são denominados com os nomes dos conjuntos e são incluídos no conjunto universal (um retângulo ao redor dos círculos). Os elementos compartilhados pelos conjuntos são colocados nas partes que se sobrepõem dos respectivos círculos.

Por exemplo, o diagrama de Venn na Figura 17-1 mostra o conjunto A, que contém as letras do alfabeto formando a palavra em inglês *encyclopedia*, e o conjunto B, que contém as letras do alfabeto que rimam com o verbo "ver" em inglês, "see." Ambos os conjuntos estão contidos no conjunto universal — todas as letras do alfabeto.

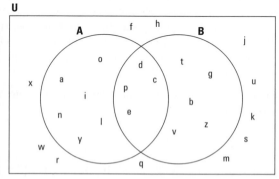

Figura 17-1: Um diagrama de Venn com dois conjuntos contidos pelo conjunto universal.

Observe que as letras *c*, *d*, *e* e *p* aparecem em ambos os conjuntos. O diagrama de Venn facilita a visualização de onde os elementos estão e quais suas características.

Aplicando o diagrama de Venn

Classificar letras com base em seu posicionamento em uma palavra ou os termos com os quais ela rima, que vemos nos exemplos da seção anterior, pode não ser muito satisfatório. As aplicações reais ficam um pouco mais complicadas, mas os exemplos apresentados aqui mostram o básico. Alguns usos reais dos diagramas de Venn aparecem no mundo da propaganda (gráficos com os tipos de propaganda e seus resultados), da política (para descobrir quem tem quais opiniões sobre determinadas questões e como fazer uso de seus votos), da genética e da medicina (observando características e reações com base em sintomas e resultados), e assim por diante. O exemplo a seguir mostra, em uma versão simplificada, como os diagramas de Venn podem ser úteis.

Um jornal da região de Chicago entrevistou 40 pessoas para determinar se elas eram fãs do time Chicago White Sox e/ou se torciam pelo Chicago Bears. (Para aqueles que não ligam a mínima para esportes americanos, os White Sox são um time de beisebol, e os Bears são um time de futebol americano.) Das pessoas entrevistadas, 25 eram fãs do White Sox, 9 gostavam tanto do Sox quanto do Bears e 7 não gostavam de nenhum dos times. Quantas pessoas eram fãs do Bears?

Como você pode ver, 25 + 9 + 7 = 41, que é mais que as 40 pessoas entrevistadas. O processo deve ter alguma sobreposição. É possível identificar a sobreposição com um diagrama de Venn. Crie um círculo para os fãs do White Sox, outro para os fãs do Bears e um terceiro para todas as pessoas entrevistadas. Comece colocando os sete fãs que não torcem por nenhum dos times fora dos círculos (mas dentro do retângulo). Em seguida, coloque os nove que gostam de ambos os times na intersecção dos dois círculos (consulte a Figura 17-2).

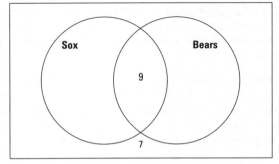

Figura 17-2: Observe a sobreposição criada ao combinar os dois grupos.

O número de fãs do White Sox é de 25, assim, se você colocar 16 no círculo somente do Sox, o número no círculo inteiro (incluindo a sobreposição) soma 25. A única área faltante é o círculo em que as pessoas são fãs do Bears, mas não são fãs do Sox. Por enquanto, temos um total de 25 + 7 = 32 pessoas. Portanto, podemos dizer que 8 pessoas torcem para o Bears, mas não para o Sox. Coloque um 8 nessa área e você verá que o número de fãs do Bears totaliza 17 pessoas (consulte a Figura 17-3).

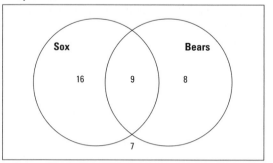

Figura 17-3: Você descobre que 17 residentes de Chicago torcem pelo Bears.

Usando os diagramas de Venn com operações em conjuntos

Geralmente, é preciso usar as operações de conjuntos como união, intersecção e complementação (consulte a seção "Realizando Operações em Conjuntos") em diferentes combinações ao realizar problemas de álgebra. Nessas situações, os diagramas de Venn são úteis para classificar algumas das afirmações mais complexas.

Por exemplo, é verdade que $(C \cup D)' = C' \cap D'$ (leia como "o complemento da união de C e D é igual à intersecção do complemento de C e do complemento de D")? Você pode desenhar cada uma dessas situações para compará-las usando os diagramas de Venn. Use sombreados para indicar partes de uma afirmação específica.

Na Figura 17-4a, vemos $C \cup D$ sombreado — cada elemento que aparece tanto em C quanto em D. Na Figura 17-4b, vemos $(C \cup D)'$ sombreado. O complemento representa cada elemento que *não* está no conjunto especificado (mas está no conjunto universal), assim, é como o negativo de uma fotografia — todas as áreas opostas são sombreadas.

Agora é possível trabalhar com a outra metade da equação. Primeiro, na Figura 17-5a, vemos C' sombreado. A área sombreada representa cada elemento que não está em C. Na Figura 17-5b, vemos C' e D' sombreados, e sua intersecção (os elementos compartilhados) é mais escura para mostrar onde os conjuntos se sobrepõem. A sobreposição equivale ao desenho de $(C \cup D)'$? Sim, as Figuras 17-4b e 17-5b são iguais — as mesmas áreas estão sombreadas, por isso, a equação foi confirmada.

Figura 17-4:
Identificando a união (a) e o complemento (b) de dois conjuntos.

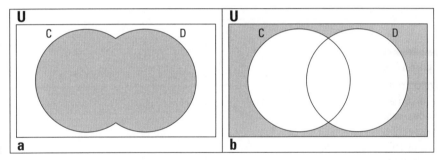

Figura 17-5:
O sombreado mais escuro representa $C' \cap D'$.

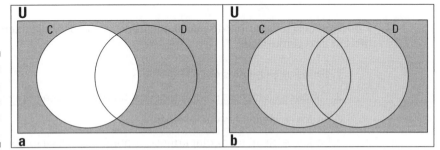

Os diagramas de Venn mostram que duas afirmações completamente diferentes podem ser iguais. É difícil trabalhar com conjuntos e operações de conjuntos em termos de álgebra, e é por isso que uma abordagem por uma imagem, como os diagramas de Venn, é bastante útil ao mostrar ou provar que uma equação ou outra afirmação é verdadeira. Usar os diagramas de Venn para separar afirmações compostas oferece uma verificação visual precisa.

Adicionando um conjunto a um diagrama de Venn

Mostrar a relação entre os elementos de dois conjuntos com um diagrama de Venn é bastante direto. Mas, assim como com a maioria dos processos matemáticos, podemos ir além com o diagrama para ilustrar a relação entre três conjuntos. Também é possível trabalhar com quatro conjuntos, mas o diagrama fica muito complexo e não é tão útil devido à maneira como a figura deve ser desenhada.

Quando dois conjuntos se sobrepõem, divida a imagem em quatro áreas distintas: fora de ambos os círculos, a sobreposição dos círculos e as duas partes que não se sobrepõem, mas que aparecem em um círculo ou no outro. Ao sobrepor três círculos em um diagrama de Venn, você cria oito áreas distintas. A Figura 17-6 mostra como concluir o processo.

334 Parte IV: Mudando a Marcha com Conceitos Avançados

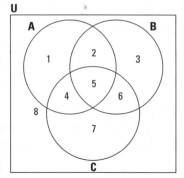

Figura 17-6:
As oito áreas distintas criadas pela intersecção de três círculos.

É possível descrever as oito áreas diferentes determinadas pela intersecção de três círculos como segue:

1. Todos os elementos em A somente

2. Todos os elementos compartilhados por A e B, mas não por C

3. Todos os elementos em B somente

4. Todos os elementos compartilhados por A e C, mas não por B

5. Todos os elementos compartilhados por A, B e C

6. Todos os elementos compartilhados por B e C, mas não por A

7. Todos os elementos em C somente

8. Todos os elementos que não estão em A, B nem C

Você pode ter de usar uma disposição como essa para classificar as informações e responder perguntas. Por exemplo, digamos que um clube com 25 membros decide pedir *pizza* para sua próxima reunião; a secretária faz uma pesquisa para ver de que as pessoas gostam:

14 pessoas gostam de calabresa.

10 pessoas gostam de pepperoni.

13 pessoas gostam de cogumelos.

5 pessoas gostam de calabresa e pepperoni.

10 pessoas gostam de calabresa e cogumelos.

7 pessoas gostam de pepperoni e cogumelos.

4 pessoas gostam dos três recheios.

Aqui está a grande questão: quantas pessoas não gostam de nenhum dos três recheios das *pizzas*?

Como podemos ver, as preferências somam muito mais que 25, por isso, definitivamente há de haver algumas sobreposições. Podemos responder à pergunta desenhando três círculos que se intersectam, identificando-os como Calabresa, Pepperoni e Cogumelos, e preenchendo os números, começando com o último na lista apresentada. A Figura 17-7a mostra o diagrama de Venn inicial que pode ser usado.

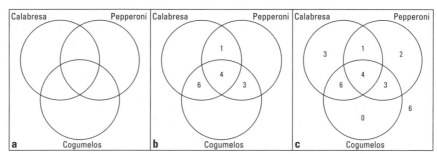

Figura 17-7: Com um diagrama de Venn, é possível dizer quantas pessoas querem uma *pizza* simples de muçarela.

Coloque o 4, que representa as pessoas que gostam de todos os três recheios, na seção do meio. Sete pessoas gostam tanto de pepperoni quanto de cogumelos, mas você já contou quatro delas no meio, por isso, coloque um 3 na área que designa pepperoni e cogumelos, mas não calabresa. Dez pessoas gostam de calabresa e cogumelos, mas você já contou quatro dessas pessoas na área do meio, assim, coloque um 6 na área que designa calabresa e cogumelos, mas não pepperoni. Cinco pessoas gostam de calabresa e pepperoni, mas quatro já foram contadas; coloque um 1 na seção que designa calabresa e pepperoni, mas não cogumelos. A Figura 17-7b mostra todas essas entradas.

Agora é possível preencher o resto dos círculos. Treze pessoas gostam somente de cogumelos, e já há 13 nesse círculo, por isso, coloque 0 para pessoas que gostam somente de cogumelos. Dez pessoas gostam somente de pepperoni; já há 8 nesse círculo, por isso, coloque um 2 para somente pepperoni. Quatorze pessoas gostam apenas de calabresa, por isso, coloque um 3 na seção apenas de calabresa para completar a diferença. Observe todos esses números preenchidos na Figura 17-7c!

Termine adicionando todos os números na Figura 17-7c. Os números somam 19 pessoas. O clube possui 25 membros, por isso, conclui-se que 6 deles não devem gostar de calabresa, pepperoni nem cogumelos. Você pode pedir uma *pizza* simples de muçarela para esse pessoal exigente.

Concentrando-se nos Fatoriais

Ao realizar uma operação *fatorial*, multiplique o número com o qual está operando vezes cada número inteiro positivo menor que esse número. A operação fatorial é denotada por um ponto de exclamação, !. Discuto a operação fatorial no Capítulo 16 e a utilizo em algumas das sequências nesse capítulo, mas ela, na verdade, não cumpre todo o seu potencial até que seja utilizada em problemas com permutações, combinações e probabilidade (como você pode ver na seção "Quanto eu te amo? Deixe-me contar" posteriormente, neste capítulo).

Um dos principais motivos para usar a operação fatorial juntamente com os conjuntos é para contar o número de elementos nos conjuntos. Quando os números são valores discretos e pequenos, não há problema. Mas quando os conjuntos ficam muito grandes — como o número de apertos de mão que ocorrem quando todos em um clube de 40 pessoas se cumprimentam — deve haver uma maneira de realizar uma contagem sistemática. Os fatoriais são construídos nas fórmulas que permitem a realização de tal contagem.

Tornando os fatoriais manejáveis

Ao aplicar a operação fatorial a um problema de contagem ou a uma expansão algébrica de binômios, corremos o risco de gerar um número muito grande. Apenas observe a rapidez com que o fatorial aumenta:

$$1! = 1$$

$$2! = 2 \cdot 1 = 2$$

$$3! = 3 \cdot 2 \cdot 1 = 6$$

$$4! = 4 \cdot 3 \cdot 2 \cdot 1 = 24$$

$$5! = 5 \cdot 4 \cdot 3 \cdot 2 \cdot 1 = 120$$

$$6! = 6 \cdot 5 \cdot 4 \cdot 3 \cdot 2 \cdot 1 = 720$$

$$7! = 7 \cdot 6 \cdot 5 \cdot 4 \cdot 3 \cdot 2 \cdot 1 = 5.040$$

$$8! = 8 \cdot 7 \cdot 6 \cdot 5 \cdot 4 \cdot 3 \cdot 2 \cdot 1 = 40.320$$

$$9! = 9 \cdot 8 \cdot 7 \cdot 6 \cdot 5 \cdot 4 \cdot 3 \cdot 2 \cdot 1 = 362.880$$

$$10! = 10 \cdot 9 \cdot 8 \cdot 7 \cdot 6 \cdot 5 \cdot 4 \cdot 3 \cdot 2 \cdot 1 = 3.628.800$$

Observe os últimos dois números da lista. Você vê que 10! tem os mesmos dígitos que 9! — apenas com um zero a mais. Essa observação ilustra uma das propriedades da operação fatorial. Outra propriedade é a definição de 0! (zero fatorial).

As duas propriedades (ou regras) para a operação fatorial são as seguintes:

- ✔ **n! = n · (n − 1)!**: para encontrar n!, multiplique o número *n* pelo fatorial que vem imediatamente antes dele.

- ✔ **0! = 1:** o valor de zero fatorial é um. Você deve acreditar nisso.

Se você sabe que 13! = 6.227.020.800 e quer encontrar 14!, pode tentar sua calculadora primeiro. A maioria das calculadoras de mão entra no modo de notação científica ao chegar a números desse tamanho. A calculadora não oferecerá o valor exato — ele estará arredondado para oito casas decimais. Mas, se você for diligente, poderá encontrar 14! por meio da primeira propriedade da lista anterior: 14 · 13! = 14(6.227.020.800) = 87.178.291.200 (multiplicado à mão!).

Simplificando fatoriais

O processo de simplificar fatoriais em frações, problemas de multiplicação ou fórmulas é simples, contanto que você mantenha em mente como funciona a operação fatorial. Por exemplo, se quiser simplificar a fração $\frac{8!}{4!}$, não pode simplesmente dividir o 8 pelo 4 para obter 2!. Os fatoriais não funcionam dessa maneira. Você descobrirá que reduzir a fração é muito mais fácil e mais preciso que tentar descobrir os valores dos números enormes criados pelos fatoriais e depois trabalhar com eles em uma fração.

Temos uma sequência de números multiplicados, por isso, o produto de todos esses números serve para a fatoração ou redução de uma fração. Observe os dois fatoriais escritos:

$$\frac{8!}{4!} = \frac{8 \cdot 7 \cdot 6 \cdot 5 \cdot 4 \cdot 3 \cdot 2 \cdot 1}{4 \cdot 3 \cdot 2 \cdot 1}$$

Há duas opções para simplificar esse fatorial:

- ✔ Podemos cancelar todos os fatores de 4! e multiplicar o que restou:

$$\frac{8!}{4!} = \frac{8 \cdot 7 \cdot 6 \cdot 5 \cdot \cancel{4} \cdot \cancel{3} \cdot \cancel{2} \cdot \cancel{1}}{\cancel{4} \cdot \cancel{3} \cdot \cancel{2} \cdot \cancel{1}} = \frac{8 \cdot 7 \cdot 6 \cdot 5}{1} = 1.680$$

- ✔ Podemos utilizar a regra *n*! = *n*(*n* − 1)! (consulte a seção anterior) ao escrever o fatorial maior:

$$\frac{8!}{4!} = \frac{8 \cdot 7 \cdot 6 \cdot 5 \cdot 4!}{4!} = \frac{8 \cdot 7 \cdot 6 \cdot 5 \cdot \cancel{4!}}{\cancel{4!}} = \frac{8 \cdot 7 \cdot 6 \cdot 5}{1} = 1.680$$

Observe como esse processo é útil quando temos de responder um problema com fatoriais como $\frac{40!}{37!3!}$. O valor de 40! é enorme, assim como o valor de 37!.

Mas o formato reduzido da fração de exemplo é bem apropriado. É possível reduzir essa fração usando a primeira propriedade dos fatoriais:

$$\frac{40!}{3!37!} = \frac{40 \cdot 39 \cdot 38 \cdot 37!}{3 \cdot 2 \cdot 1 \cdot 37!}$$

$$= \frac{40 \cdot 39 \cdot 38 \cdot \cancel{37!}}{3 \cdot 2 \cdot 1 \cdot \cancel{37!}}$$

$$= \frac{40 \cdot \cancel{39}^{13} \cdot \cancel{38}^{19}}{\cancel{3} \cdot \cancel{2} \cdot 1}$$

$$= 40 \cdot 13 \cdot 19 = 9.880$$

Os valores 39 e 38 no numerador são divisíveis por um dos fatores no denominador. Multiplique o resto para chegar à resposta.

Quanto Eu te Amo? Deixe-me Contar

Você pode achar que sabe tudo o que há para saber sobre contagem. Afinal, vem contando desde que seus pais perguntaram a você, aos três anos de idade, quantos dedos do pé você tinha e quantos biscoitos havia em um prato. Contar dedos e biscoitos é fácil. Contar conjuntos muito, muito grandes de elementos é que é desafiador. Felizmente, a álgebra oferece algumas técnicas para contar grandes conjuntos de elementos de maneira mais eficiente: o princípio da multiplicação, permutações e combinações (para saber informações mais aprofundadas sobre esses tópicos, consulte *Probability For Dummies®* [Wiley], por Deborah Rumsey, PhD). Cada técnica é usada em uma situação diferente, embora geralmente o maior desafio seja decidir qual técnica usar.

Aplicando o princípio da multiplicação aos conjuntos

O *princípio da multiplicação* é coerente com seu nome: é preciso multiplicar o número de elementos em diferentes conjuntos para encontrar o número total de maneiras como tarefas ou outras coisas podem ser realizadas. Se a Tarefa 1 pode ser realizada de m_1 maneiras, a Tarefa 2 de m_2 maneiras, a Tarefa 3 de m_3 maneiras, e assim por diante, poderá realizar todas as tarefas em um total de $m_1 \cdot m_2 \cdot m_3 \cdot \ldots$ maneiras.

Por exemplo, se você tem seis camisas, quatro calças, oito pares de meias e dois pares de sapatos, tem $6 \cdot 4 \cdot 8 \cdot 2 = 384$ maneiras diferentes de se vestir. É claro que isso não leva em consideração questões de cores ou estilos.

Quantas placas de carro diferentes estão disponíveis em um estado com as seguintes regras?

- ✔ Todas as placas têm três letras seguidas por dois números.
- ✔ A primeira letra não pode ser O.
- ✔ O primeiro número não pode ser nem zero nem um.

Pense nesse problema como um ótimo candidato para o princípio da multiplicação. Aqui está a primeira regra para a placa de carro:

número de opções da letra 1 · número de opções da letra 2 · número de opções da letra 3 · número de opções do número 1 · número de opções do número 2

A primeira letra não pode ser O, por isso, há 25 opções para a escolha da primeira letra. A segunda e a terceira letras não têm restrições, por isso, você pode escolher qualquer uma das 26 letras do alfabeto. O primeiro número não pode ser zero nem um, assim, há oito opções. O segundo número não tem restrições, por isso, você tem todas as dez opções. Simplesmente multiplique essas opções para obter sua resposta: 25 · 26 · 26 · 8 · 10 = 1.352.000. Podemos presumir que esse não é um estado muito grande, já que ele tem apenas aproximadamente um milhão de possibilidades de placas. E, acredite, usar o princípio de multiplicação para encontrar essa resposta é mais rápido que ir ao departamento de trânsito para obter ajuda!

Organizando permutações de conjuntos

A *permutação* de um conjunto de elementos é a reorganização da ordem desses elementos. Por exemplo, você pode reorganizar as letras na palavra em inglês "act" para formar seis palavras diferentes (bem, não *palavras* de verdade; poderiam ser apenas acrônimos para algo): act, cat, atc, cta, tac, tca. Portanto, dizemos que, para a palavra "act," temos seis permutações de três elementos.

Contando as permutações

Saber quantas permutações um conjunto de elementos tem não indica quais são essas permutações, mas pelo menos sabemos quantas permutações procurar. Ao encontrar as permutações para um conjunto de elementos, selecione de onde obter os elementos e quantos precisam ser reordenados. Presuma que não precisará substituir nenhum dos elementos que selecionar antes de escolher novamente.

Encontre o número de permutações, P, de n elementos considerados a r por vez com a fórmula $_nP_r = \dfrac{n!}{(n-r)!}$ (consulte a seção "Concentrando-se nos Fatoriais" anteriormente, neste capítulo, para obter uma explicação quanto ao !.)

Se quiser dispor quatro dos seus seis vasos em uma prateleira, por exemplo, quantas disposições (ordens) diferentes são possíveis? Se denominar seus vasos A, B, C, D, E e F, algumas das disposições serão ABCD, ABCE, ABCF, BCFD, BFDC, e assim por diante.

Usando a fórmula, faça com que $n = 6$ e $r = 4$:

$$_6P_4 = \frac{6!}{(6-4)!} = \frac{6!}{2!} = \frac{6 \cdot 5 \cdot 4 \cdot 3 \cdot 2 \cdot 1}{2 \cdot 1} = 6 \cdot 5 \cdot 4 \cdot 3 = 360$$

Com esse número, espero que você não esteja planejando tirar uma foto de cada combinação!

Aqui está um exemplo que ilustra algumas observações mais amplas das permutações. Digamos que os sete anões queiram se reunir para uma foto em família. De quantas maneiras diferentes os anões podem se reunir para a foto? Em termos algébricos, há uma permutação de sete itens considerando sete por vez. Usando a fórmula anterior, encontre o seguinte:

$$_7P_7 = \frac{7!}{(7-7)!} = \frac{7!}{0!} = \frac{7 \cdot 6 \cdot 5 \cdot 4 \cdot 3 \cdot 2 \cdot 1}{1} = 7 \cdot 6 \cdot 5 \cdot 4 \cdot 3 \cdot 2 \cdot 1 = 5.040$$

Agora podemos ver por que os matemáticos tiveram de declarar que $0! = 1$ (que eu explico na seção "Tornando os fatoriais manejáveis" anteriormente, neste capítulo). Na fórmula, acabamos com um 0 no denominador, pois o número de itens escolhidos é igual ao número de itens disponíveis. Ao dizer que $0! = 1$, o denominador se torna 1, e a resposta se torna o valor no numerador da fração.

Ao usar a fórmula para permutações de n elementos considerados a r por vez,

- $_nP_n = \dfrac{n!}{(n-n)!} = \dfrac{n!}{0!} = n!$. Ao usar todos os elementos nas disposições, só é preciso encontrar $n!$.

- $_nP_1 = \dfrac{n!}{(n-1)!} = \dfrac{n \cdot (n-1)(n-2)(n-3) \ldots 3 \cdot 2 \cdot 1}{(n-1)(n-2)(n-3) \ldots 3 \cdot 2 \cdot 1} = n$. Ao considerar somente um dos elementos dentre todas as opções, há apenas n disposições diferentes.

- $_nP_0 = \dfrac{n!}{(n-0)!} = \dfrac{n!}{n!} = 1$. Quando nenhum dos elementos do conjunto é usado, só há uma maneira de fazer isso.

Alguns problemas pedem uma mistura de permutações e do princípio de multiplicação (consulte a seção anterior). Digamos, por exemplo, que você queira inventar uma nova senha para sua conta do computador. A primeira regra para o sistema é que as primeiras duas entradas devem ser letras —

Capítulo 17: Tudo o que Você Queria Saber sobre Conjuntos 341

sem repetições, e você não pode usar O nem I. As próximas quatro entradas devem ser números — sem restrições. Você pode então inserir mais duas letras, sem restrições. Por fim, as últimas três entradas devem ser três números sem repetições. Quantas senhas diferentes são possíveis?

Divida o problema em quatro partes diferentes, estabelecendo o princípio da multiplicação: x

> 2 letras, nenhuma repetição, sem O ou I x 4 números x 2 letras x 3 números, nenhuma repetição

Agora, podemos estabelecer as permutações:

- ✔ A disposição das primeiras duas letras é uma permutação de 24 elementos, considerados 2 por vez.

- ✔ Os próximos quatro números oferecem 10 opções a cada vez — multiplicadas.

- ✔ As duas letras seguintes oferecem 26 opções cada vez — multiplicadas.

- ✔ Os três números finais representam uma permutação de 10 elementos considerados 3 por vez.

Os cálculos são os seguintes:

$$_{24}P_2 \times 10 \cdot 10 \cdot 10 \cdot 10 \times 26 \cdot 26 \times _{10}P_3$$

$$= \frac{24!}{22!} \times 10^4 \times 26^2 \times \frac{10!}{7!}$$

$$= 552 \times 10.000 \times 676 \times 720$$

$$= 2.686.694.400.000$$

São calculados mais de dois trilhões e meio de senhas diferentes. Espero que essas regras mantenham os *hackers* longe. Agora você só tem que se lembrar da sua senha!

Distinguindo uma permutação de outra

Se estiver arrumando os livros em sua prateleira com base nas cores — para chamar a atenção dos olhos — em vez de por assunto ou autor, não estará *distinguindo* entre os diferentes livros vermelhos e os diferentes livros azuis. E se quiser saber o número total de permutações das letras na palavra em inglês "cheese," não há como *distinguir* entre "cheese" e "cheese," considerando que você troque a posição dos *e*. Não é possível distinguir as permutações, por isso, reorganizações da mesma letra não são contadas como permutações diferentes. A maneira de contrapor esse efeito é usar a fórmula para *permutações distinguíveis*.

Se um conjunto de n objetos tem k_1 elementos que são parecidos, k_2 elementos que são parecidos, e assim por diante, encontre o número de permutações distinguíveis desses n objetos com a seguinte fórmula:

$$\frac{n!}{k_1! \, k_2! \, k_3! \, \ldots}$$

Usando essa fórmula, é possível determinar o número de permutações distinguíveis da palavra "cheese" (consulte a seção "Concentrando-se nos Fatoriais" para a parte da divisão dessa fórmula):

$$\frac{6!}{3!} = \frac{6 \cdot 5 \cdot 4 \cdot 3!}{3!} = 120$$

"Cheese" tem seis letras ao todo, e três e que são iguais.

Também é possível aplicar a fórmula aos livros na prateleira. Digamos que você tenha dez livros azuis, cinco livros vermelhos, seis livros pretos, um livro verde e um livro cinza. Há mais de 8×10^{10} disposições distinguíveis de livros. É possível determinar esse número usando a fórmula para permutações distinguíveis:

$$\frac{23!}{10!5!6!} = 8{,}245512475 \times 10^{10}$$

Agora, digamos que queira colocar todos os livros da mesma cor juntos, e a ordem dos livros no agrupamento por cor não importa. Quantas disposições diferentes são possíveis? Esse problema envolve uma permutação de cinco cores (azul, vermelho, preto, verde e cinza). Uma permutação de 5 elementos considerados 5 por vez é 5! = 120 disposições diferentes (consulte a seção "Concentrando-se nos Fatoriais" para saber mais sobre esse cálculo).

Sendo o decorador enjoado que você é, agora decide que a ordem dentro de cada cor importa, e quer que os livros estejam dispostos em grupos da mesma cor. Quantas disposições diferentes são possíveis? Esse problema envolve as permutações das diferentes cores primeiramente e depois permutações dos livros nos grupos azul, vermelho e preto. Fazendo os cálculos, descobrimos o seguinte:

Cores x Azuis x Vermelhos x Pretos

$= (_5P_5) \times (_{10}P_{10}) \times (_5P_5) \times (_6P_6)$

$= 5! \times 10! \times 5! \times 6!$

$= 3{,}76233984 \times 10^{13}$

Há muitas maneiras de dispor os livros na prateleira. Talvez a ordem alfabética faça mais sentido.

Provando o Problema de Quatro Cores

Um problema famoso envolvendo múltiplas cores já existia muito tempo antes de um computador comprovar que ele era verdadeiro. O Problema de Quatro Cores afirma que nunca é preciso mais de quatro cores diferentes para colorir um mapa de forma que dois estados ou países com fronteira em comum nunca tenham a mesma cor. Os matemáticos lutaram para provar esse problema durante décadas. Eles não conseguiam encontrar um exemplo que fosse contra isso, mas também não conseguiam provar o problema. Foi preciso que um computador moderno processasse todas as possibilidades diferentes e provasse que o problema era verdadeiro. A figura a seguir mostra uma configuração possível da fronteira dos estados. Não é preciso mais que quatro cores diferentes para preencher esse mapa de forma que dois estados com uma fronteira em comum não compartilhem a mesma cor. Você consegue fazer isso?

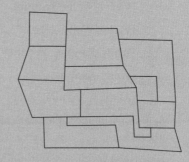

Misturando conjuntos com combinações

Uma *combinação* é um termo matemático preciso que se refere a como é possível escolher um determinado número de elementos de um conjunto. Com as combinações, a ordem na qual os elementos aparecem não importa. As combinações, por exemplo, permitem que você determine de quantas maneiras diferentes pode escolher três pessoas para se apresentarem em um comitê (a ordem na qual as escolhe não importa — a menos que queira tornar uma delas o presidente).

O número de maneiras possíveis de escolher r elementos de um conjunto contendo n elementos, C, é encontrado por meio da seguinte fórmula (consulte a seção "Concentrando-se nos Fatoriais" para obter uma explicação sobre o !):

$$_nC_r = \frac{n!}{(n-r)!r!}$$

Grande parte dessa fórmula deve parecer familiar; é a fórmula para o número de permutações de n elementos considerados r por vez (consulte a seção anterior) — com um fator extra no denominador. A fórmula é, na verdade, as permutações divididas por $r!$.

Também é possível indicar combinações com duas outras notações:

$C(n, r)$

$\binom{n}{r}$

344 Parte IV: Mudando a Marcha com Conceitos Avançados

As diferentes notações significam a mesma coisa e têm a mesma resposta. Em grande parte, a notação usada é uma questão de preferência pessoal ou daquilo que é encontrado pela calculadora. Todas as notações são lidas como "n escolhendo r."

Por exemplo, digamos que você tenha ingressos para o teatro, e queria escolher três pessoas para ir com você. De quantas maneiras diferentes pode escolher essas três pessoas se tiver cinco amigos próximos dentre os quais escolher? Seus amigos são Violet, Wally, Xanthia, Yvonne e Zeke. Você pode levar:

{Violet, Wally, Xanthia}

{Violet, Wally, Yvonne}

{Violet, Wally, Zeke}

{Wally, Xanthia, Yvonne}

{Wally, Xanthia, Zeke}

{Xanthia, Yvonne, Zeke}

Seis subconjuntos diferentes são encontrados. Isso é tudo? Você esqueceu algum?

É possível verificar seu trabalho com a fórmula para o número de combinações de cinco elementos considerando trê por vez:

$$_5C_3 = \frac{5!}{(5-3)!3!} = \frac{5 \cdot \cancel{4}^2 \cdot \cancel{3} \cdot \cancel{2} \cdot \cancel{1}}{\cancel{2} \cdot 1 \cdot \cancel{3} \cdot \cancel{2} \cdot \cancel{1}} = 10$$

Oops! Você deve ter esquecido algumas combinações. (Consulte a seção "Desenhando um diagrama de árvore para uma combinação" para ver o que esqueceu.)

Espalhando os Ramos com Diagramas de Árvore

Combinações e permutações (consulte a seção anterior) dizem quantos subconjuntos ou agrupamentos esperar dentro de determinados conjuntos, mas não dizem quais elementos estão nesses agrupamentos ou subconjuntos. Uma maneira boa e ordenada de escrever todas as combinações ou permutações é usar um diagrama de árvore. O nome *diagrama de árvore* vem do fato de que o desenho parece com algo como uma árvore genealógica — ramificando-se da esquerda para a direita. As entradas mais à esquerda são suas "primeiras escolhas," e a coluna seguinte de entradas mostra o que você pode escolher em seguida, e assim por diante.

Diagramas de árvore não podem ser usados em todas as situações que trabalham com permutações e combinações — os diagramas ficam muito

Capítulo 17: Tudo o que Você Queria Saber sobre Conjuntos **345**

grandes e se espalham demais — mas eles podem ser usados em muitas situações que envolvem a contagem de itens. Diagramas de árvore também aparecem no mundo da estatística, genética e outros estudos.

Imaginando um diagrama de árvore para uma permutação

Ao escolher duas letras diferentes a partir de um conjunto de quatro letras para formar "palavras" diferentes, você pode encontrar o número de palavras diferentes possível com a permutação $_4P_2 = \dfrac{4!}{(4-2)!} = \dfrac{4 \cdot 3 \cdot \cancel{2} \cdot \cancel{1}}{\cancel{2} \cdot \cancel{1}} = 12$ (consulte a seção "Organizando permutações de conjuntos"). É possível formar 12 palavras diferentes de duas letras. Para compor uma lista das palavras — e não se repetir nem deixar nenhuma de fora — você deve criar um diagrama de árvore.

Suba em um galho e siga esses passos simples:

1. **Comece com o número designado de itens e liste-os verticalmente — um embaixo do outro — deixando um espaço para a sua árvore crescer para a direita.**

2. **Ligue o conjunto seguinte de entradas ao primeiro conjunto desenhando pequenos segmentos de linha — os galhos.**

3. **Continue conectando mais entradas até concluir a tarefa quantas vezes forem necessárias.**

Por exemplo, digamos que você queria criar permutações com a palavra em inglês "seat." A Figura 17-8 mostra o diagrama de árvore que organiza essas permutações.

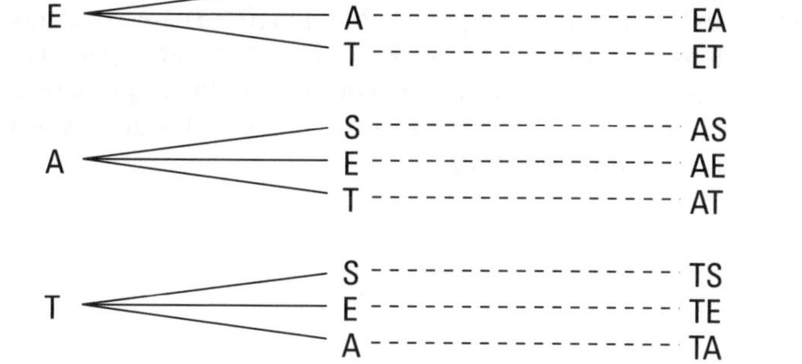

Primeira Escolha	Segunda Escolha	Palavras com duas letras
S	E / A / T	SE / SA / ST
E	S / A / T	ES / EA / ET
A	S / E / T	AS / AE / AT
T	S / E / A	TS / TE / TA

Figura 17-8: Criando palavras de duas letras (permutações) a partir de *seat.*

Desenhando um diagrama de árvore para uma combinação

Na seção "Misturando conjuntos com combinações," você recebe a tarefa de escolher três amigos a partir de um conjunto de cinco para acompanhá-lo ao teatro, e descobre que tem dez maneiras diferentes de escolhê-los. A ordem na qual os escolhe não importa; ou eles vão ou não vão. O diagrama de árvore na Figura 17-9 mostra como determinar todas as disposições sem se repetir.

Você descobre as disposições diferentes começando com qualquer uma das três pessoas. Se montar o diagrama de árvore corretamente, não importa com quem comece — chegará ao mesmo número de agrupamentos com a mesma combinação de pessoas nos agrupamentos (eu não incluí a pobre Yvonne e o Zeke na primeira coluna das entradas, pois seus nomes vêm por último no alfabeto).

Como a ordem não importa, primeiro descobrimos todas as combinações com Violet e Wally, e depois Violet e Xanthia, seguindo com Violet e Yvonne. O número de galhos diminui, pois não é possível repetir agrupamentos. Seguimos com Wally e Xanthia e depois Wally e Yvonne. Finalmente, chegamos a Xanthia e paramos por aí, pois já descobrimos todos os agrupamentos.

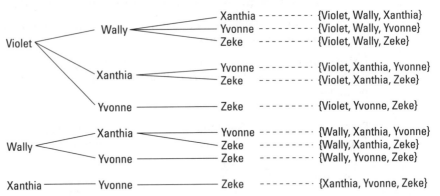

Figura 17-9: Os galhos do diagrama de árvore diminuem ao contar todas as possibilidades.

Está vendo quais conjuntos eu pulei na seção "Misturando conjuntos com combinações"? É fácil pular algumas combinações se não tivermos um método ordenado para listá-las. E você pode estar preocupado com o fato de que Violet tem chances muito maiores de ser escolhida que seus colegas, mas isso não é verdade. Se observar todos os dez conjuntos de três pessoas, verá que cada nome aparece seis vezes.

Parte V:
A Parte dos Dez

A 5ª Onda — Por Rich Tennant

Nesta parte...

Na era da tecnologia e das calculadoras, você pode até achar que já desvendou tudo sobre os números. Quer saber o quanto é pi? Apenas aperte o botão certo, não é? Bem, você pode não saber tudo o que há para saber sobre os números, afinal. Na Parte V, eu ofereço algumas maneiras esclarecedoras de observar os números em um formato útil de lista. Apresento alguns truques de multiplicação, que podem ser feitos de cabeça, o que é muito mais rápido do que sacar uma calculadora, trocar as pilhas, digitar os números e obter uma resposta. Também apresento uma lista de números especiais que oferece informações sobre as características comuns dos números, bem como suas diferenças.

Capítulo 18
Dez Truques de Multiplicação

Neste Capítulo
▶ Economizando tempo em provas e problemas de lição de casa com a multiplicação rápida
▶ Evitando calculadoras e divisões (e às vezes a própria multiplicação)

*V*ocê estudou as tabelas de multiplicação na terceira série. É capaz de descobrir rapidamente o produto de 7 vezes 9 ou 8 vezes 6 (não?). Neste capítulo, descubra alguns novos padrões e truques para ajudá-lo com produtos e processos — truques que economizam tempo. Também estará mais apto a conseguir a resposta certa ao usar esses truques (não que você alguma vez dê uma resposta errada, é claro). E pense em como pode surpreender seus amigos e colegas chegando rapidamente a respostas aparentemente difíceis.

Mas antes de começarmos, tenho uma confissão a fazer: também incluo aqui um truque de adição, só porque eu sei que você vai adorar.

Elevando Números que Terminam com 5 ao Quadrado

Você sabe que 5 elevado ao quadrado é 25. Mas e quanto a 15^2, 25^2, 35^2, e assim por diante? Não está com a sua calculadora? Não se preocupe. Para elevar um número que termina em 5 ao quadrado, siga esses passos:

1. **Escreva os últimos dígitos da resposta: 25.**

    A forma ao quadrado de um número que termina em 5 sempre terminará com 25.

2. **Tire o(s) dígito(s) que está(ão) à frente do 5 original e multiplique-o(s) pelo próximo número maior que ele(s).**

3. **Coloque o produto do Passo 2 na frente do 25 e terá o quadrado do número que está procurando.**

Para elevar 35 ao quadrado, por exemplo, escreva os dois últimos dígitos, 25. Agora multiplique o 3 pelo próximo número maior, 4, para obter 12. Coloque o 12 na frente do 25 e terá sua resposta: $35^2 = 1.225$. Elevando 65 ao quadrado, sabemos que $6 \cdot 7 = 42$, por isso, $65^2 = 4.225$.

Esse truque funciona até mesmo com números de três dígitos. O quadrado de 105 pode ser encontrado multiplicando $10 \cdot 11$, e chegando a 110: $105^2 = 11.025$.

Encontrando o Próximo Quadrado Perfeito

Na seção anterior, você descobriu como encontrar os quadrados dos números que terminam em 5. Mas e quanto a todos os outros quadrados? Uma ótima propriedade que pode ser usada tem a ver com o quadrado seguinte em qualquer lista de quadrados de números inteiros. A propriedade afirma que é possível chegar ao quadrado seguinte em uma lista tirando o quadrado do número que você já tem e adicionando a raiz ao outro número (a raiz do quadrado que quer encontrar).

Por exemplo, se você sabe que $25^2 = 625$, e quer descobrir 26^2, apenas adicione 625 (o quadrado de 25) + 25 (a raiz de 625) + 26 (o número seguinte mais alto), que é igual a $650 + 26 = 676$. Para encontrar o quadrado de 81, pegue $80^2 = 6.400$ e depois adicione os ingredientes: $6.400 + 80 + 81 = 6.400 + 161 = 6.561$.

Reconhecendo o Padrão em Múltiplos de 9

Você alguma vez notou algo especial sobre os dez primeiros múltiplos de 9? Aqui está a lista (observe que eu transformei o primeiro múltiplo em um número com dois dígitos): 09, 18, 27, 36, 45, 54, 63, 72, 81, 90. Cada um dos múltiplos tem dois dígitos que se adicionam para somar 9. Além disso, o primeiro dígito de cada múltiplo é uma unidade menor que seu multiplicador. Assim, ao multiplicar 7 por 9, você pode começar com um dígito a menos que 7, o número 6. Para encontrar a soma, faça $9 - 6$. O produto de 7 e 9 é 63.

Excluindo 9s

Uma maneira maravilhosa de verificar rapidamente uma adição ou multiplicação é *excluir 9s*. A maneira mais fácil de explicar esse método é demonstrá-lo (começo com o velho truque da adição que apresento neste capítulo).

Capítulo 18: Dez Truques de Multiplicação **351**

Vamos presumir que você tenha de adicionar a coluna de números a seguir e queira verificar seu trabalho sem ter de adicionar novamente (muitas pessoas não conseguem detectar seus erros ao adicionar novamente, pois elas cometem o mesmo erro outra vez — ele fica integrado ao raciocínio):

$$
\begin{array}{r}
1492 \\
1984 \\
2006 \\
1776 \\
+\ 1812 \\
\hline
9070
\end{array}
$$

Para verificar seu trabalho, observe todos os dígitos dos números que está adicionando. Comece cortando (_excluindo_) todos os 9s. E não pare por aí! Pode excluir conjuntos de números que somam 9 — o 1 e o 8 no segundo valor e o 1 e o 8 no quinto valor. Também pode cortar o 2 e o 6 no terceiro valor e o 1 no quarto valor:

$$
\begin{array}{r}
1492 \\
1984 \\
2006 \\
1776 \\
+\ 1812 \\
\hline
9070
\end{array}
$$

Agora corte o 1, o 4 e o outro 4 no primeiro e no segundo valores. Corte o 2 e o 7 no primeiro e quarto valores e o 7 e o 2 no quarto e quinto valores:

$$
\begin{array}{r}
1492 \\
1984 \\
2006 \\
1776 \\
+\ 1812 \\
\hline
9070
\end{array}
$$

O que resta? Não muito! Adicione os dígitos que não foram cortados. Teremos $0 + 0 + 6 + 1 = 7$. Se a soma encontrada for maior que 9, adicione os dígitos dessa soma (e depois adicione _essa_ soma se ela for maior que 9).

Agora observe a resposta no problema de adição. Corte o 9 e você terá 7 de resto. Isso corresponde ao 7 dos dígitos encontrados na verificação. A soma está correta, pois eles correspondem.

Essa verificação não é à prova de erros. Se você cometer um erro que difere em 9 unidades da resposta correta, não conseguirá identificar seu erros. Entretanto, a facilidade e rapidez desse método compensam essa possibilidade de falha.

Excluindo 9s: Os Movimentos de Multiplicação

A seção anterior mostra como excluir 9s para adição; aqui, explico como excluir 9s em um problema de multiplicação. Corte 9s ou somas de 9s no primeiro valor. (Se não for possível cortar nenhum valor, adicione os dígitos. Se a soma for maior que 9, adicione esses dígitos.) Faça o mesmo com o segundo número. Repita o processo novamente com a resposta. Aqui está um exemplo:

```
        4812
      x 7535
   36,258,420
```

No primeiro valor, é possível cortar a soma de 9 (o 8 + 1) e depois adicionar os dois dígitos restantes (4 + 2 para obter 6). No segundo valor, adicione os dígitos, somando 20. Depois, adicione esses dígitos (2 + 0), somando 2. Na resposta, são encontrados dois conjuntos de dígitos que somam 9 (3 + 6 e 5 + 4). Após cortá-los, adicione os dígitos restantes e depois sua soma (2 + 8 + 2 + 0 = 12; 1 + 2 = 3).

Termine multiplicando a soma de 6 do primeiro valor pelo 2 do segundo valor para obter um produto de 12. Adicione esses dois dígitos para obter 3. Esse 3 corresponde ao 3 nos dígitos da resposta. A resposta confere.

Multiplicando por 11

Multiplicar dígitos únicos por 11 é simples, dá para calcular de cabeça. Simplesmente pegue o dígito único, repita-o duas vezes, e pronto. Multiplicar um número maior por 11 é um pouco mais complicado. Entretanto, é possível facilitar esse processo circundando o valor com zeros e adicionando os dígitos adjacentes.

Por exemplo, ao multiplicar 142.327 · 11, coloque um zero na frente e outro atrás do número, e dobre cada um dos dígitos do número original, obtendo 01144223322770. Agora, adicione cada par de dígitos adjacentes:

0 + 1, 1 + 4, 4 + 2, 2 + 3, 3 + 2, 2 + 7, 7 + 0

As somas são 1, 5, 6, 5, 5, 9 e 7, assim, o produto de 142.327 · 11 é 1.565.597.

No produto anterior, não há nenhum valor transportado. Se uma ou mais das somas encontradas for maior que nove, transporte o dígito da dezena para a soma, à esquerda do dígito em questão.

Por exemplo, ao multiplicar 56.429 · 11, adicione o seguinte:

0 + 5, 5 + 6, 6 + 4, 4 + 2, 2 + 9, 9 + 0

As somas são 5, 11, 10, 6, 11 e 9. Começando pelo lado direito da resposta, vemos que o último dígito é 9. Agora, siga esses passos:

1. **Coloque o 1 do 11 na frente do 9 e transfira o outro 1 somando-o com 6 para dar 7. Coloque o 7 na frente do 1.**

   Agora temos 719.

2. **Coloque o 0 na frente do 7 e transfira o 1 para a esquerda, adicionando-o ao 11.**

   Agora temos 0719.

   Adicionando o 1 ao 11, temos 12.

3. **Coloque o 2 na frente do 0 e transfira o 1 que está no lugar do 10 para somá-lo com 5, resultando em 6. Coloque o 6 na frente do 2.**

   Agora temos 620.719.

Assim, 56.429 · 11 = 620.719.

Multiplicando por 5

Para multiplicar qualquer número por cinco de cabeça, você pode simplesmente dividir o número que quer pela metade para multiplicar e adicionar um zero ao final do número.

Para multiplicar 14 · 5, por exemplo, pegue metade de 14, que é 7, e coloque um 0 após o 7 — 14 · 5 = 70.

Mas e se o número que quiser multiplicar for ímpar e a sua metade der um número decimal? Nesse caso, não adicione um zero ao lado da metade do número; apenas exclua a vírgula decimal.

Por exemplo, se quiser multiplicar 43 · 5, tire metade de 43, que é 21,5. Excluindo a vírgula do decimal, temos 215 — 43 · 5 = 215.

Encontrando Denominadores Comuns

Ao adicionar ou subtrair frações, é preciso um denominador comum. No problema $\frac{3}{16} + \frac{5}{24}$, por exemplo, o denominador comum deve ser o mínimo múltiplo comum de 16 e 24 (o menor número pelo qual os dois podem ser divididos sem resto).

Uma maneira rápida de encontrar o denominador comum de duas frações é considerar o maior dos dois denominadores e checar seus múltiplos para ver se o outro denominador pode ser dividido por ele. Nesse caso, comece com $24 \cdot 2 = 48$. O número 16 divide-se por 48 sem resto ($48 \div 3$), assim 48 é o denominador comum.

Ao subtrair as frações $\frac{13}{15} - \frac{3}{20}$, queremos o mínimo múltiplo comum de 15 e 20. Usando o denominador maior, tente $20 \cdot 2$, que é igual a 40. Mas 15 não pode ser dividido por 40 sem deixar resto. Experimente $20 \cdot 3$ e obterá 60. Dessa vez, temos um vencedor; 15 é dividido por 60 sem sobrar resto ($60 \div 4$).

Determinando Divisores

Ao reduzir frações ou fatorar números de termos em uma expressão, queremos encontrar o maior número que é divisível por dois números diferentes sem sobrar resto. Por exemplo, se quiser reduzir a fração $\frac{36}{48}$, você deve encontrar o número que é divisível pelo numerador e pelo denominador sem sobrar resto. Sabemos que ambos os números são divisíveis por dois, pois eles são números pares. Mas você deve tentar reduzir apenas uma vez, por isso, quer o MDC: o máximo divisor comum.

Para encontrar o MDC, siga esses passos:

1. **Divida o número menor pelo número maior e observe o resto.**

   Para o exemplo anterior, $48 \div 36 = 1$ com $R\ 12$ (o resto é 12).

2. **Divida o número menor pelo resto.**

   Descobrimos que $36 \div 12 = 3$, com $R\ 0$. Não há resto, por isso, o divisor — o 12 — é o MDC. A fração reduzida é 3/4.

Outros problemas podem envolver mais passos. Para reduzir a fração 20/28, ao encontrar o MDC dos números 20 e 28, por exemplo, você descobre que $28 \div 20 = 1$ com $R\ 8$. Agora, divida o 20 pelo 8: $20 \div 8 = 2$ com $R\ 4$. Divida o 8 pelo resto: $8 \div 4 = 2$ com $R\ 0$. Ao chegar a um resto de zero, o último número pelo qual você dividiu é o MDC. O 4 é divisível por 20 e por 28 sem resto: 5/7.

Multiplicando Números com Dois Dígitos

Para multiplicar números com dois dígitos de cabeça, podemos usar o método FOIL (Primeiro, Externo, Interno, Último; consulte o Capítulo 1).

Por exemplo, para multiplicar 23 · 12, aplique a Última parte primeiro multiplicando o 3 pelo 2. Coloque um 6 na posição mais à direita da resposta. Agora, multiplique em cruz. O 2 presente em 23 vezes o 2 presente em 12 dá 4. Adicione esse valor ao resultado de 3 vezes 1 e você terá 7, o que equivale às partes Externa e Interna. Coloque o 7 na frente do 6 para formar a resposta. Agora, multiplique o 2 presente em 23 pelo 1 presente em 12. Coloque o 2 na frente do 7 e do 6 para obter a resposta completa: 276.

Se algum dos produtos encontrados for maior que nove, transfira o número no lugar da dezena e adicione-o ao produto seguinte ou ao produto cruzado.

356 Parte V: A Parte dos Dez

Capítulo 19

Dez Tipos Especiais de Números

Neste Capítulo

▶ Associando números a formas

▶ Caracterizando número como perfeitos, narcisistas, e assim por diante

*O*s matemáticos classificam os números de diversas maneiras, assim como os psicólogos (e os fofoqueiros) classificam as pessoas: par ou ímpar, positivo ou negativo, racional ou irracional, e assim por diante. Neste capítulo, você descobrirá ainda mais maneiras de classificar os números colocando-os em agrupamentos interessantes, que os tornam especiais.

Números Triangulares

Números triangulares são números na sequência 1, 3, 6, 10, 15, 21, 28, e assim por diante (para saber mais sobre sequências, consulte o Capítulo 16). Você pode ter notado que cada termo na sequência é maior que o número anterior em um valor a mais que a diferença anterior entre os termos. O quê? Certo, deixe-me explicar de outra maneira: Para encontrar cada termo, adicione 2 ao termo anterior, e depois 3, e depois 4, e depois 5, e assim por diante.

A fórmula para encontrar o número triangular n é $\frac{n^2+n}{2}$. A fórmula deve ser usada para encontrar o oitavo número triangular (um a mais que o número 28 na lista anterior) da seguinte forma: $\frac{8^2+8}{2} = \frac{64+8}{2} = \frac{72}{2} = 36$. O número 36 é 8 valores maior que o número 28, que é 7 valores maior que 21, e assim por diante. Você também pode ilustrar os números triangulares contando os pontos conectados em conjuntos triangulares:

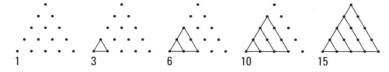

Números Quadrados

Os *quadrados* dos números devem ser familiares para você: 1, 4, 9, 16, 25, 36, e assim por diante. Como mostra a figura a seguir, os pontos conectados em conjuntos podem ilustrar os números quadrados. Quadrados perfeitos aparecem em álgebra e geometria o tempo todo. Vemos os quadrados ao trabalhar com equações quadráticas (Capítulo 3) e cônicas (Capítulo 11). Em geometria, Pitágoras dependeu dos quadrados para chegar ao seu famoso Teorema de Pitágoras (a soma dos quadrados dos dois catetos de um triângulo retângulo é igual ao quadrado da hipotenusa).

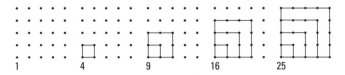

Números Hexagonais

Números hexagonais aparecem na sequência 1, 7, 19, 37, 61, 91, e assim por diante. Podemos ilustrar esses números desenhando hexágonos, e depois hexágonos ao redor desses hexágonos, e assim por diante; depois contamos quantos hexágonos temos, como você vê aqui:

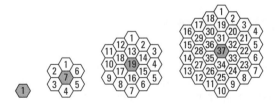

Outra maneira de listar números hexagonais, se não quiser desenhar todas essas figuras, é usar a fórmula para encontrar o número hexagonal n: $n^3 - (n-1)^3$ ou $3n^2 - 3n + 1$. Você pode ter notado a partir do padrão que o número hexagonal seguinte é criado na sequência adicionando seis à diferença anterior (7 para 19 é 12, e 19 para 37 é 18, por exemplo). Os números podem ficar muito grandes rapidamente, por isso, a fórmula ajuda. Você pode usar essa fórmula para encontrar o décimo número hexagonal, por exemplo: $10^3 - (10-1)^3 = 10^3 - 9^3 = 1.000 - 729 = 271$.

Números Perfeitos

Um *número perfeito* é um número em que a soma de seus divisores próprios (números menores que o número em questão, que são divisíveis igualmente) é igual ao número em questão. Por exemplo, o número 6 é um número perfeito, pois $1 + 2 + 3 = 6$. Os próximos números perfeitos são 28 $(1 + 2 + 4 + 7 + 14)$, 496 $(1 + 2 + 4 + 8 + 16 + 31 + 62 + 124 + 248)$ e 8.128. Observe como essas divisões próprias todas têm "pares," exceto o 1. Os pares são multiplicados para chegar ao número em questão: 2 vezes 14, 4 vezes 7 no caso do 28. Você consegue encontrar todos os divisores próprios de 8.128? Divirta-se! Não há uma fórmula mágica para encontrar esses números. Apenas pegue a sua calculadora!

Números Amigáveis

Dois números serão *amigáveis* se cada valor for igual à soma dos divisores próprios do outro. Os números 284 e 220 são amigáveis, por exemplo, pois a soma dos divisores próprios de 284 é 220 $(1 + 2 + 4 + 71 + 142)$, e a soma dos divisores próprios de 220 é 284 $(1 + 2 + 4 + 5 + 10 + 11 + 20 + 22 + 44 + 55 + 110)$. Outros conjuntos de números amigáveis incluem 1.184-1.210 e 17.296-18.416. Você quer encontrar mais números amigáveis? Vá em frente, mas não espere que uma fórmula mágica o ajude.

Números Felizes

Um número é considerado *feliz* se a soma dos quadrados de seus dígitos, ou a soma dos quadrados da soma de seus quadrados, for igual a um.

Por exemplo, o número 203 é feliz, pois a soma dos quadrados de seus dígitos é $2^2 + 0^2 + 3^2 = 4 + 9 = 13$; a soma dos quadrados dos dígitos em 13 é $1^2 + 3^2 = 1 + 9 = 10$; e a soma dos quadrados dos dígitos em 10 é $1^2 + 0^2 = 1$. Finalmente! Você pode se surpreender em descobrir que um número maior como 2.211 é feliz em poucos passos! Calcule $2^2 + 2^2 + 1^2 + 1^2 = 4 + 4 + 1 + 1 = 10$, e $1^2 + 0^2 = 1$.

Números Abundantes

Um *número abundante* é um número com uma regra: a soma de seus divisores deve ser maior que duas vezes o número. Por exemplo, o número 12 é abundante, pois $1 + 2 + 3 + 4 + 6 + 12 = 28$, e 28 é maior que duas vezes 12. Alguns outros números abundantes incluem 18, 20, 24, 30, 36 e 100.

Números Deficientes

Um *número deficiente* tem quase a regra oposta de um número abundante (consulte a seção anterior). Se a soma dos divisores próprios de um número for menor que o número original, o número é deficiente. Um exemplo de um número deficiente é 15, pois a soma de seus divisores próprios é $1 + 3 + 5 = 9$, e 9 é menor que 15. E quanto ao número 32? Ele é deficiente? A soma de seus divisores próprios é $1 + 2 + 4 + 8 + 16 = 31$, por isso, 32 também é deficiente.

Números Narcisistas

Um *número narcisista* é um número que pode ser escrito usando operações que envolvem todos os dígitos no número. Por exemplo, o número 371 é narcisista, pois, se você pegar seus dígitos — 3, 7 e 1 —, elevar cada um à terceira potência e adicionar as potências, chegará ao número original: $3^3 + 7^3 + 1^3 = 27 + 343 + 1 = 371$. Os dígitos do número olham para o espelho das operações, por assim dizer, e veem apenas a si mesmos. Outro número narcisista é 2.427, pois você pode elevar os dígitos a potências sucessivamente maiores, adicionar as potências e chegar ao número original: $2^1 + 4^2 + 2^3 + 7^4 = 2 + 16 + 8 + 2.401 = 2.427$. As possibilidades de números egocêntricos são infinitas.

Números Primos

Um *número primo* é divisível somente pelo número 1 e por si mesmo. Os 15 primeiros números primos são os seguintes: 2, 3, 5, 7, 11, 13, 17, 19, 23, 29, 31, 37, 41, 43 e 47. Embora os matemáticos trabalhem com números primos há séculos, eles não encontraram uma fórmula ou padrão que encontre ou prediga todos os números primos.

Uma famosa *conjectura* (uma conjectura é algo que os matemáticos ainda não provaram, mas que também não desaprovam) envolvendo números primos é a Conjectura de Goldbach. Goldbach teorizava que é possível escrever cada número par maior que dois como a soma de dois números primos. Por exemplo, $8 = 3 + 5$, $20 = 7 + 13$, e assim por diante.

Pessoas equipadas com computadores poderosos e muito tempo para calcular sempre descobrem novos números primos, mas isso não acontece com muita frequência. Se você estiver interessado em tentar ganhar algum dinheiro encontrando um número primo, procure por Primos de Mersenne, na *Internet*. Há uma grande recompensa em dinheiro oferecida para encontrar o próximo Primo de Mersenne (um número primo que seja um valor menor que o número dois elevado a uma potência prima).

Índice

• *Símbolos* •

| (barra vertical), 324
{} (chaves), 304
^ (circunflexo), 94-96
ε (épsilon), 324
! (fatorial), 304-305
∞ (infinito), 30, 172-173
≤ (maiores ou iguais a), 28-29
> (maiores que), 28-29
≤ (menores ou iguais a), 28-29
< (menores que), 28-29
[(ou igual a), 30
‖ (valor absoluto), 32
Σ (sigma), 314

• *A* •

adicionando
  matrizes, 285
  números complexos, 272
  uma série, 313-318
  um conjunto a um diagrama de Venn, 333-335
aditivo
  identidade, 12, 294
  inverso, 13, 293-294
agrupamento
  definição de, 22
  fatoração por, 22, 42-43
  símbolo e a ordem das operações, 13-14
  aplicando, 143
  funções exponenciais, 179-180
Álgebra I Para Leigos (Sterling), 3, 9, 20, 41, 320, 321
assíntotas
  definição de, 158
  funções racionais e, 159-163
  gráfico, 160-163
  usando para resolver/grafar hipérboles, 220-221

assíntota inclinada, grafando, 162-163
assíntota oblíqua, 162-163
assíntotas horizontais, 160-162

• *B* •

bases
  mais comuns, 180-181
  resolvendo equações exponenciais por correspondência, 182-184
binômio
  definição de um, 2, 133
  fatorando uma quadrática, 39-41
  usando a divisão sintética com um, 153-154

• *C* •

calculadora gráfica, 93-96
Cálculo Para Leigos (Ryan), 113, 244
chaves ({}), para notação de sequência, 304
círculo
  como seção cônica, 204
  definição de um, 213
  equação de um, 95, 213-214, 223, 252
  gráfico de um, 93
  origem no centro, 214
  resolvendo um sistema com uma parábola e um, 251-255
círculo unitário, definição de, 214
circunflexo (^), em uma calculadora gráfica, 94-95
coeficiente angular (m), 85-86
coeficientes
  definição de, 2, 87
  função quadrática e, 118-120
combinações
  diagrama de árvore para, 346
  notações para, 343-344
complemento de um conjunto, 329
completando o quadrado
  definição de, 46

362 Álgebra II Para Leigos

para converter equações parabólicas ao formato padrão, 212

resolvendo equações por, 46-49

composição de uma função, 112

Conjectura de Goldbach, 360

conjugado

eixo da hipérbole, 219-220

eixo de uma hipérbole, 220

pares, 278-279

visão geral, 273-274

conjunto

combinações em, 343-344

contando os elementos em, 329-330

contando permutações de, 339-343

definição de, 323

encontrando a união de, 327-328

encontrando o complemento de, 329

intersecções de, 328-329

notação, 323-327

operações básicas em, 327-330

princípio multiplicativo e, 338-339

universal/vazio/nulo, 325

usando os diagramas de Venn com, 332-335

conjunto universal, 325

conjunto vazio/nulo, 325

constante, definição de, 2

contagem, definição de, 87

coordenada de x, definição de, 79

coordenada de y, definição de, 79

cúbica, 90-91

cubos, soma de, 50, 143-144

curvas, grafando retas e, 265-266

• D •

Dantzig, George (Método Simplex), 291

denominador

definição de um, 166

encontrando um comum (como um truque para economizar tempo), 354

descontinuidade

avaliando limites em uma, 168-170

definição de uma, 160, 165

de um gráfico, 110

fatorando para remover uma, 164-165

descontinuidades removíveis, 164-165

desigualdade

grafando uma, 264-266

usando o processo de reta de sinais para resolver um, 54

racional, 54-56

visão geral, 28-29

desigualdade composta, 30-31

desigualdade linear, 28-29, 264-266

(dez) 10, como base de função exponencial, 180-181

diagrama de árvore, 344-346

diagrama de Venn

adicionando um conjunto a, 333-335

Aplicação no mundo real, 331-332

usando com operações em conjunto, 332-333

visão geral, 330

diferença

de cubos/quadrados, 40-41, 50, 143-144

quociente, 113

diferenças

em sequências, 304

dimensões, de matrizes, 282, 287

diretriz, de uma parábola, 204-205

dividindo

expoentes, 15

matrizes usando inversas, 299-300

números complexos usando conjugados, 274

divisão/média, método para encontrar a raízes quadradas, 275

divisão sintética

definição de, 149-150

Teorema do Resto e, 154-155

usando para dividir um polinômio por um binômio, 153-154

usando para testar raízes em um polinômio, 150-153

divisores, determinando (como um truque para economizar tempo), 354-355

domínio. *Consulte também* variável de entrada de uma função, 101-102, 158

• E •

e, 180-181

eixo maior/menor, de uma elipse, 216

eixos, definição de, 78

eixo de simetria

definição do, 117-118, 126
de uma função quadrática, 126
de uma parábola, 205
eixo transversal, de uma hipérbole, 219
eixo x
definição de, 78
simetria e, 82-83
eixo y
definição de, 78
simetria e, 82
elevando ao quadrado
equações radicais, 65-68
números que terminam em 5 (como um truque para economizar tempo), 349-350
elipse
como uma seção cônica, 204
componentes de uma, 216
definição de uma, 215
determinando o formato de uma, 217
encontrando os focos de uma, 217-218
equação padrão de uma, 216, 223
épsilon (e), usado em conjuntos, 324
equação
ao cubo, 50-51
de uma reta e uma parábola, 248
elevando um radical ao quadrado, 65-68
fatorando um valor ao cubo, 50
formato padrão para sistemas lineares, 225-226
mudando o formato de um, 87-88
regra de uma função logarítmica, 193-194
resolvendo com a propriedade multiplicativa de zero, 14
resolvendo uma equação linear, 24-26, 228
resolvendo uma quadrática grande, 45-46
resolvendo uma reta, 86-88
resolvendo um expoente negativo, 70-72
resolvendo um racional, 57-65
resolvendo um trinômios parecido com uma quadrática, 51
tipos de, 65, 90-92
valor/círculo absoluto, 93
variáveis de entrada/saída de uma função, 99-100
equações de log. *Consulte* logarítmicas, equações
equações de trinômios parecidos com quadráticas, resolvendo, 51, 71-72

equações exponenciais
reescrevendo equações logarítmicas como, 195
resolvendo, 182-185
gráfico 259-260
equações lineares
aplicações no mundo real, 243-244
definição de, 225
formato de intercepto de coeficiente angular e, 229
formato padrão de um sistema de, 225-226
frações e, 25-26
gráfico, 226-229
interceptos de, 227
resolvendo básicos, 24-25
resolvendo equações de três, 237-239
resolvendo matrizes com, 300-302
resolvendo sistemas de duas, 229-234
resolvendo variáveis múltiplas, 241-243
retas paralelas e, 228-229
solução generalizada para, 239-240
usando a Regra de Cramer para resolver, 235-237
usando para decompor frações, 244-244
equações polinomiais
definição de, 49
resolvendo complexos, 278-280
equações quadráticas
definição de, 37
fatorando, 39-43
resolvendo com a regra da raiz quadrada, 38-39
resolvendo com soluções complexas, 276-278
resolvendo grades, 45-46
resolvendo por completação de quadrados, 46-48
usando o MFC para resolver, 184-185
equações racionais
definição de, 57
frações e, 57-58
recíproco, 65
resolvendo, 58-65
Exercícios de Álgebra Para Leigos (Sterling), 150, 163
expoentes
agrupando funções exponenciais por, 180
calculadoras gráficas e, 94-95

364 Álgebra II Para Leigos

uso de, 15-17
expoentes fracionários
expoentes negativos, 75-76
fatoração 73-75
uso de, 15-16, 73
exponencial
crescimento/decaimento, 196
equação de curva, 92
gráficos, 92, 197
intersecções, 259
Regras, 15-17
expressão,definição de, 2

• F •

fatoração
a diferença de quadrados, 40-41
como o produto de dois binômios, 75
dois termos, 17-18
equações quadráticas, 39-43, 185
expoentes fracionários, 73-75
para raízes polinomiais, 143-145
por agrupamento, 42-43
quatro ou mais termos, 22
três termos, 18-22
uma equação ao cubo 50
fator, definição de um, 2
fatorial (!)
em sequências, 304-305
operações, 336-337
Simplificando um, 337-338
fileira
Matrizes, 282-283
operações, em matrizes, 292-293
foco, de uma parábola, 204-205
focos, de uma elipse, 217-218
FOIL, usando, 19-20
fórmula
para permutações distinguíveis, 341-342
tipo especial de, 321-322
composição contínua, 188-189
juros compostos, 186-188
fração vulgar, definição de, 166
frações
calculadoras gráficas e, 94
decomposição com sistemas lineares,
244-246
equações lineares e, 25-26

mudando expoentes negativos para, 69-70
função
assíntotas e racional, 159-163
composição de um, 112
definição de um, 4, 99
descontinuidades removíveis e racional,
164-165
domínio de uma, 101-102, 158
encontrando os interceptos de uma
quadrática, 120-124
formato geral de um exponencial, 178-179
formato geral de um racional, 158
funções pares, 104-105
grafando par/ímpar, 105-106
imagem de uma, 102-103
inverso, 114-116
notação, 100, 172
por Trechos, 108-111
regra de um polinômio, 141-142
simetria de um log/exponencial, 200
um para um, 106-107
valor mínimo/máximo absoluto de um,
103, 135
variáveis de entrada/saéda de um, 99-100
versus relação, 207
Funções definidas em trechos, 108-111
funções de log. *Consulte* logarítimicas,
funções
funções exponenciais
bases de, 178-181
formato geral de, 178
funções logarítmicas como inversas de,
198-199
gráfico, 196-200
resolvendo, 260-261
usando para calcular os juros compostos,
185-188
visão geral, 177-178
funções ímpares, 104-106
funções polinomiais
formato padrão de uma, 133-134
regra de uma, 141-142
resolvendo os interceptos de uma, 137-139
funções quadráticas
aplicando ao mundo real, 129-132
definição de, 117
eixos de simetria e, 126
encontrando os interceptos, 120-124, 276

formato padrão de, 124
gráfico 117-118, 127-128
interceptos e, 120-124
localizando o vértice em, 124-125
regras para identificar o coeficiente
  regente em, 118-119
funções racionais
  assíntotas e, 159-163
  avaliando limites no infinito em, 172-173
  como inversos um do outro, 263-264
  definição de, 261
  descontinuidades removíveis, 164-166
  domínio de, 158
  formato geral de, 158
  gráfico, 173-175, 261
  interceptos de, 159
  intersecções de uma reta e, 261-263
  iimites de, 167-168
  limites unilaterais de, 170-171
  visão geral, 157-158
funções um para um, 106-107

• G •

grafando
  assíntotas, 161-163
  calculadora, 93-96
  curvas e retas, 265-266
  desigualdades, 264-265
  funções exponenciais, 196-200, 259-260
  funções logarítmicas, 196-200
  funções quadráticas, 127-128
  funções racionais, 173-175
  hipérboles, 220-223
  parábolas, 127-128, 209-211
  retas, 84-89
  soluções de sistemas lineares, 226-229
  uma elipse, 218-219
gráficos
  definição de, 77
  de funções quadráticas, 117-118
  descontinuidade de, 110
  inserções, 79-80
  para funções pares/ímpares, 105-106
  simetria de, 82-84
  tipos de, 90-93

• H •

hipérbole
  como uma seção cônica, 204
  equações de uma, 220-224
  grafando uma, 222-223
  visão geral, 219

• I •

ícones, usados neste livro, 5-6
i, *Consulte* potências, de i
identidade aditiva, 12, 294
identidade de matrizes, 284
identidade/inverso multiplicativo, 12, 294-
  299
imagem. *Consulte também* variável de saída
  de uma função, 102-103
infinito (∞)
  avaliando limites em, 172-173
  usado em notação de intervalos, 30
intercepto de coeficiente angular
  equação de uma reta, 86-90
  sistemas lineares e, 229
intercepto de x
  calculadora gráfica e, 96
  visão geral, 80-81
  de uma função racional, 159
  encontrando em uma função polinomial,
    134, 138-139
  encontrando em uma função quadrática,
    122-124, 276-277
intercepto de y
  de uma função racional, 159
  encontrando em uma função polinomial,
    134, 137-138
  encontrando em uma função quadrática,
    120-121, 277-278
  visão geral, 80-81
interceptos
  contagem, 136-137
  definição de, 80
  de sistemas lineares, 227
  de uma parábolo e um círculo, 251-255
  de uma reta e uma parábola, 248-250
  de um polinômio, 134, 137-139, 142, 257-258
  funções quadráticas e, 120-124

366 Álgebra II Para Leigos

funções racionais e, 159

intersecções, de conjuntos, 328-329

intervalos positivos, usando uma reta de sinais para determinar, 139-142

inverso
aditivo, 13, 293-294
de uma matrizes, 293-300
funções, 114-115, 263-264
visão geral, 13

irracional
número, 44, 127, 145
raízes, 144-145
soluções, 44-45
valor radical, 39

• J •

juros compostos, 185-188

• L •

limites
avaliando no infinito, 172-173
de funções racionais, 167-168
determinando sem tabelas, 169
unilateral, 170-171

linear, definição de, 3

livro
convenções usadas neste, 2
ícones usados neste, 5-6
organização deste, 3-5

logarítmicas
equações, 190-195
funções, 196-200
curvas, 92

logaritmos
comuns, 194
logaritmos naturais (In), 190
propriedades de, 189-190

• M •

maior que (>)/maior ou igual a (≥), 28-29

matriz. *Consulte* matrizes

matrizes
adicionando/subtraindo, 285
aplicação ao mundo real, 288-292

definição de, 281

denominando, 282

dimensões de, 282, 287

identidade, 284

identidade multiplicativa de, 294-296

inverso aditivo de, 294

linha/coluna, 282-283

multiplicando, 286-288

quadrado, 283

realizando operações em linha em, 292-293

resolvendo, 296-299

usado para resolver sistemas de equações lineares, 300-302

usando inversas para dividir, 299-300

zero, 283

Máximo Fator Comum (MFC)
definição de, 40
usando para fatorar binômios quadráticos, 40
usando para resolver equações quadráticas, 184-185
usando pra fatorar polinômios, 143-144

máximo/mínimo relativo, definição de, 135

m (coeficiente angular), 86-90, 229

menor que (<)/menor ou igual a (≤), 28-29

método da substituição, 232-234
resolvendo equações polinomiais/de reta 257
resolver sistema de parábola/círculo com o, 253-254

método de eliminação, 230-231

método simplex (Dantzig, George), 291

Mínimo Denominador Comum (MDC), 58-62

Mínimo Múltiplo Comum. *Consulte* Mínimo Denominador Comum (MDC)

modo de pontos, de uma calculadora gráfica, 96

monômio, definição de um, 3

multiplicação escalar de uma matriz, 286

multiplicando
expoentes, 15
matrizes e, 286-288
números complexos, 272-273

múltiplos
em uma sequência, 308-309
de 9 padrão (como um truque para economizar tempo), 350

Índice 367

• N •

negativo
  em uma calculadora gráfica, 95
  expoentes, 17, 69-76
  intervalos, 139-142
  números, 14
  recíprocos, 89
  valores de polinômios, 139
notação
  combinações, 343-344
  conjunto, 323-327
  função, 100
  função para infinito, 172
  intervalo, 29-30
  limite, 167-168
  limite unilateral 171
  log, 192
  para funções inversas, 114
  sequência, 304
  soma, 314
notação de regra, de um conjunto, 324
notação de somatória, 314
notação em lista, de um conjunto, 324
numerador, definição de, 166
número inteiro, definição de, 145
número real, definição de, 148, 269
números complexos, 271-274
números, tipos de, 357-360

• O •

ordem das operações, 13-14, 94
ordenados
  pares, 79
  quíntuplos, 243
  triplos, 239
origem
  definição de, 78
  simetria e, 84
ou igual a ([), usado em notação de
  intervalos, 30

• P •

parábola
  operação de valor absoluto e, 206

aplicação ao mundo real, 211
  caracteristicas de, 204-208
  como uma seção cônica, 204
  definição de, 90, 117, 204, 247
  diretriz de, 204-205
  e equações de reta, 250-251
  formato padrão de uma, 124, 206-209, 212,
    223, 252
  grafando uma, 127-128, 209-211
  intercepto de uma, 276-277
  intersecção de uma reta e uma, 248-250
  resolvendo sistemas de equações que
    incluem um círculo e uma, 252-255
  vértice de uma, 119, 124
permutação
  conjuntos e, 339-343
  diagrama de árvore para uma, 345
permutações distiguíveis, fórmula para,
  341-342
plano de coordenadas, 78-79
polinômio
  desigualdades, 53-54
  encontrando as raízes de, 146-147
  formas infatoráveis de uma, 144-145
  intercepto de, 134, 137-139, 142
  intersectando, 257-258
  raízes, 143-145
  resolvendo equações que contêm duas,
    258
  resolvendo sistemas de equações com
    retas e, 256-257
  usando a divisão sintética em uma, 150-
    154
  usando a Regra de Sinais para encontrar
    raízes de uma, 148-149
ponto de inflexão, definição de, 279-280
pontos de inflexão
  contagem 136-137
  de um polinômio, 135
potências
  de *i*, 269-271
  elevando a, 74
  em uma sequência, 308-309
  visão geral, 16
primos definição de, 19
princípio multiplicativo, conjunto e o, 338-
  339
Probability For Dummies (Rumsey) 338

Problema das Quatro Cores, 343

produtos cruzados, usando para resolver equações racionais, 62-63

proporção
definição de uma, 62, 263
resolvendo equações racionais com uma, 64-65

propriedade associativa de adição/multiplicação, 10-11

propriedade comutativa de adição/multiplicação, 10

propriedade distributiva, de adição/multiplicação, 11-12

propriedade multiplicativa de zero, 14, 138

• Q •

quadrado
encontrando o perfeito seguite (como um truque para economizar tempo), 350
matriz, 283
números, 358
raízes, 38-39, 275-276

quadrantes, definição de, 78

quadrática
binômios, 39-41
definiçãi de, 3
desigualdades, 52-56
fórmula, 43-46
gráficos, 90
padrõs, em equações exponenciais, 184

quatro termos, 90-91

• R •

racional
curva, 92
desigualdades, 53-56
gráficos, 91-92
números, 44, 145, 157
soluções, 44
termo, 57

radical
curva, 91
equações, elevando ao quadrado, 65-68
expressões, 15-16
gráficos, 91-92
inserindo em uma calculadora gráfica, 95

simplificando um, 275-276
valor, 39

raiz dupla, 42, 250

raízes
de um polinômio, 134, 142, 146-147
raízes múltiplas, definição de, 139
usando a divisão sintética para testar, 150-153
visão geral, 52

raiz estranha. *Consulte também* solução estranha
definição de, 193

Regra de Cramer (Cramer, Gabriel)
definição de, 234-235
usando para resolver um sistema linear 236-237

Regra de Sinais de Descartes (Descartes, Rene), 148-149, 279

regra recursiva, 312-313

relações
de uma parábola, 205
versus funções, 207

resolvendo
desigualdades, 52-56
desigualdades básicas, 28-29
desigualdades de valor absoluto, 34-36
equações ao cubo, 50-51
equações com a propriedade multiplicativa de zero, 14
equações com dois polinômios, 258
equações com expoentes negativos, 70
equações contendo expoentes negativos, 70-71
equações de parábola e círculo, 252-255
equações de reta, 86-88, 256-257
equações de valor absoluto, 32-33
equações exponenciais, 182-185
equações logarítmicas, 193-195
equações trabalhando com expoentes fracionários, 74-76
equações trinomiais parecidas com quadráticas, 51, 71-72
matrizes 2 x 2, 298-299
para funções exponenciais, 260-261
para interceptos polinomiais, 137-139
para o inverso de uma função, 115-116
sistemas lineares com três equações, 237-239

Índice 369

resolvendo equações lineares
  básico, 24-26
  com múltiplas variáveis, 241-243
  usando a Regra de Cramer, 235-237
  usando matrizes, 300-302
resolvendo equações polinomiais
  com soluções complexas, 278-280
  com substituição, 256-257
resolvendo equações quadráticas
  com a regra da raiz quadrada, 38-39
  com números grandes, 45-46
  com soluções complexas, 276-278
  usando o MFC, 184-185
resolvendo equações racionais
  com proporções, 62-65
reta
  definição de uma, 247-248
  equação de um intercepto de coeficiente
    angular de uma, 90
  equações, 86-88, 257
  grafando uma curva e uma, 265-266
  gráficos, 90
  interceptos de uma parábola e uma, 248-251
  intersecções de uma função racional e
    uma, 261-263
  resolvendo um sistema de equações com
    um polinomial e uma, 256-257
  testes, 107-108
reta de sinais
  usando para determinar intervalos
    positivos/negativos, 139-141
  usando para resolver desigualdades
    racionais, 54-56
retas coexistentes, 231-234
retas paralelas
  Identificando, 88-89, 233-234
  sistemas lineares e, 228-229
  soluções para, 231-232
retas perpendiculares, identificando, 88-89
Rumsey, Deborah (*Probability For
  Dummies*), 338
Ryan, Mark (*Cálculo Para Leigos*), 113, 244

• S •

seções cônicas
  definição de, 48, 203
  equações gerais de, 223-234
  visão geral, 203-204
sentido, definição de, 29
sequência
  alternada, 305-306
  aplicando no mundo real, 318-321
  aritmética, 309-310, 315
  definição de, 303-304
  diferença de termos em, 307-308
  fatorial (!), 304-305
  fórmula geral de uma geométrica, 311-312
  localizando padrões em, 306-309
  notação, 304
  somando, 315-318
sequência geométrica
  fórmula geral de uma, 311
  somando uma, 316-318
séries
  adicionando/somando, 314-318
  definição de, 303, 313
sigma(Σ), usado em sequências de
  somatótia, 314
simplificando
  definição de, 3
  equações logarítmicas, 190-192
  expressões com base e, 181
  fatoriais, 337-338
  potências de i, 270-271
  radicais, 16, 275-276
sistema de coordenadas cartesianas, 78
sistema de equações, definição de, 225
solução estranha. *Consulte também* raiz
  estranha
  definição de, 58, 263
  indicadores de, 60
soma de cubos, 50, 143-144
Sterling, Mary Jane
  (*Álgebra I Para Leigos*) 3, 9, 20, 33, 41, 320,
    321
  (*Exercícios de Álgebra Para Leigos*), 150-153

370 Álgebra II Para Leigos

subconjunto impróprio, definição de um, 326

subconjunto próprio, definição de um, 326

subconjuntos, 325-326

subtraindo
  em uma calculadora gráfica, 95
  matrizes, 285
  números complexos, 272

superconjunto, definição de, 325

• T •

tangente, 249-250

Teorema da Raiz Racional, 145-148

Teorema do Resto, 154-155

termo, definição de, 3

teste da reta horizontal, 107-108

trinômio
  aplicando o método unFOIL em, 20-22
  definição de, 3, 18, 71, 133
  encontrando duas soluções em, 41
  fatorando um, 18-19, 143-144
  fatorando uma quadrática, 41-42

trinômio de quadrado perfeito
  definição de, 41-42
  encontrando, 19
  usando em polinômios, 143-144

trinômios quadráticos
  definição de, 18, 185
  encontrando duas soluções em, 41
  fatoração, 18-19, 41-42, 185

truques que economizam tempo, 349-355

• U •

UnFOIL, 20-22

união, de conjuntos, 327-328

usando o MDC, 58-62

• V •

valor absoluto (II)
  definição de, 85
  desigualdades, 34-36
  equação geral para, 93
  gráfico, 93
  mínimo/máximo, 103, 135
  parábolas, 206
  resolvendo equações, 32-33

valor inicial. *Consulte* variável de entrada do intercepto de y. *Consulte também* domínio
  de uma equação de função, 99-100

variável
  definição de, 3
  equação linear com, 23-24

variável de saída. *Consulte também* imagem
  de uma função, 99-100

vertical
  assíntotas, 160-162
  barra (l) usada em conjuntos, 324
  teste de reta, 107

vértice
  de uma parábola, 119, 205
  localizando em funções quadráticas, 124-125

vértices. *Consulte também* vértice
  de uma elipse, 216

• Z •

zero
  de um polinômio, 134, 142
  matriz, 283, 294
  propriedade multiplicativa de, 14
  visão geral, 52

zeros complexos, 279-280